内蒙古自治区审定玉米品种SSR指纹图谱
（2012—2018年）

内蒙古自治区农牧业技术推广中心
北京市农林科学院玉米研究所 组织编写

胡有林　朱玉成　苏敏莉　刘亚维　葛建镕　王凤格　编著

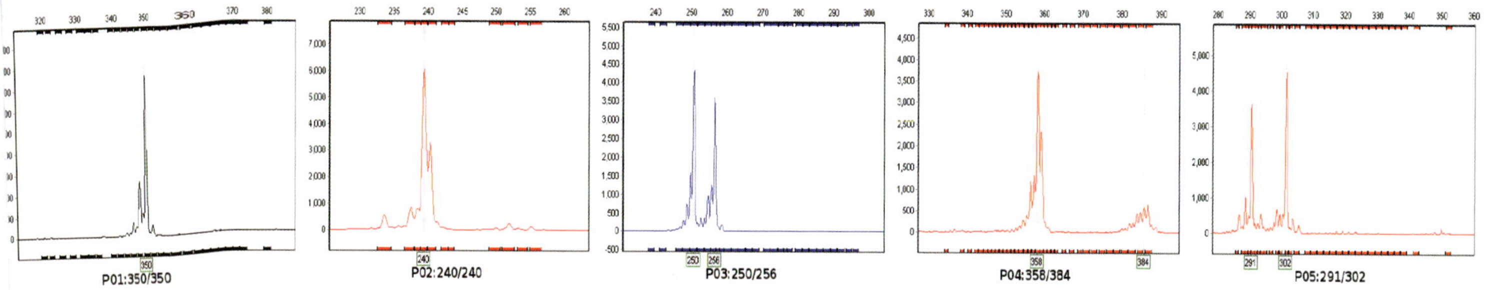

中国农业科学技术出版社

前　言

内蒙古自治区地处中国北部边疆，由东北向西南斜伸，呈狭条形，横跨东北、华北、西北地区，东西长约 2 400 千米，南北最大跨度 1 700 多千米，总面积约 118.3 万平方千米，辖 12 个地级行政区划单位。2023 年，全区农作物总播种面积 880.9 万公顷，粮食作物播种面积 698.5 万公顷，粮食产量 3 957.8 万吨。

内蒙古自治区是我国主要的春玉米种植区，囊括了北方春播玉米区超早熟、极早熟、早熟、中早熟、中熟、中晚熟等多种熟期类型。近年来，玉米种植面积稳定在 400 万公顷以上。优势产区主要集中在光热水资源丰富的西辽河流域、土默川平原、河套平原和大兴安岭南麓地区。2012—2023 年，全区共审定玉米新品种 868 个，对促进粮食持续增产、农民持续增收、推动现代农业高质量发展作出了突出贡献。

本书为玉米审定品种 SSR 指纹图谱系列书籍，收录了 2012—2018 年 296 个内蒙古自治区审定玉米品种，每个品种均提供了 40 个 SSR 核心引物位点的指纹图谱，对内蒙古玉米品种的真实性和纯度鉴定工作具有重要的指导意义和参考价值，是从事玉米种子质量检测、品种管理、品种选育、农业科研教学等人员的工具书籍。

本书编辑过程中得到农业农村部种业管理司、全国农业技术推广服务中心等合作单位的大力支持，在此表示诚挚的感谢。由于时间仓促，难免有遗漏和不足之处，敬请专家和读者批评指正。

编著委员会
2024 年 9 月

本书内容及使用方式

一、正文部分提供内蒙古自治区审定品种 SSR 指纹图谱

内蒙古自治区审定品种图谱按审定年份（从小到大）、审定号（从小到大）顺序整理，每个审定品种提供 40 个 SSR 核心引物位点的指纹图谱。读者可在真实性鉴定中将其作为对照样品的参考指纹，也可利用该图谱筛选纯度检测的双亲互补型候选引物。

二、附录提供与指纹图谱制作相关的引物、品种名称索引信息

附录一为 2012—2018 年内蒙古自治区审定玉米品种信息表。附录二、附录三为 SSR 引物基本信息，包括引物序列信息和实验中采用的多色荧光电泳组合（Panel）信息。附录四为品种名称索引，将正文部分涉及的内蒙古自治区审定品种 SSR 指纹图谱按品种名称拼音顺序建立索引，以便查询品种指纹图谱。

三、SSR 指纹图谱使用方式

本书提供的玉米品种 SSR 指纹图谱对开展玉米真实性鉴定和纯度鉴定具有重要参考价值。不同的检验目的和检测平台使用指纹图谱的方式略有调整。

1. 在真实性鉴定中使用

如果使用荧光毛细管电泳检测平台，如 ABI3730XL、ABI3500、ABI3130 等仪器，建议采用与本指纹图谱构建时完全相同的 Panel、BIN 以及引物荧光染料。对于其他品牌仪器，由于采用的凝胶、引物荧光染料及分子量标准不同，在具体试验时，每块板上加入 1~2 份参照样品进行不同检测平台间系统误差的校正，但注意等位变异的命名应与本指纹图谱保持一致，获得的指纹就可以与本书提供的标准指纹图谱进行比较。

如果使用变性垂直板 PAGE 电泳检测平台，最好将待测样品和对照样品在同一电泳板上直接进行成对比较。对于经常使用的对照样品，可预先将对照样品与标准样品指纹图谱比对核实一致后，就可以用该对照样品代替标准样品在 PAGE 电泳中使用。

2. 在纯度鉴定中使用

如果待测品种在本书中已提供 DNA 指纹图谱，可根据该品种 40 对核心引物的 DNA 指纹图谱和数据信息，先剔除掉单峰（纯合带型）的引物位点及表现为高低峰（两条谱带高度差异较大）、多峰（两条以上的谱带）等异常峰型的引物位点，后挑选出具有双峰（杂合带型）的引物位点作为纯度鉴定候选引物。

如果使用普通变性 PAGE 凝胶电泳检测平台或荧光毛细管电泳检测平台进行纯度检测，则上述候选引物都可以使用；如果使用琼脂糖凝胶电泳或非变性凝胶电泳等分辨率较低的电泳检测平台进行纯度检测，则在上述候选引物中进一步挑选出两个谱带的片段大小相差较大的引物。利用入选引物对待测杂交种小样本进行初检（杂交种取 20 粒），判断其纯度问题是由于自交苗、回交苗、其他类型杂株还是遗传不稳定造成的，并进一步确定该样品的纯度鉴定引物对其大样本进行鉴定。

目　　录

第一部分　SSR 指纹图谱	1
承禾 8 号	3
卓玉 819	4
金沃 1 号	5
铁旭 338	6
铁源 24	7
锋玉 2 号	8
金山 126	9
冠丰 116	10
九园 58	11
农华 106	12
通平 1	13
伊单 81	14
内早 209	15
种星 56	16
大民 8860	17
西蒙 6 号	18
利民 17	19
利民 27	20
长丰 59	21
巴单 998	22
内单 408	23
M8	24
包玉 9 号	25
九玉 1034	26
金创 998	27
彩糯 168	28
真金糯 100	29
燕禾金 2000	30
燕禾金紫黑糯	31
金创 18	32

玉龙 9 号	33
三丰 165	34
鑫达 135	35
M001	36
CF22	37
CF88	38
众德 331	39
合饲 1 号	40
雷润 303	41
泓丰 656	42
禾玉 158	43
丰田 840	44
西蒙 988	45
三益 52	46
通平 118	47
利华 83	48
赤单 218	49
德单 1001	50
富单 11	51
丰田 843	52
宁玉 218	53
云天 3 号	54
高锐思 341	55
利农 368	56
宁玉 212	57
吉品 6 号	58
富单 12	59
兴丰 5 号	60
宇鑫 6 号	61
九园 36	62
文玉 3 号	63
宁禾 0709	64
西蒙青贮 707	65
鑫达 8 号	66
利禾 1	67
MC278	68
翔玉 998	69
九玉 7 号	70
金谷玉 1 号	71

品种	页码
奥玉 3804	72
鑫玉 106	73
NK3800	74
华农 887	75
先农 202	76
德单 1029	77
中科 606	78
玉龙 157	79
三北 301	80
华农 292	81
鹏诚 9 号	82
丰垦 117	83
金艾 130	84
先达 203	85
九园 33	86
大德 216	87
玉龙 904	88
隆平 702	89
登科 269	90
优旗 909	91
金创 6 号	92
五谷 310	93
大民 3301	94
兴丰 11	95
XD108	96
中地 606	97
先玉 1219	98
锋玉 4 号	99
MC703	100
隆平 703	101
卓玉 816	102
峰单 189	103
登海 NK58	104
博品 1 号	105
兴丰 12	106
KD5112	107
丰垦 139	108
金垦 10 号	109
垦玉 50	110

品种	页码
法尔利 1010	111
利禾 8	112
豫禾 357	113
九玉 6 号	114
兴农 5 号	115
稼农 3168	116
五谷 318	117
厚德 186	118
农华 213	119
金创 703	120
丰田 101	121
必祥 101	122
真金 308	123
九园 38	124
通平 198	125
内甜 1 号	126
BM800	127
真金甜 366	128
华泰甜 216	129
瑞甜	130
金艾 581	131
鑫达 1 号	132
和育 185	133
正弘 558	134
MC1002	135
MC738	136
锋玉 5 号	137
农富 66	138
A2636	139
C1563	140
禾新 9	141
M99	142
雄玉 582	143
邦玉 33	144
农富 99	145
迪卡 556	146
A6565	147
农富 88	148
恒育 1 号	149

名称	页码
均隆 1217	150
利禾 6	151
胜丰 157	152
利禾 3	153
和育 183	154
呼单 517	155
P5697	156
登海 NK66	157
P6512	158
蒙吉 813	159
金韵 308	160
玉龙 7899	161
金艾 1305	162
宏博 66	163
金创 103	164
MC670	165
先玉 1331	166
真金 208	167
广德 9	168
玉龙 228	169
罕玉 336	170
和育 181	171
大民 309	172
BM303	173
BM380	174
彩糯 203	175
同糯一号	176
禾甜糯 1	177
金艾 588	178
青贮 808	179
佰青 131	180
大京九 26	181
瑞丰 88	182
宇丰 1310	183
TK601	184
秋乐 368	185
利禾 5	186
金园 5	187
科河 699	188

品种	页码
博奥 408	189
金粒 178	190
锦绣 233	191
伊单 131	192
金穗 58	193
翔玉 1421	194
FT909	195
真金 3305	196
德单 1403	197
农富 106	198
利禾 7	199
MC948	200
金穗 86	201
均隆 1210	202
种星 718	203
翔玉 326	204
先仁 98	205
蒙奥 188	206
T808	207
玉龙 1208	208
利合 325	209
种星 98	210
真金 619	211
兴丰 13	212
华元玉 1 号	213
宏博 K88	214
益农 1 号	215
宇丰 3937	216
罕玉 303	217
广德 401	218
九园 15	219
罕玉 339	220
胜丰 179	221
科沃 9106	222
棒博尔 3	223
雷润 787	224
浩玉 8 号	225
源丰 009	226
中辽 1 号	227

禾甜糯 2	228
彩甜糯 001	229
大京九 12	230
钧凯青贮 909	231
西蒙 919	232
先单 405	233
鑫玉 8 号	234
丰垦 129	235
兴丰 9	236
利合 328	237
中玉 990	238
登科 29	239
新引 KWS9384	240
先达 210	241
华瑞 638	242
华美 335	243
吉单 407	244
浩单 693	245
先达 303	246
中农育 6 号	247
利禾 12	248
金科 802	249
西蒙 168	250
人禾 H109	251
H155	252
真金 329	253
金科 902	254
FT806	255
新农 008	256
博金 100	257
RH902	258
瑞普 909	259
玉生 2 号	260
良玉 DF21	261
宏博 701	262
登科 19	263
真金 220	264
兴丰 15	265
隆平 722	266

品种	页码
MC979	267
宁玉 222	268
福玉 95	269
博玉 69	270
育强 158	271
L669	272
庆禾 10	273
宏博 691	274
纪元 152	275
种星 2961	276
大德 155	277
九圣禾 257	278
豫禾 269	279
CP1685	280
泽亿 1 号	281
北育 608	282
大德 153	283
中迪 168	284
奥弗兰	285
奉美佳 16	286
禾彩糯 1	287
种星甜糯 2 号	288
CM89	289
明玉 6 号	290
东单 70	291
东单 6531	292
东单 1501	293
美锋 969	294
金岛 5	295
潞鑫二号	296
鼎玉 678	297
北玉 1522	298

第二部分　附录 299
附录一　2012—2018 年内蒙古自治区审定玉米品种信息表 301
附录二　40 对核心引物名单及序列表 316
附录三　Panel 组合信息表 318
附录四　品种名称索引 319

第一部分　SSR 指纹图谱

承禾8号【蒙审玉2012001号】

P01:325/335	P02:241/252	P03:256/271	P04:348/348	P05:290/294
P06:336/336	P07:411/421	P08:364/396	P09:289/301	P10:252/290
P11:172/185	P12:265/265	P13:208/230	P14:154/173	P15:231/233
P16:217/217	P17:393/413	P18:278/284	P19:219/222	P20:173/178
P21:154/154	P22:186/191	P23:253/266	P24:222/232	P25:165/193
P26:232/233	P27:297/297	P28:191/197	P29:274/284	P30:126/144
P31:263/278	P32:234/251	P33:205/207	P34:156/170	P35:175/183
P36:207/219	P37:196/214	P38:261/275	P39:304/309	P40:283/310

卓玉819【蒙审玉2012002号】

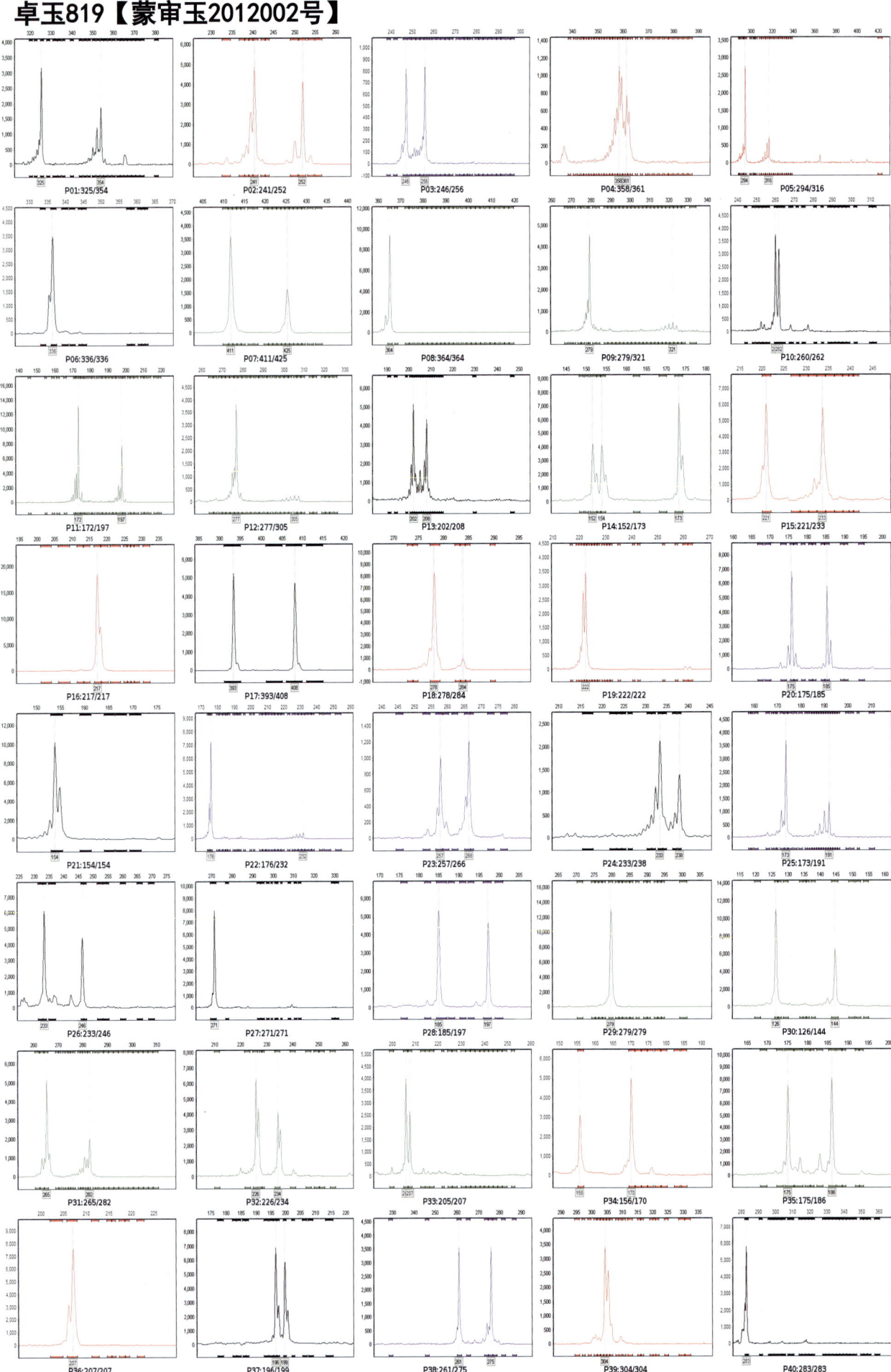

金沃1号【蒙审玉2012003号】

P01:322/352　P02:241/241　P03:256/256　P04:347/358　P05:291/330
P06:341/362　P07:410/431　P08:364/382　P09:301/319　P10:262/290
P11:185/191　P12:265/265　P13:204/208　P14:173/173　P15:233/233
P16:217/222　P17:408/408　P18:274/284　P19:222/240　P20:185/190
P21:154/170　P22:175/192　P23:253/267　P24:222/233　P25:165/195
P26:232/232　P27:271/271　P28:176/176　P29:271/276　P30:126/126
P31:265/299　P32:223/234　P33:207/244　P34:170/174　P35:180/188
P36:204/215　P37:185/197　P38:261/261　P39:309/312　P40:310/332

铁旭338【蒙审玉2012004号】

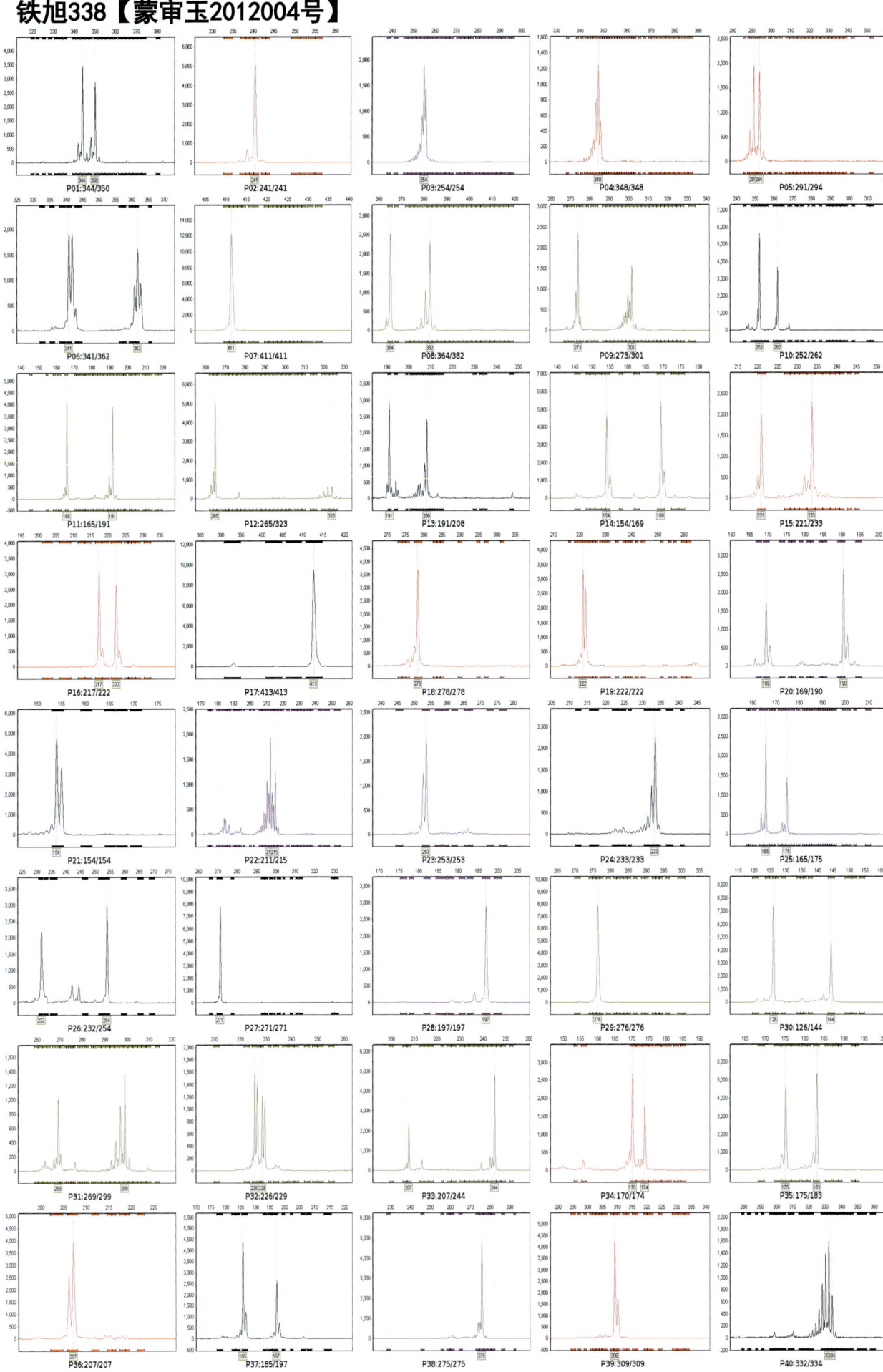

铁源24【蒙审玉2012005号】

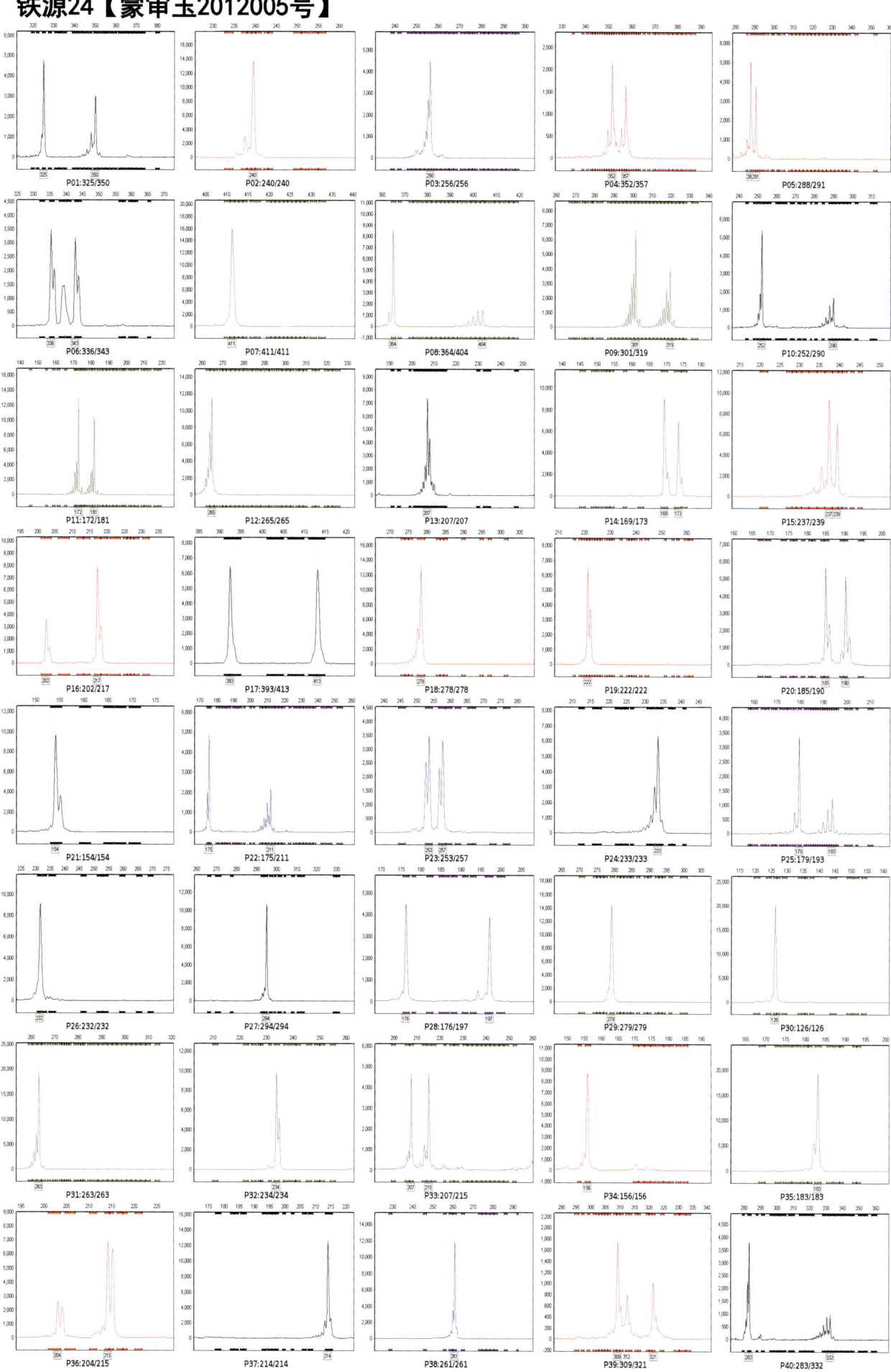

锋玉2号【蒙审玉2012006号】

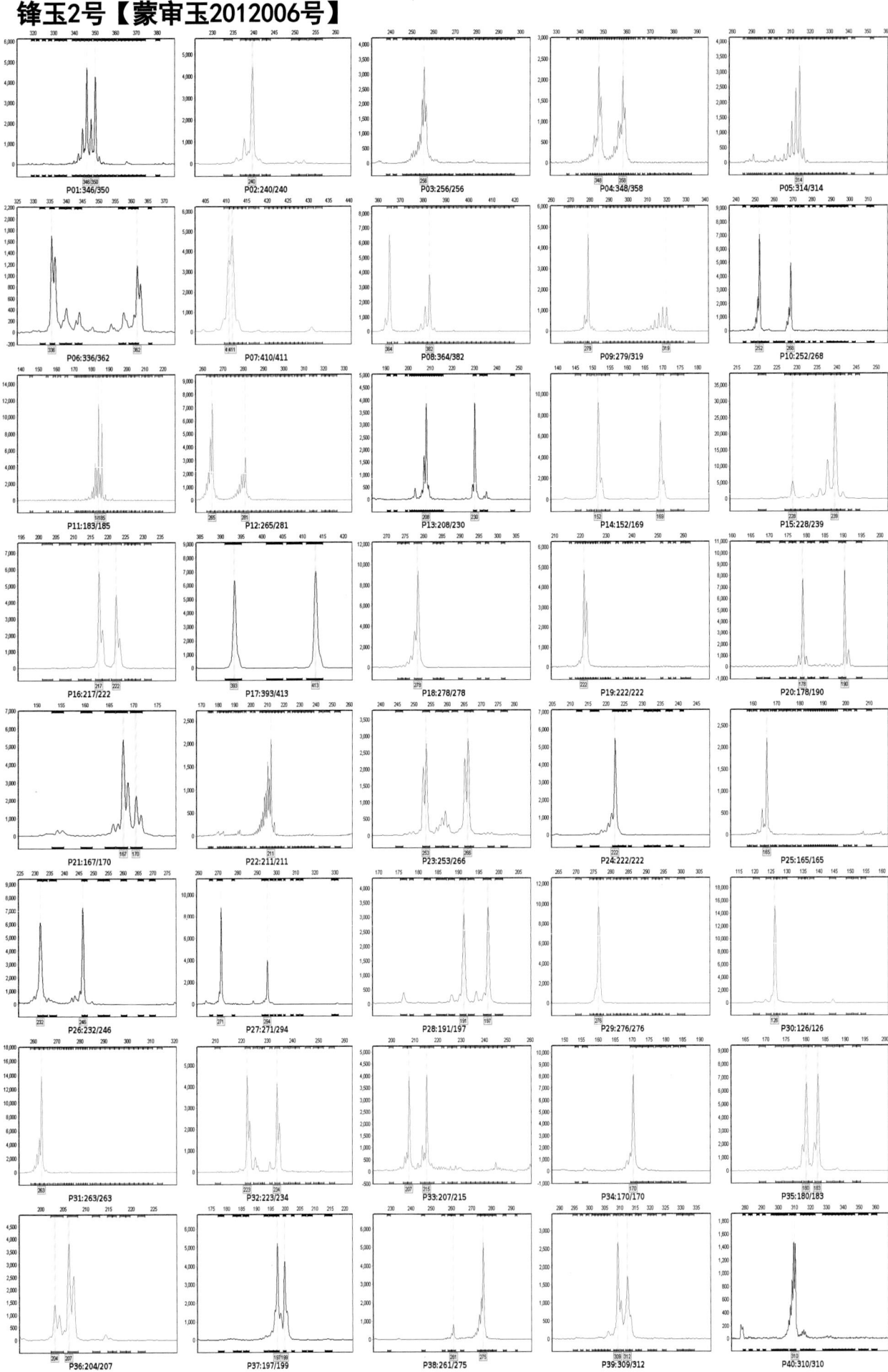

金山126【蒙审玉2012008号】

P01:350/352	P02:241/241	P03:256/284	P04:354/361	P05:290/336
P06:341/343	P07:411/431	P08:380/382	P09:279/301	P10:252/260
P11:165/181	P12:265/299	P13:202/208	P14:152/173	P15:221/233
P16:212/222	P17:393/408	P18:278/278	P19:222/222	P20:185/190
P21:154/167	P22:176/211	P23:253/262	P24:233/238	P25:165/173
P26:232/246	P27:271/294	P28:197/197	P29:276/279	P30:126/126
P31:263/282	P32:234/234	P33:207/244	P34:170/170	P35:175/189
P36:207/215	P37:196/196	P38:261/273	P39:304/312	P40:283/283

冠丰116【蒙审玉2012009号】

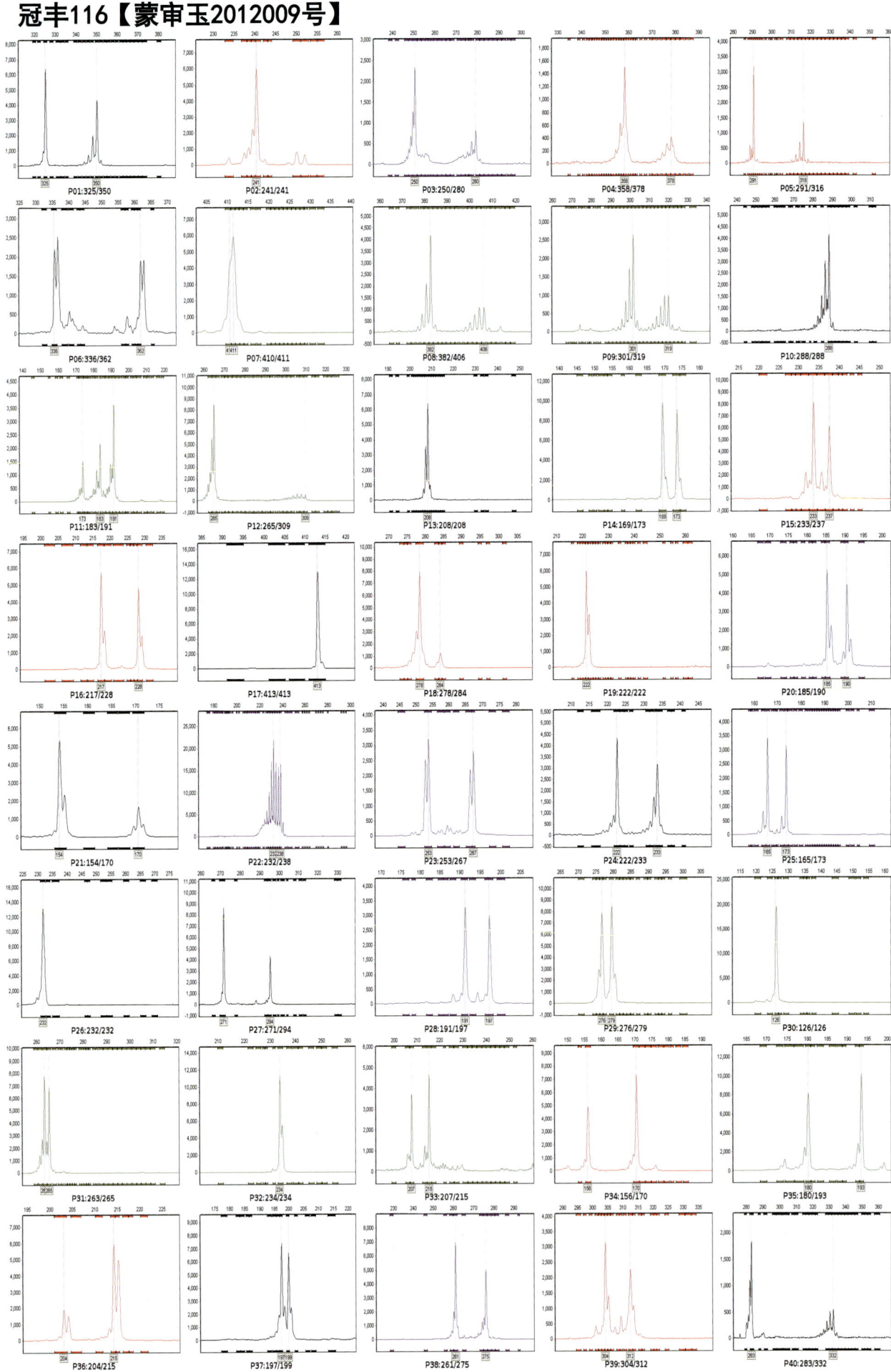

九园58【蒙审玉2012010号】

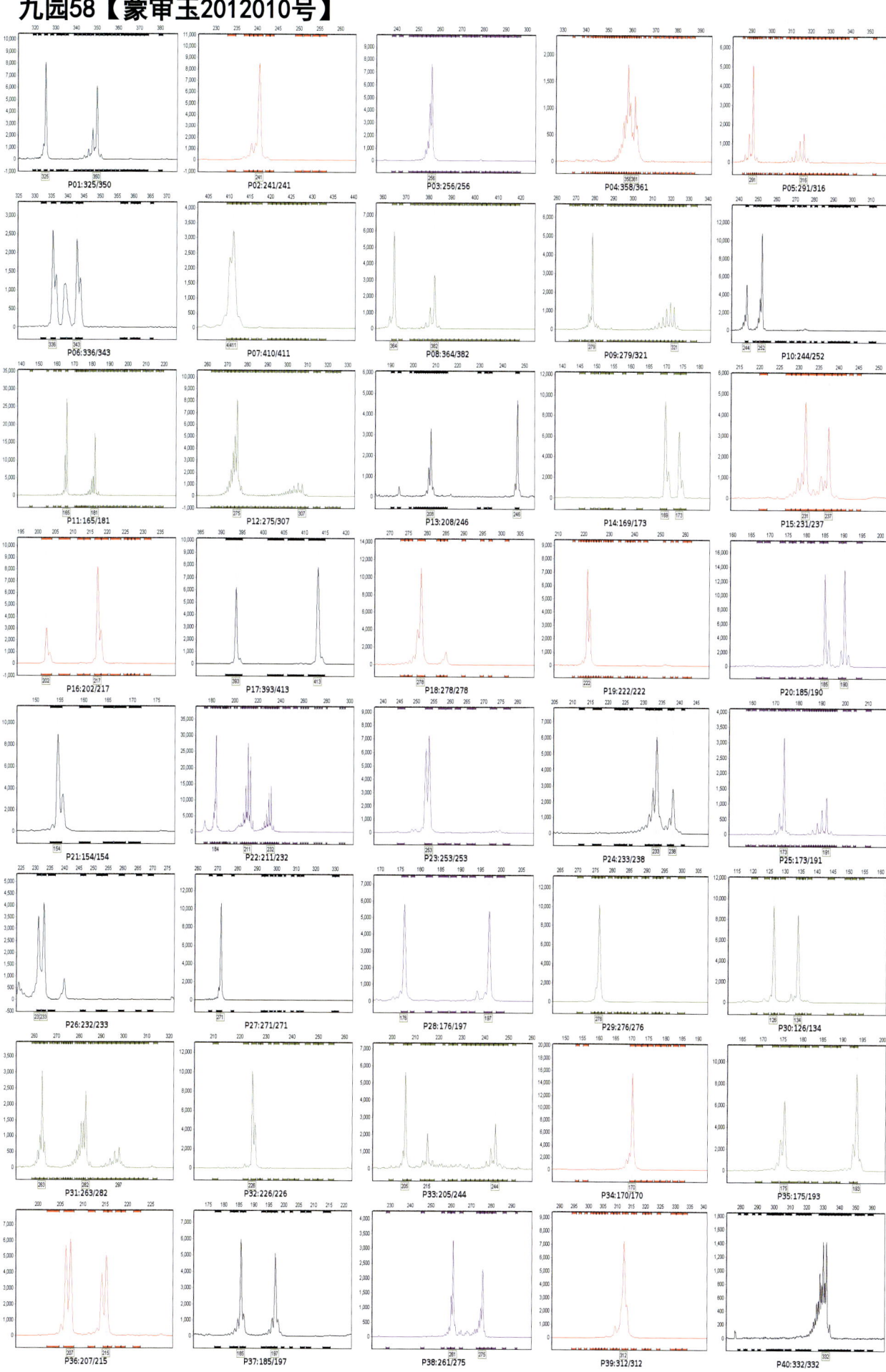

农华106【蒙审玉2012011号】

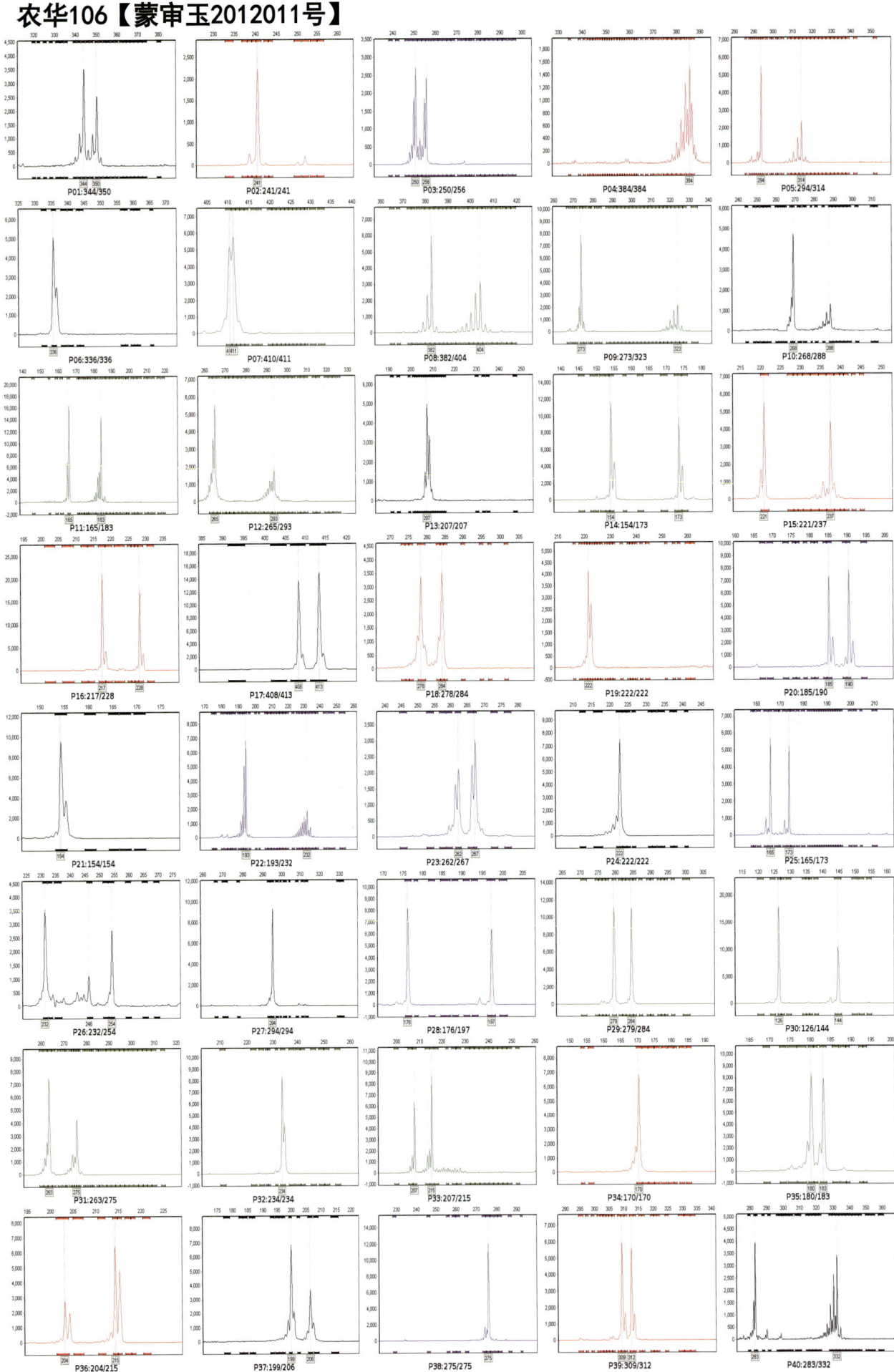

通平1【蒙审玉2012012号】

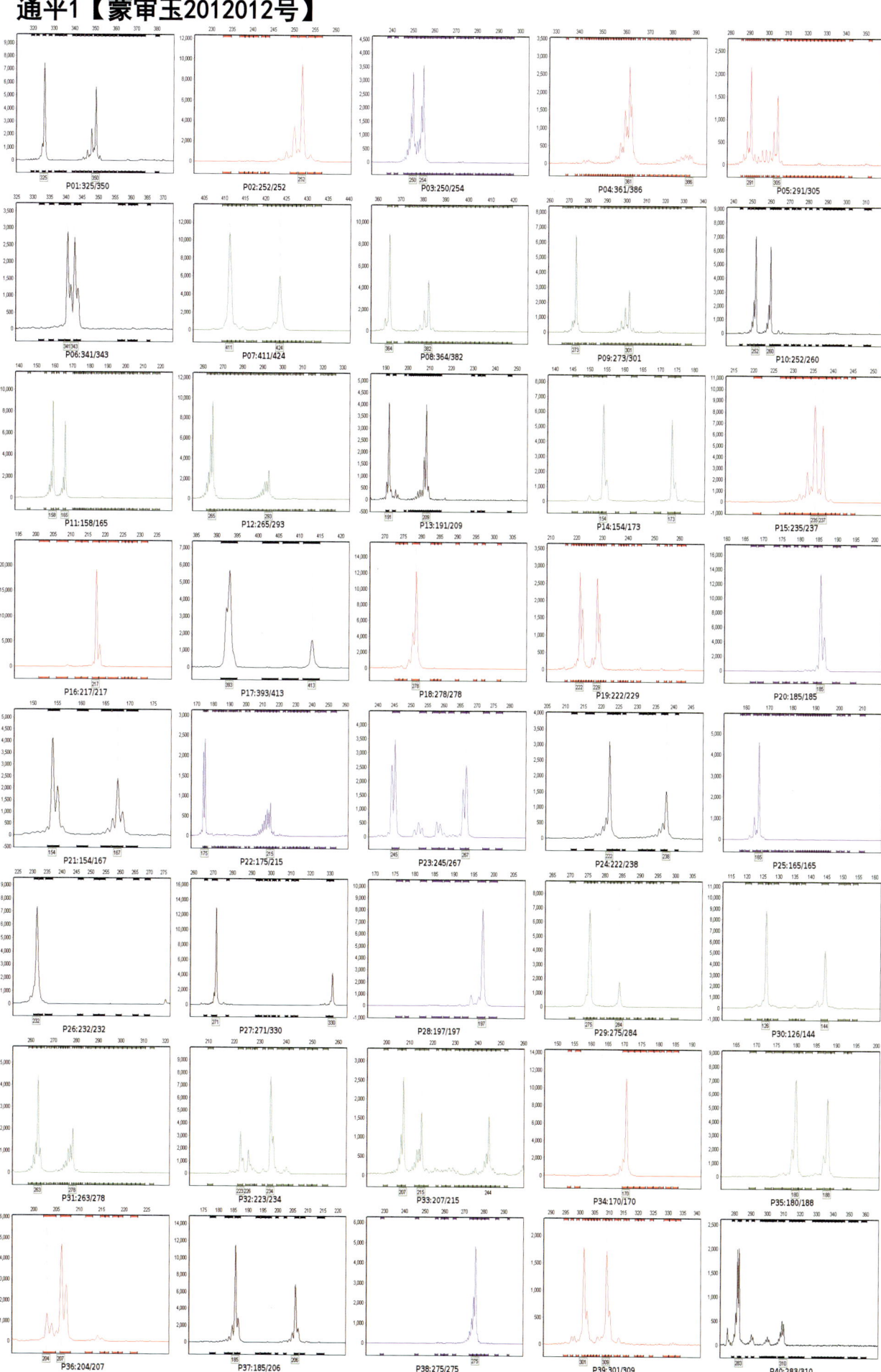

伊单81【蒙审玉2012014号】

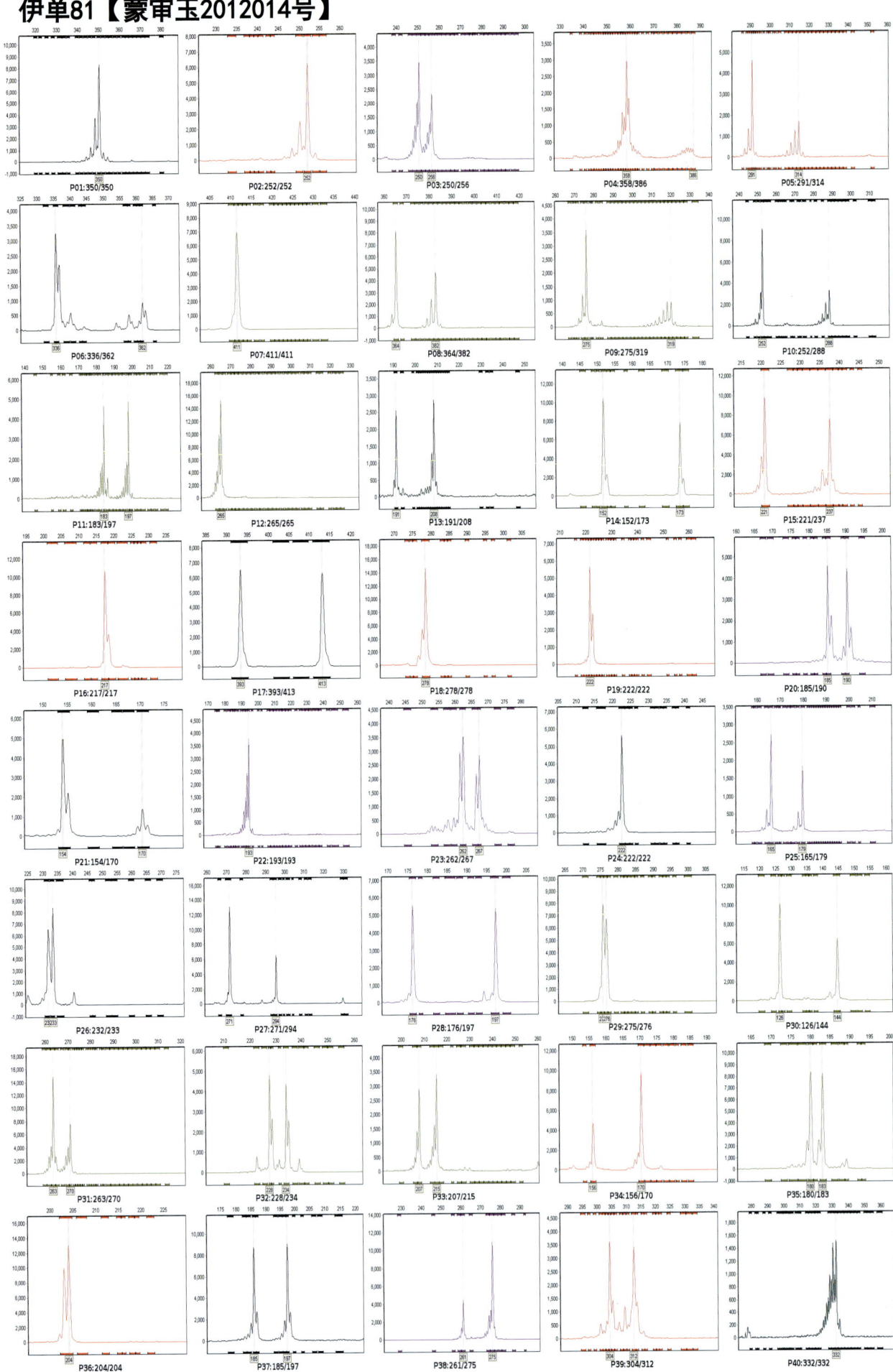

内早209【蒙审玉2012015号】

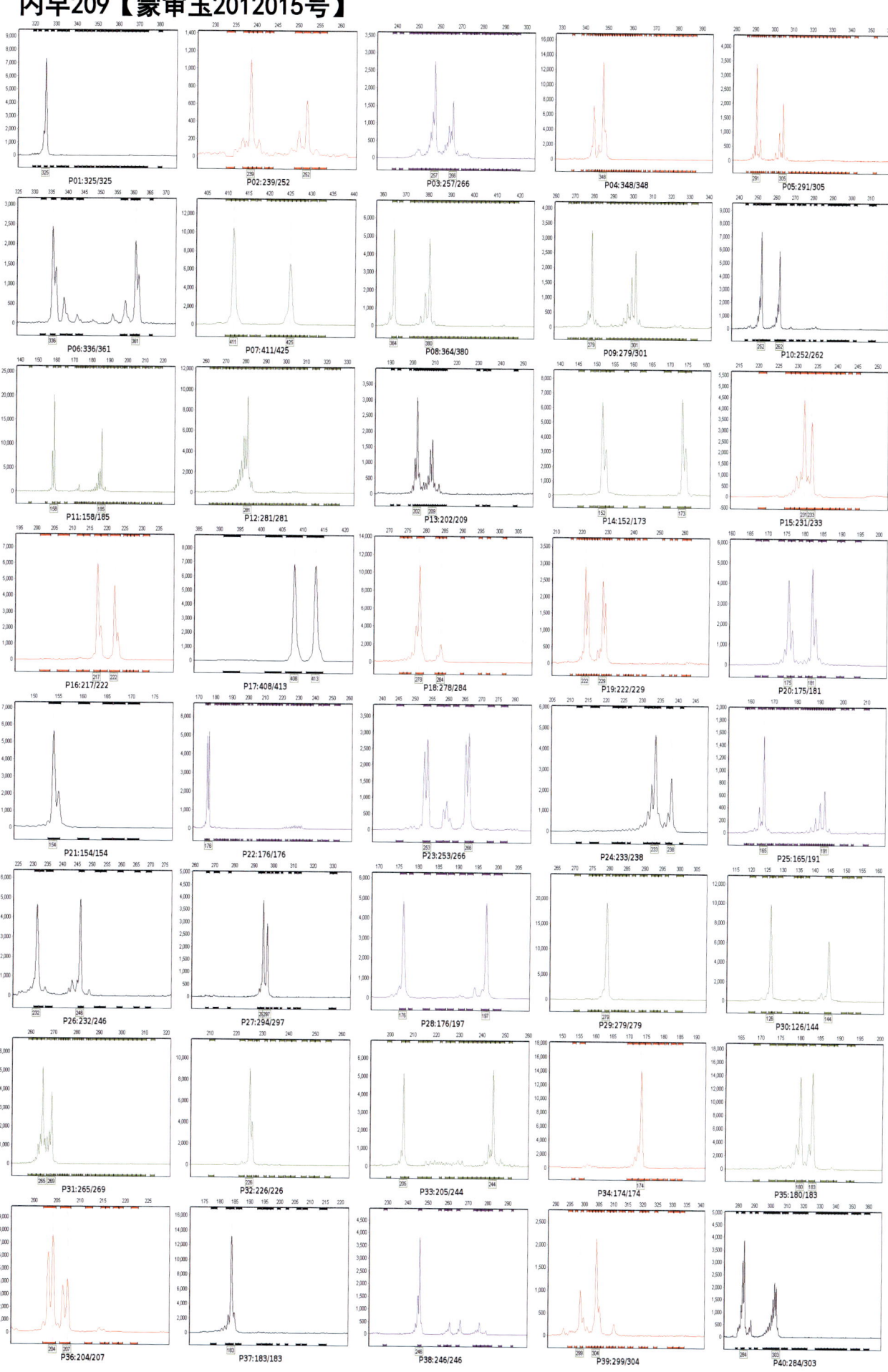

种星56【蒙审玉2012016号】

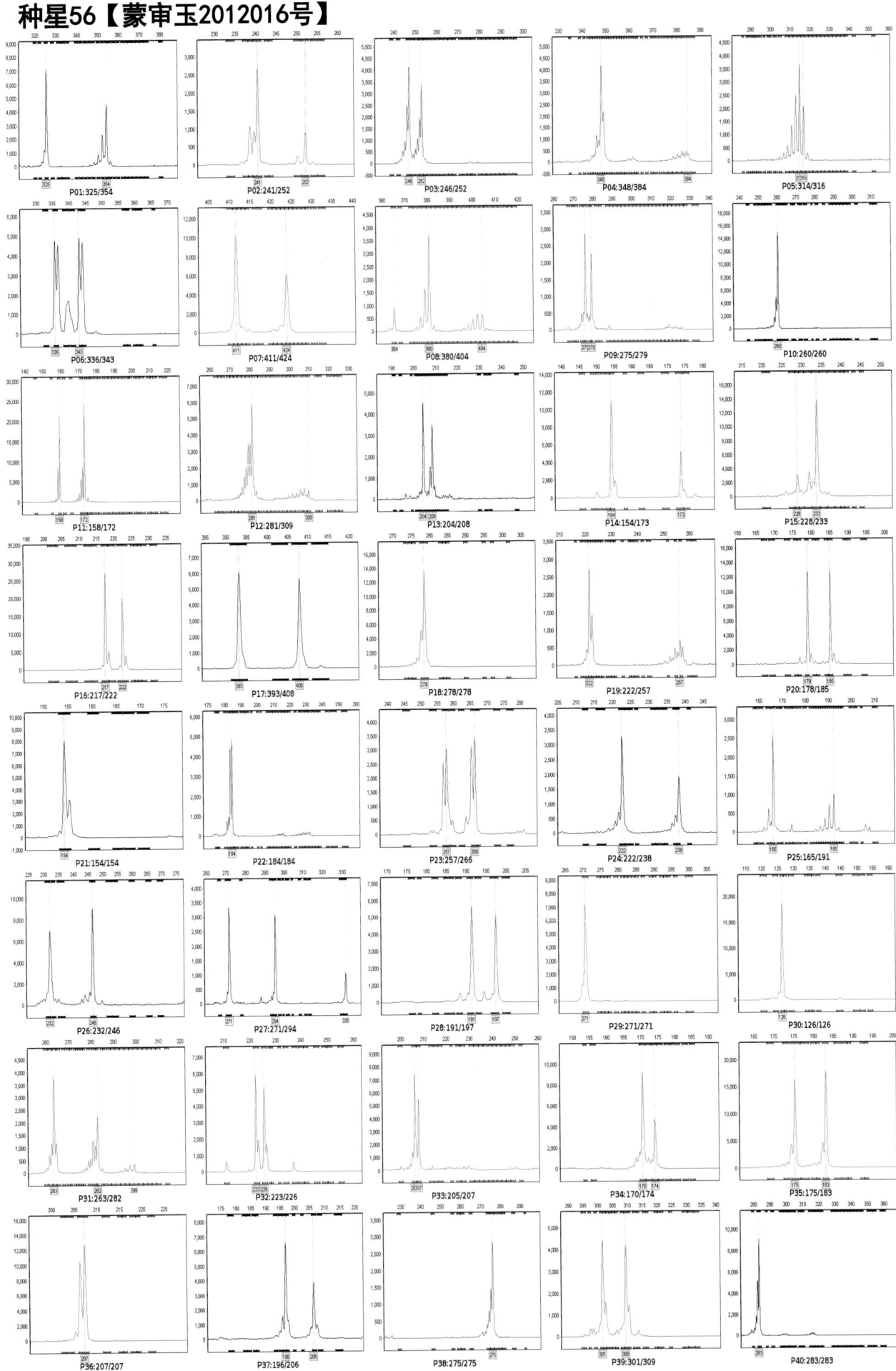

大民8860【蒙审玉2012017号】

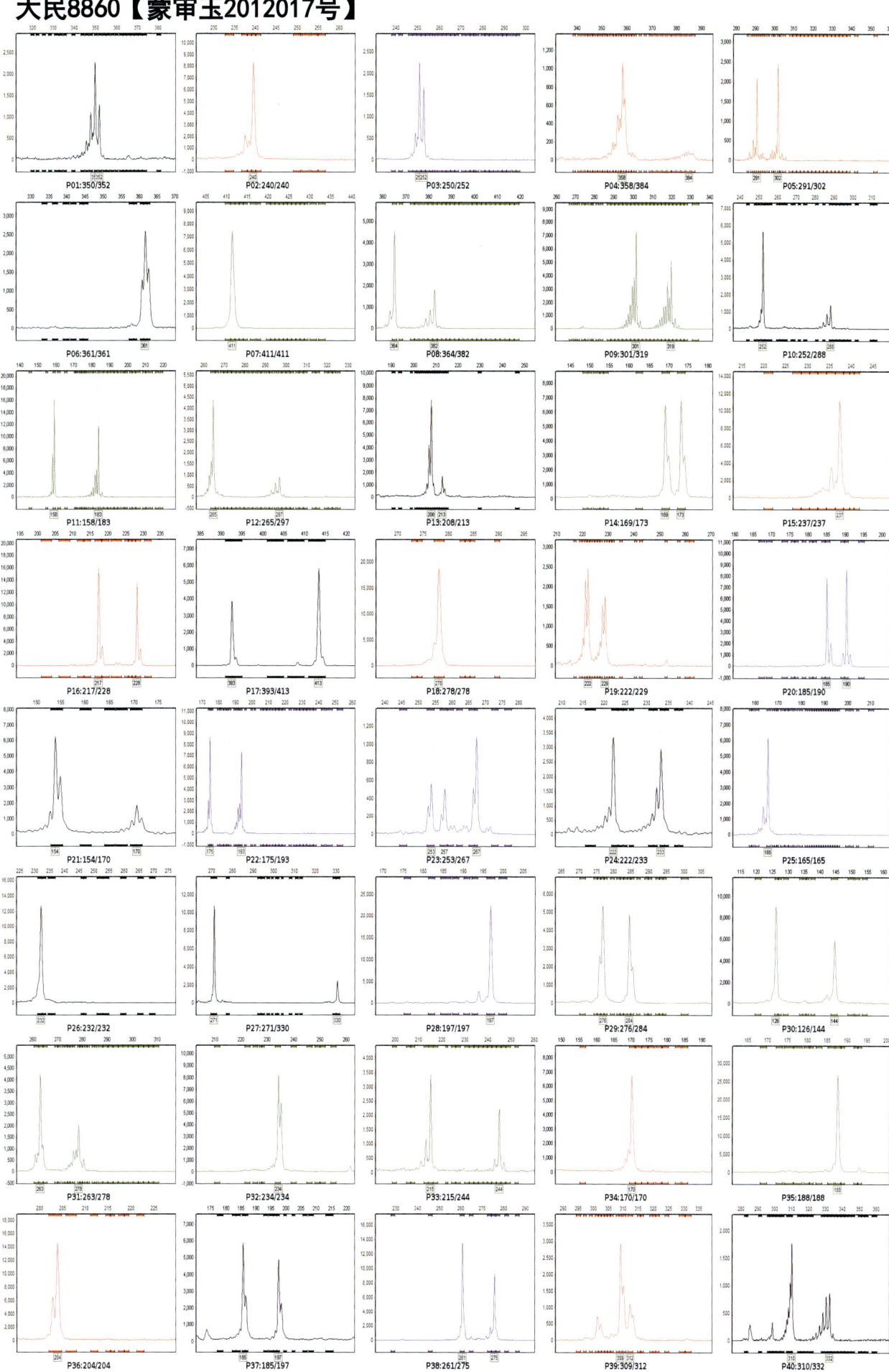

西蒙6号【蒙审玉2012018号】

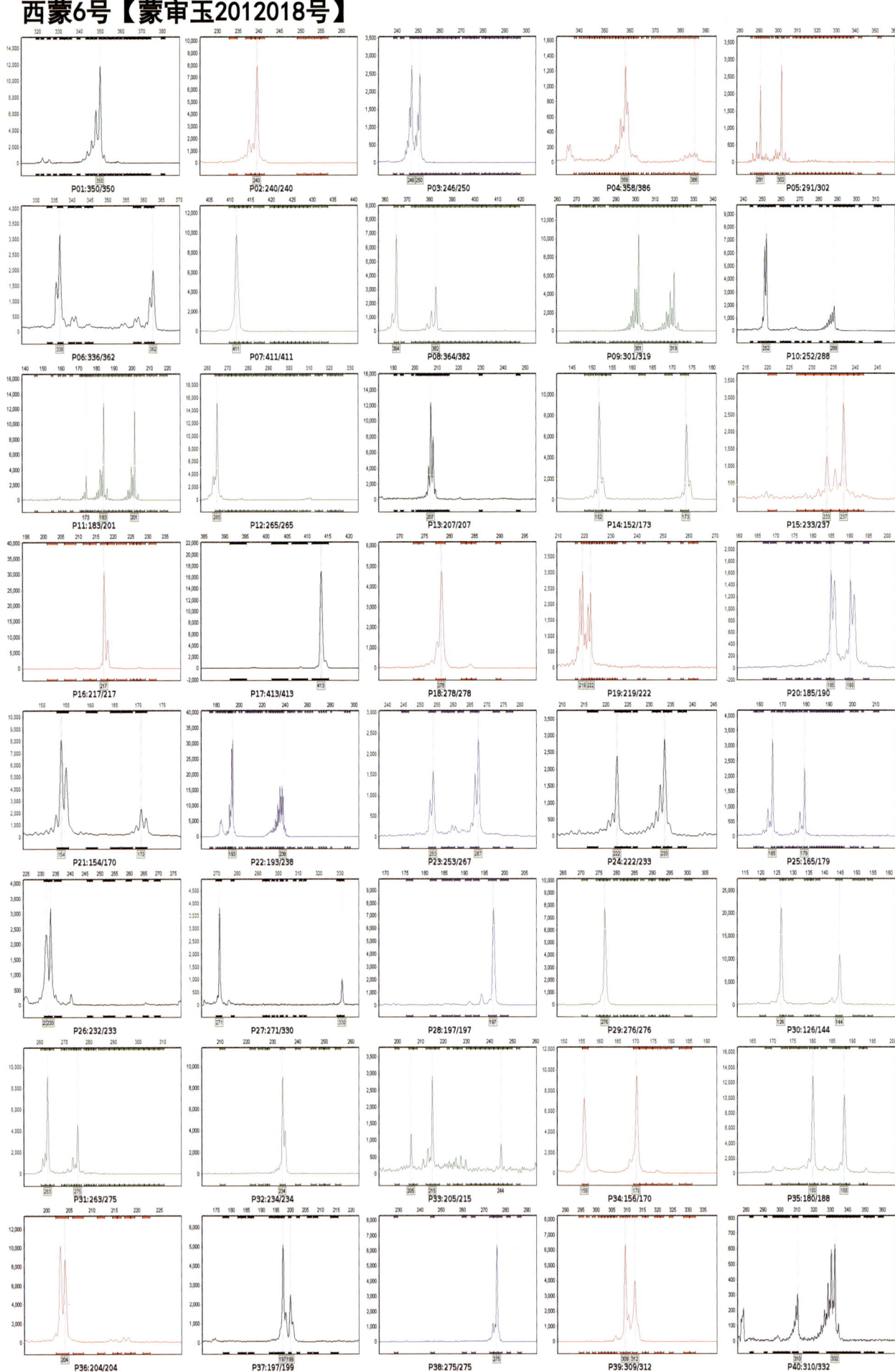

利民17【蒙审玉2012019号】

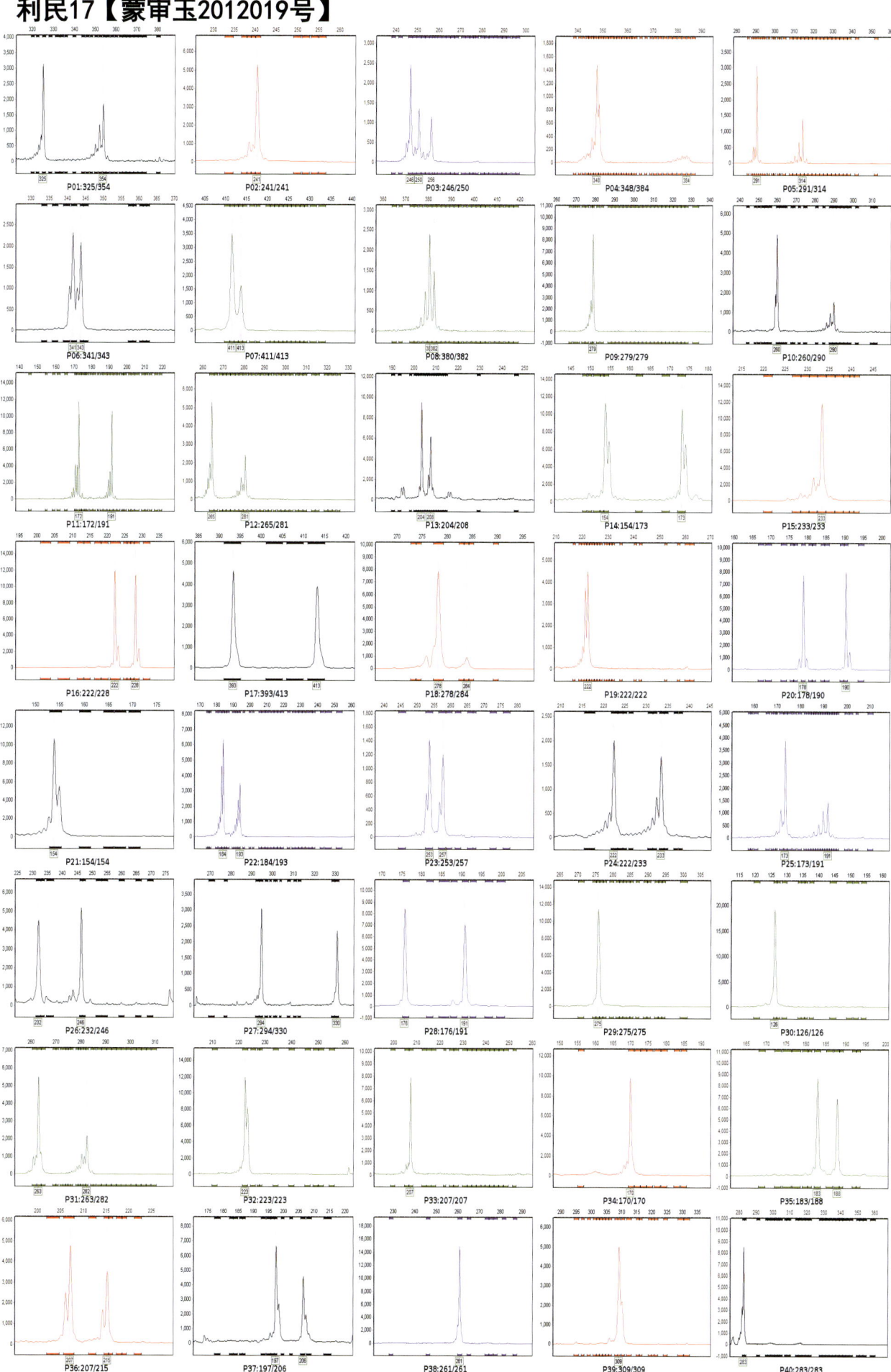

利民27【蒙审玉2012020号】

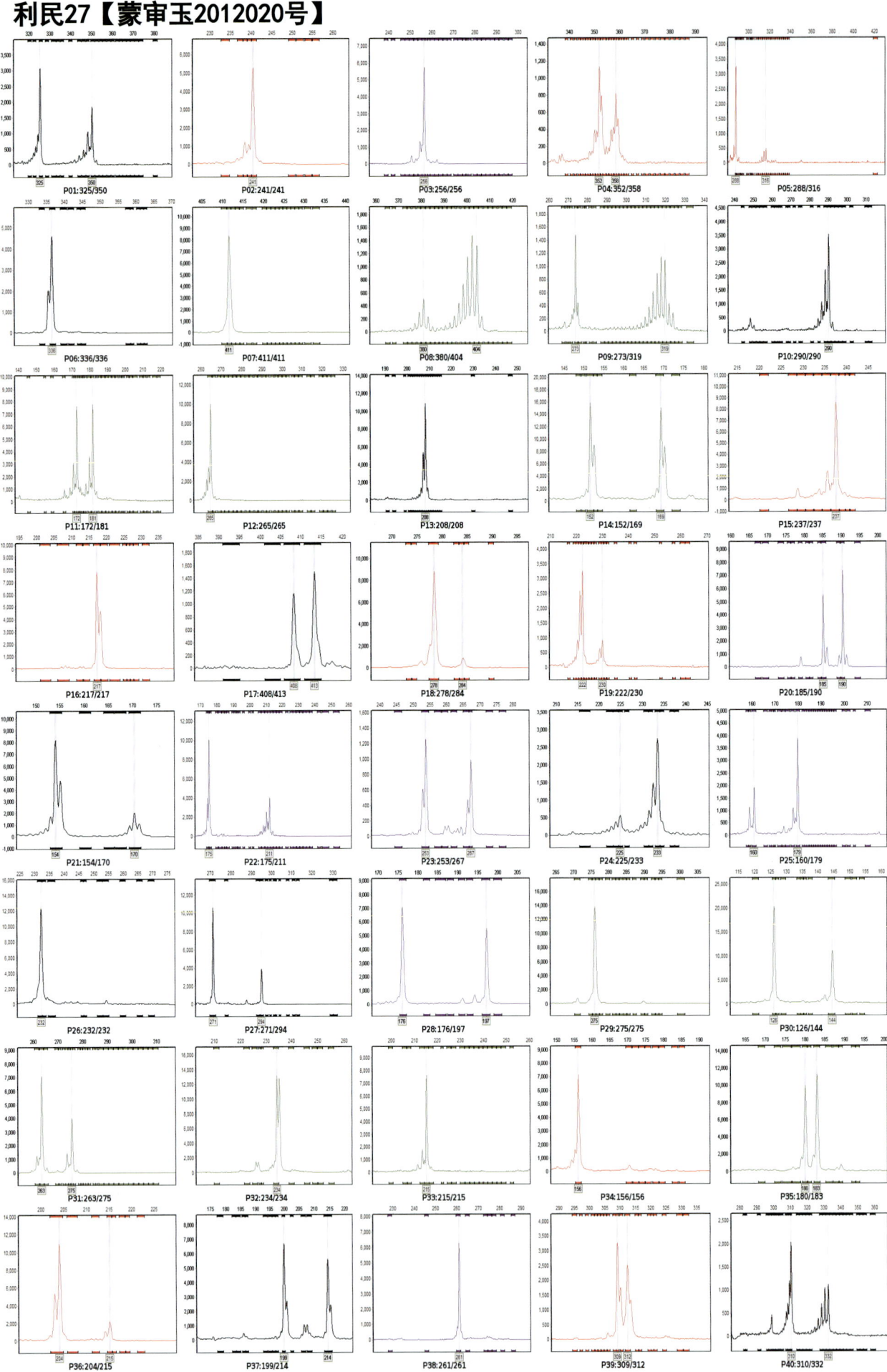

长丰59【蒙审玉2012021号】

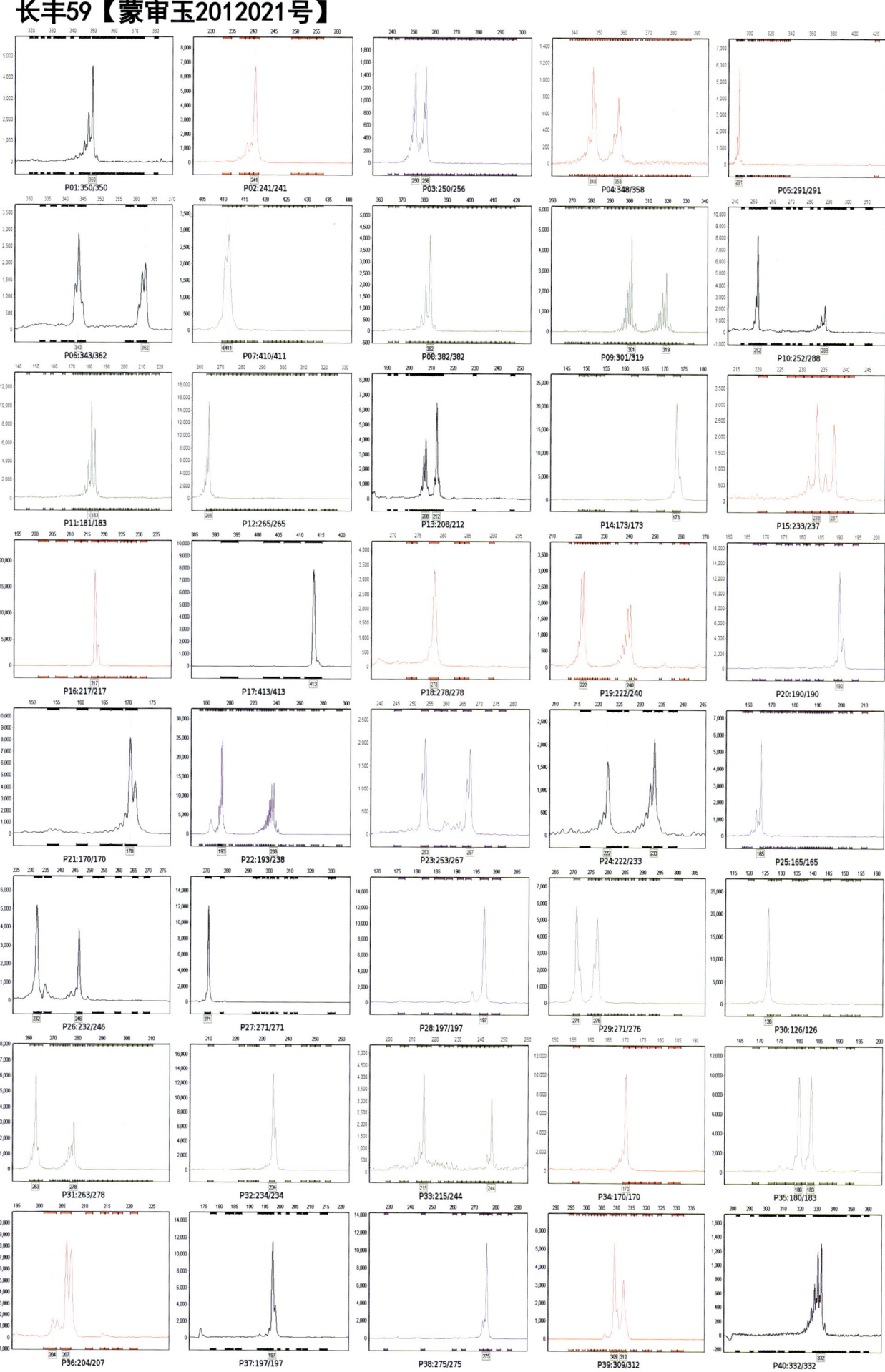

巴单998【蒙审玉2012022号】

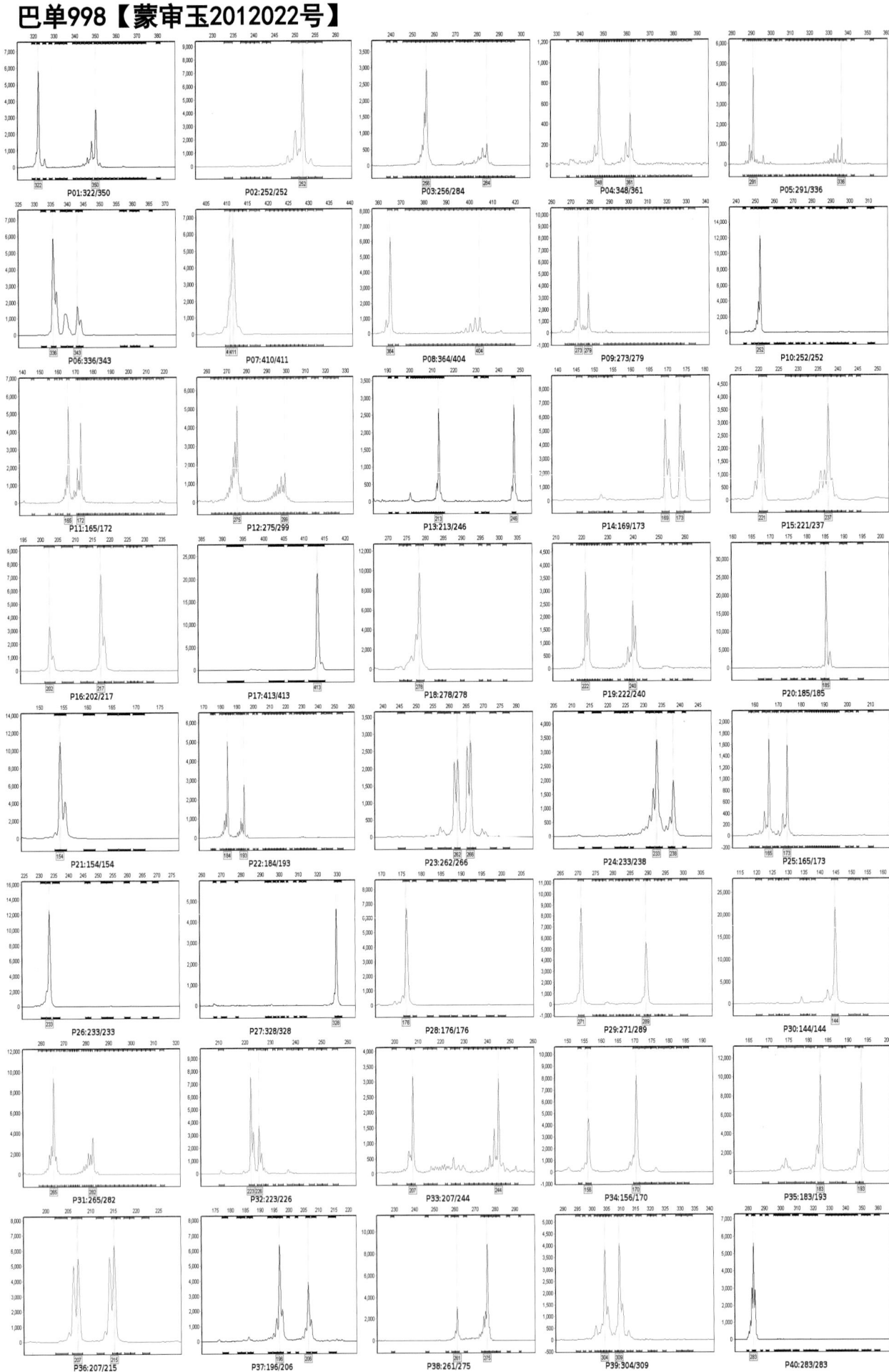

内单408【蒙审玉2012023号】

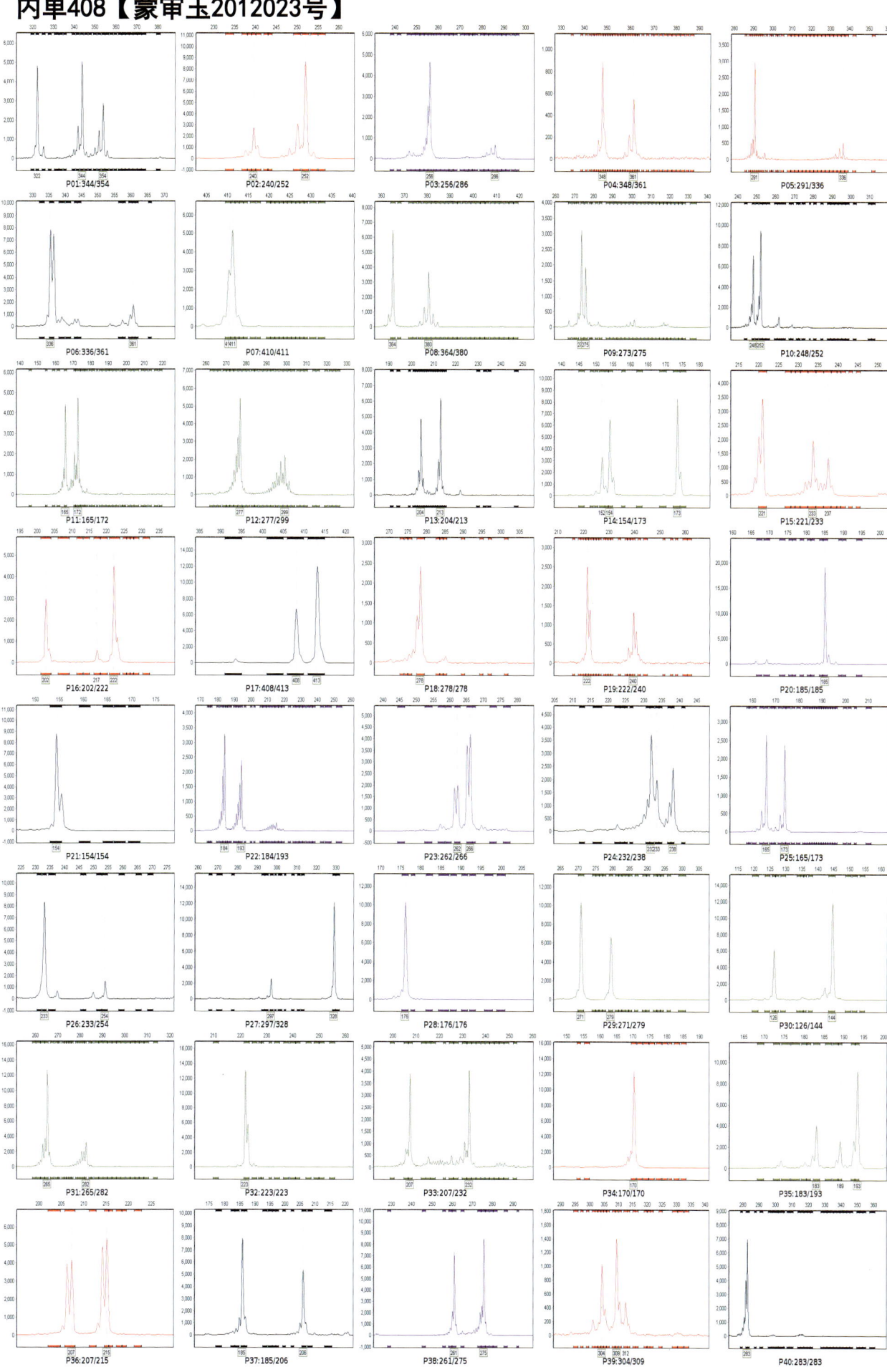

M8【蒙审玉2012024号】

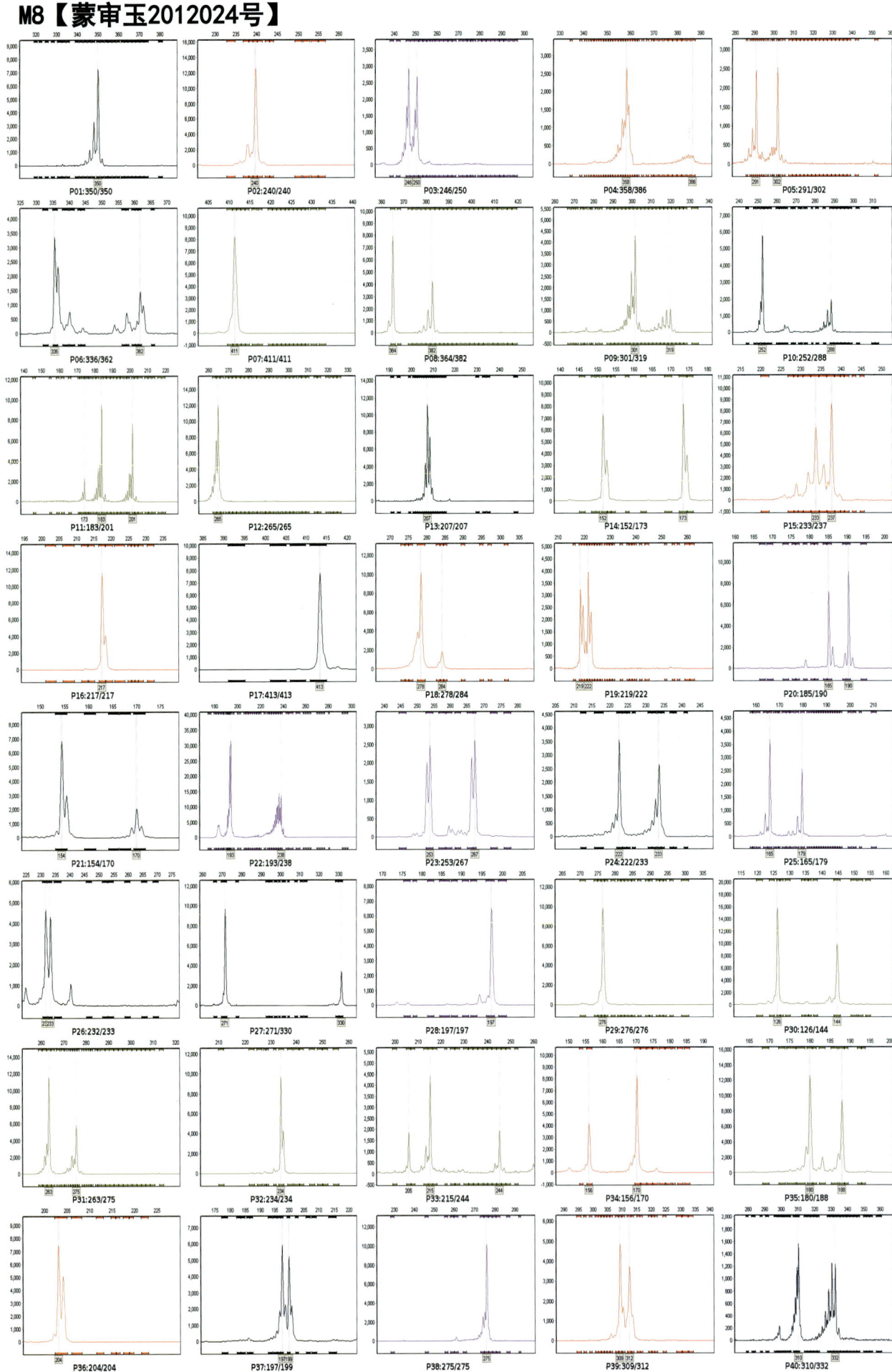

包玉9号【蒙审玉2012025号】

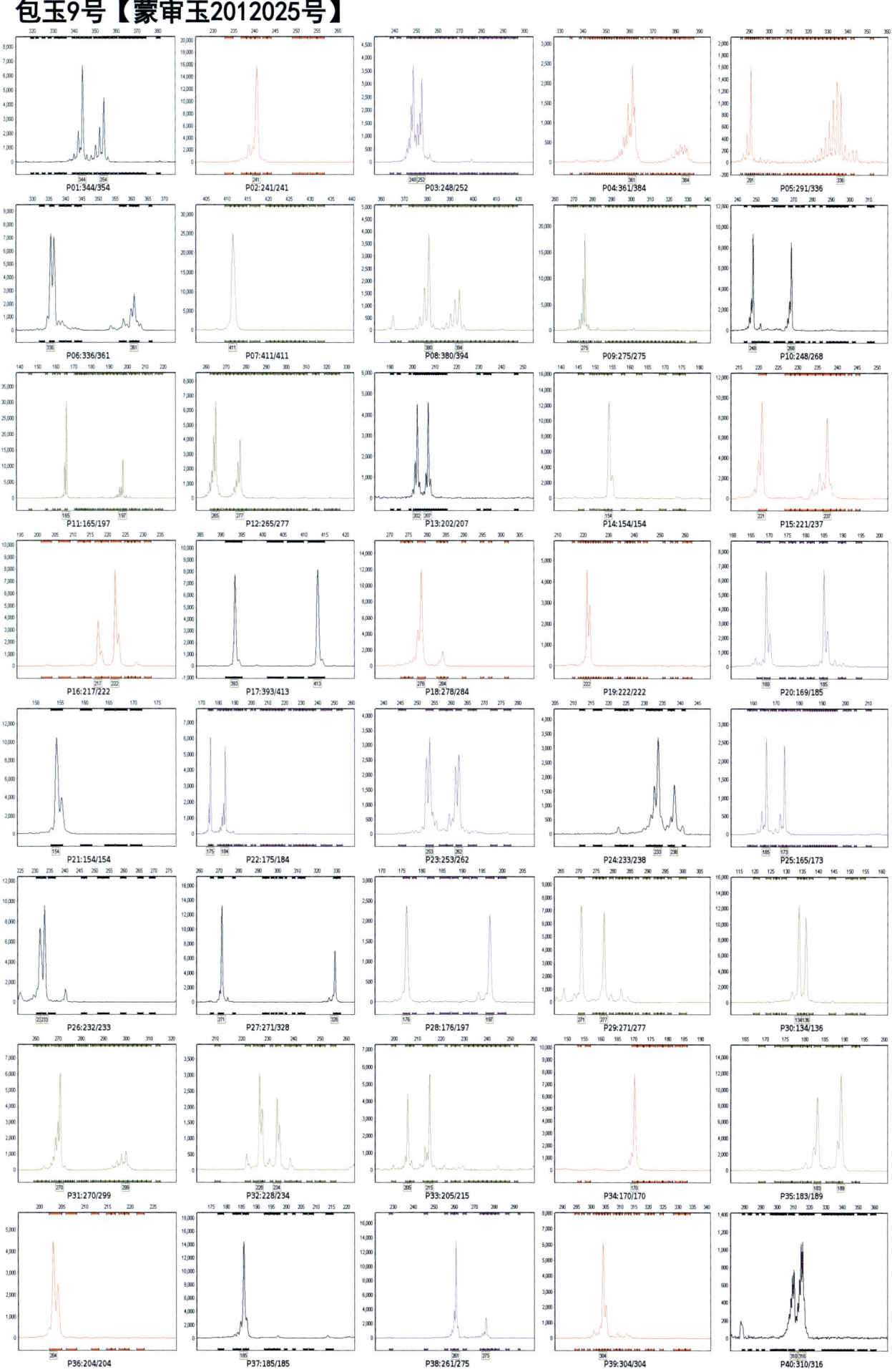

九玉1034【蒙审玉2012026号】

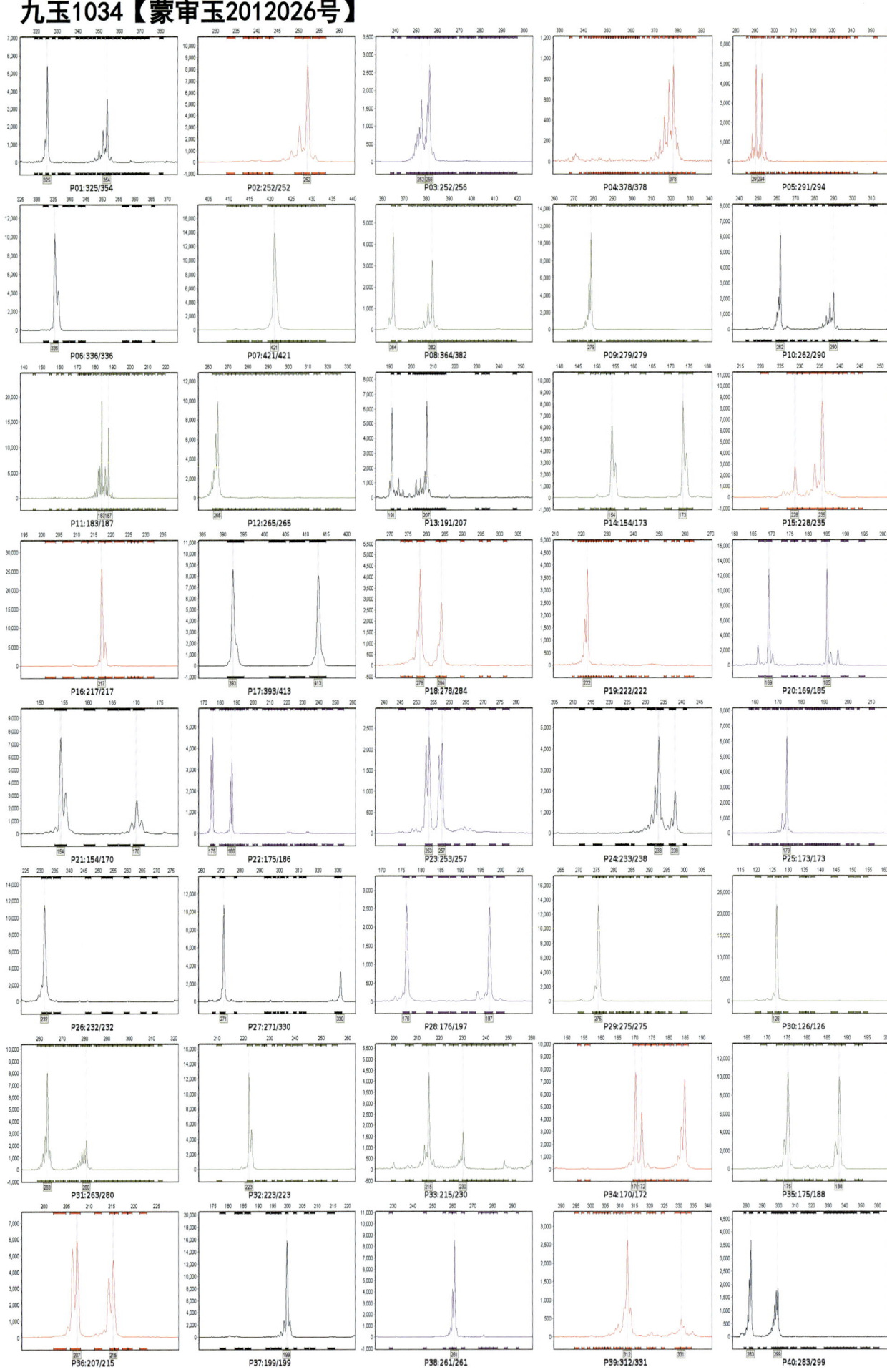

金创998【蒙审玉2012027号】

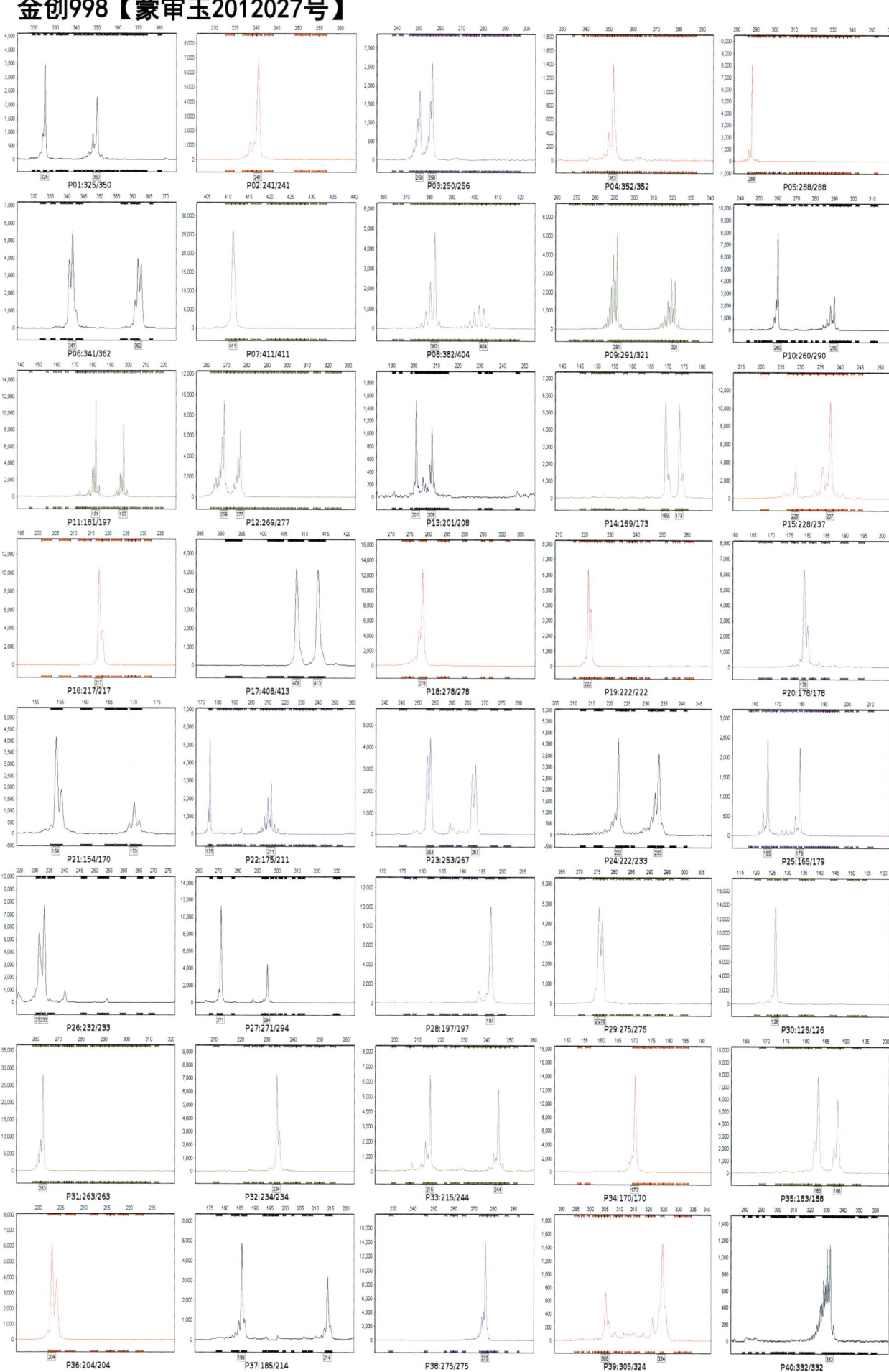

彩糯168【蒙审玉2012028号】

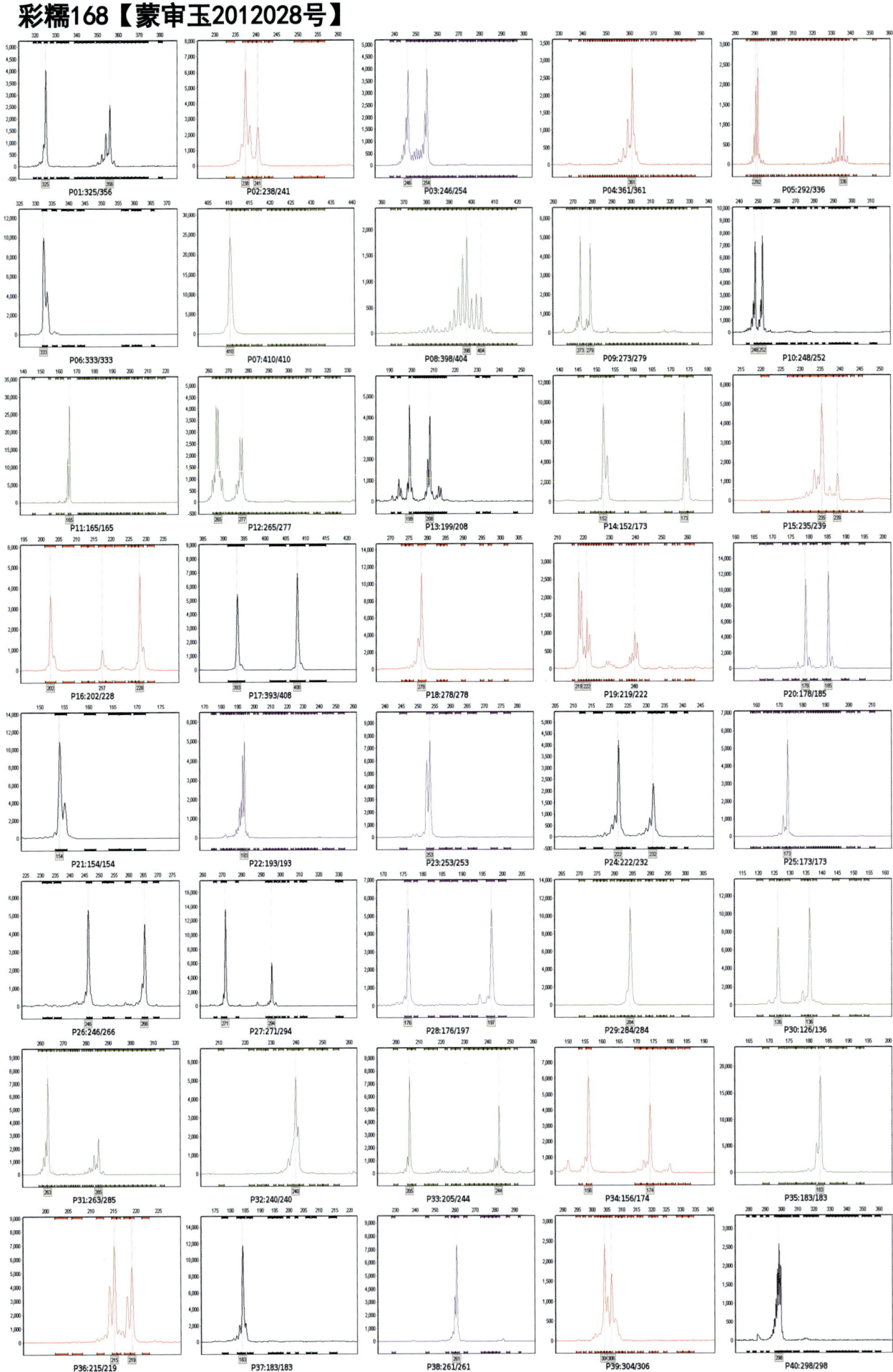

真金糯100【蒙审玉2012029号】

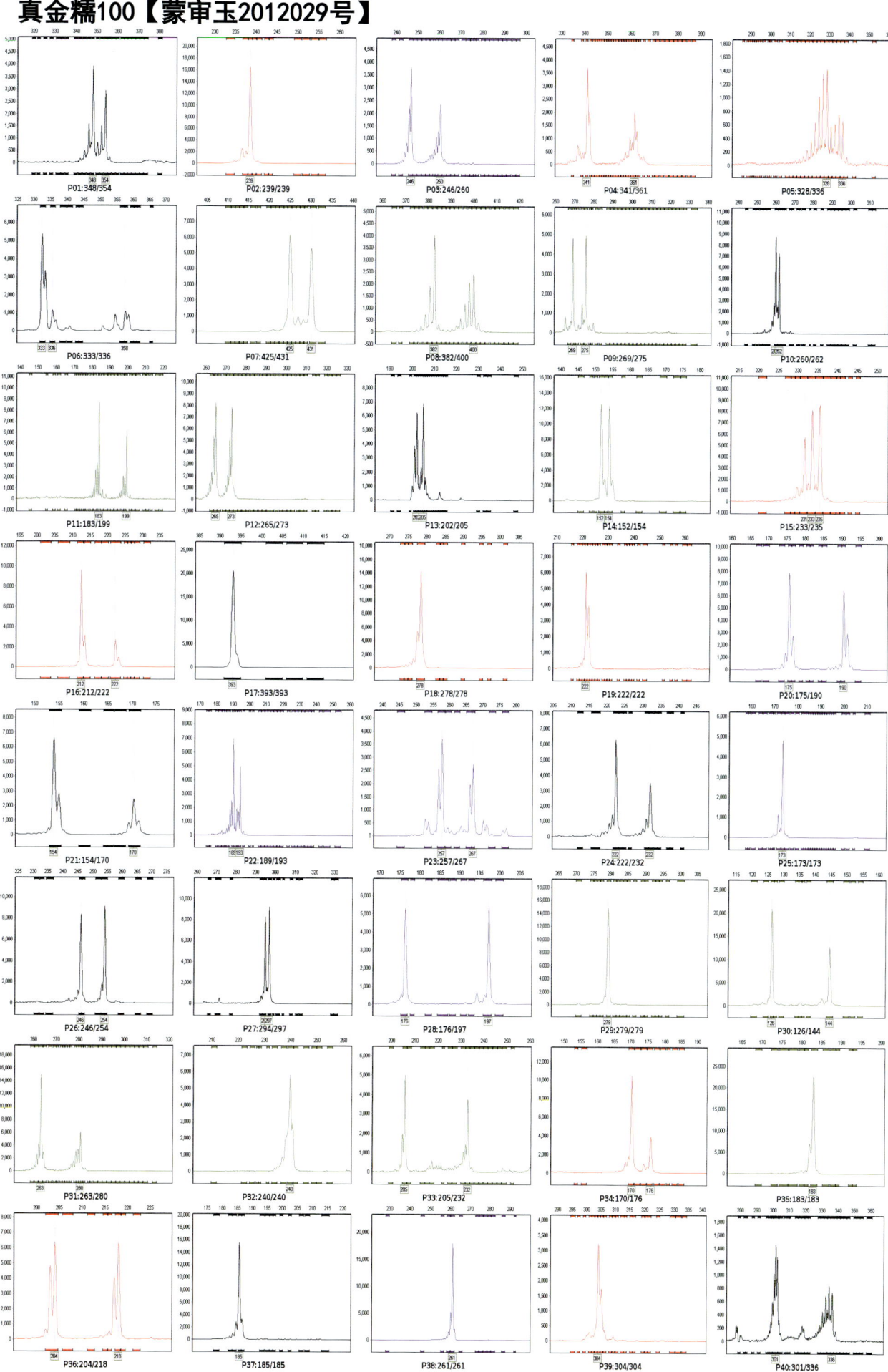

燕禾金2000【蒙审玉2012030号】

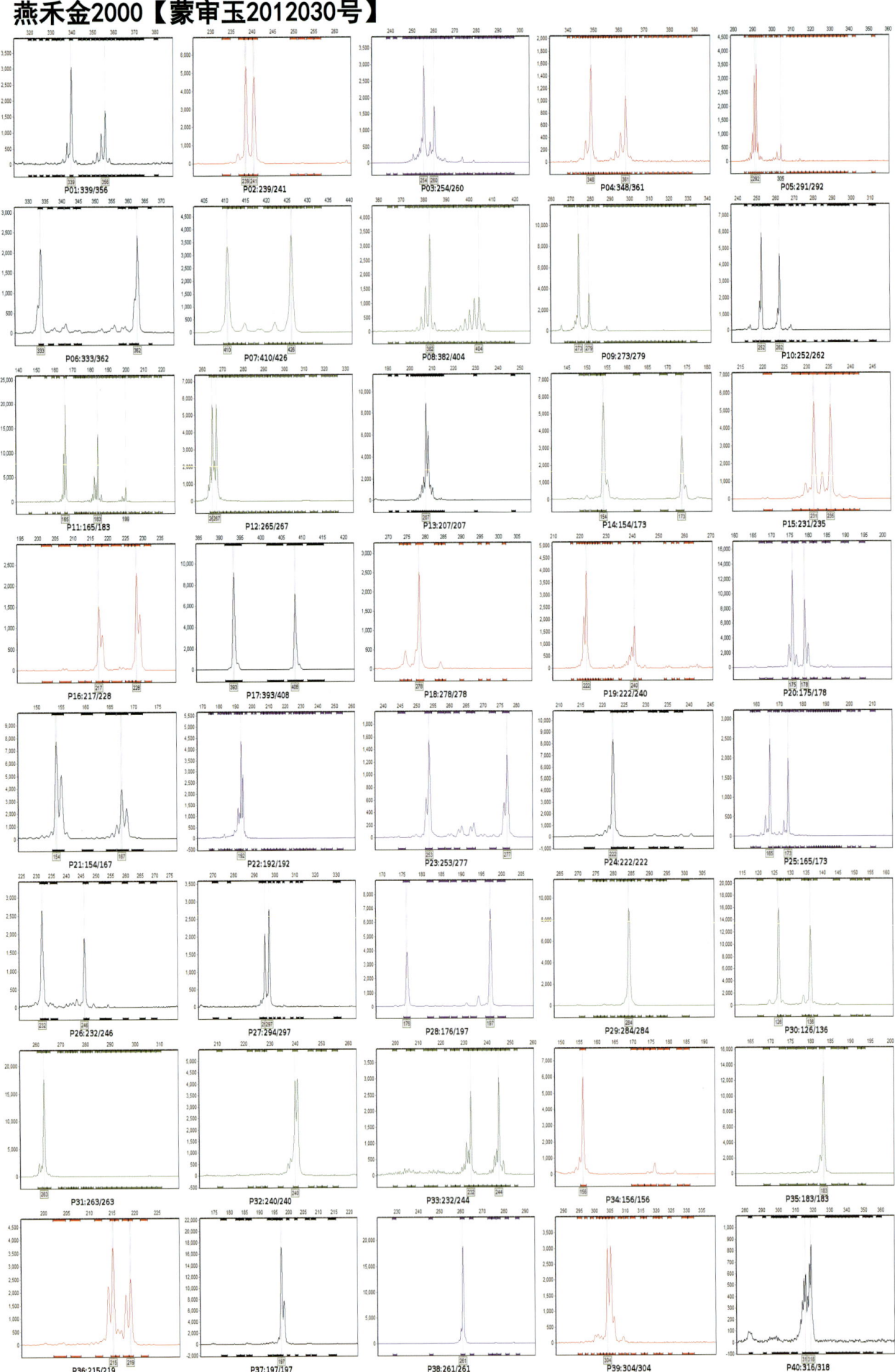

燕禾金紫黑糯【蒙审玉2012031号】

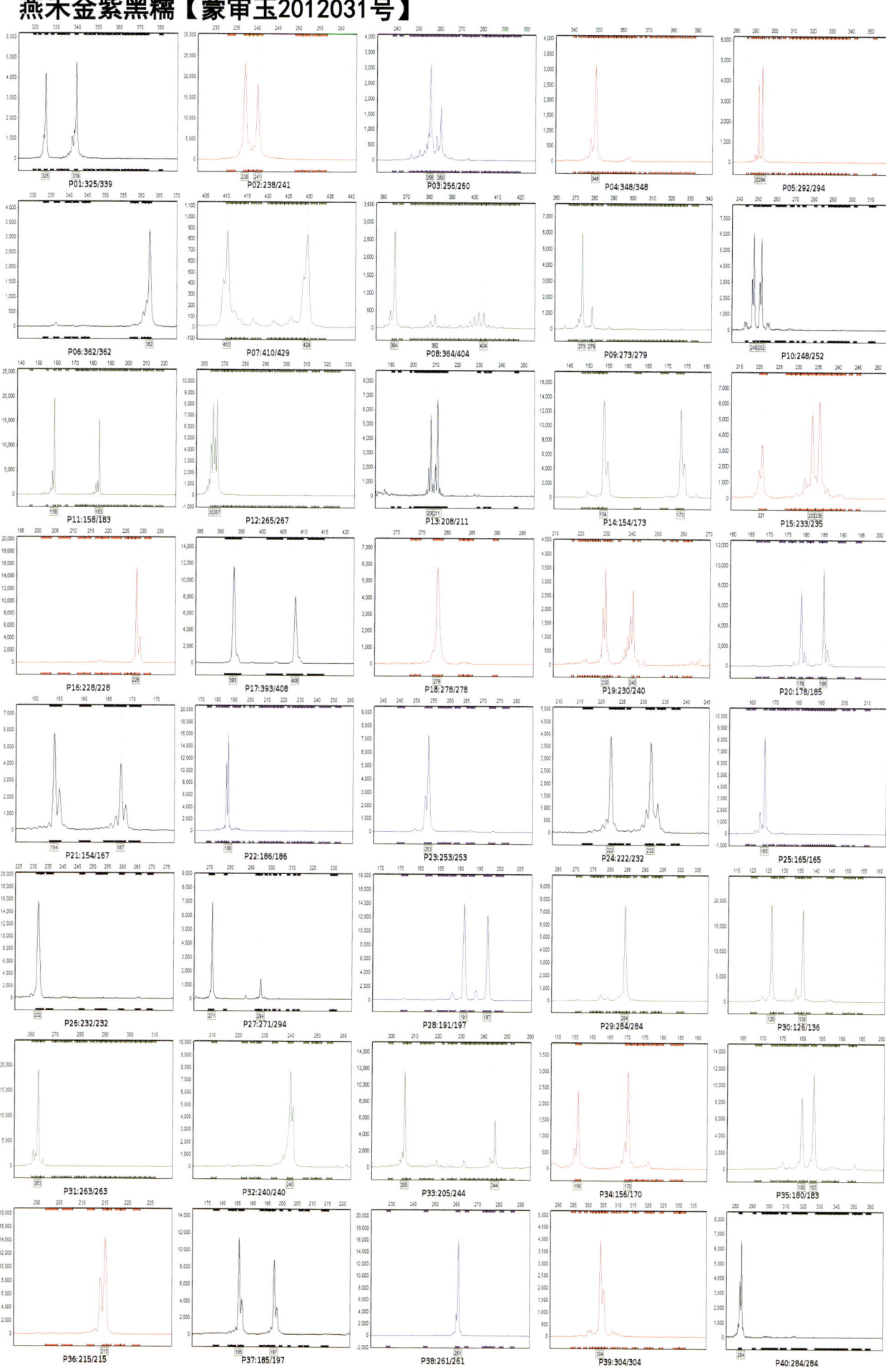

金创18【蒙审玉2012032号】

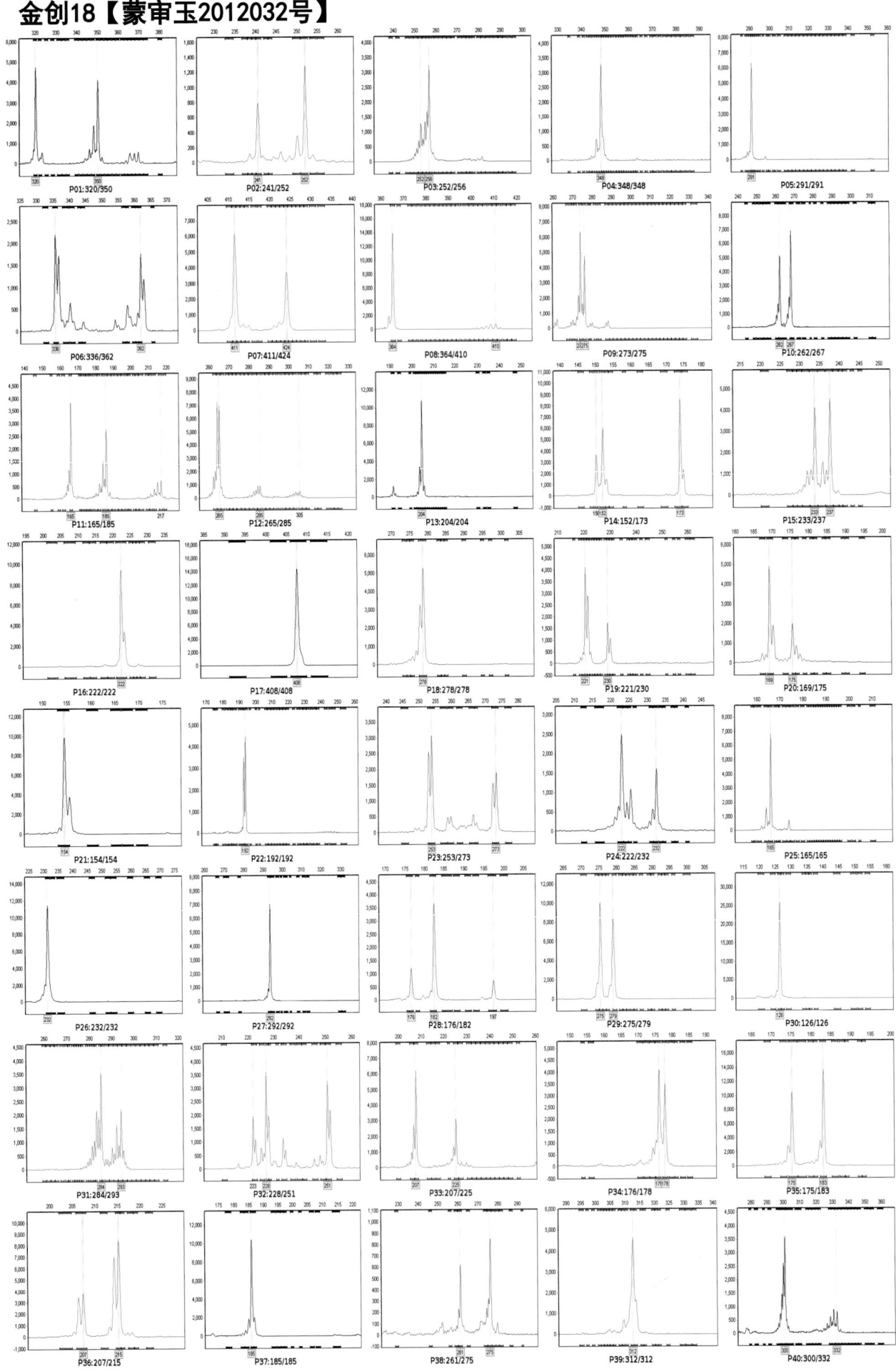

玉龙9号【蒙审玉2012033号】

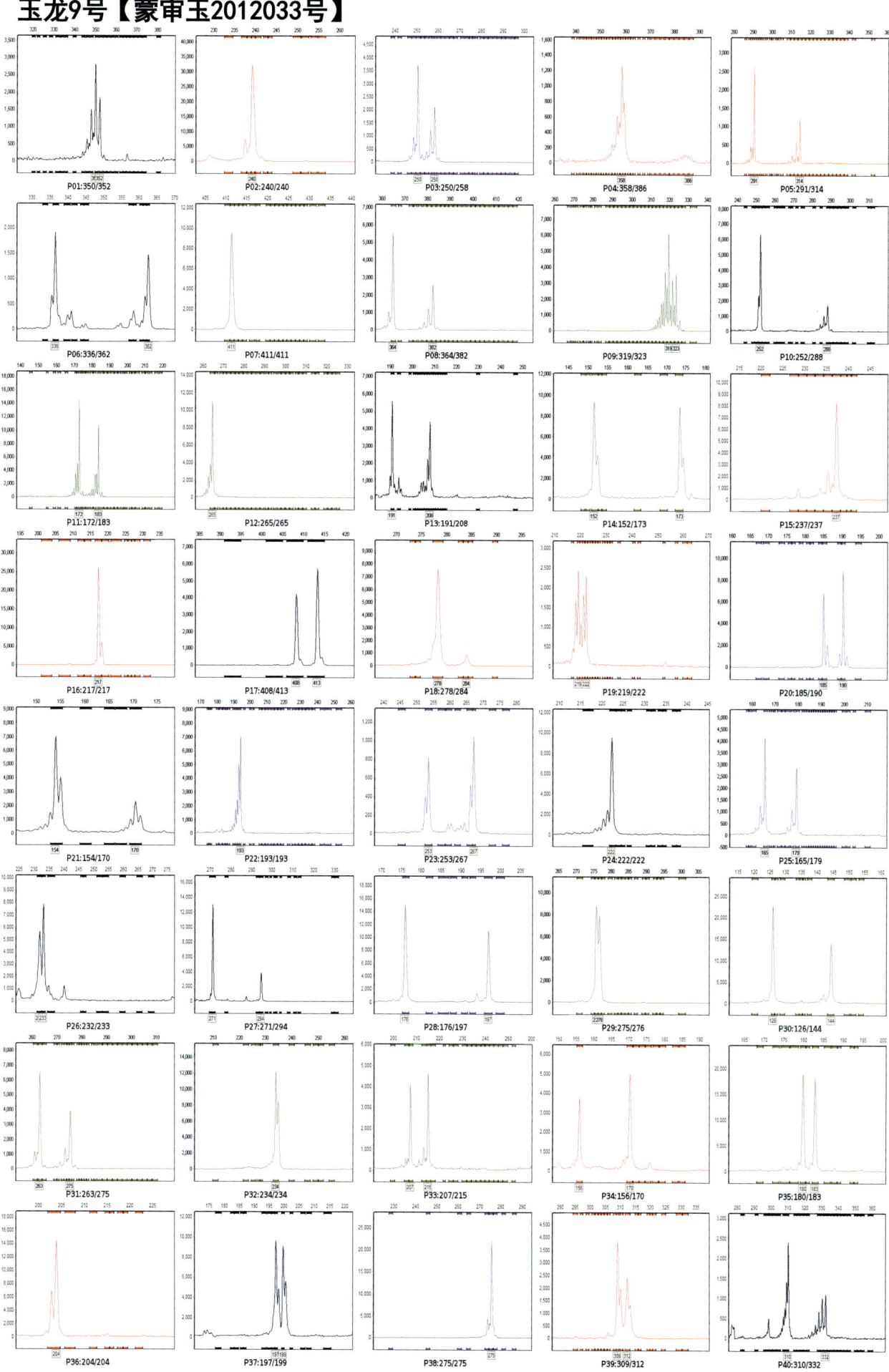

三丰165【蒙审玉2012034号】

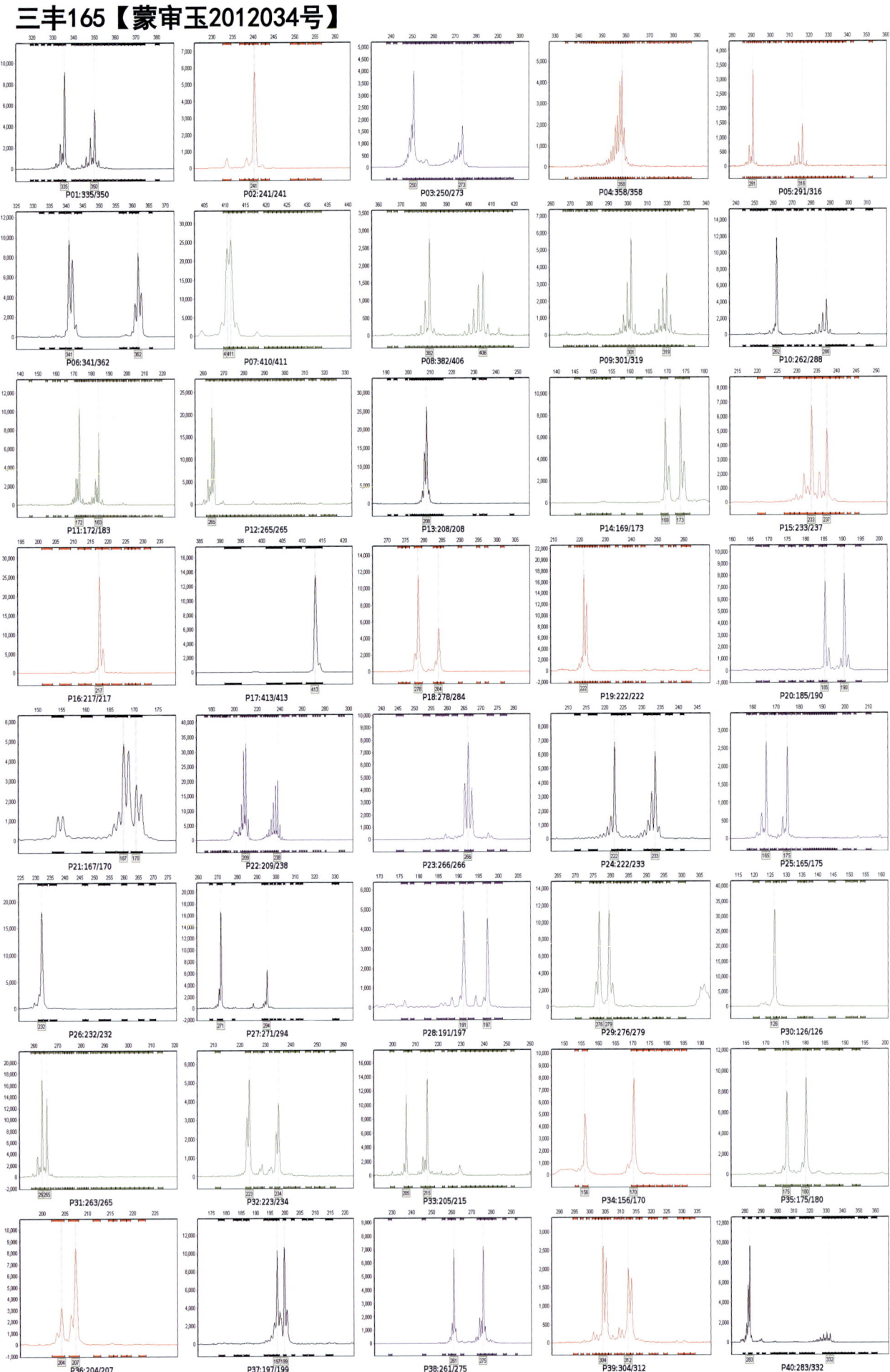

鑫达135【蒙审玉2012035号】

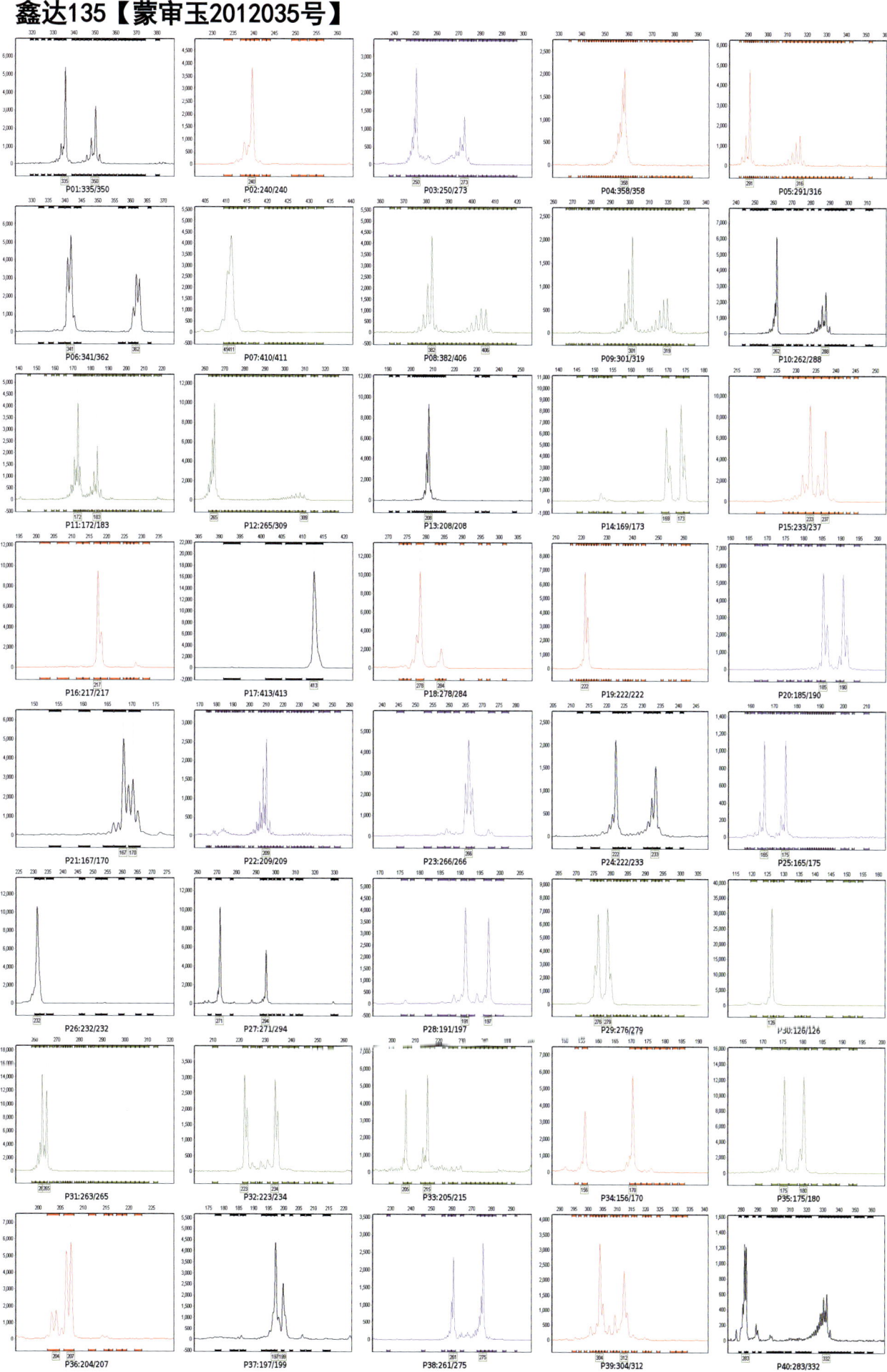

M001【蒙审玉2012036号】

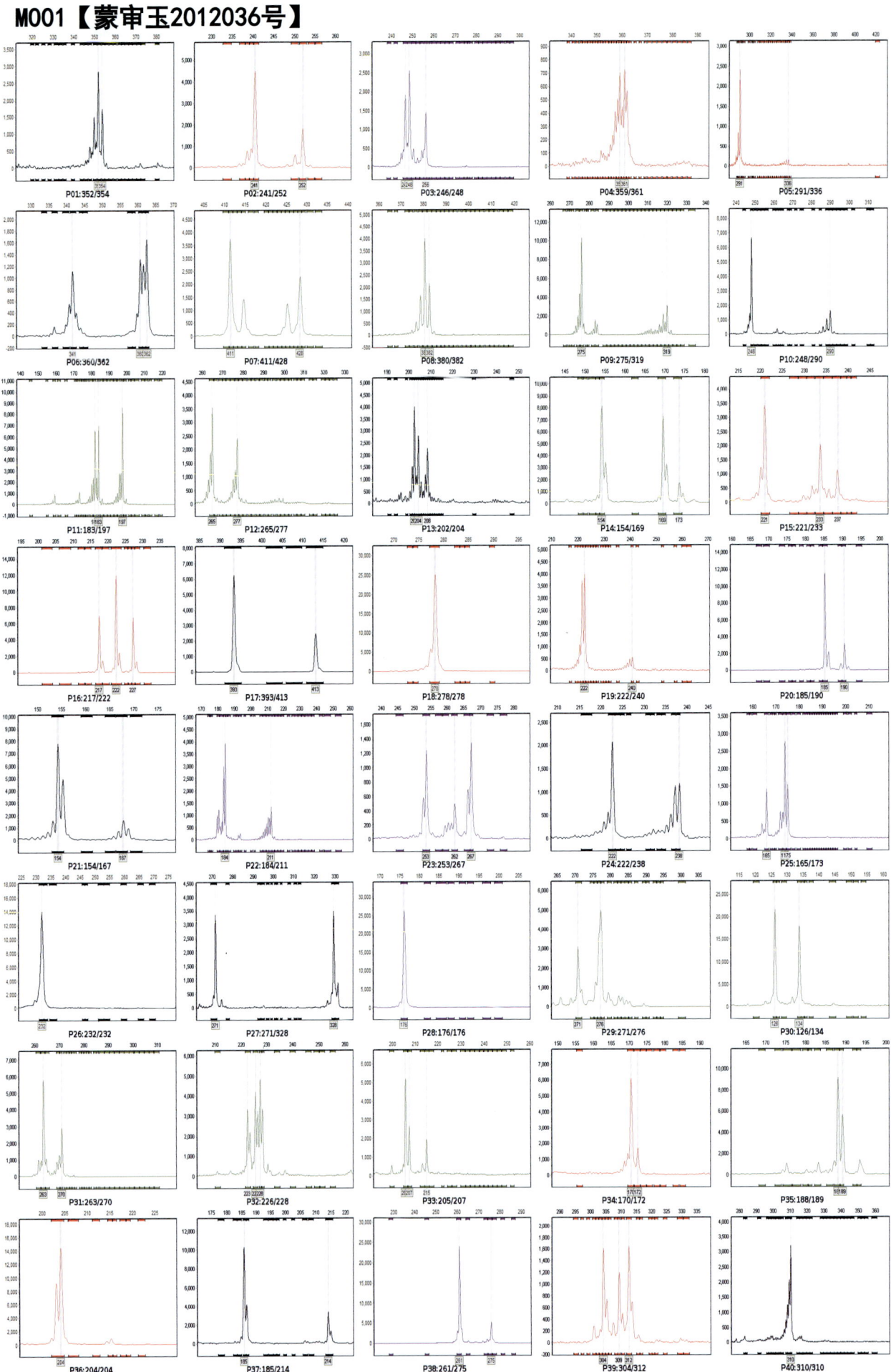

CF22【蒙审玉2012037号】

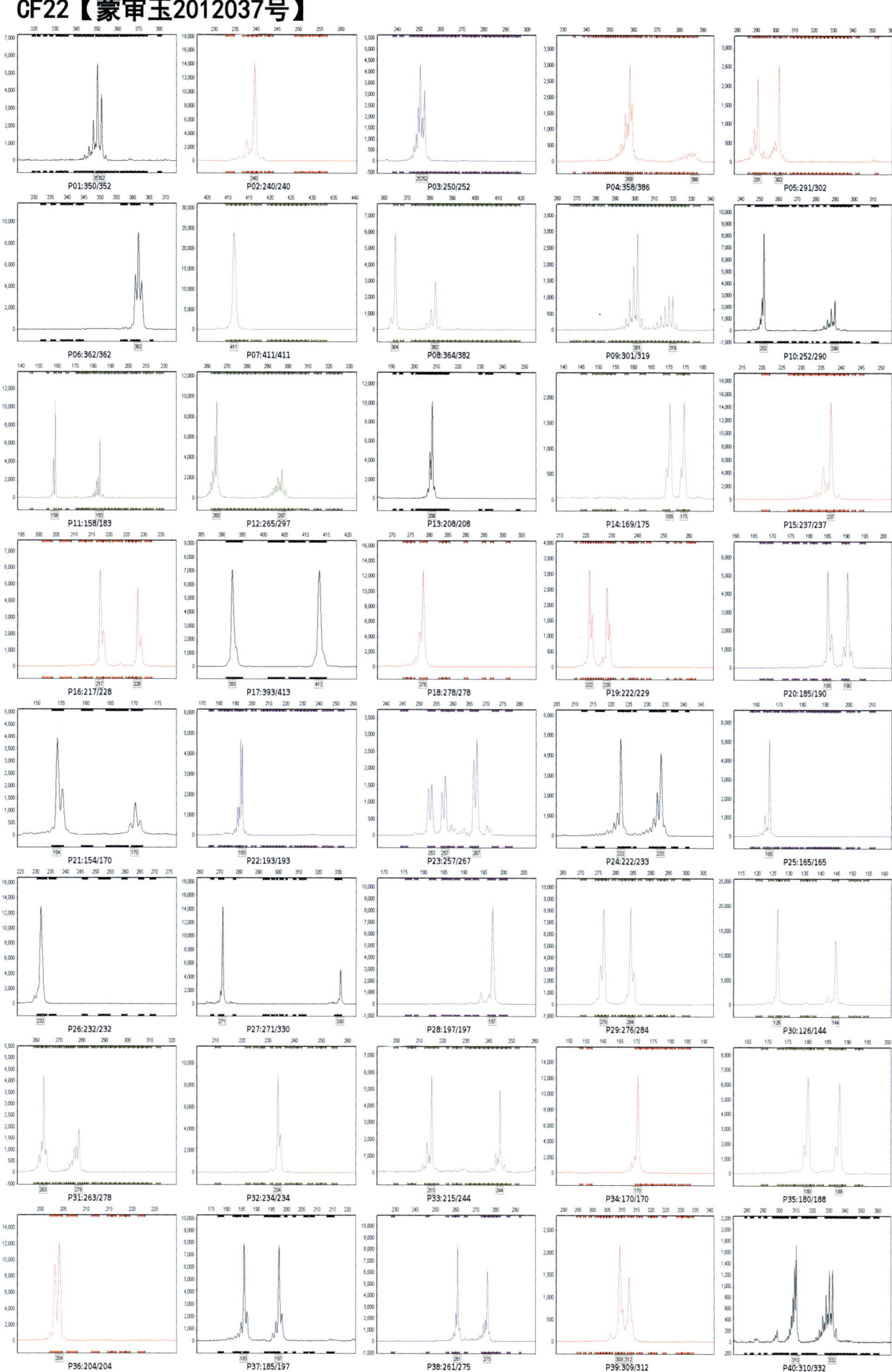

CF88【蒙审玉2012038号】

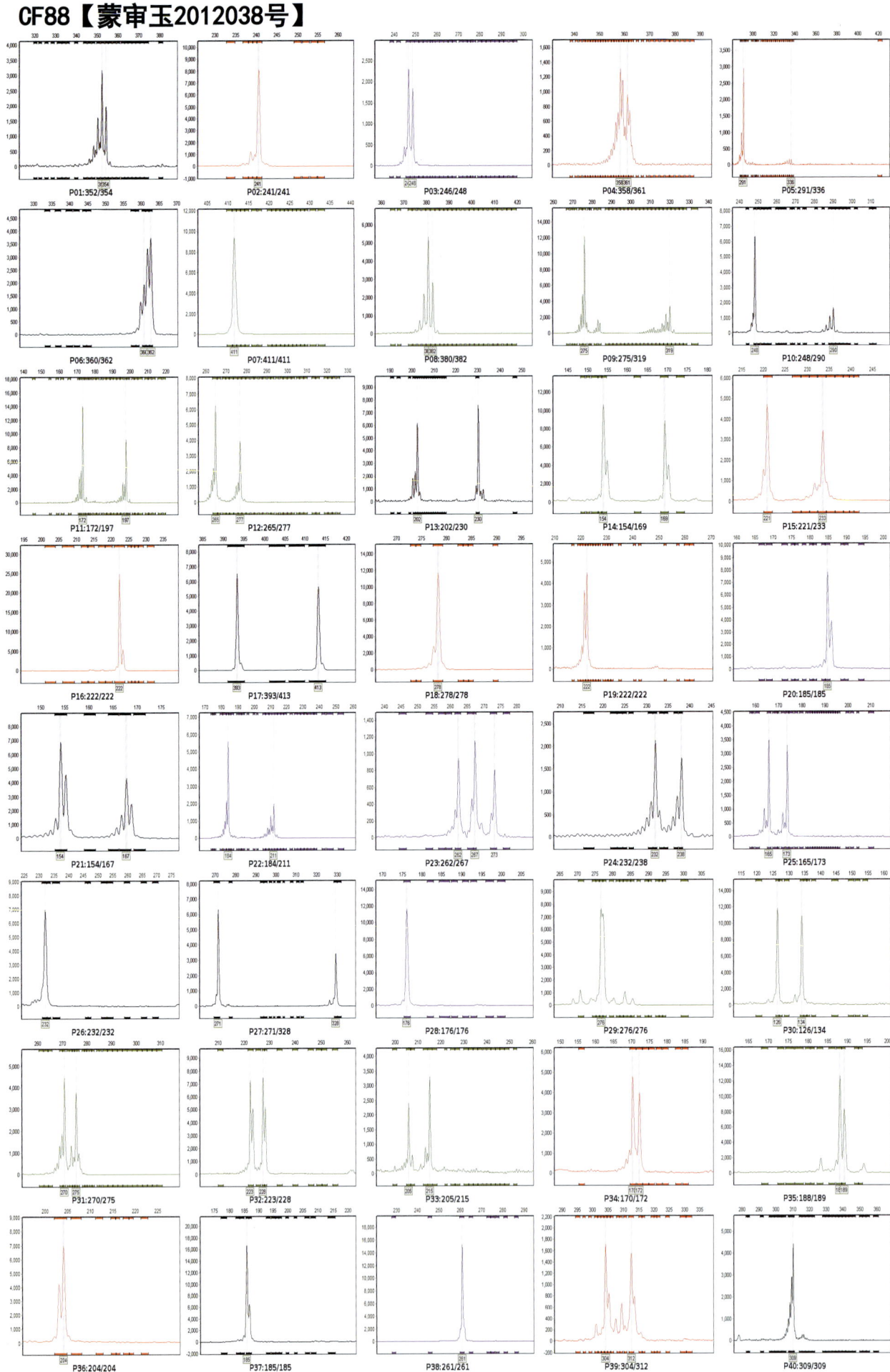

众德331【蒙审玉2012039号】

P01:325/354　P02:241/241　P03:252/256　P04:348/378　P05:294/318
P06:336/343　P07:411/425　P08:364/364　P09:275/279　P10:260/262
P11:172/197　P12:277/307　P13:202/208　P14:154/173　P15:221/233
P16:217/217　P17:393/413　P18:278/284　P19:222/222　P20:175/185
P21:154/154　P22:184/232　P23:257/266　P24:233/238　P25:165/173
P26:233/246　P27:271/271　P28:176/176　P29:279/284　P30:134/144
P31:265/282　P32:226/234　P33:205/207　P34:156/170　P35:180/183
P36:207/207　P37:185/199　P38:261/261　P39:304/309　P40:284/284

合饲1号【蒙审玉（饲）2012001号】

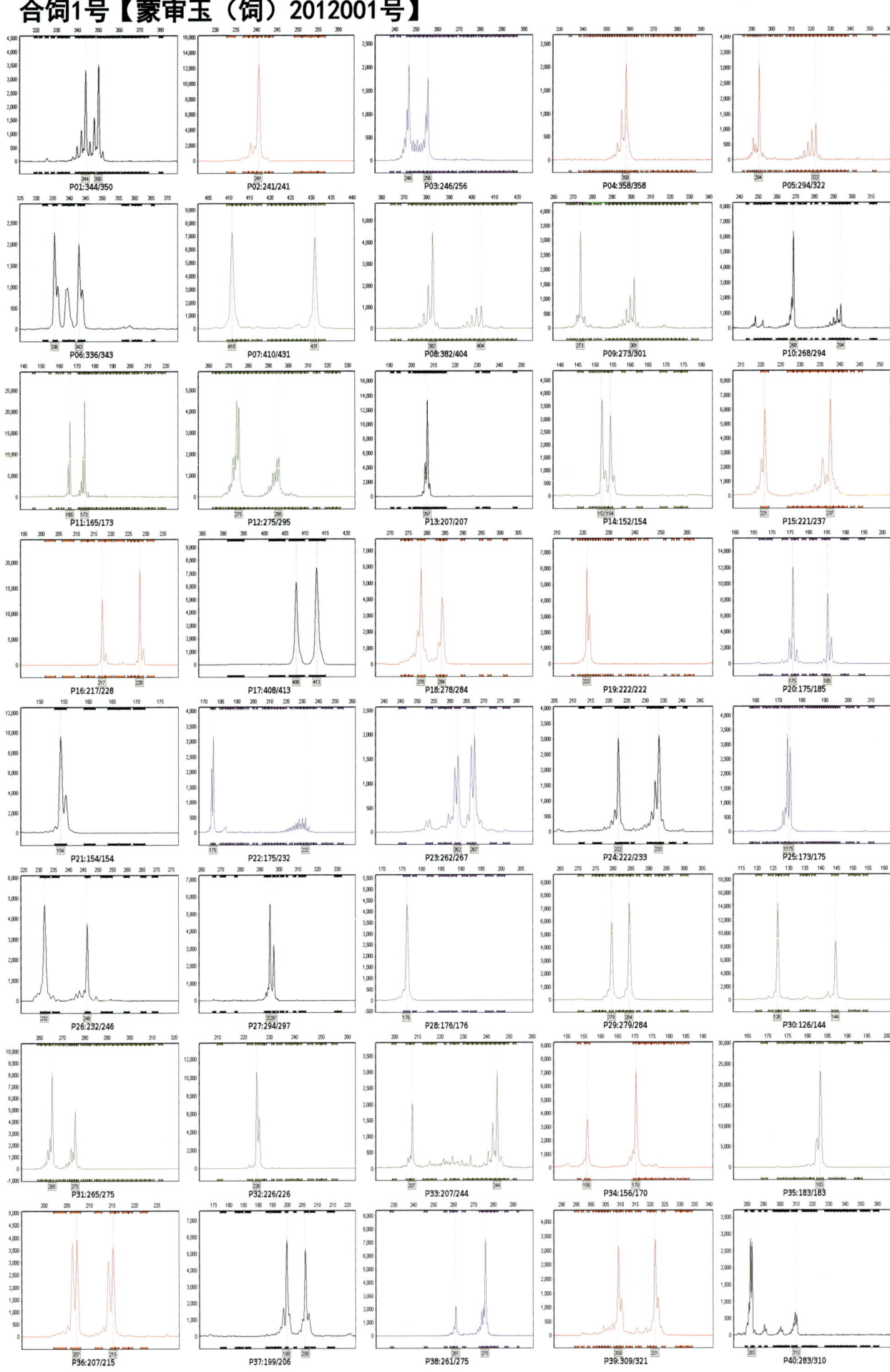

雷润303【蒙审玉2013001号】

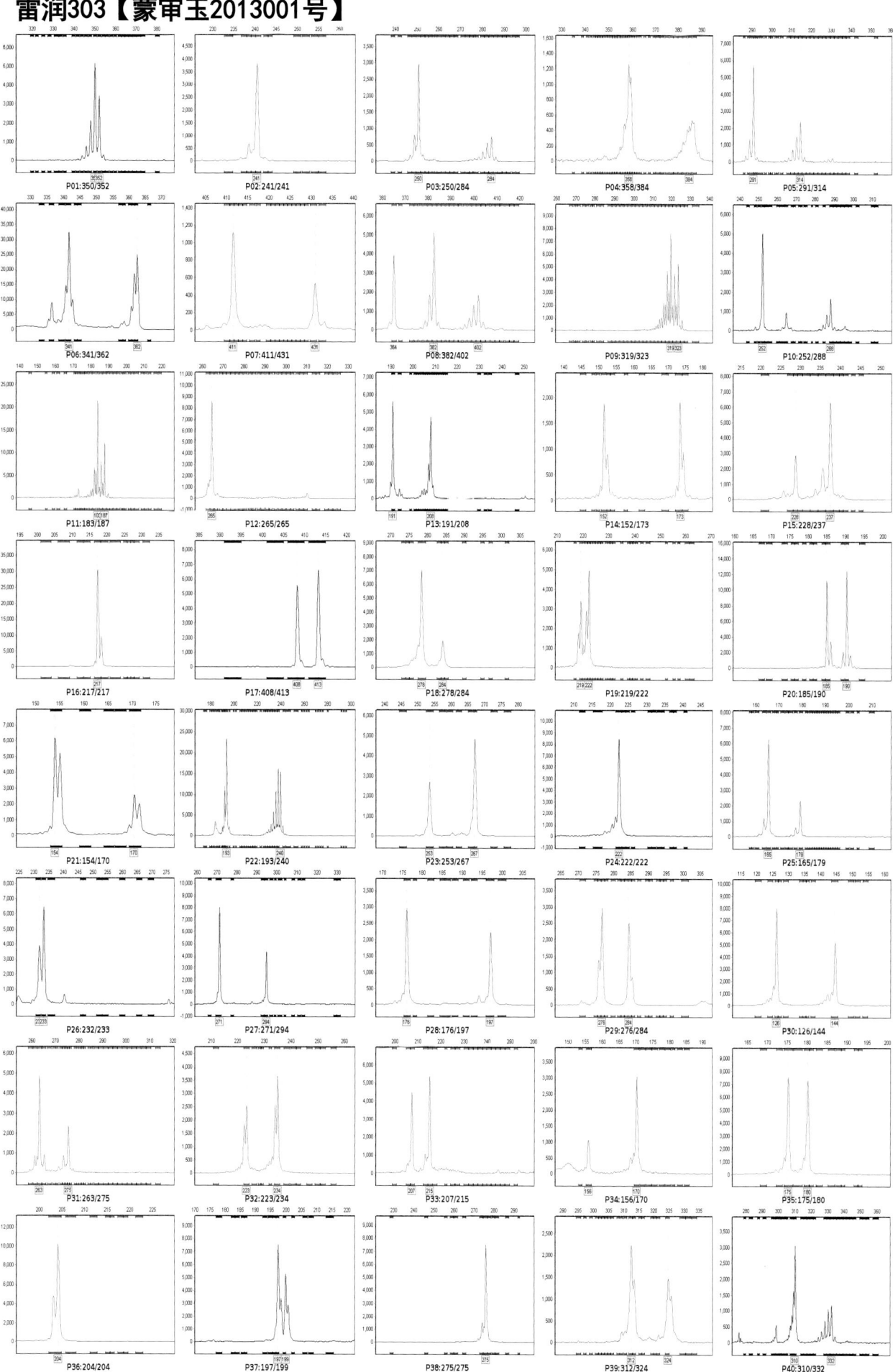

泓丰656【蒙审玉2013002号】

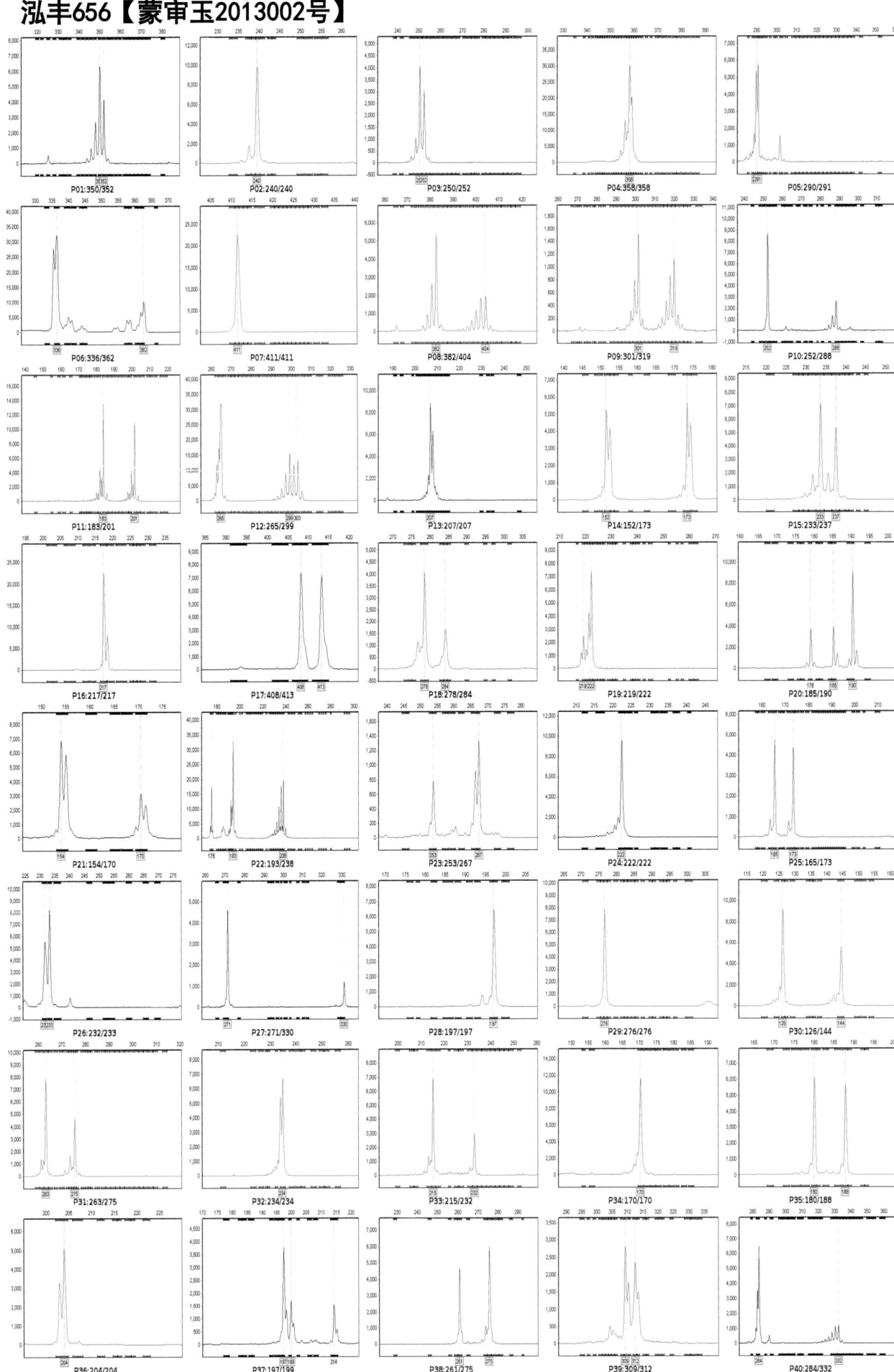

禾玉158【蒙审玉2013003号】

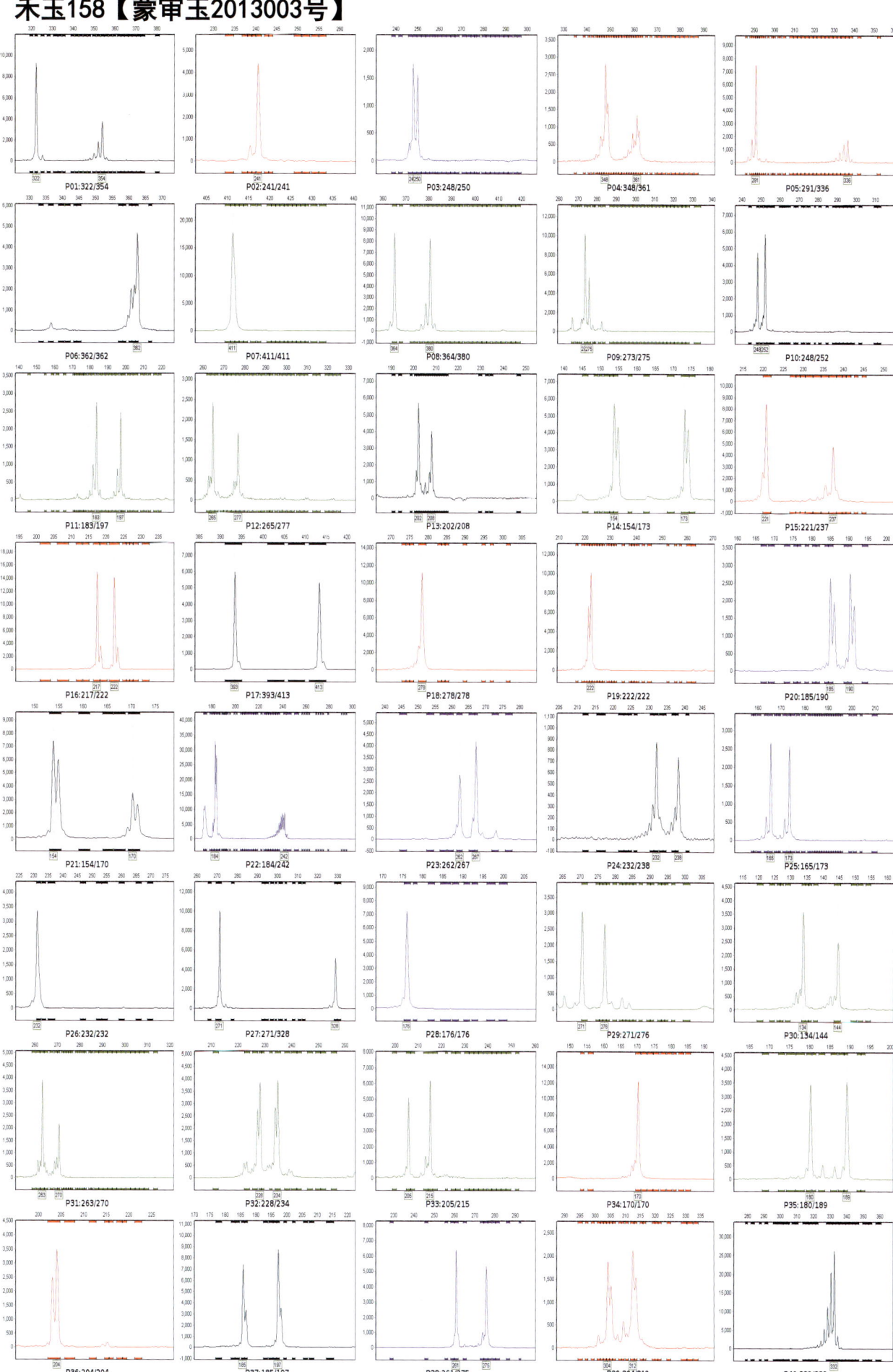

丰田840【蒙审玉2013004号】

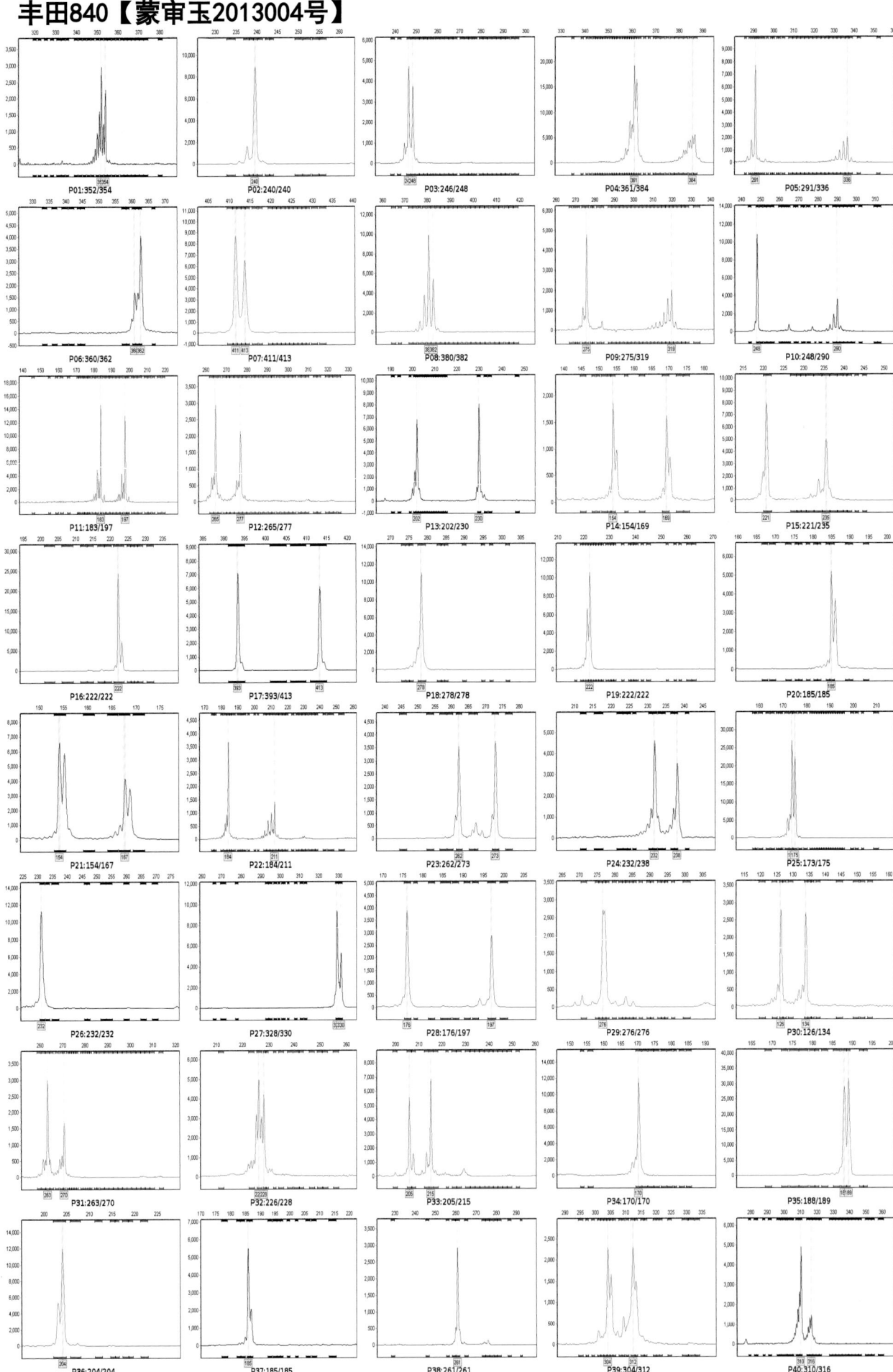

西蒙988【蒙审玉2013005号】

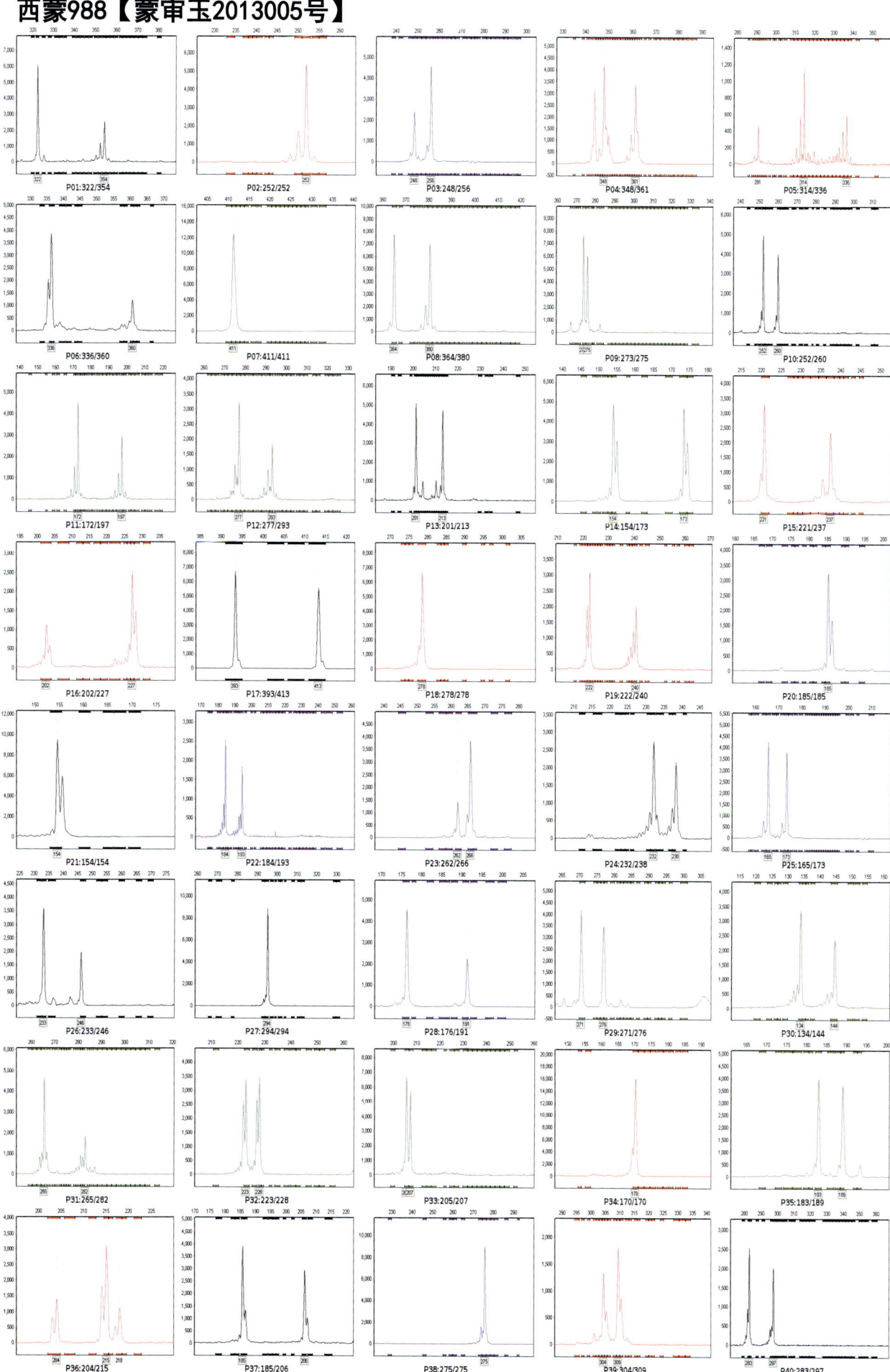

三益52【蒙审玉2013006号】

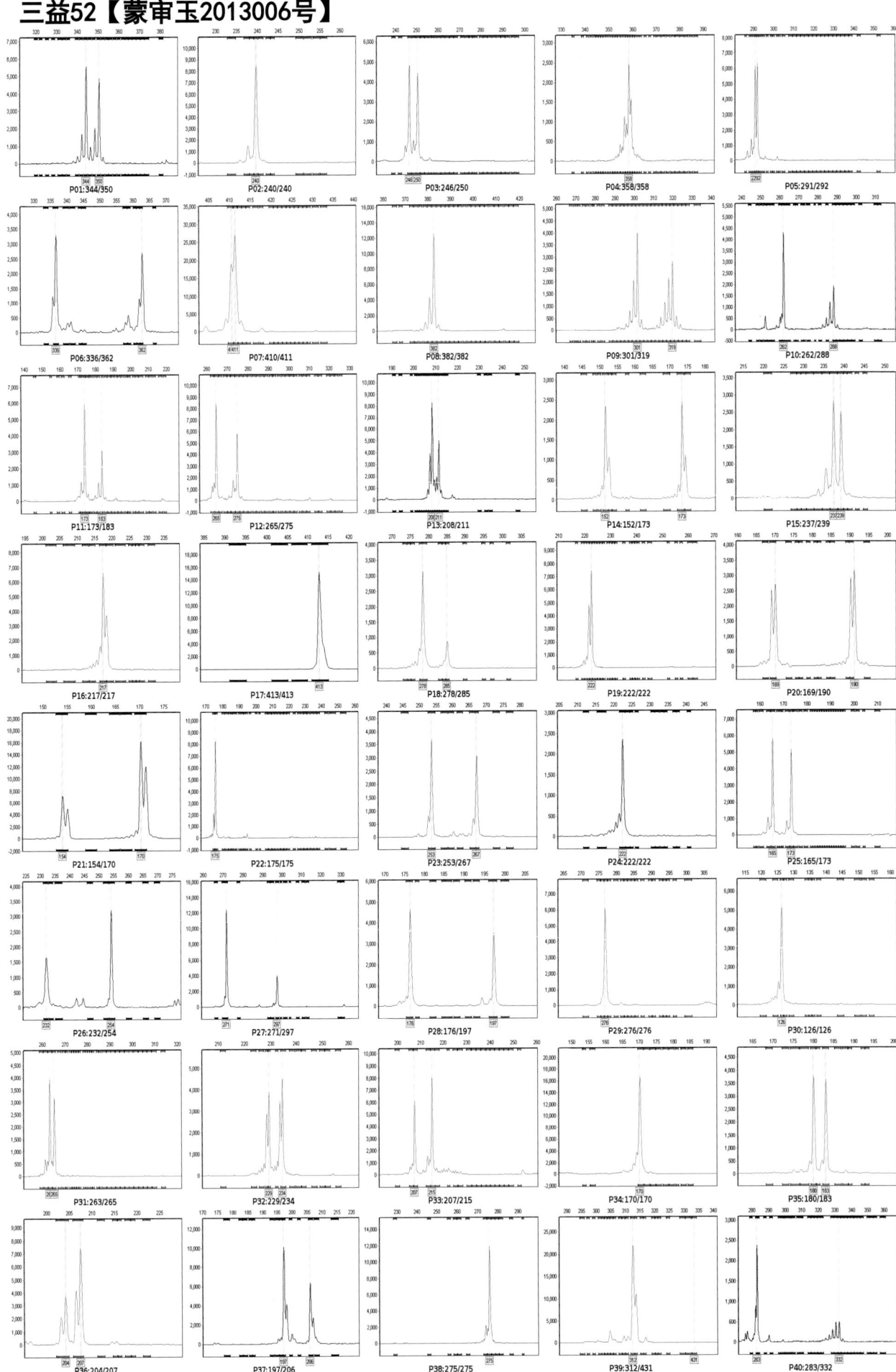

通平118【蒙审玉2013007号】

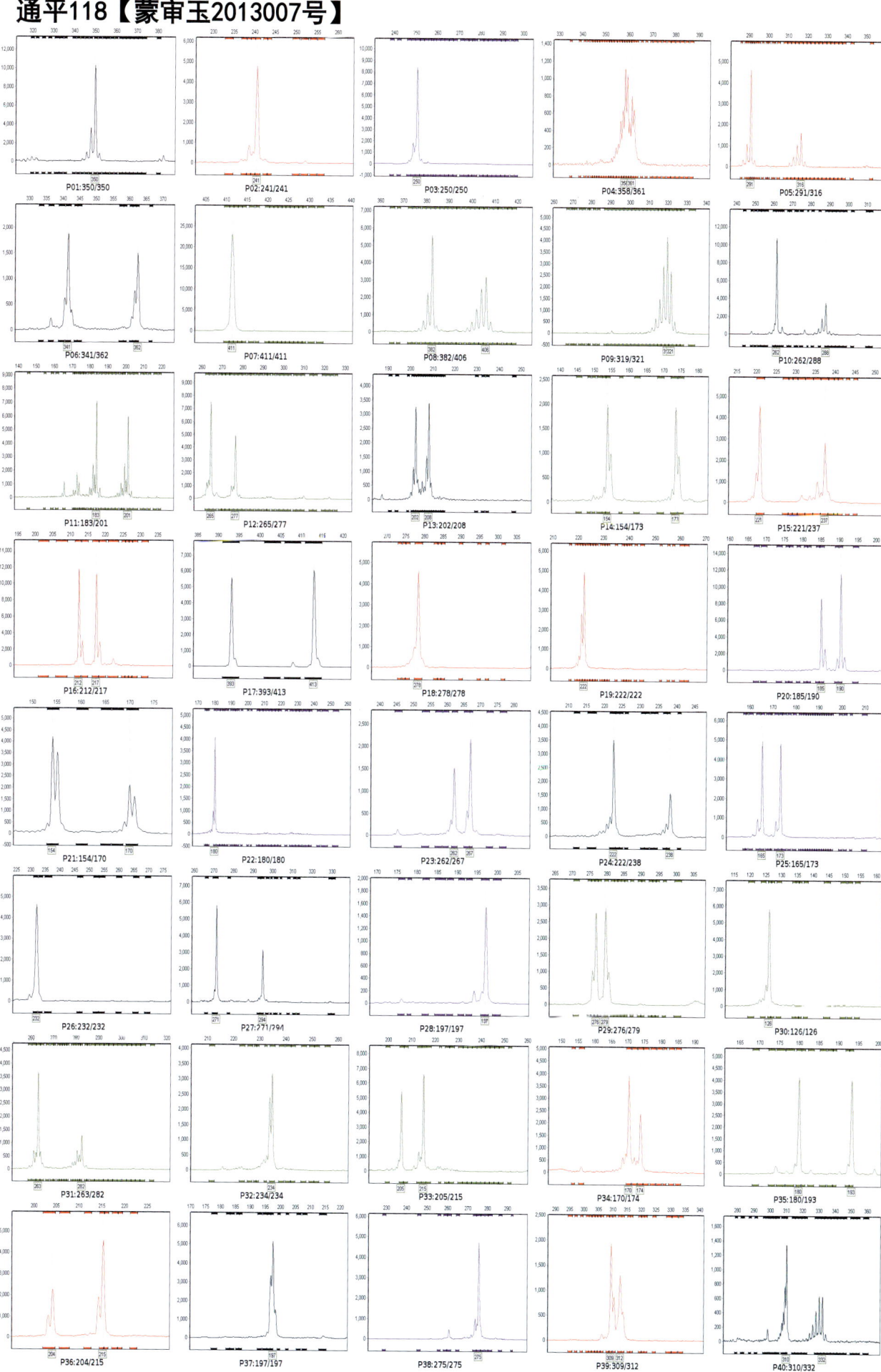

利华83【蒙审玉2013008号】

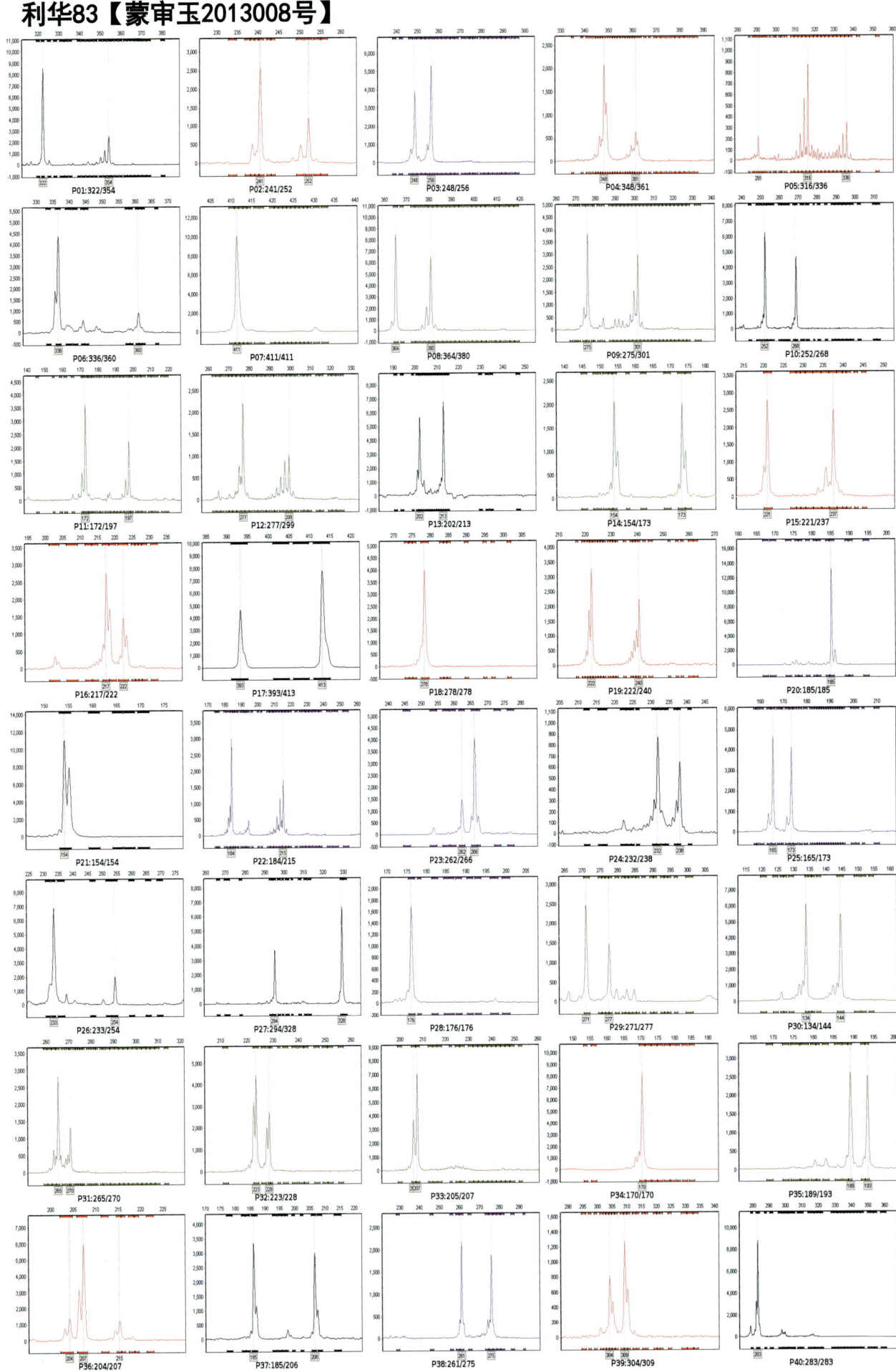

赤单218【蒙审玉2013009号】

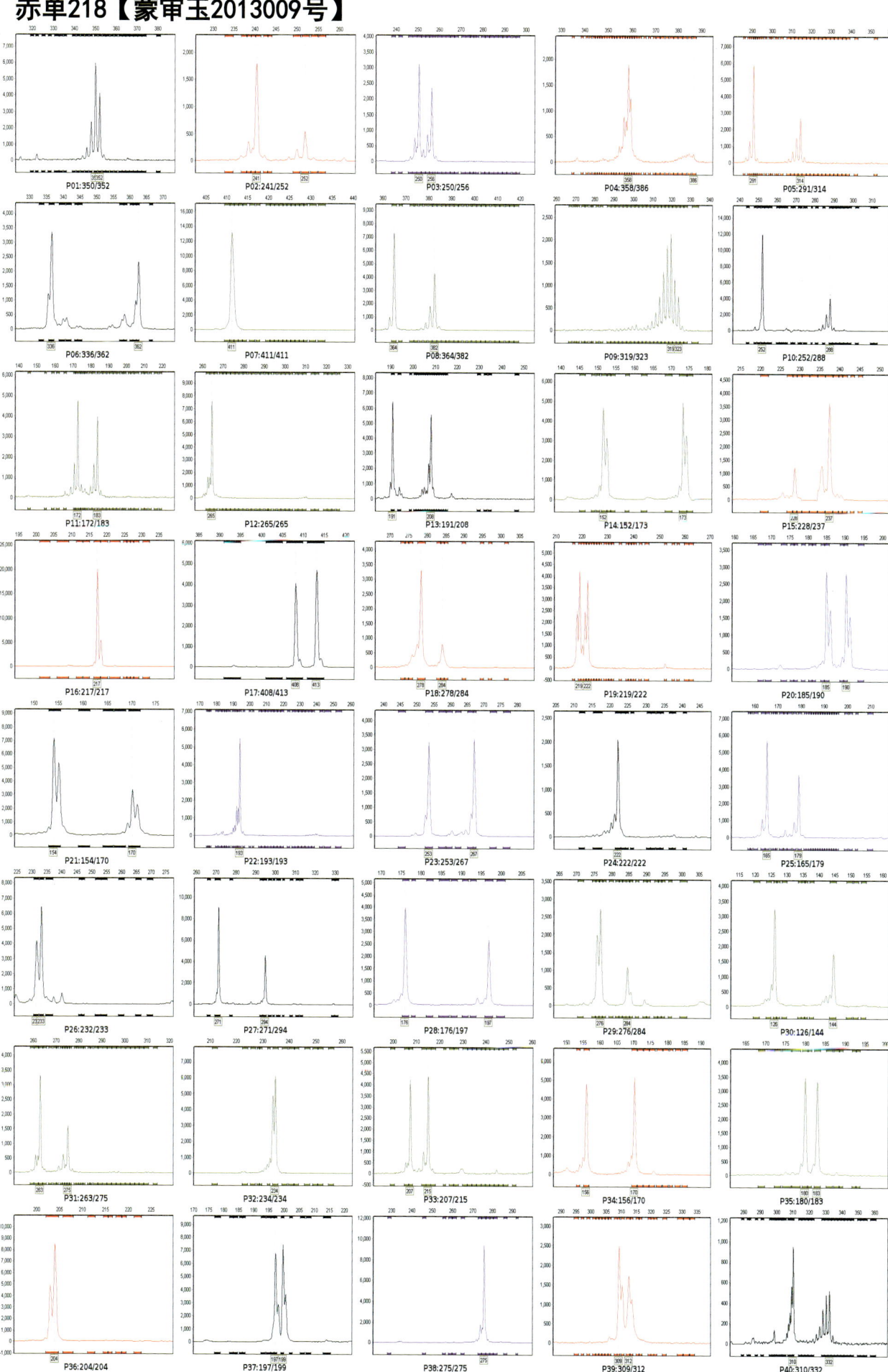

德单1001【蒙审玉2013010号】

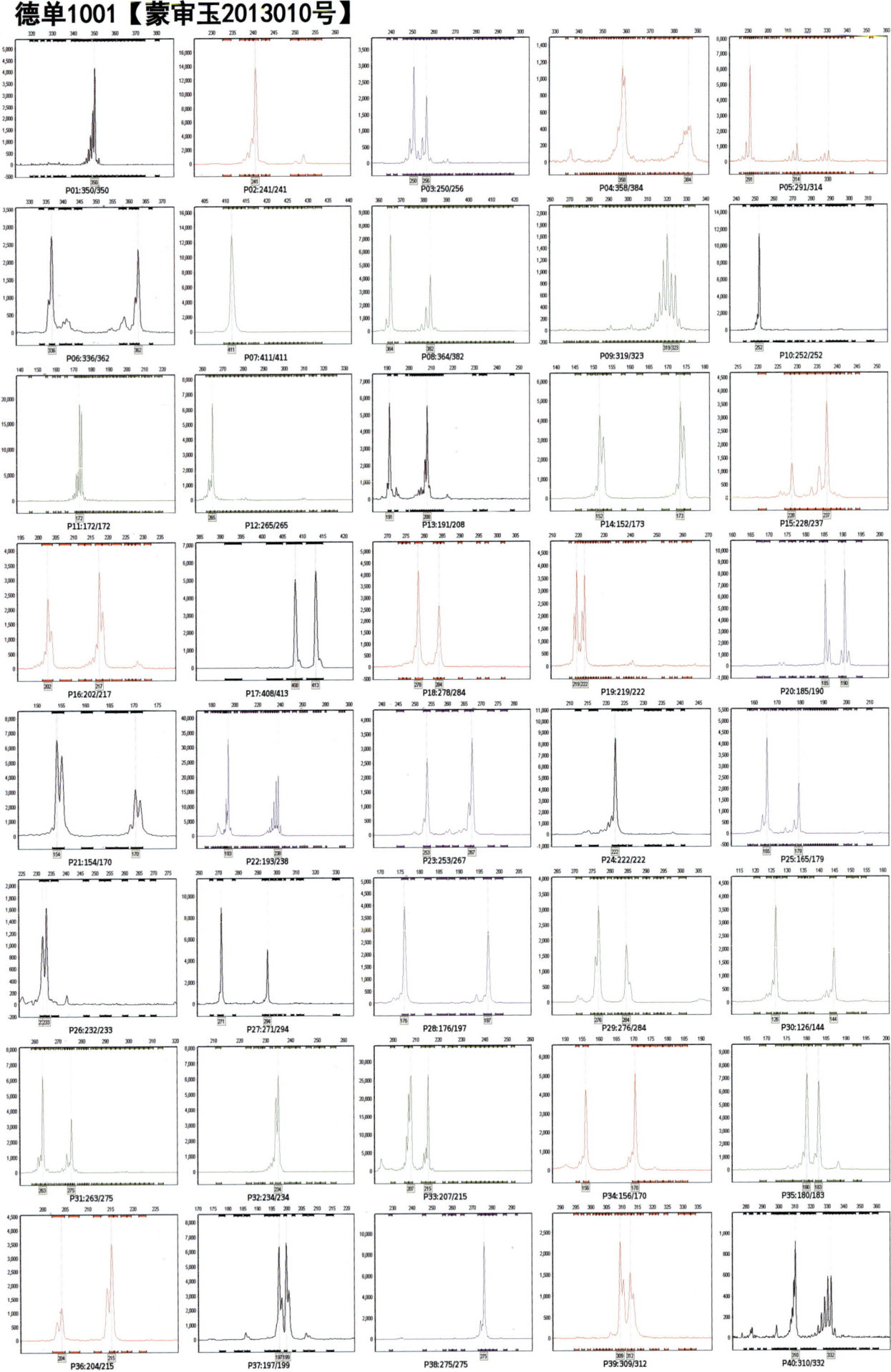

富单11【蒙审玉2013011号】

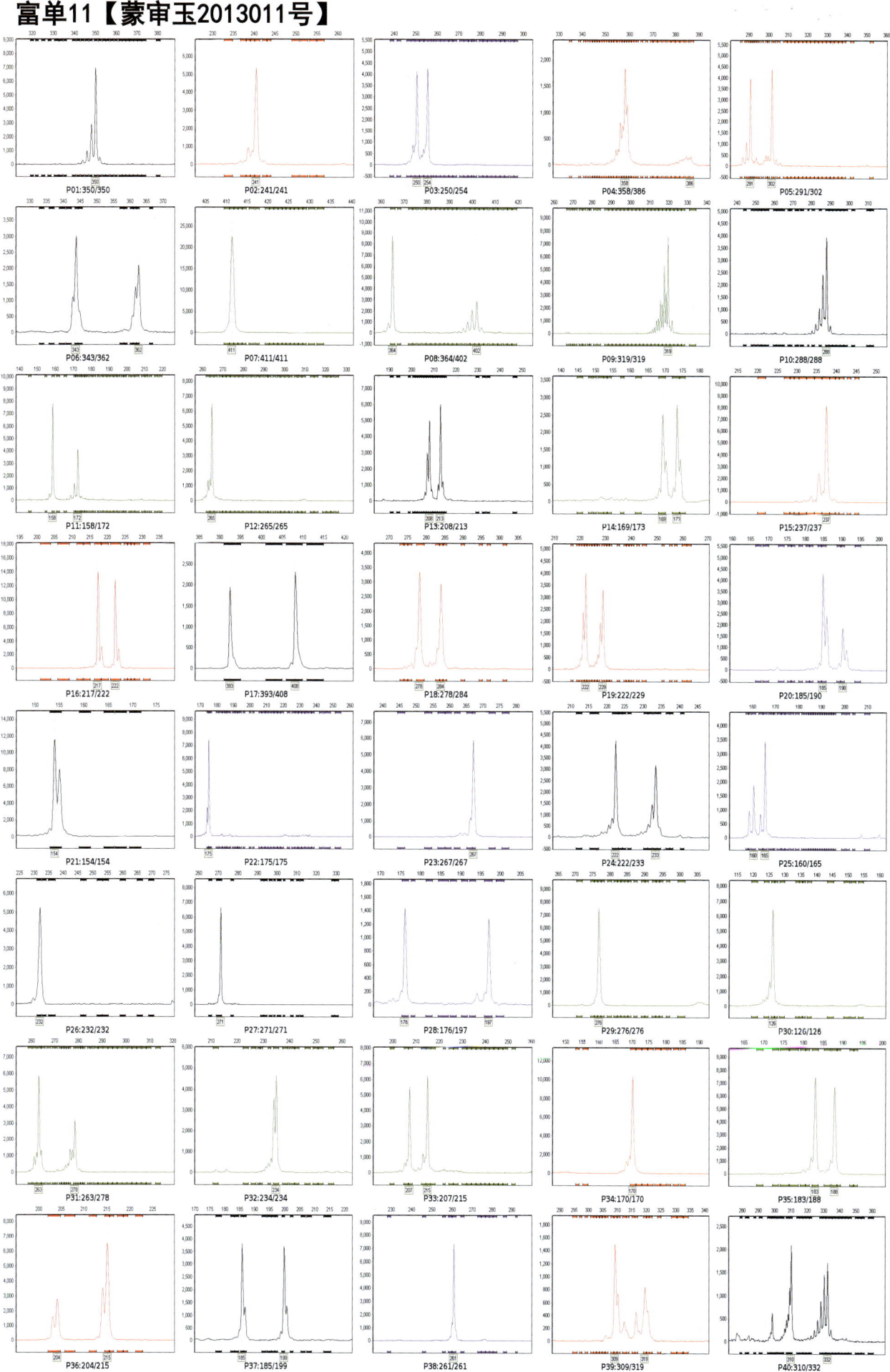

丰田843【蒙审玉2013012号】

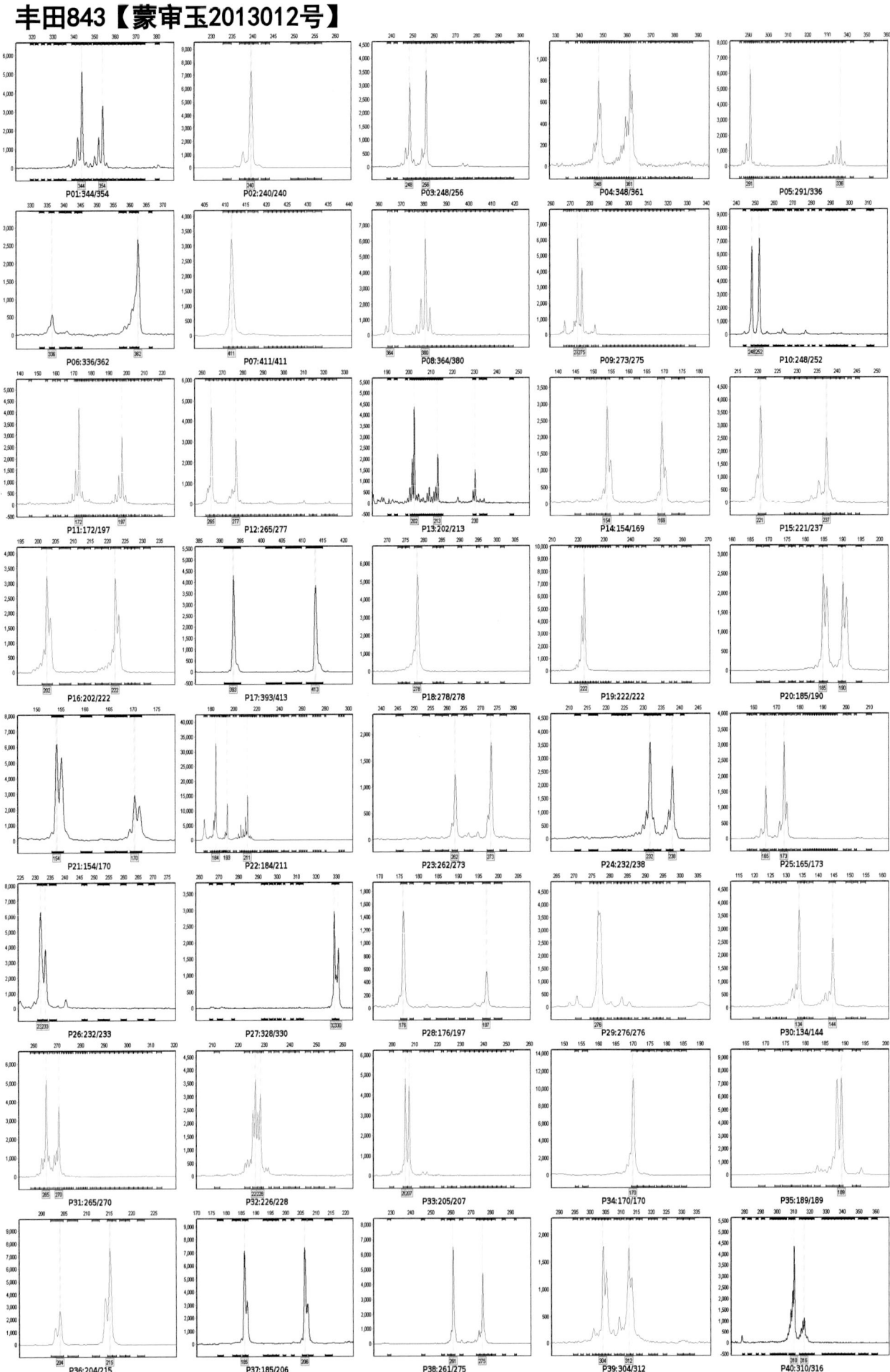

宁玉218【蒙审玉2013013号】

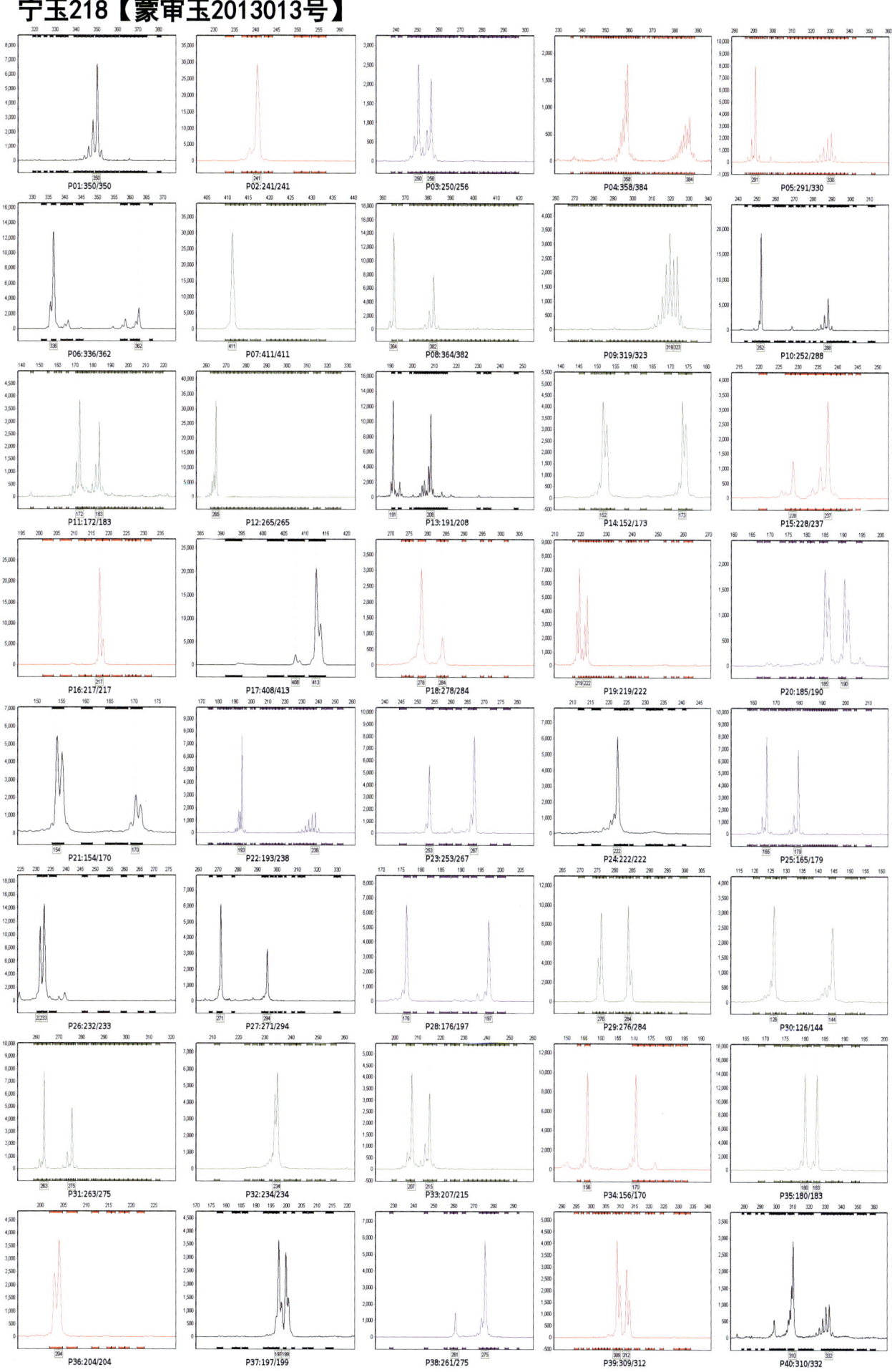

云天3号【蒙审玉2013014号】

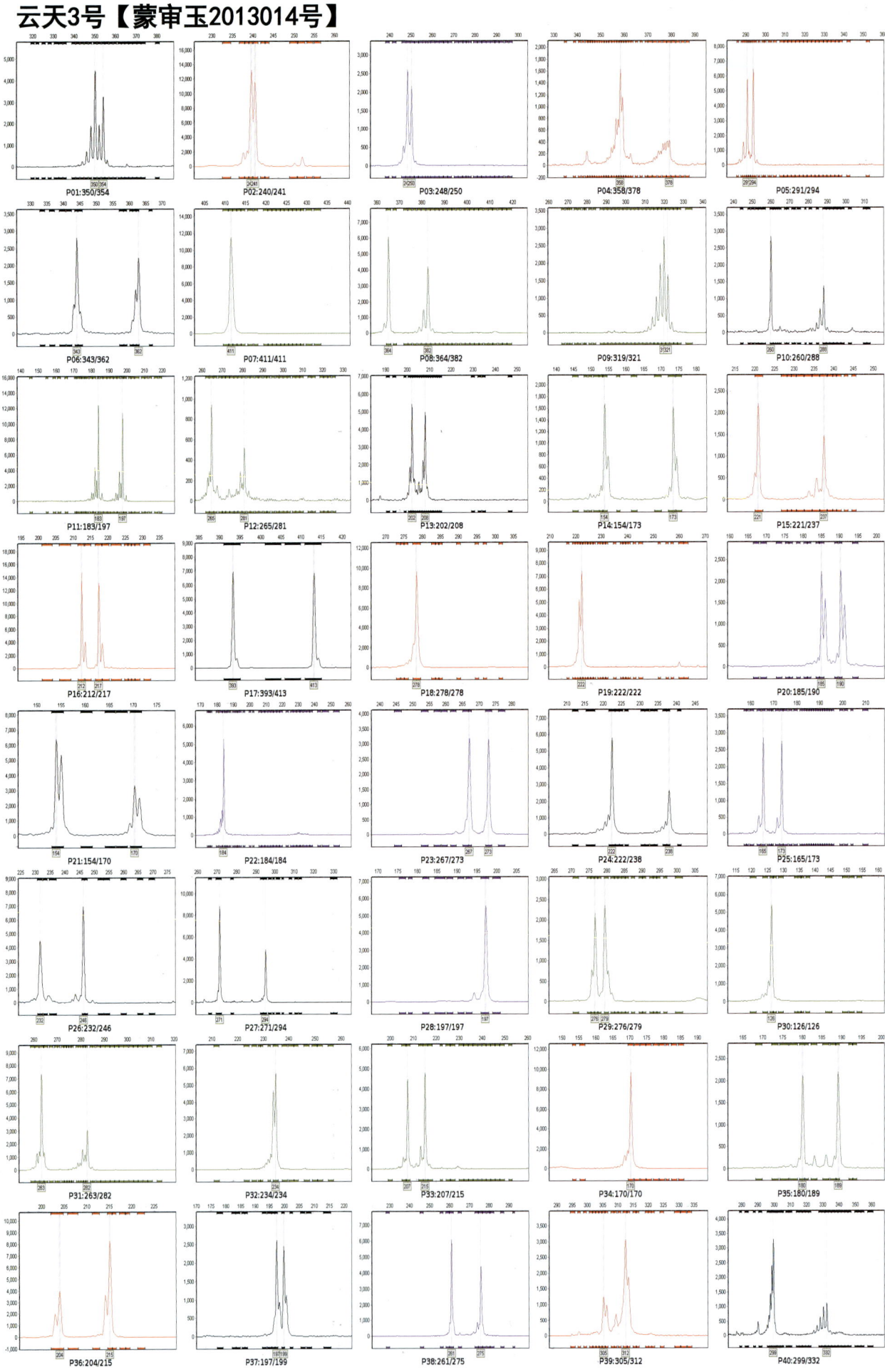

高锐思341【蒙审玉2013015号】

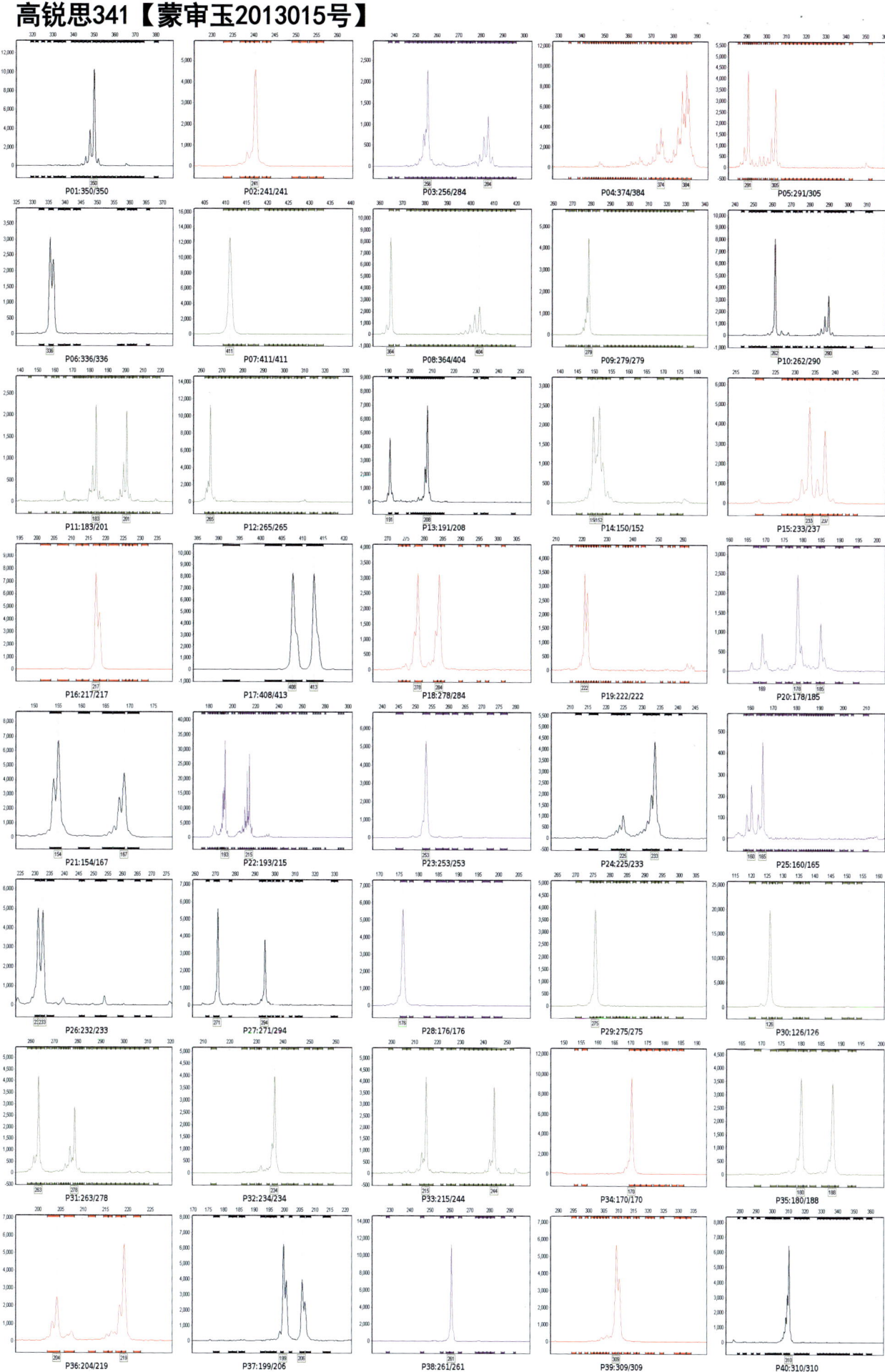

利农368【蒙审玉2013016号】

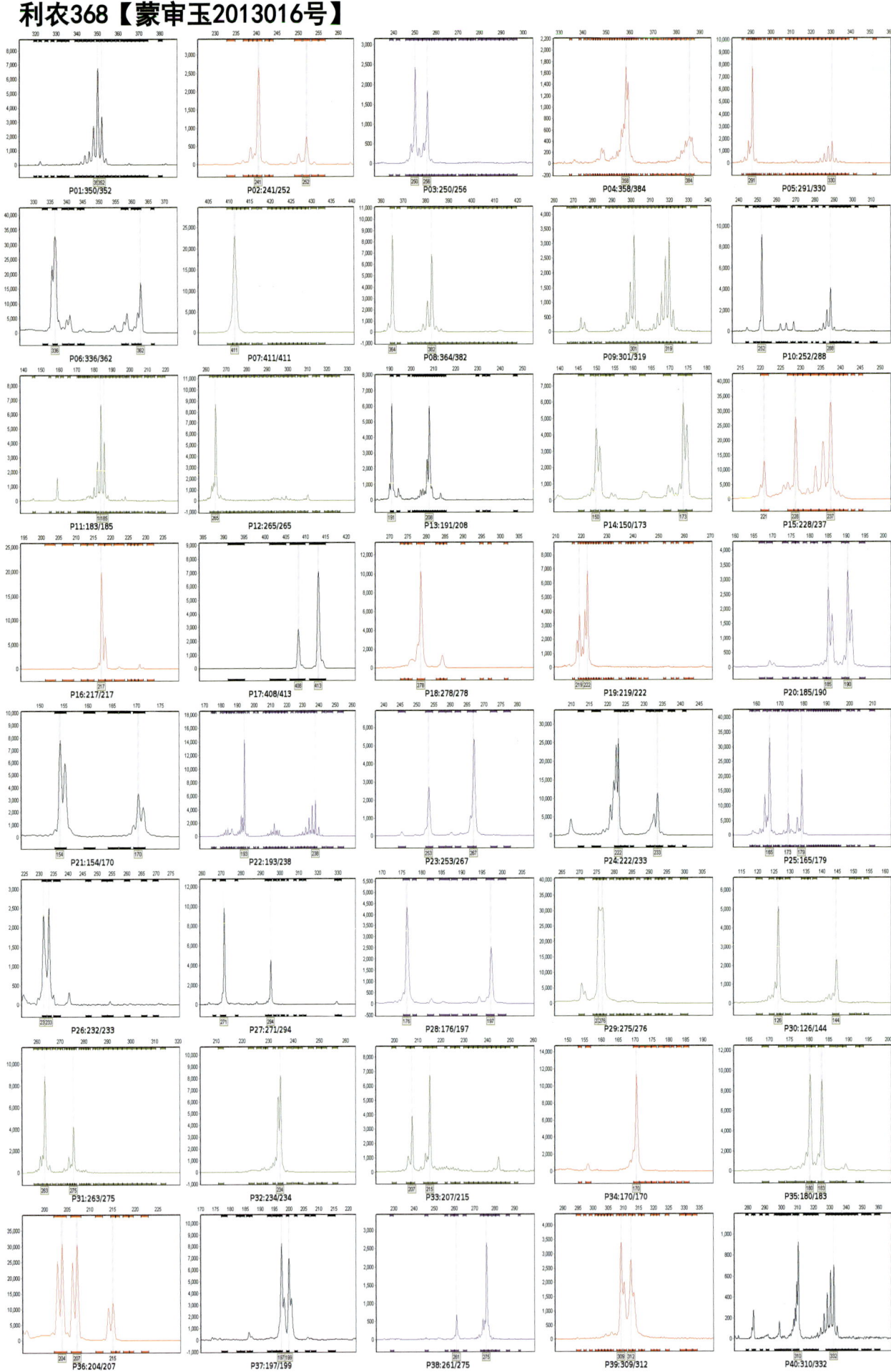

宁玉212【蒙审玉2013017号】

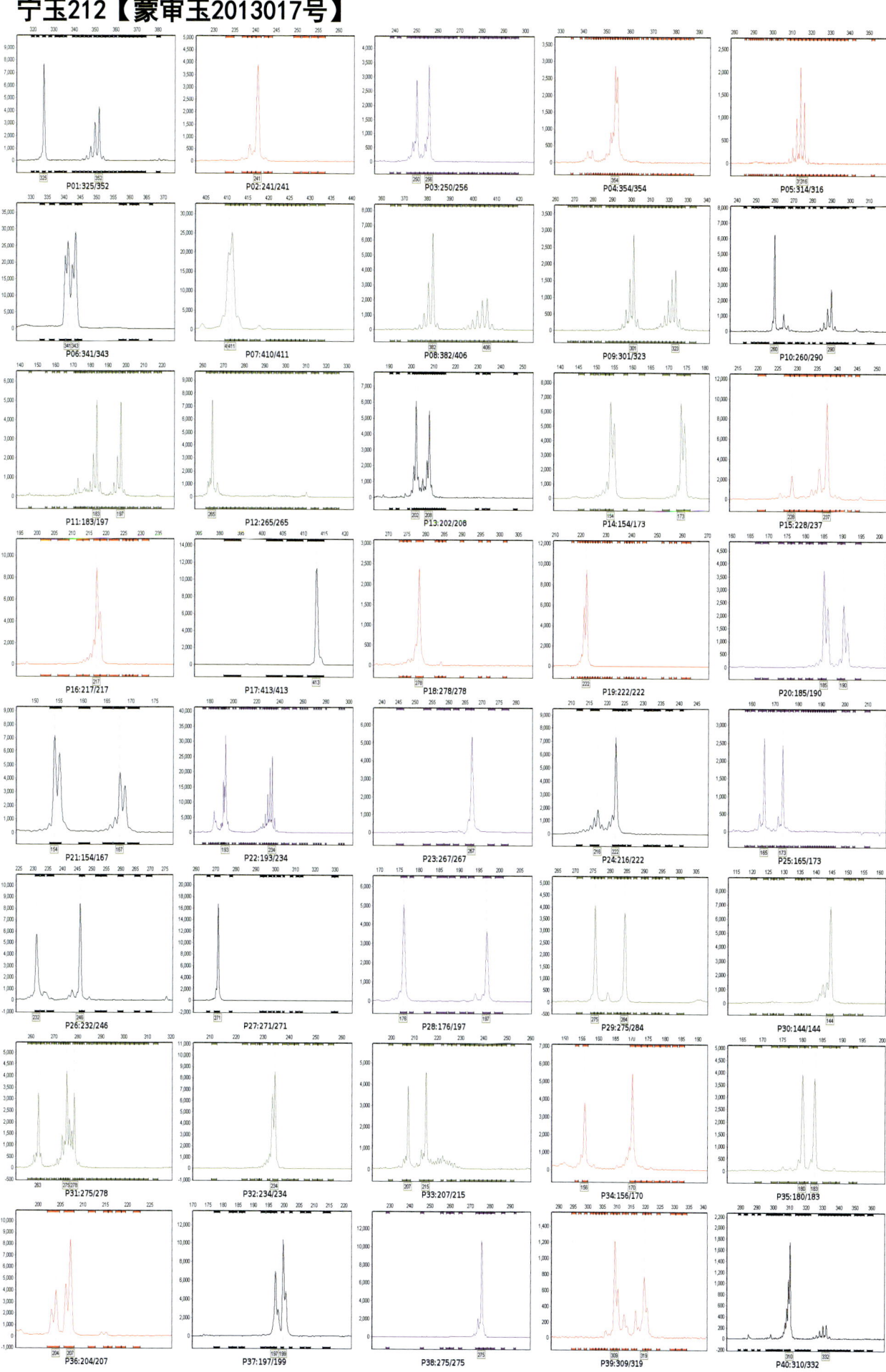

吉品6号【蒙审玉2013018号】

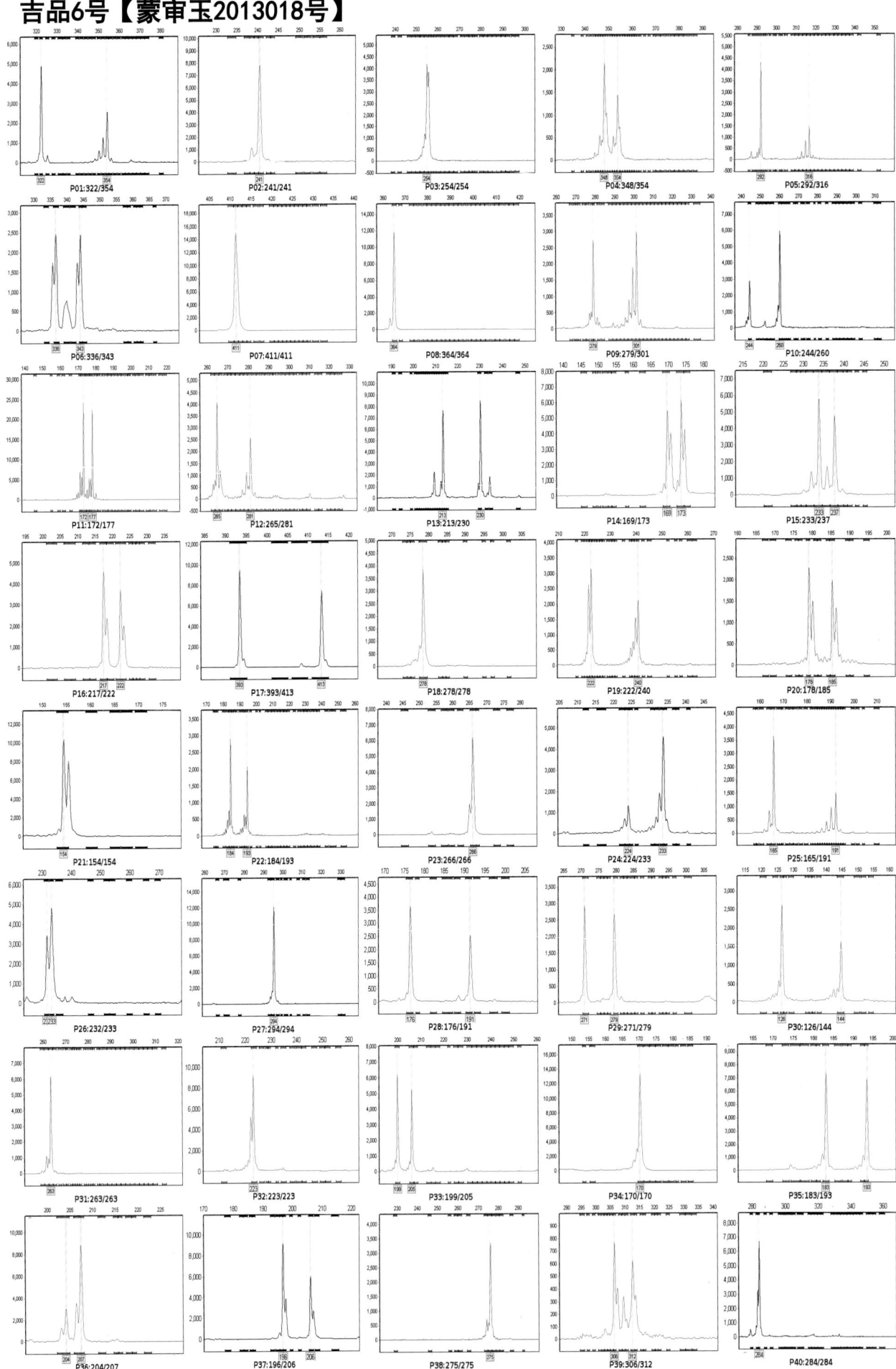

富单12【蒙审玉2013019号】

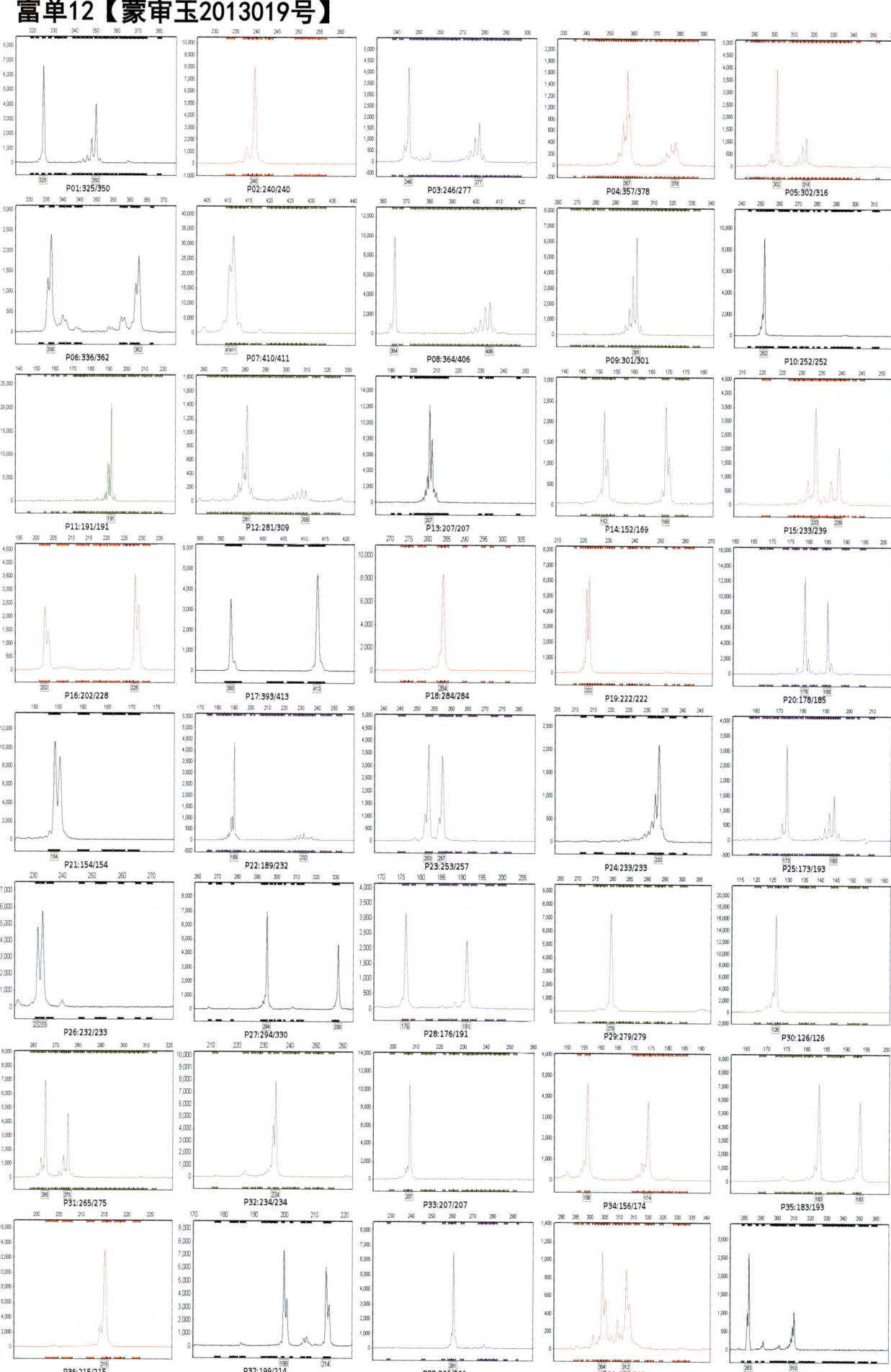

兴丰5号【蒙审玉2013020号】

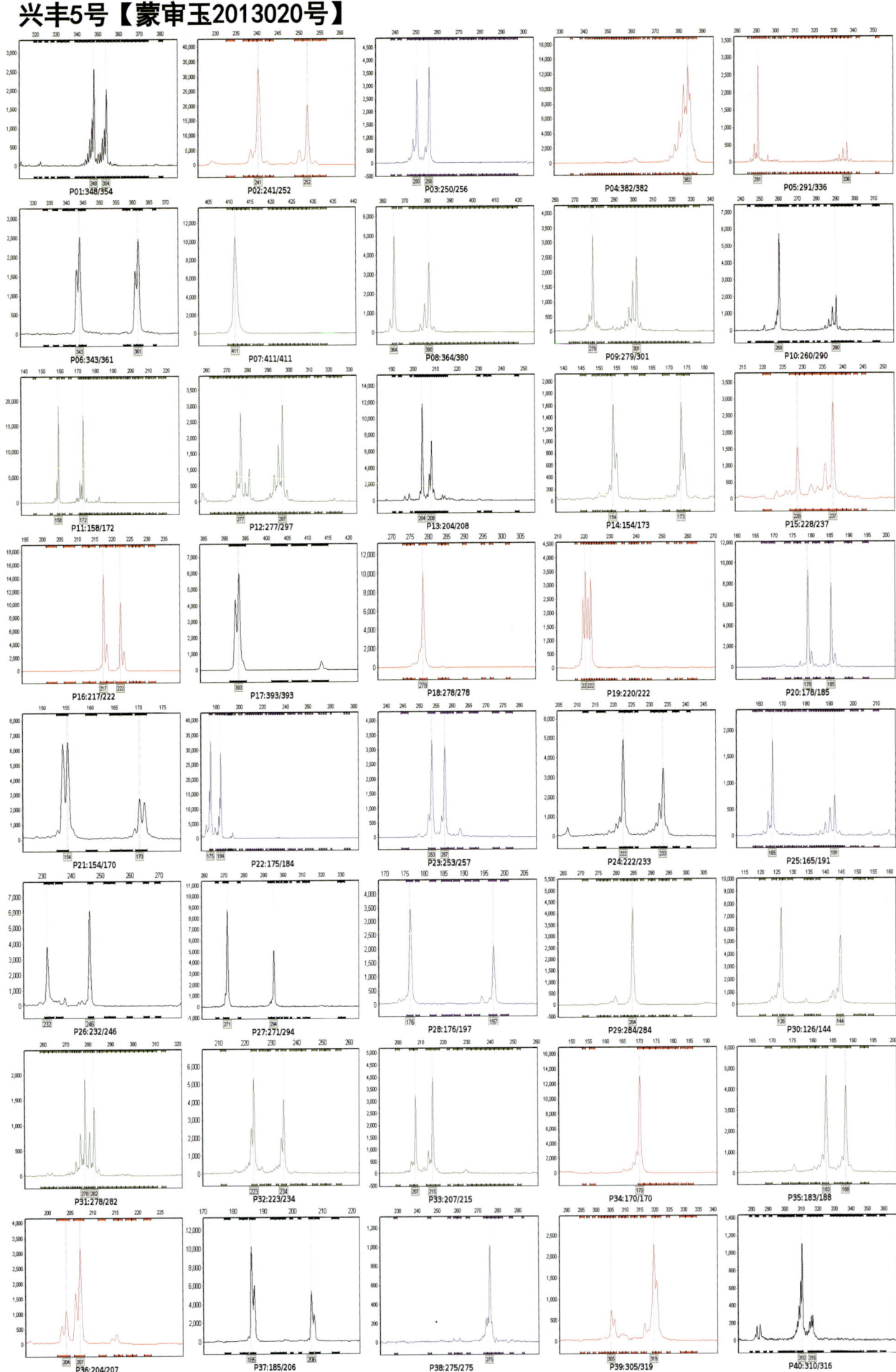

宇鑫6号【蒙审玉2013023号】

P01:322/350　P02:241/241　P03:248/256　P04:348/348　P05:291/336
P06:343/343　P07:410/421　P08:380/382　P09:275/301　P10:248/252
P11:181/197　P12:265/277　P13:213/213　P14:152/173　P15:221/233
P16:217/227　P17:393/413　P18:278/284　P19:223/240　P20:185/190
P21:154/170　P22:184/213　P23:253/262　P24:232/238　P25:165/191
P26:233/247　P27:271/294　P28:176/197　P29:271/284　P30:126/134
P31:275/282　P32:234/234　P33:207/244　P34:156/170　P35:183/189
P36:215/218　P37:185/197　P38:261/275　P39:309/309　P40:332/332

九园36【蒙审玉2013024号】

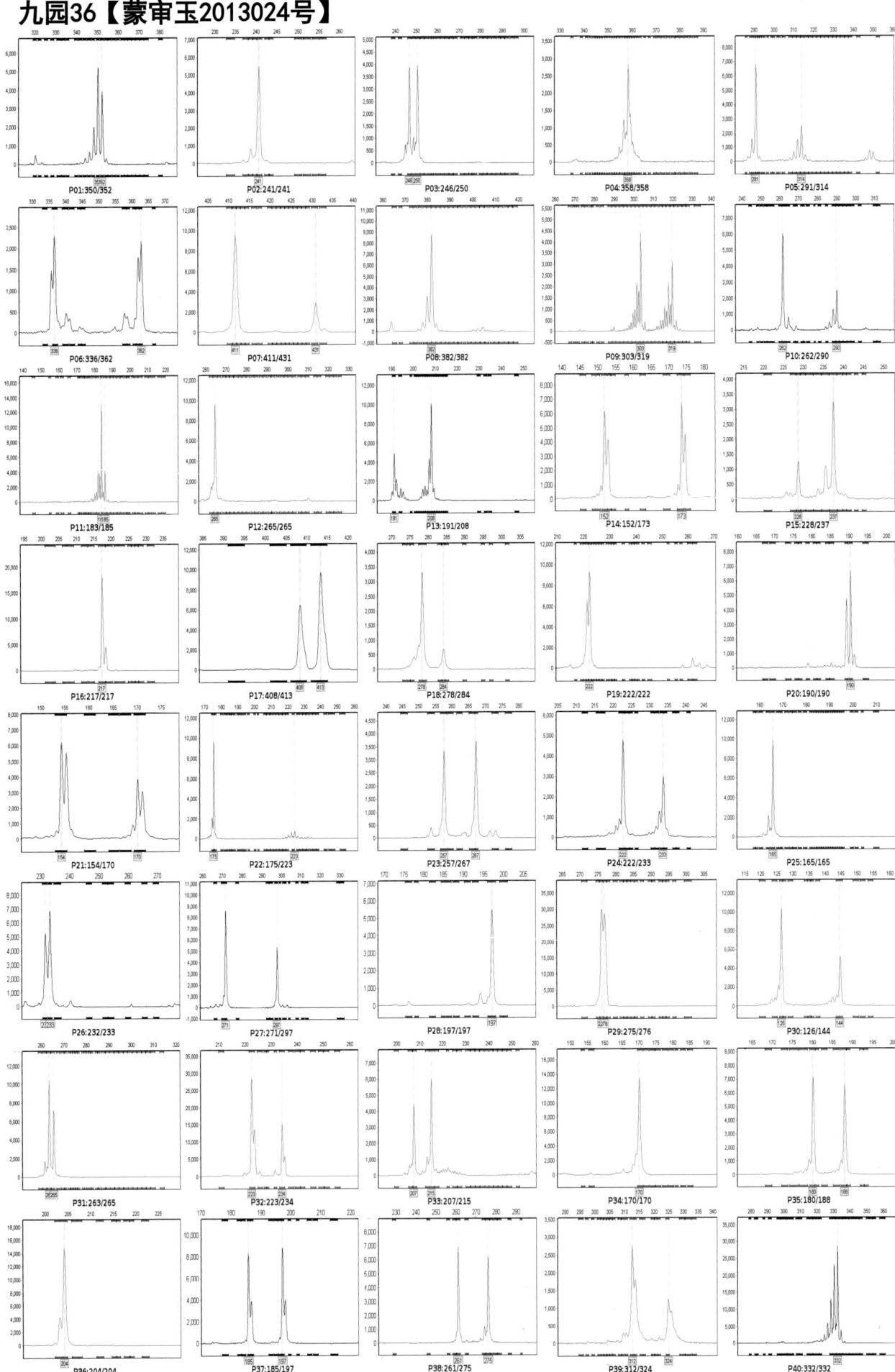

文玉3号【蒙审玉（饲）2013001号】

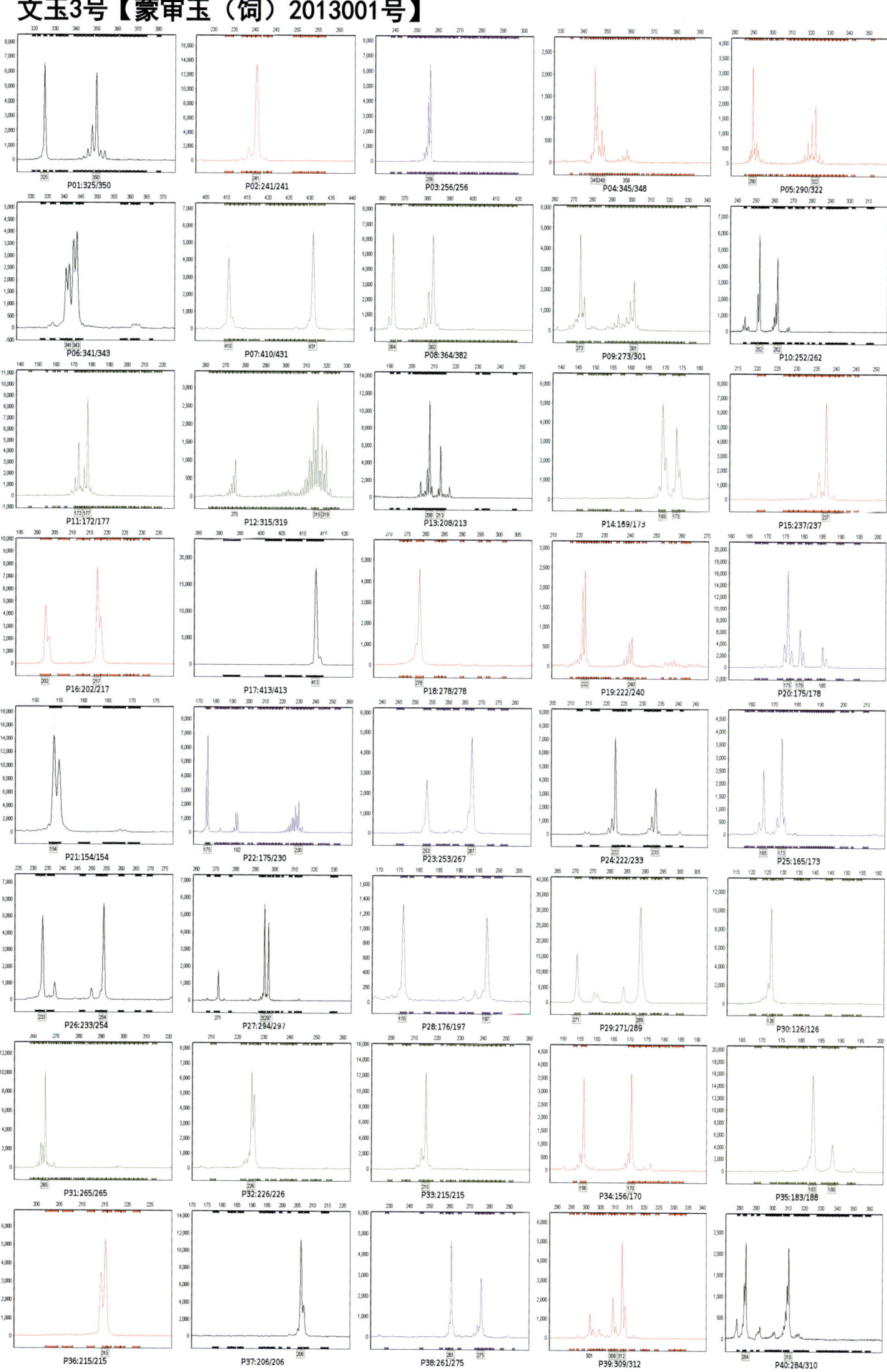

宁禾0709【蒙审玉（饲）2013002号】

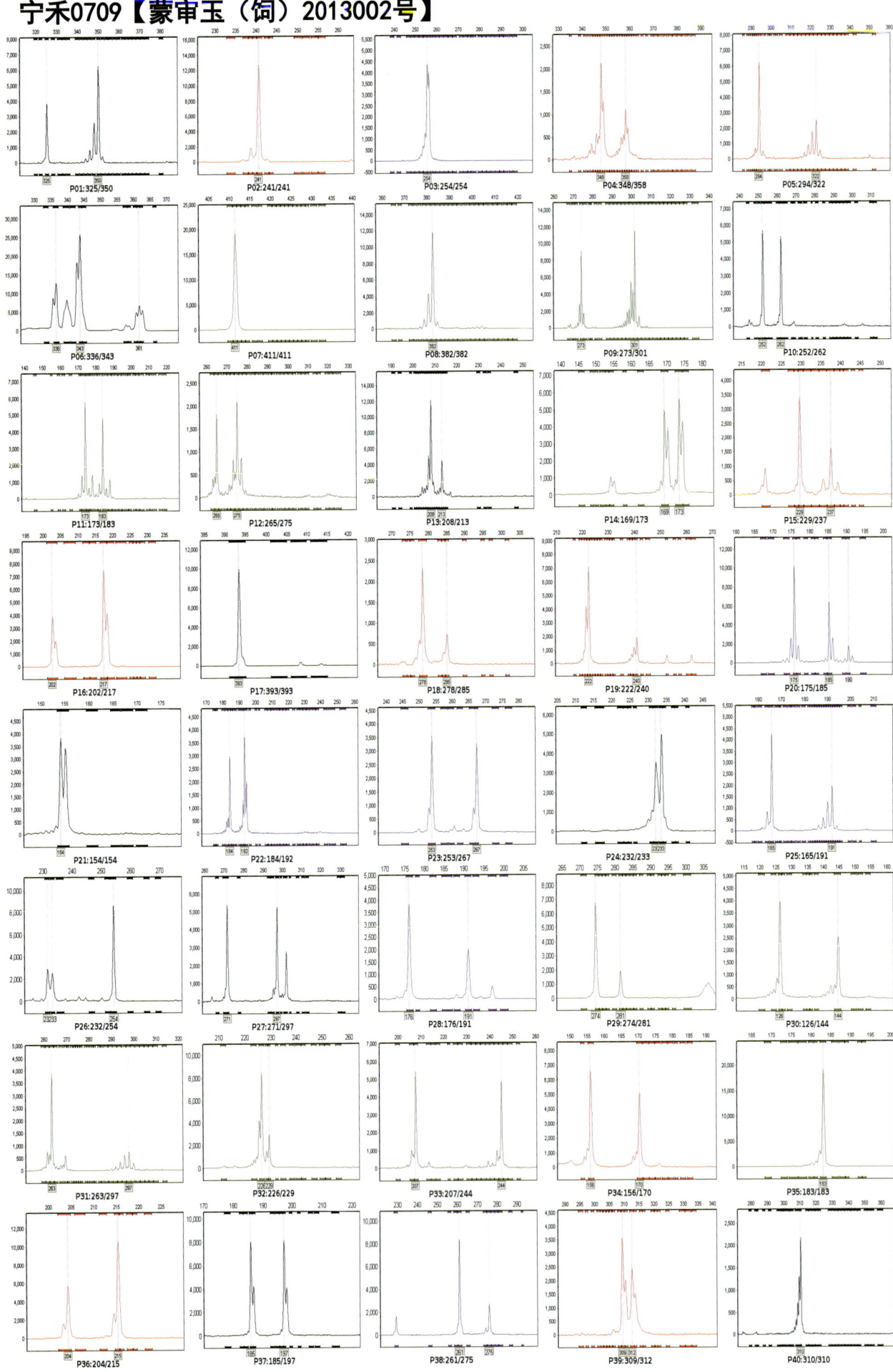

西蒙青贮707【蒙审玉（饲）2013003号】

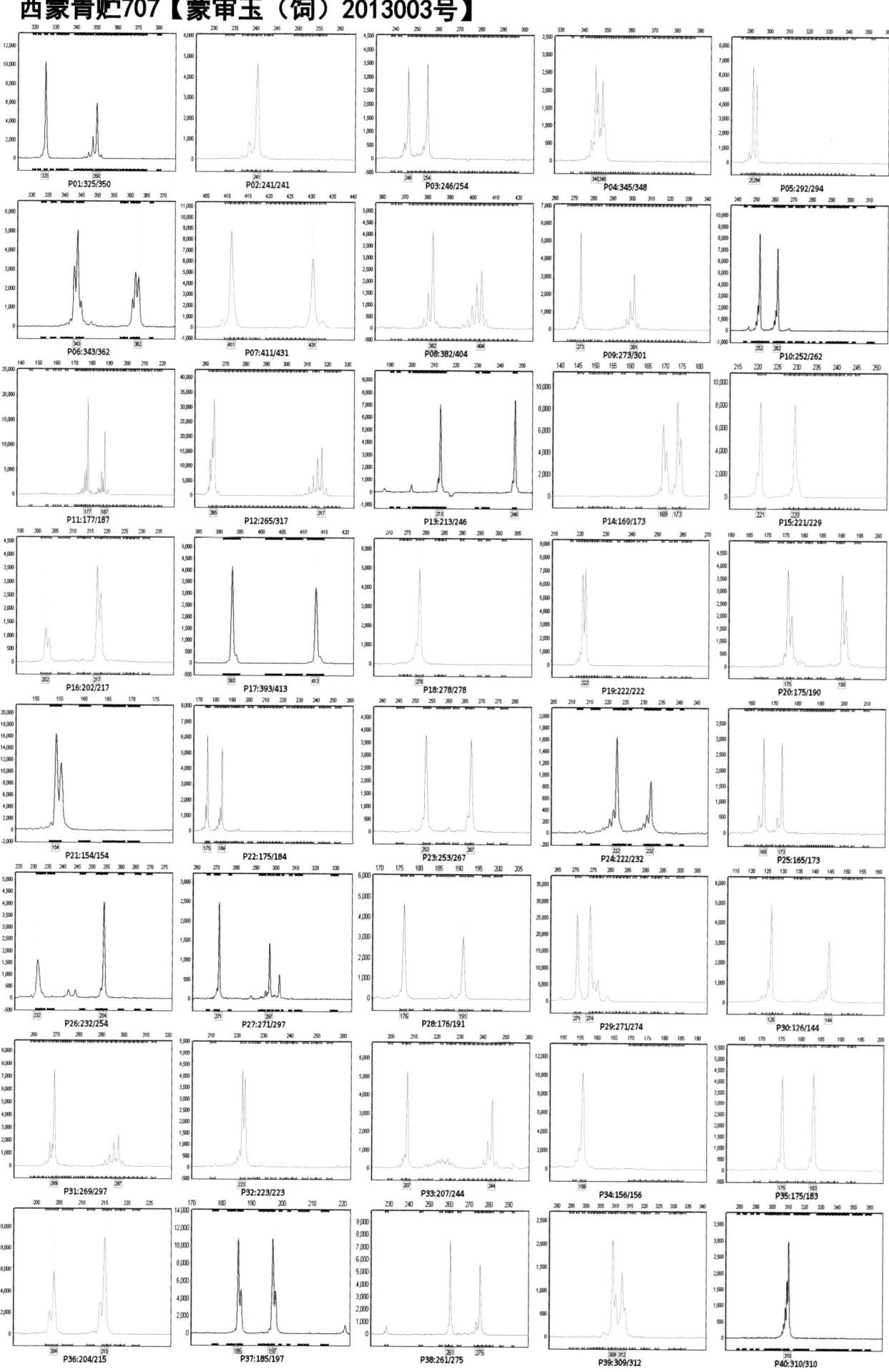

鑫达8号【蒙审玉2014001号】

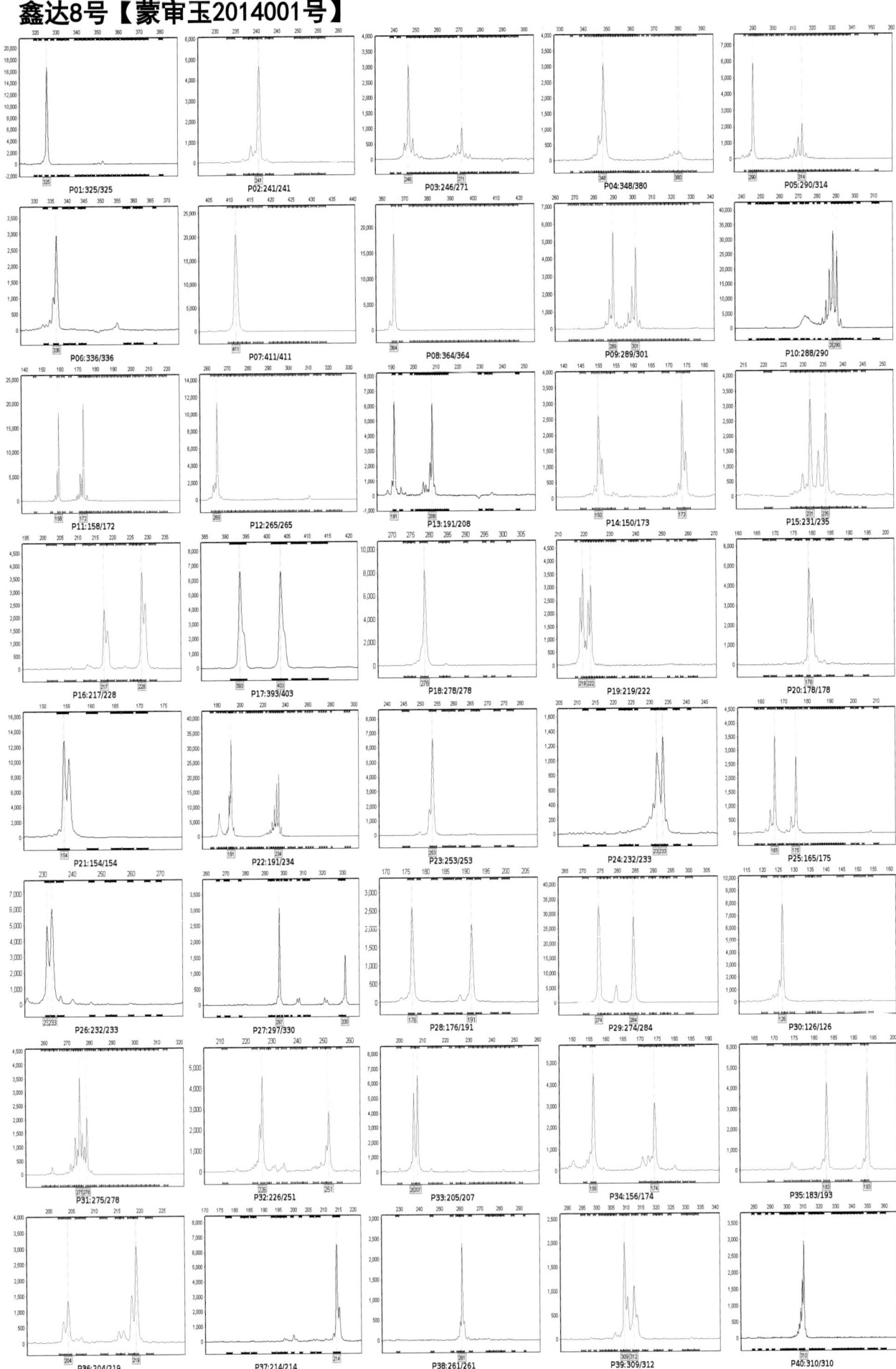

利禾1【蒙审玉2014002号】

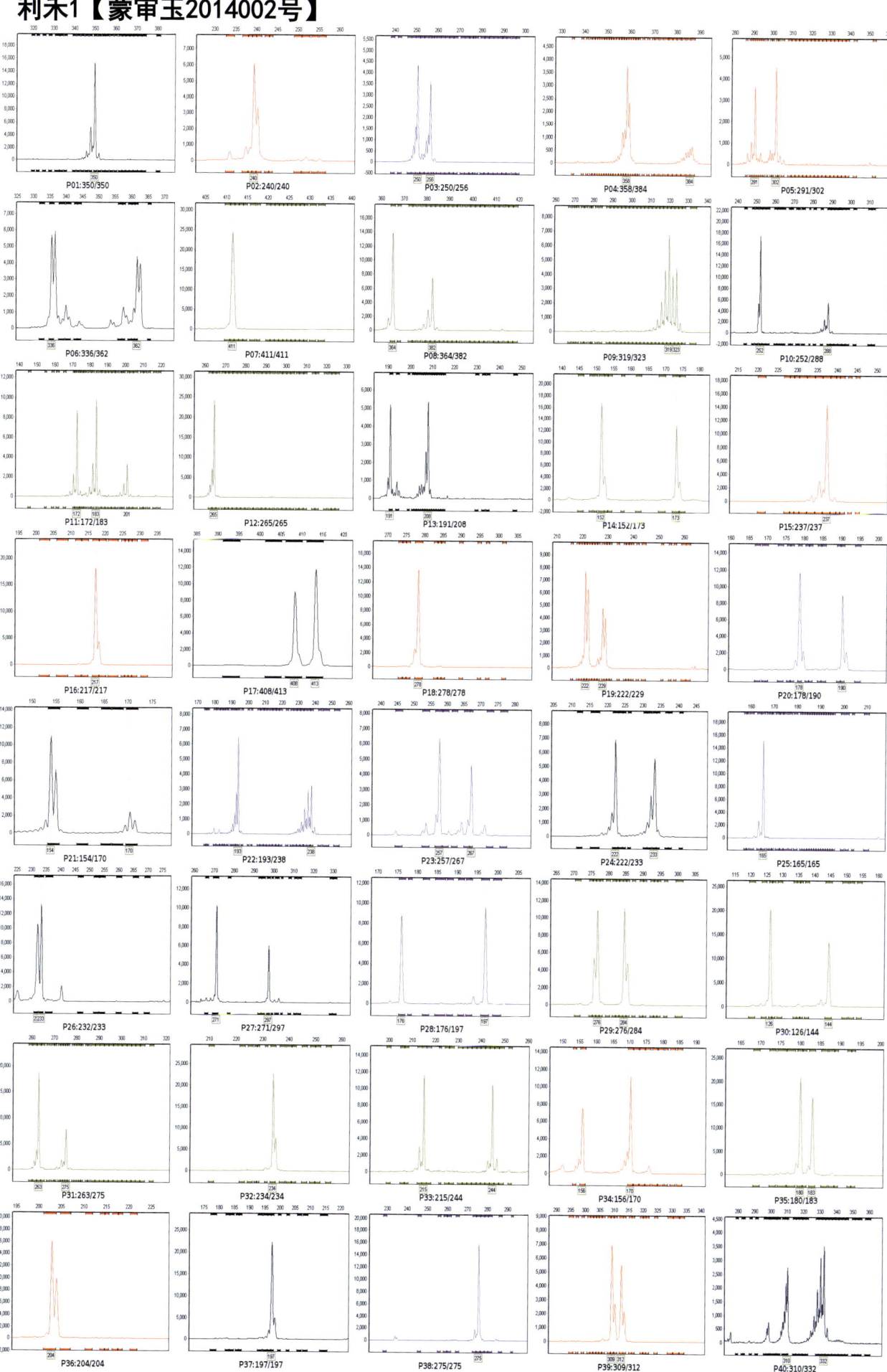

MC278【蒙审玉2014003号】

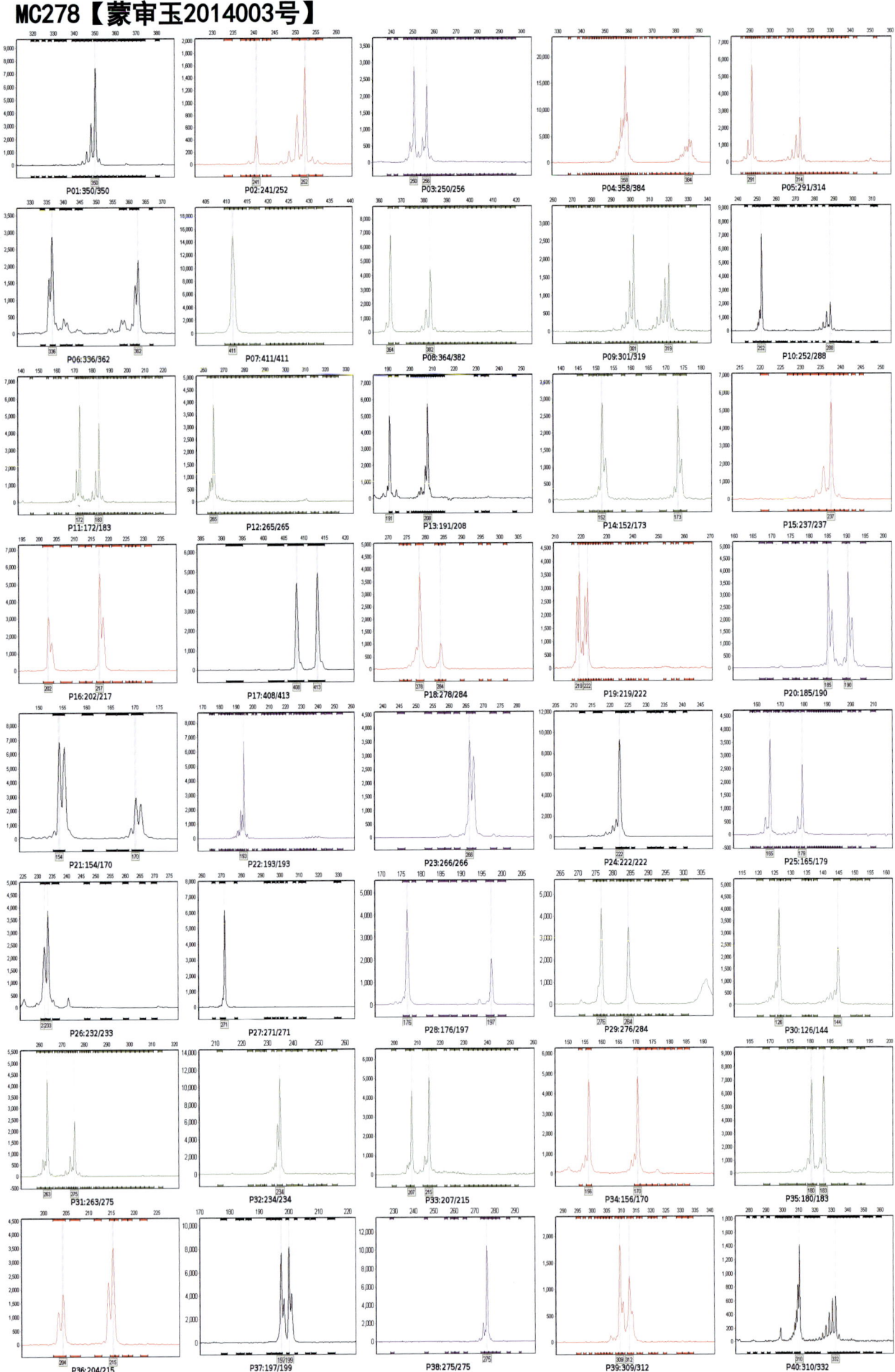

翔玉998【蒙审玉2014004号】

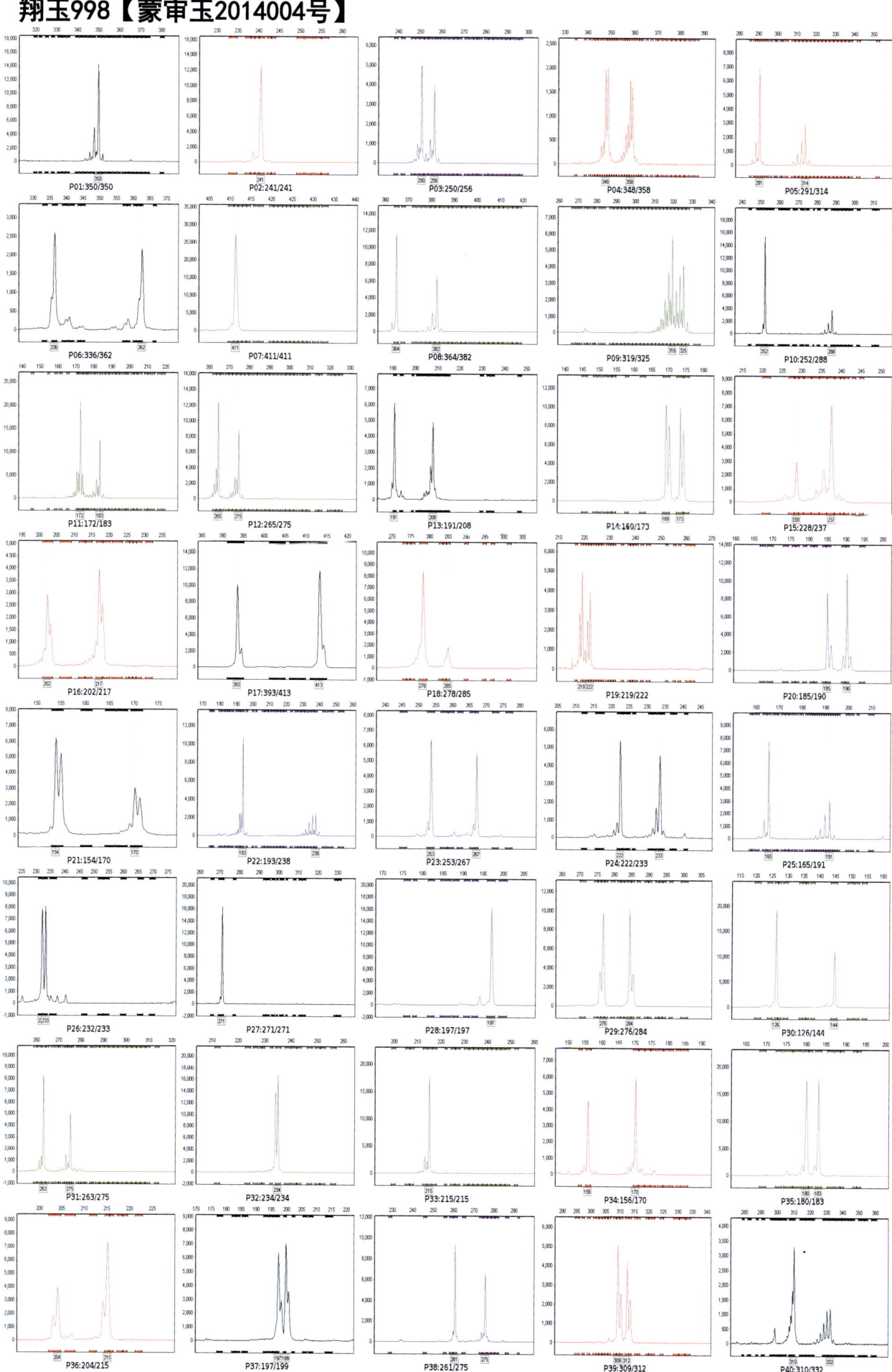

九玉7号【蒙审玉2014006号】

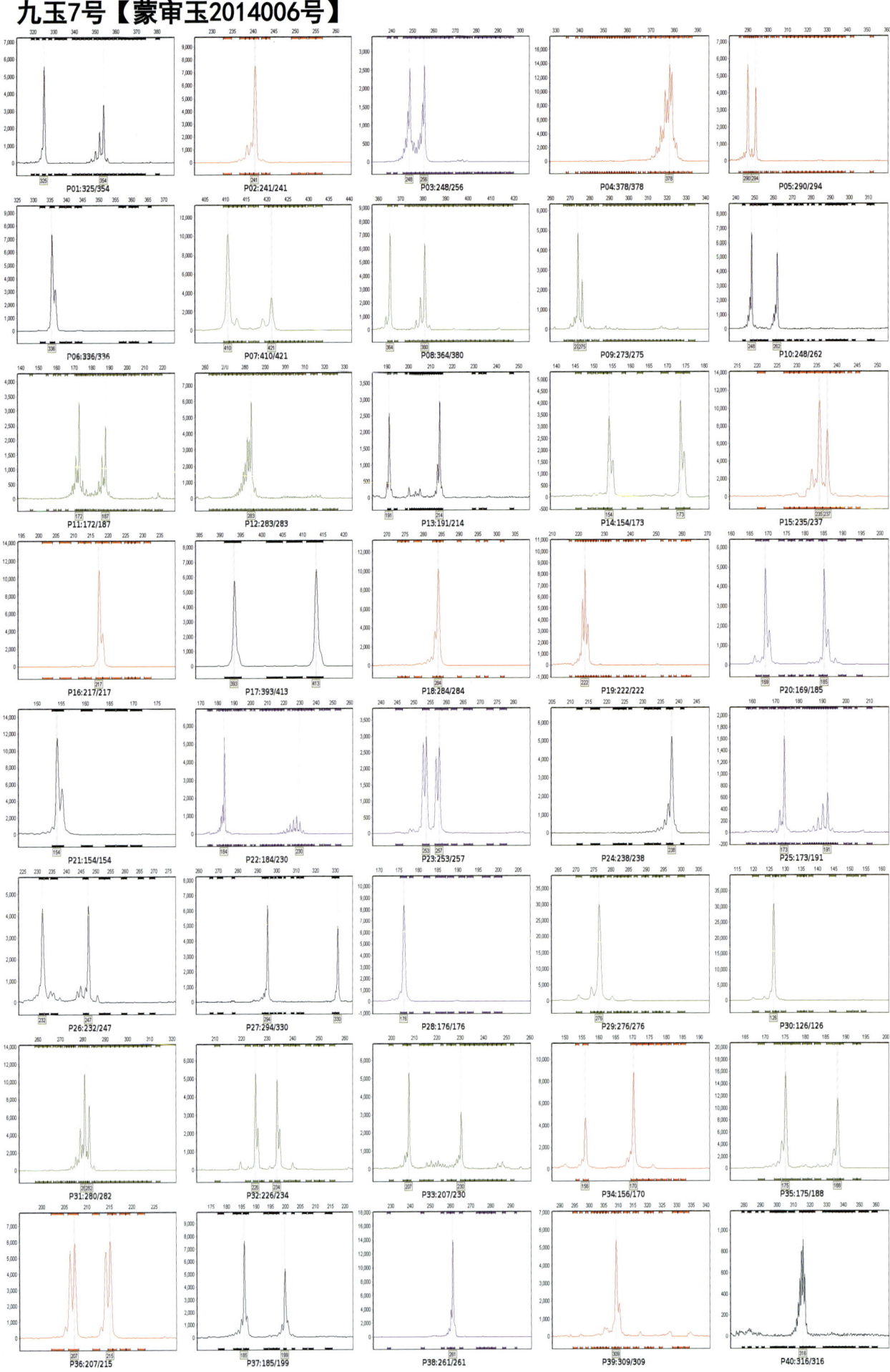

金谷玉1号【蒙审玉2014007号】

P01:325/350　P02:240/240　P03:250/254　P04:349/357　P05:291/302
P06:361/361　P07:410/411　P08:374/384　P09:289/301　P10:252/268
P11:191/211　P12:281/291　P13:191/203　P14:150/152　P15:231/233
P16:222/228　P17:393/413　P18:278/284　P19:222/229　P20:169/178
P21:154/167　P22:191/193　P23:257/273　P24:225/233　P25:189/193
P26:233/233　P27:294/294　P28:176/197　P29:279/284　P30:126/136
P31:275/278　P32:226/234　P33:205/248　P34:174/174　P35:183/188
P36:204/207　P37:196/214　P38:261/261　P39:308/312　P40:283/310

奥玉3804【蒙审玉2014009号】

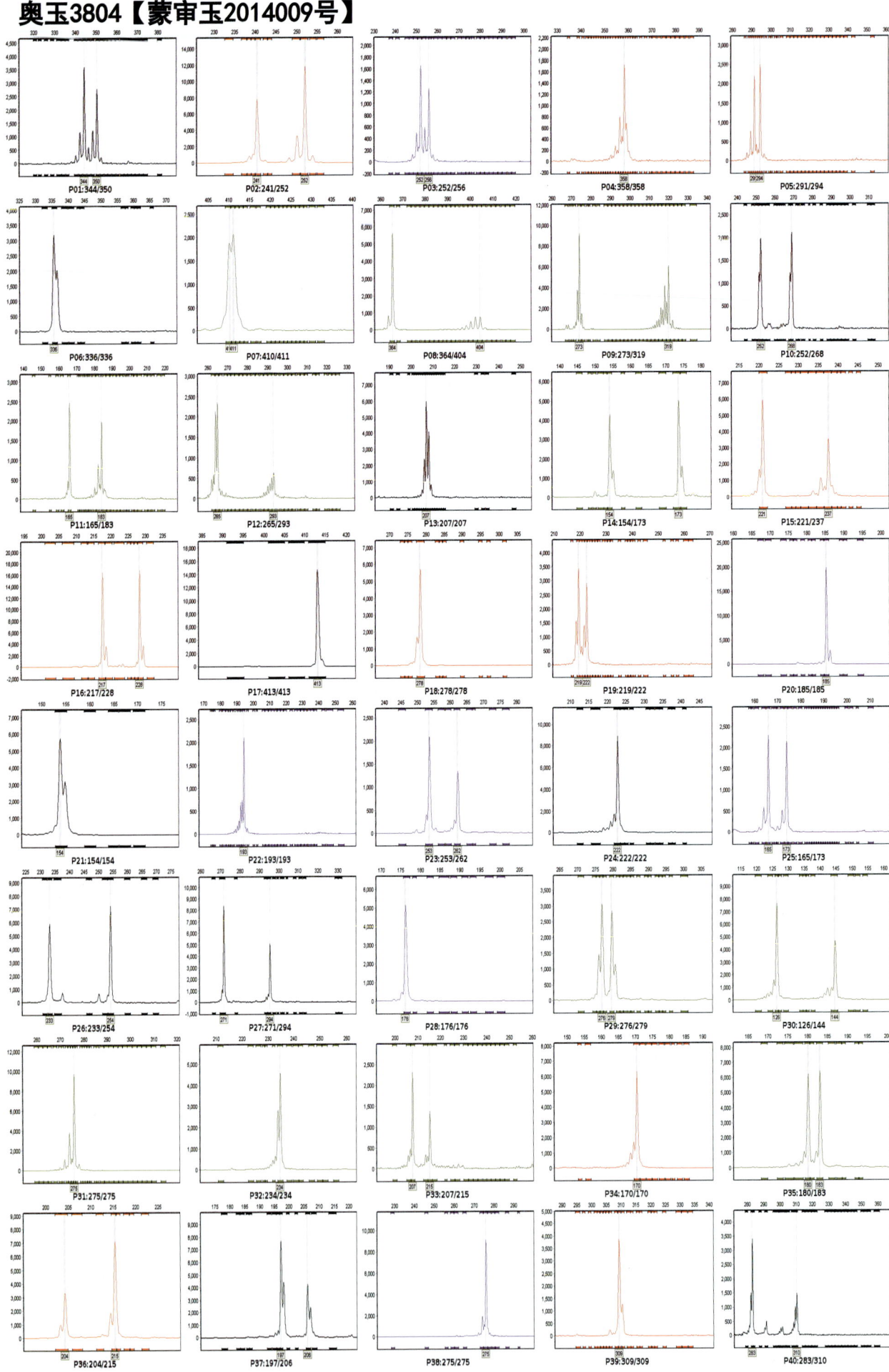

蠡玉106【蒙审玉2014010号】

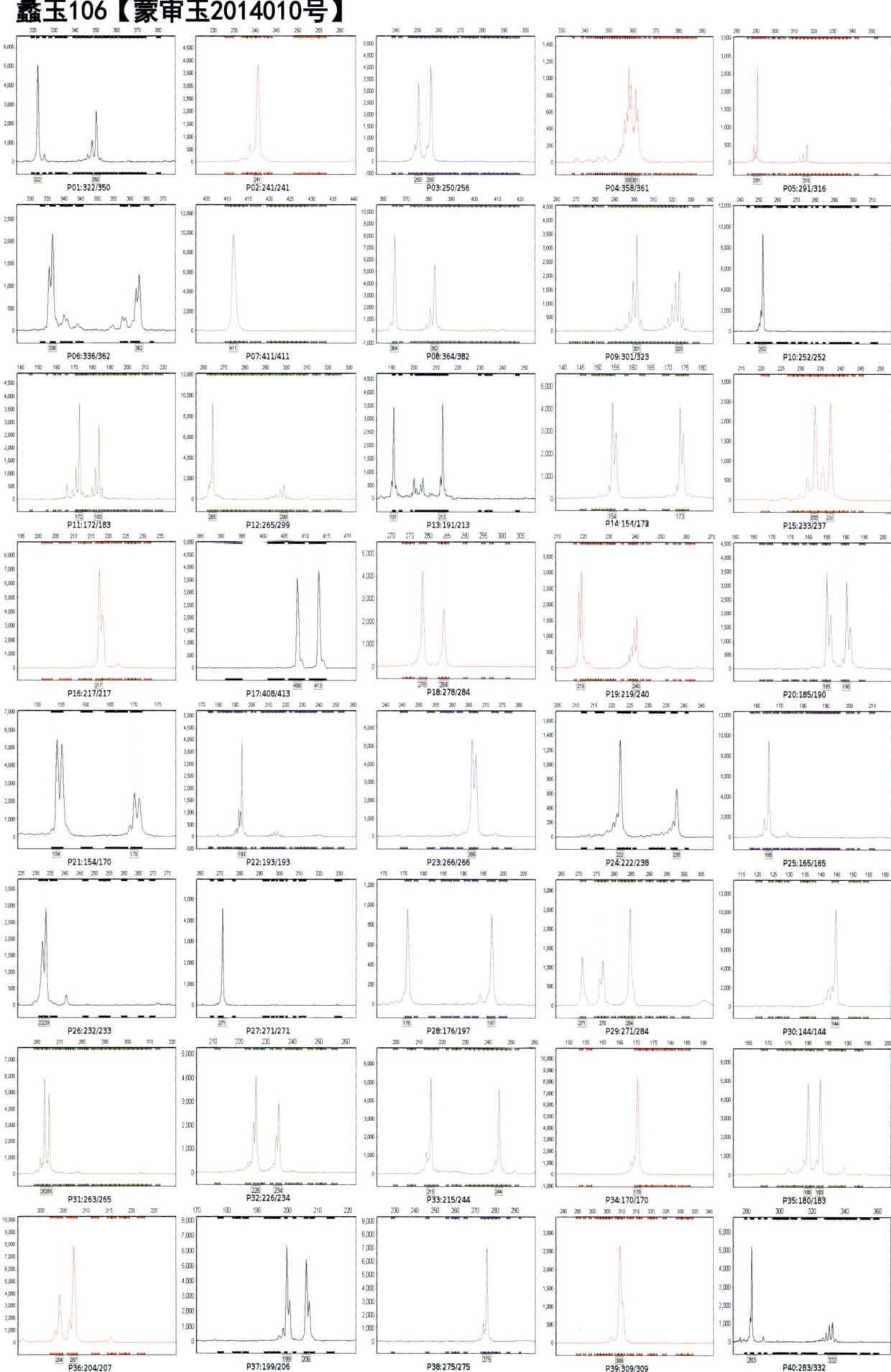

NK3800【蒙审玉2014012号】

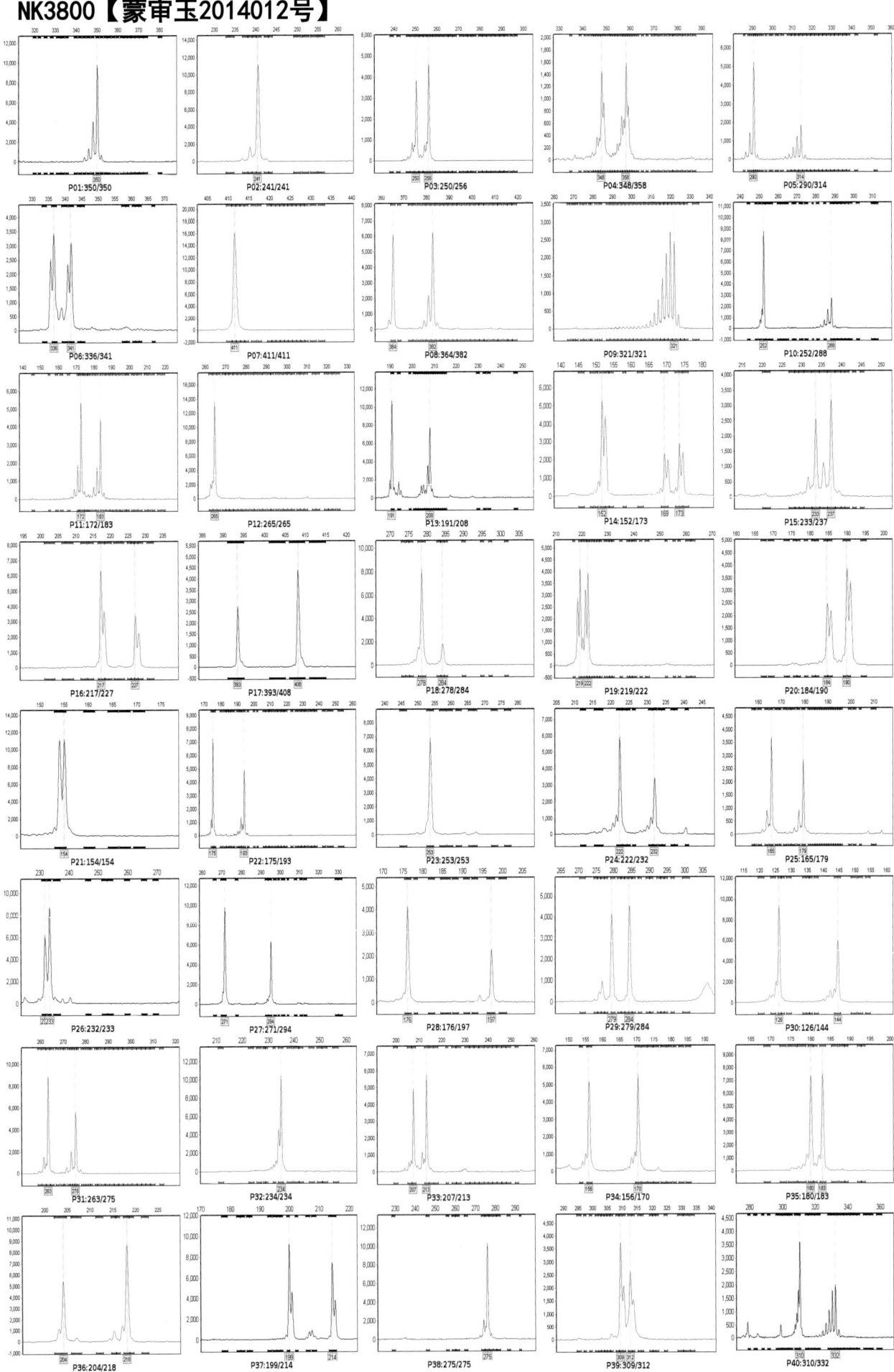

华农887【蒙审玉2014014号】

P01:350/350	P02:252/252	P03:250/256	P04:358/384	P05:291/314
P06:336/362	P07:411/411	P08:364/382	P09:319/323	P10:252/288
P11:172/183	P12:265/265	P13:191/213	P14:152/173	P15:228/237
P16:217/217	P17:408/413	P18:278/284	P19:219/222	P20:185/190
P21:154/170	P22:193/238	P23:253/267	P24:222/222	P25:165/179
P26:232/233	P27:271/294	P28:176/197	P29:276/284	P30:126/144
P31:263/275	P32:234/234	P33:207/215	P34:156/170	P35:183/193
P36:204/204	P37:199/206	P38:275/275	P39:309/312	P40:310/332

先农202【蒙审玉2014015号】

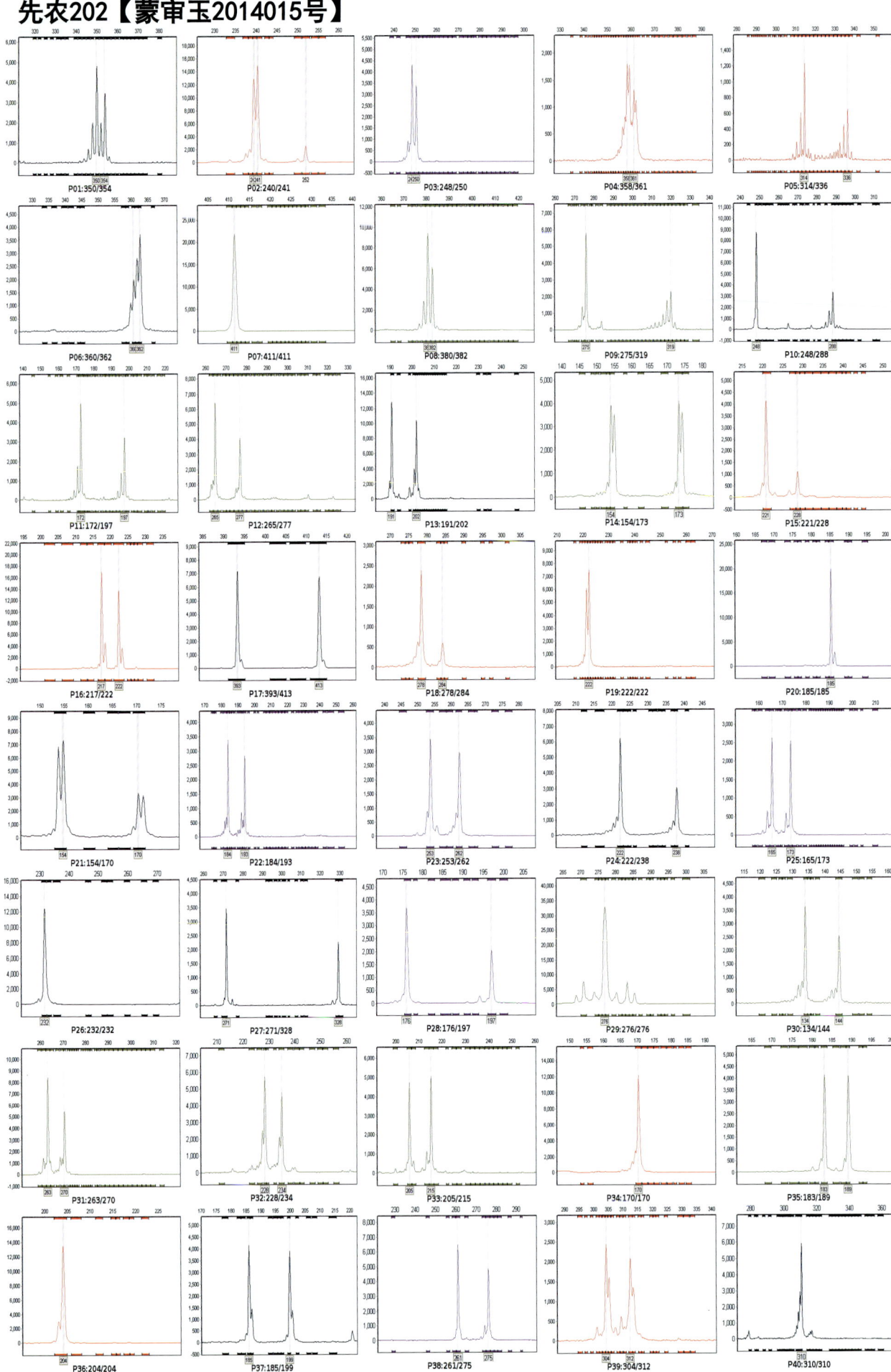

德单1029【蒙审玉2014017号】

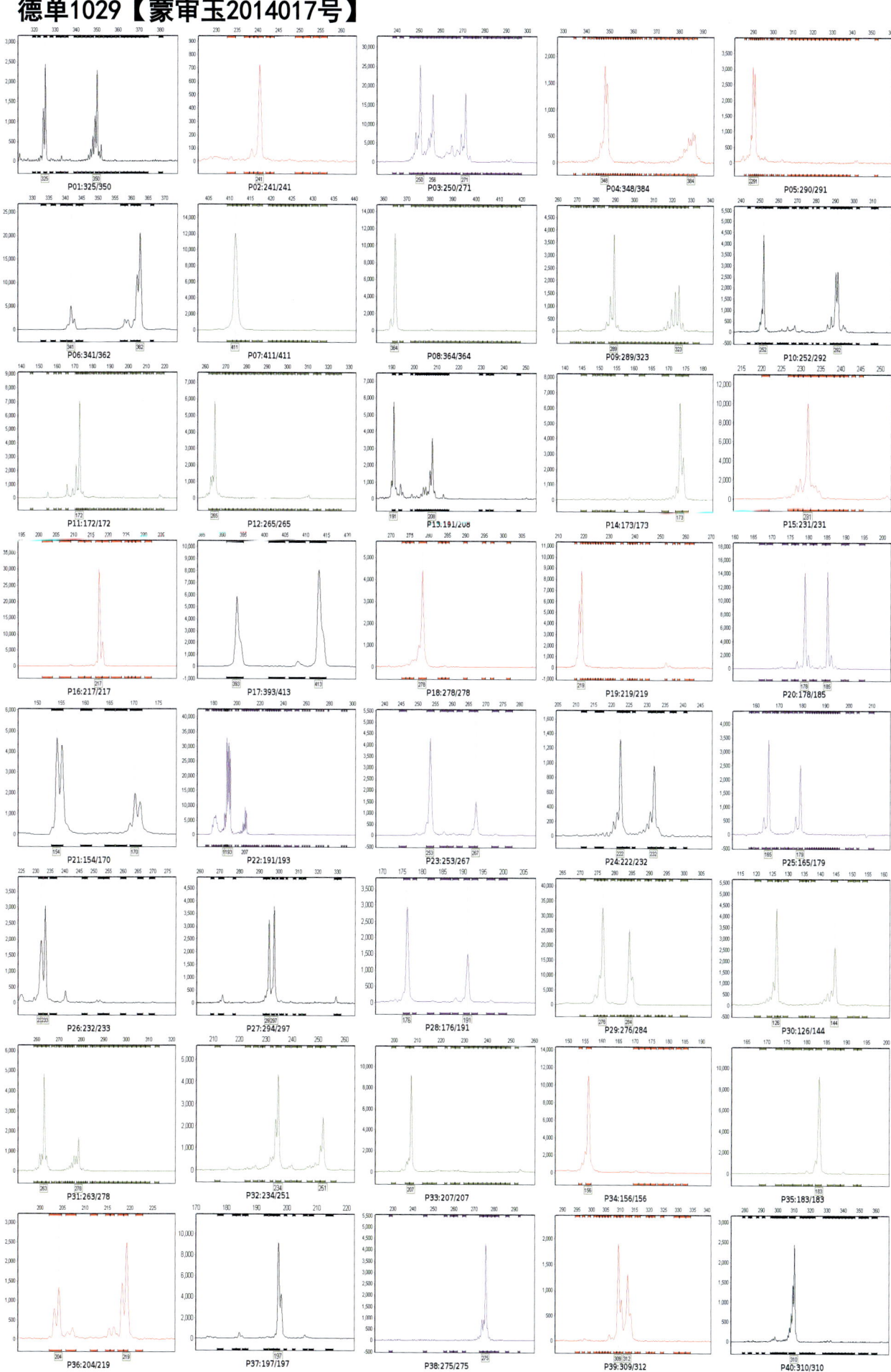

中科606【蒙审玉2014018号】

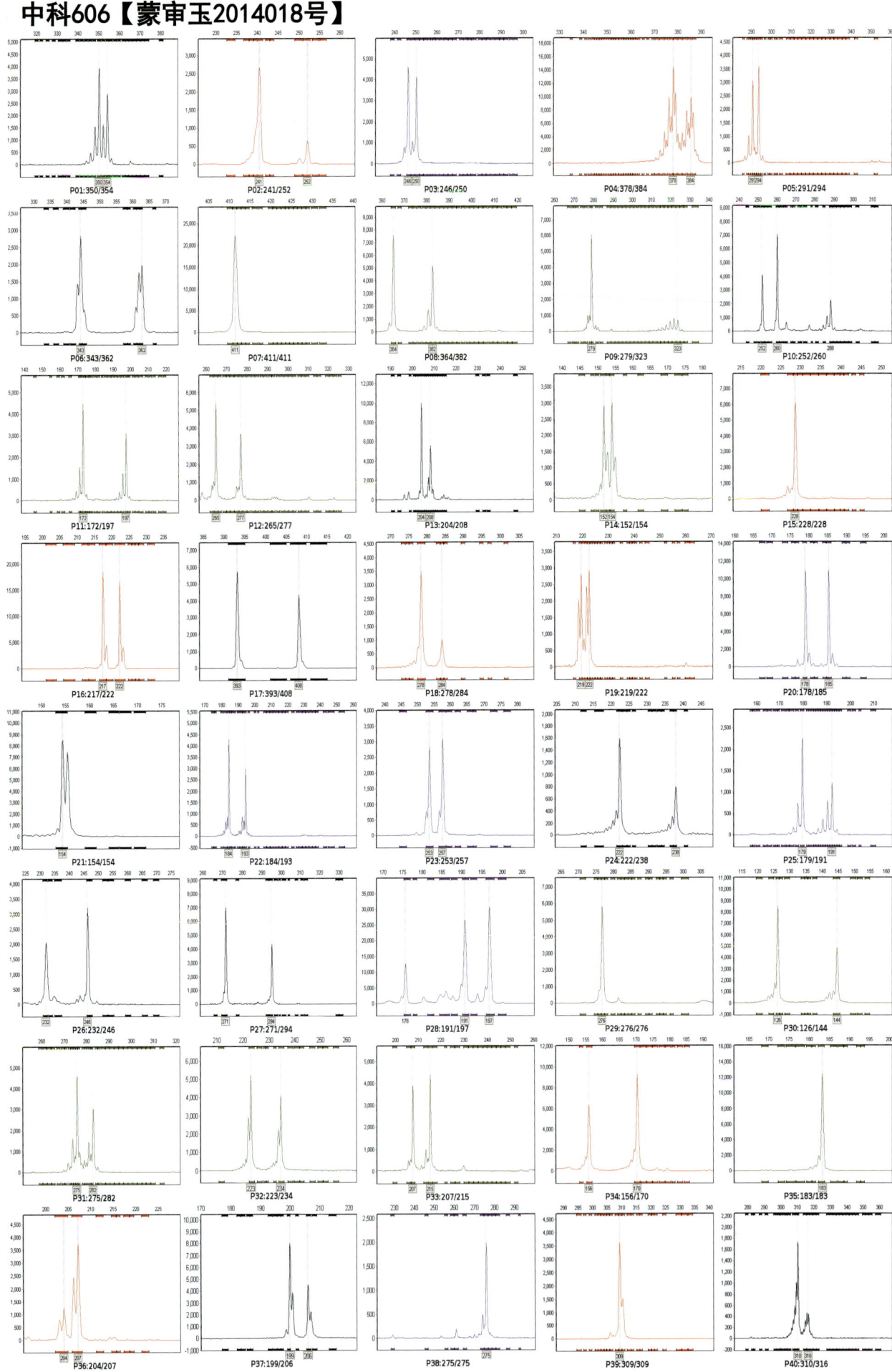

玉龙157【蒙审玉2014020号】

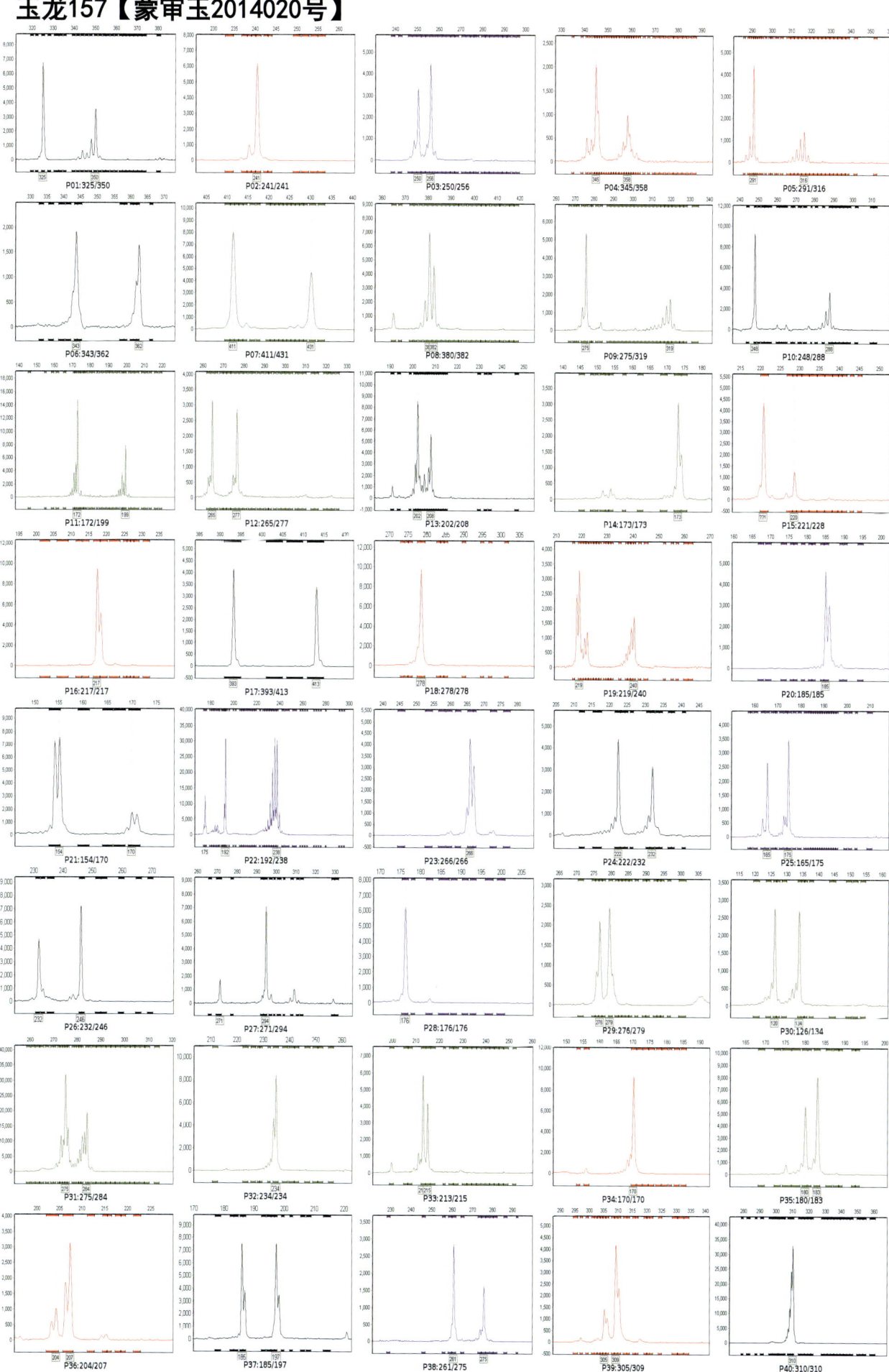

三北301【蒙审玉2014022号】

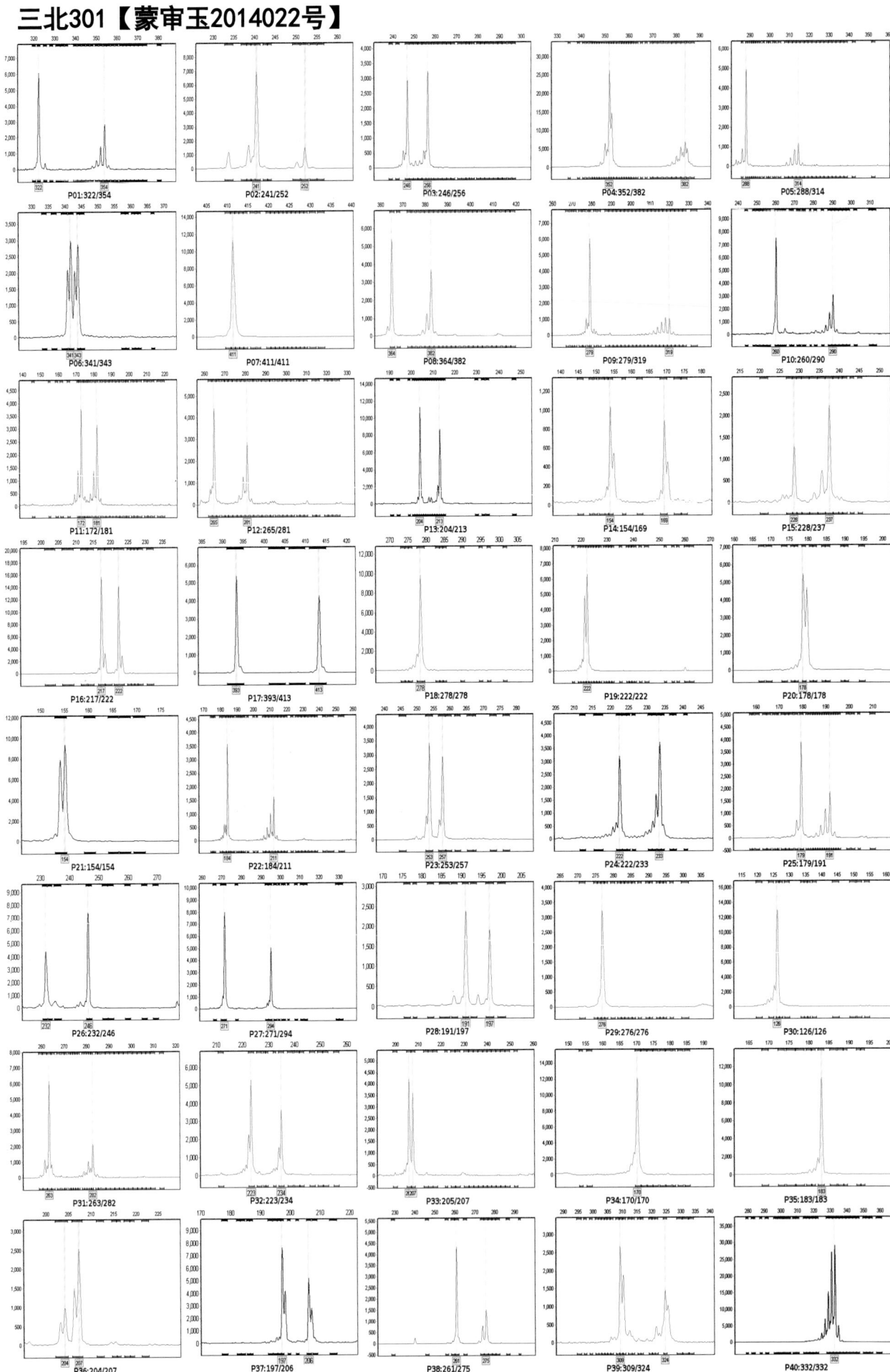

华农292【蒙审玉2014023号】

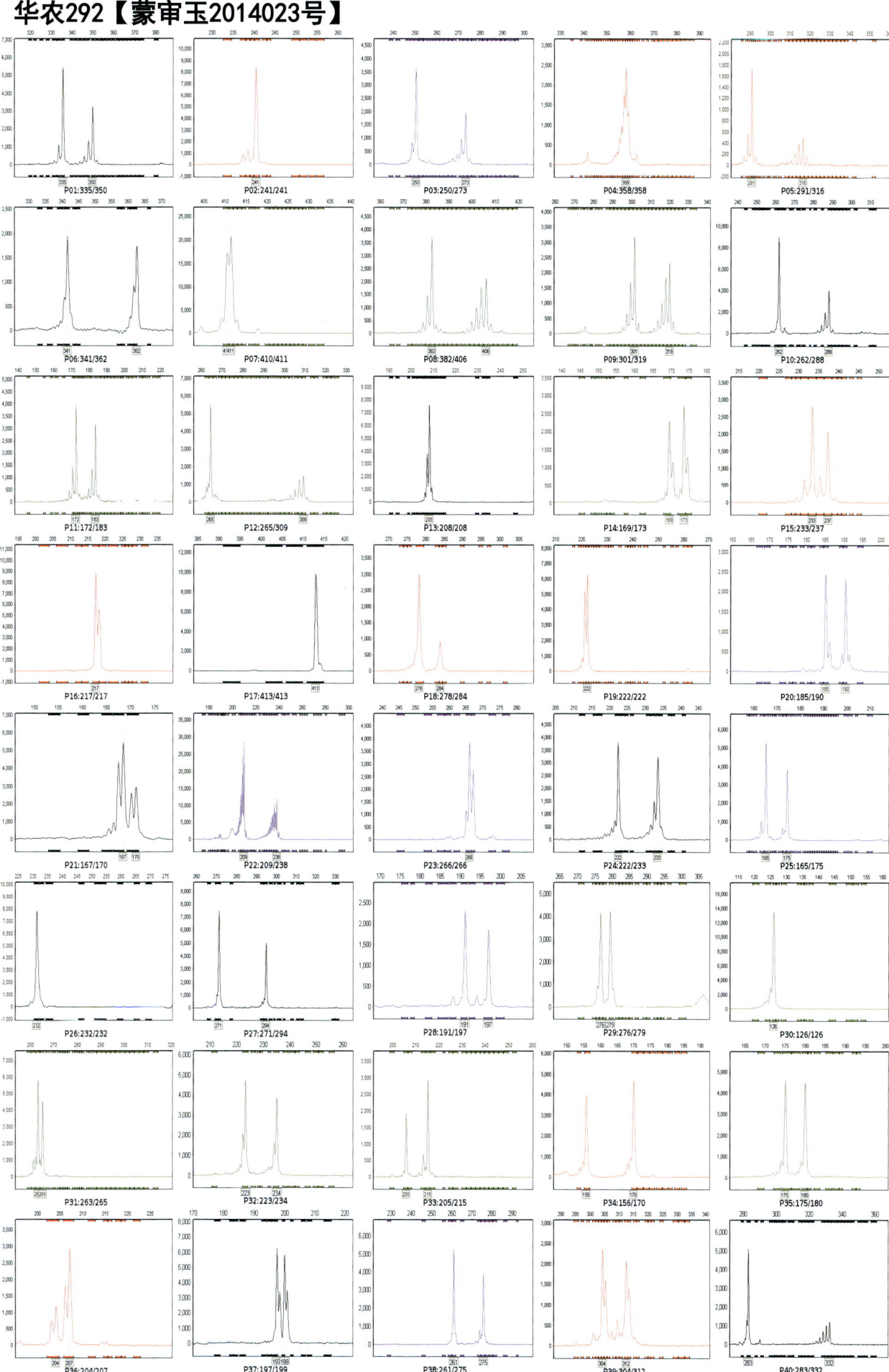

鹏诚9号【蒙审玉2014024号】

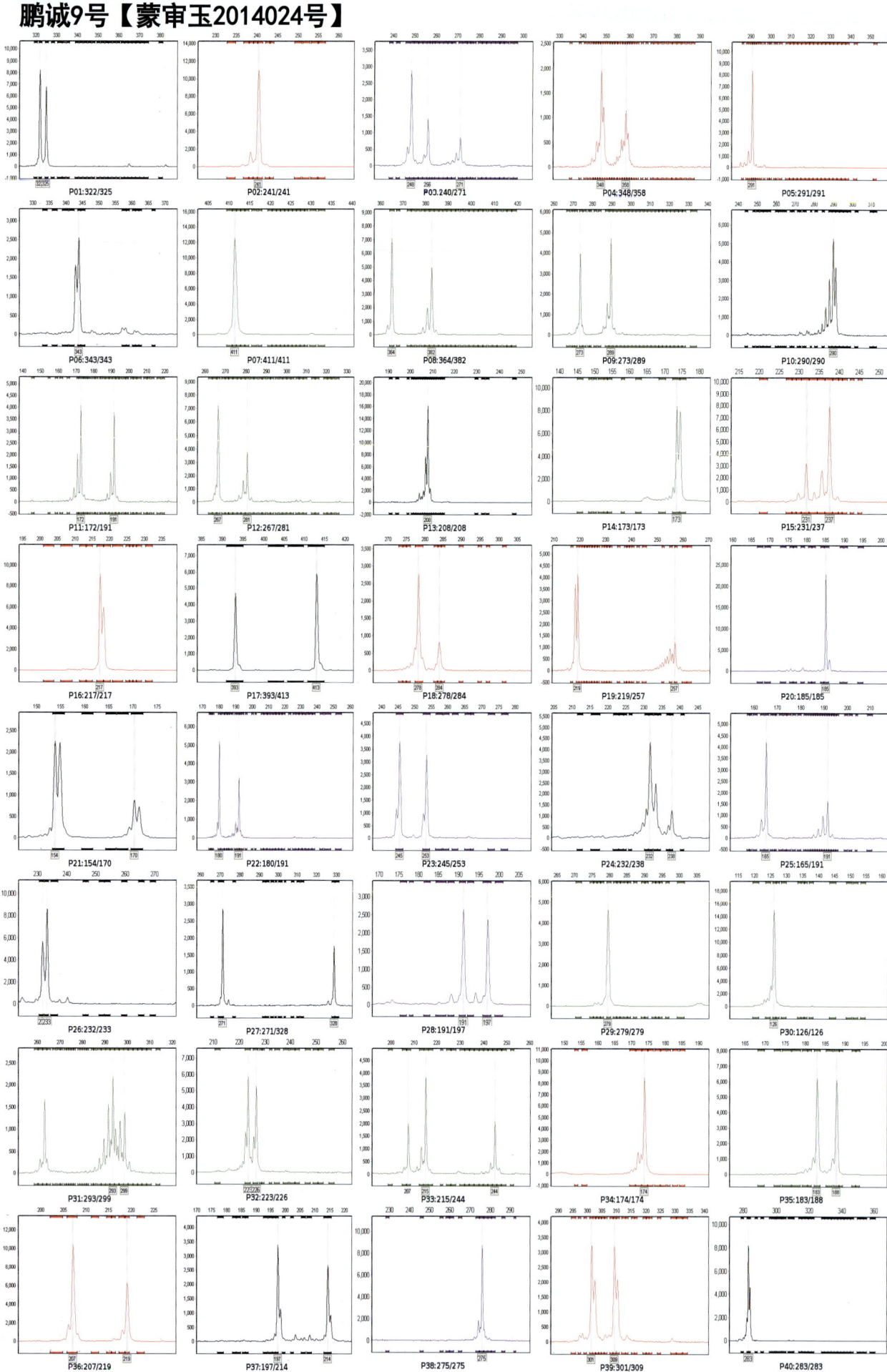

丰垦117【蒙审玉2014025号】

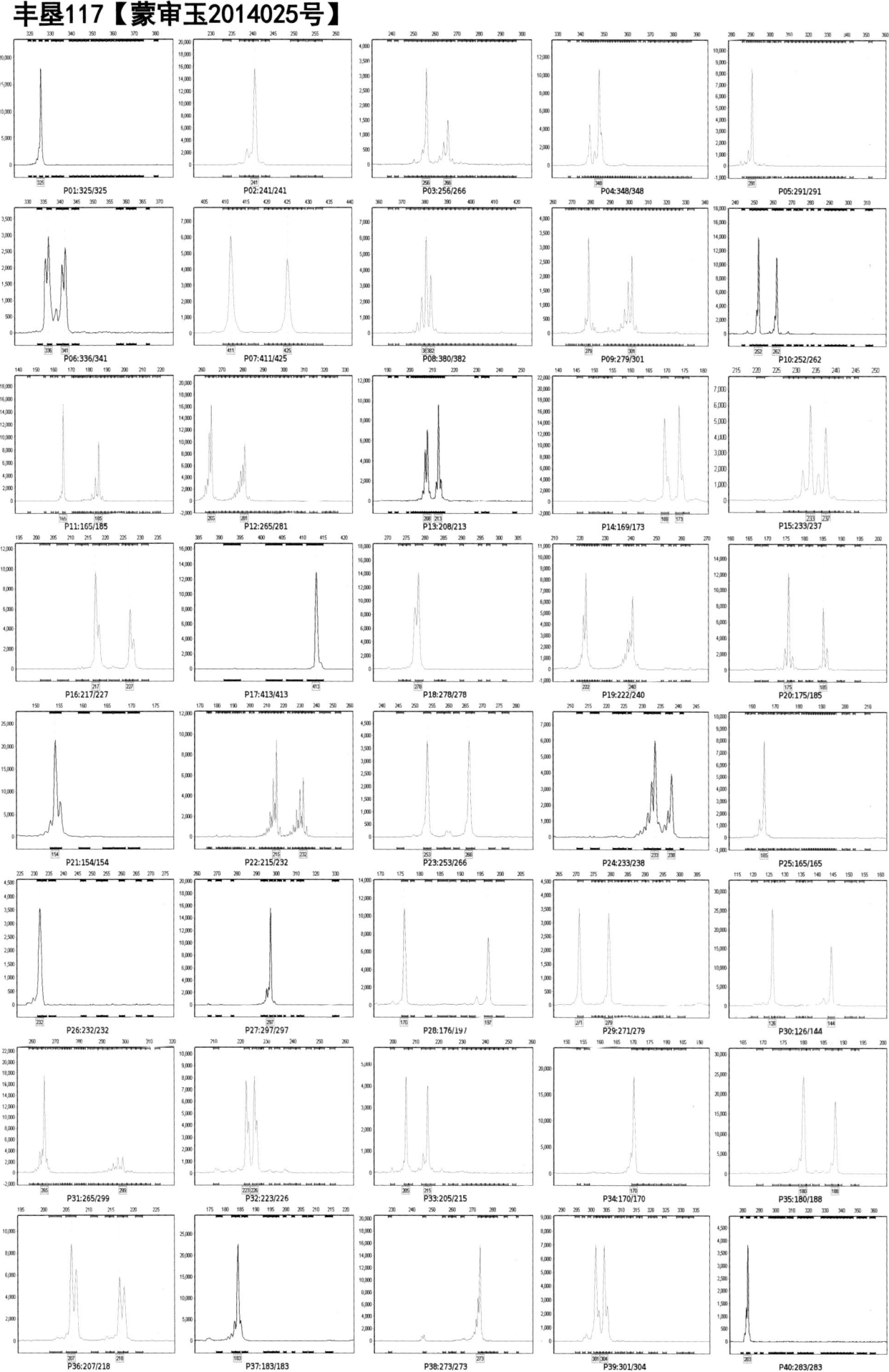

金艾130【蒙审玉2014027号】

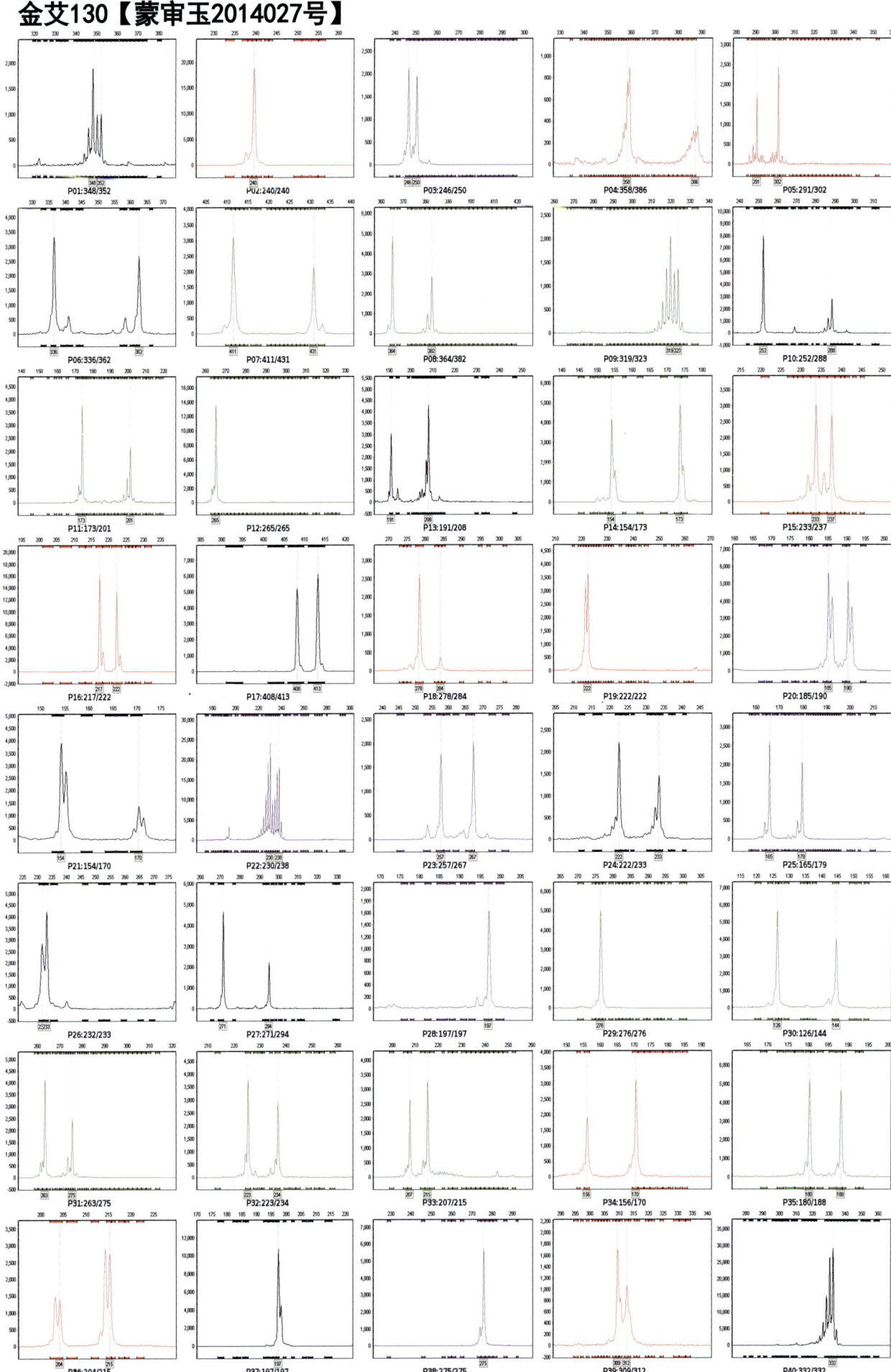

先达203【蒙审玉2014028号】

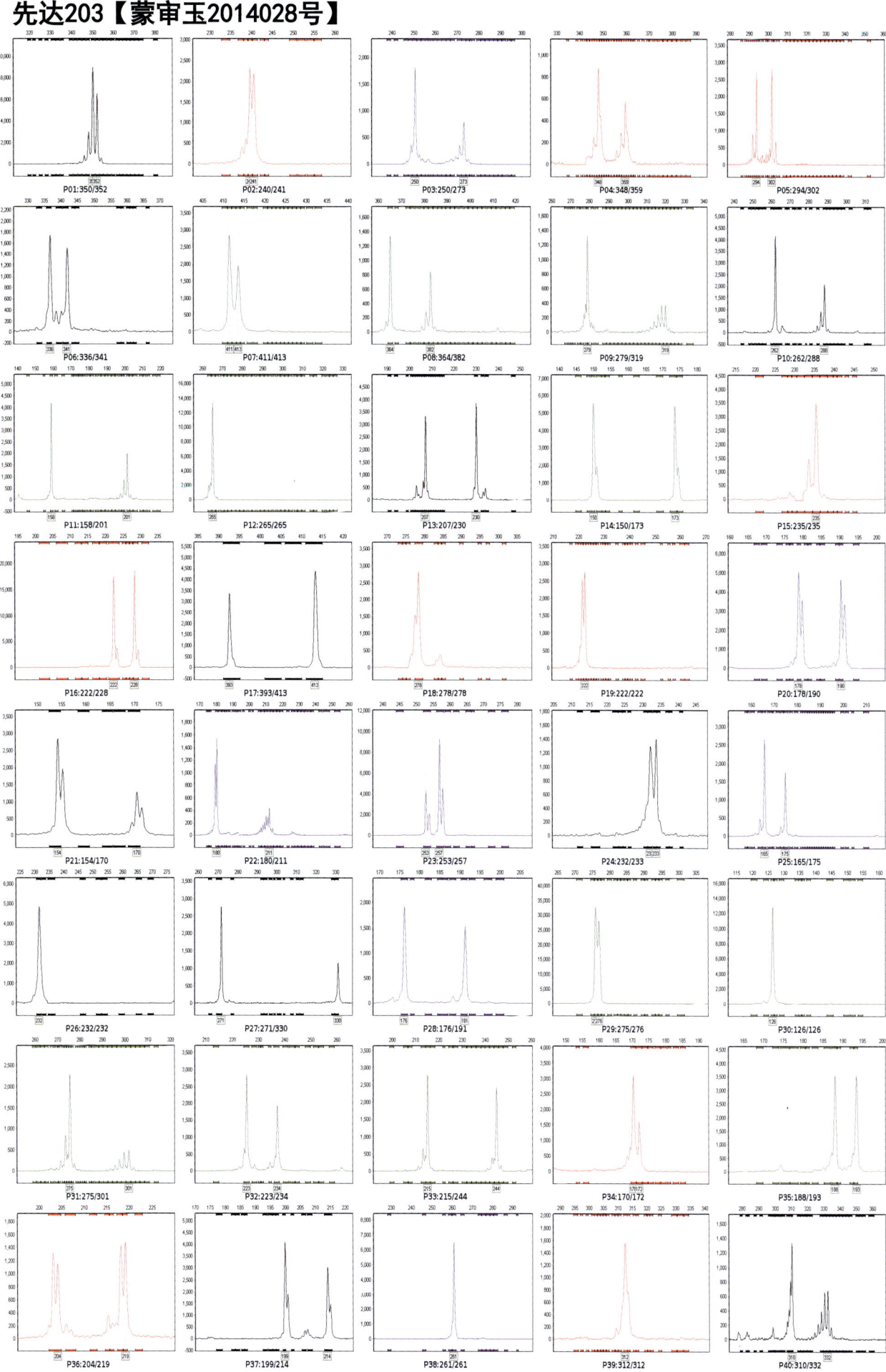

九园33【蒙审玉2014029号】

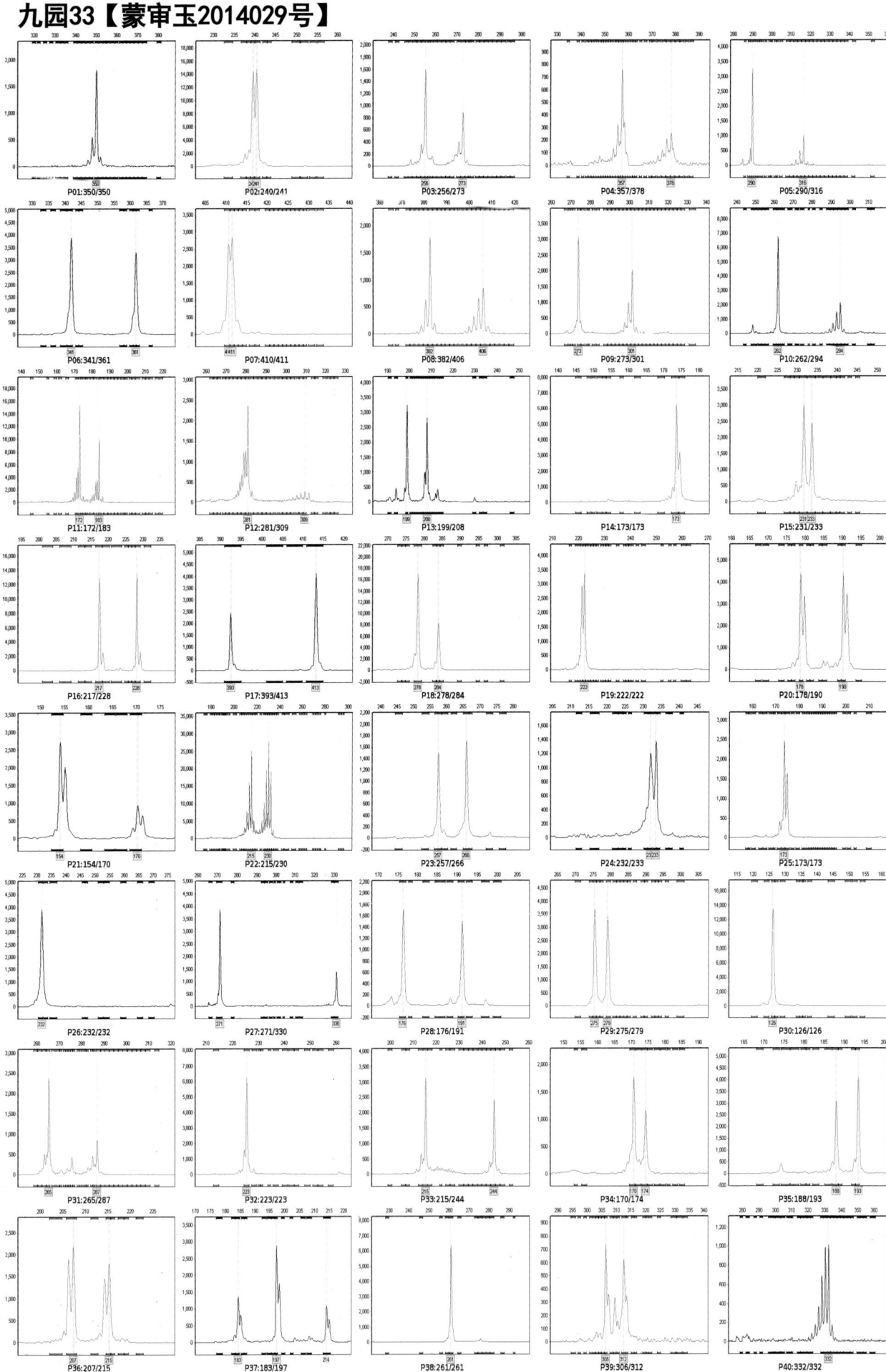

大德216【蒙审玉2014030号】

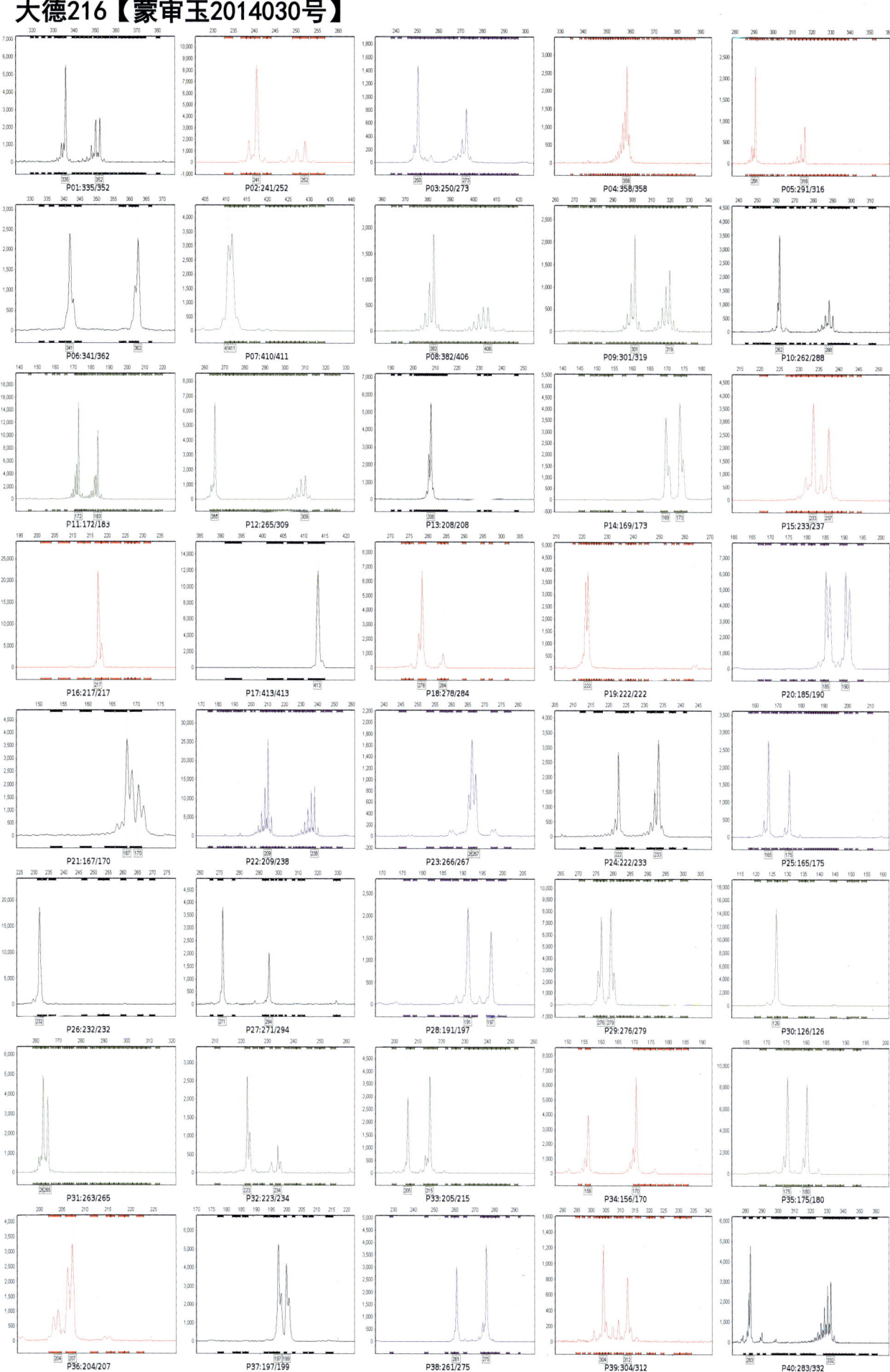

玉龙904【蒙审玉2014031号】

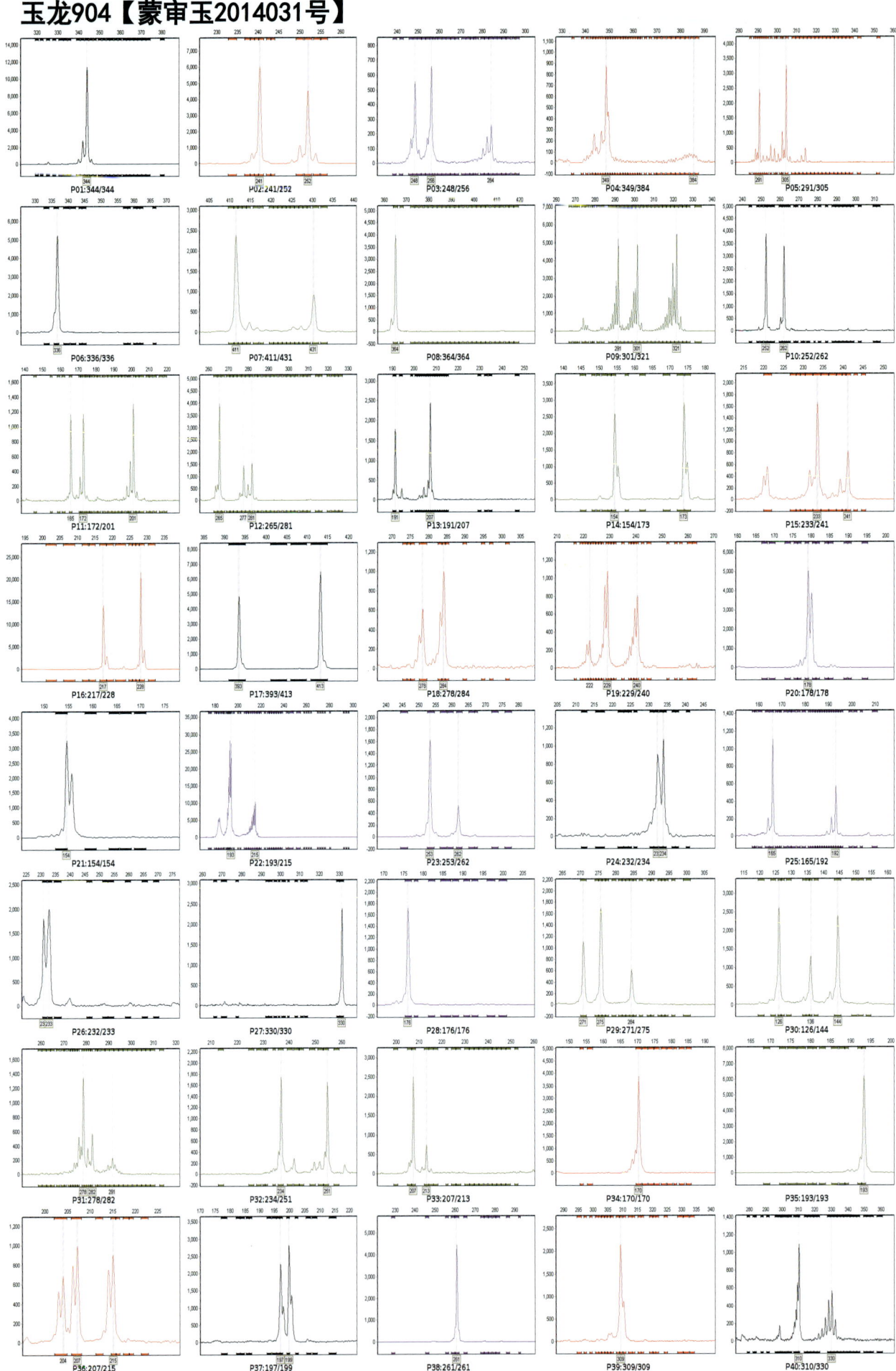

隆平702【蒙审玉2014032号】

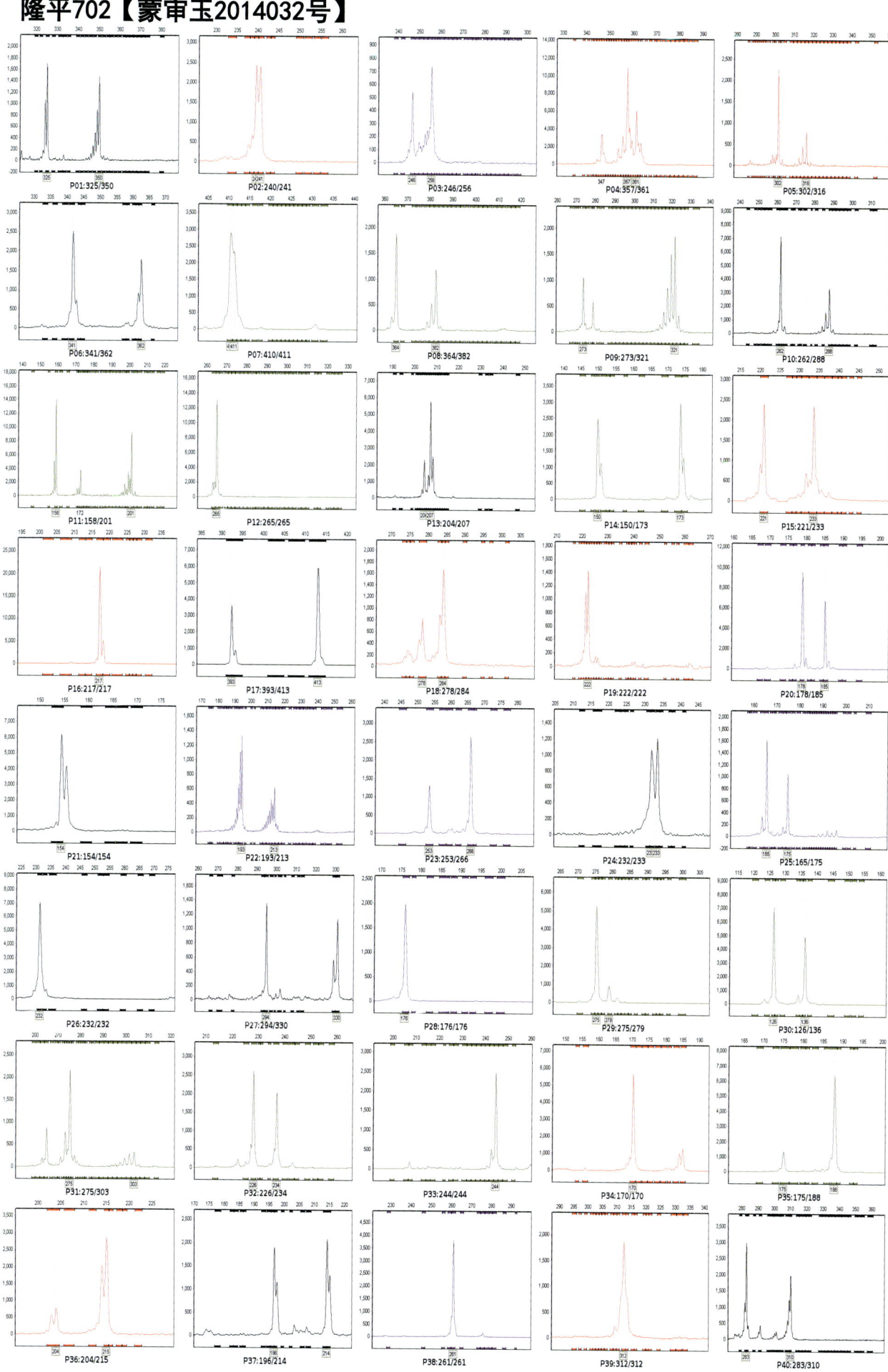

登科269【蒙审玉2014033号】

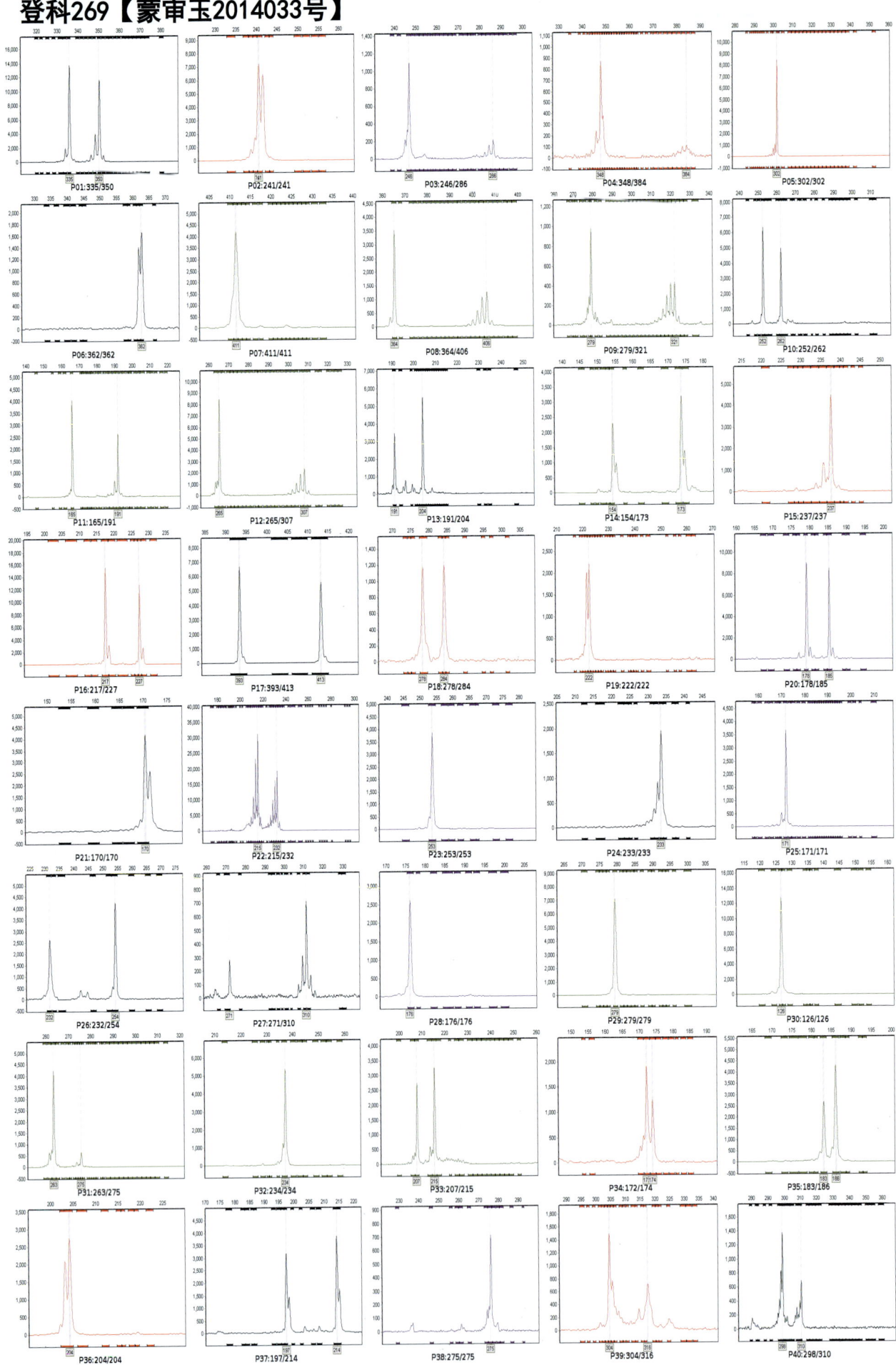

优旗909【蒙审玉2014034号】

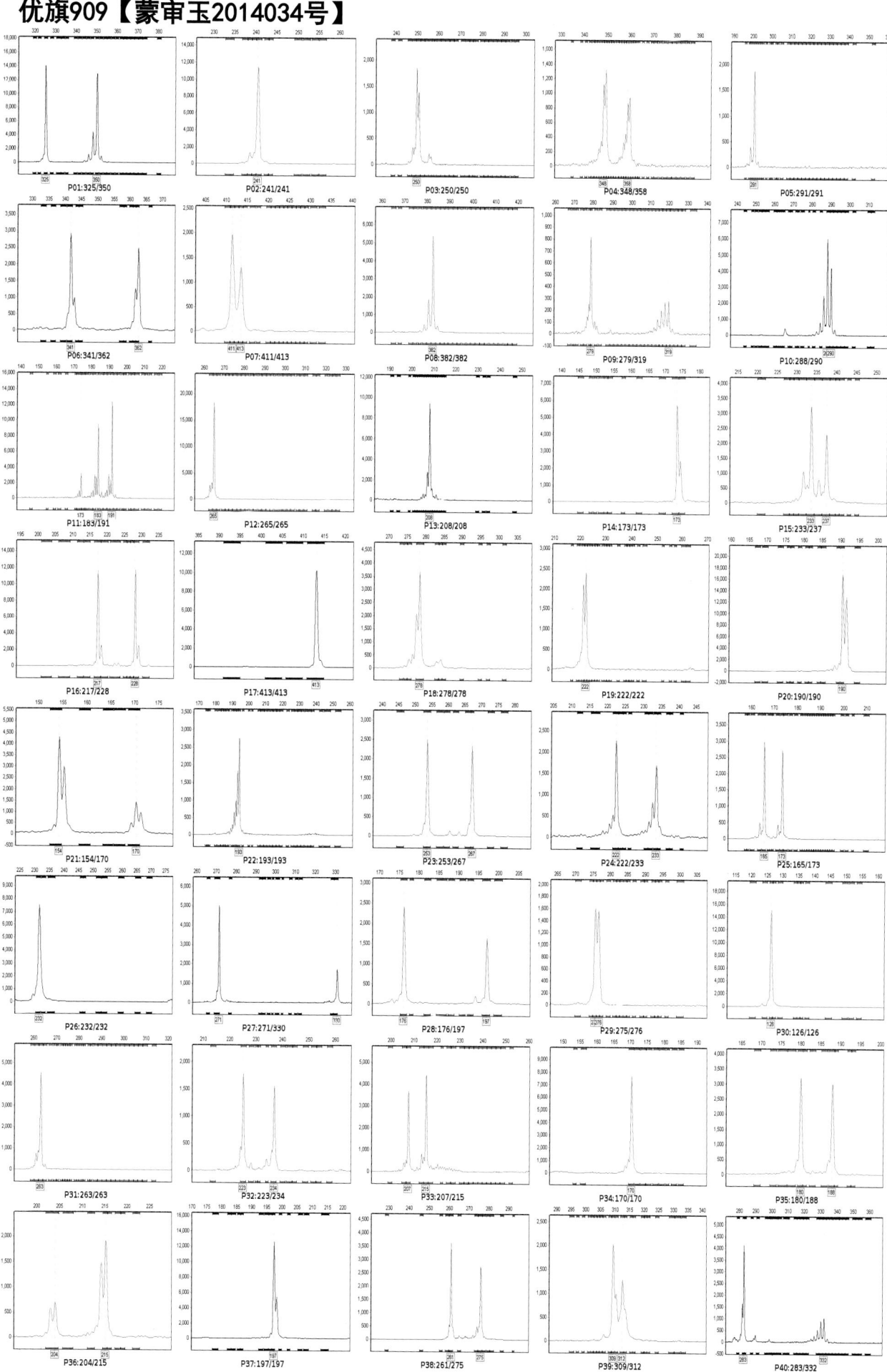

金创6号【蒙审玉2014035号】

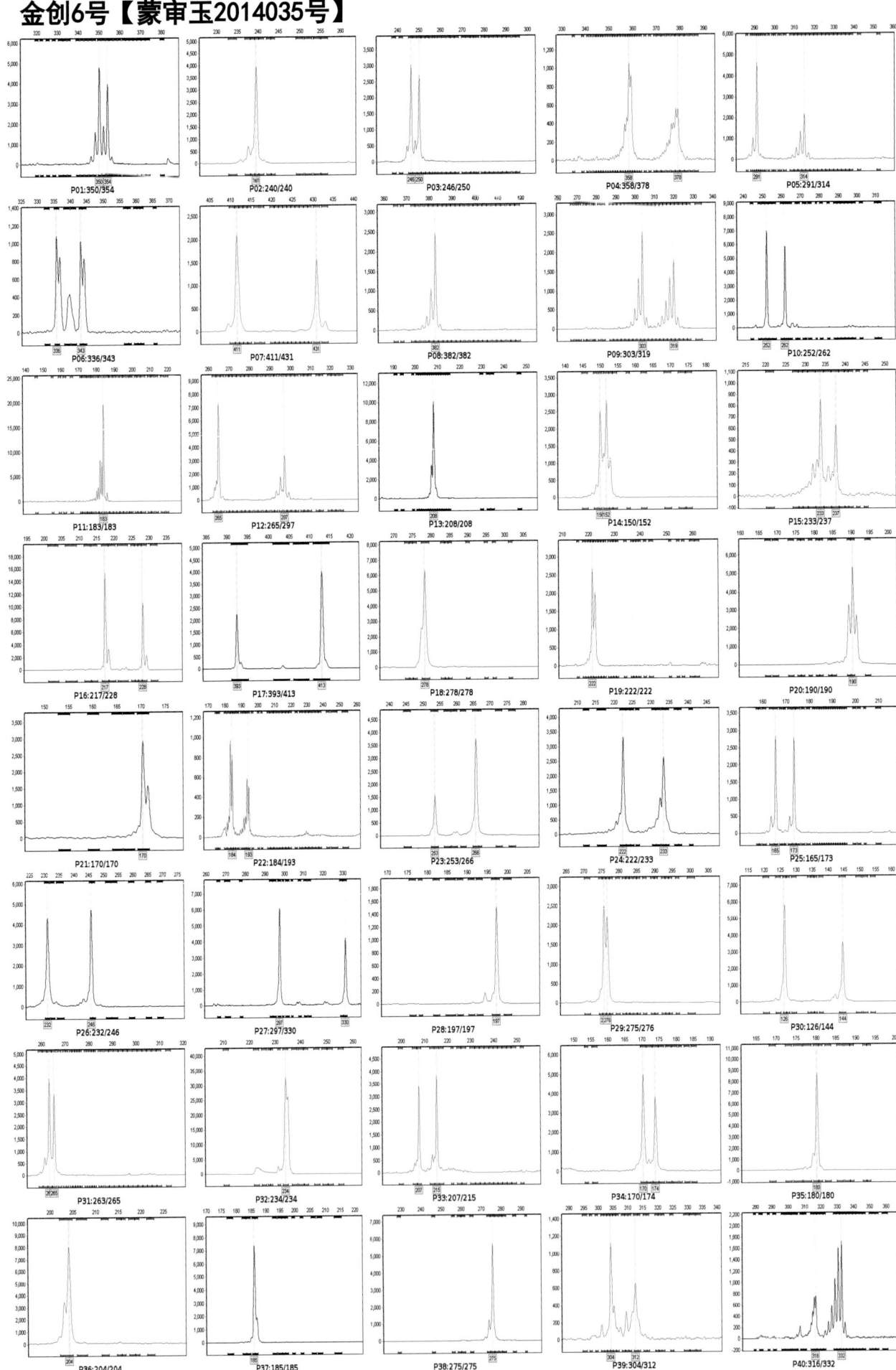

五谷310【蒙审玉2014036号】

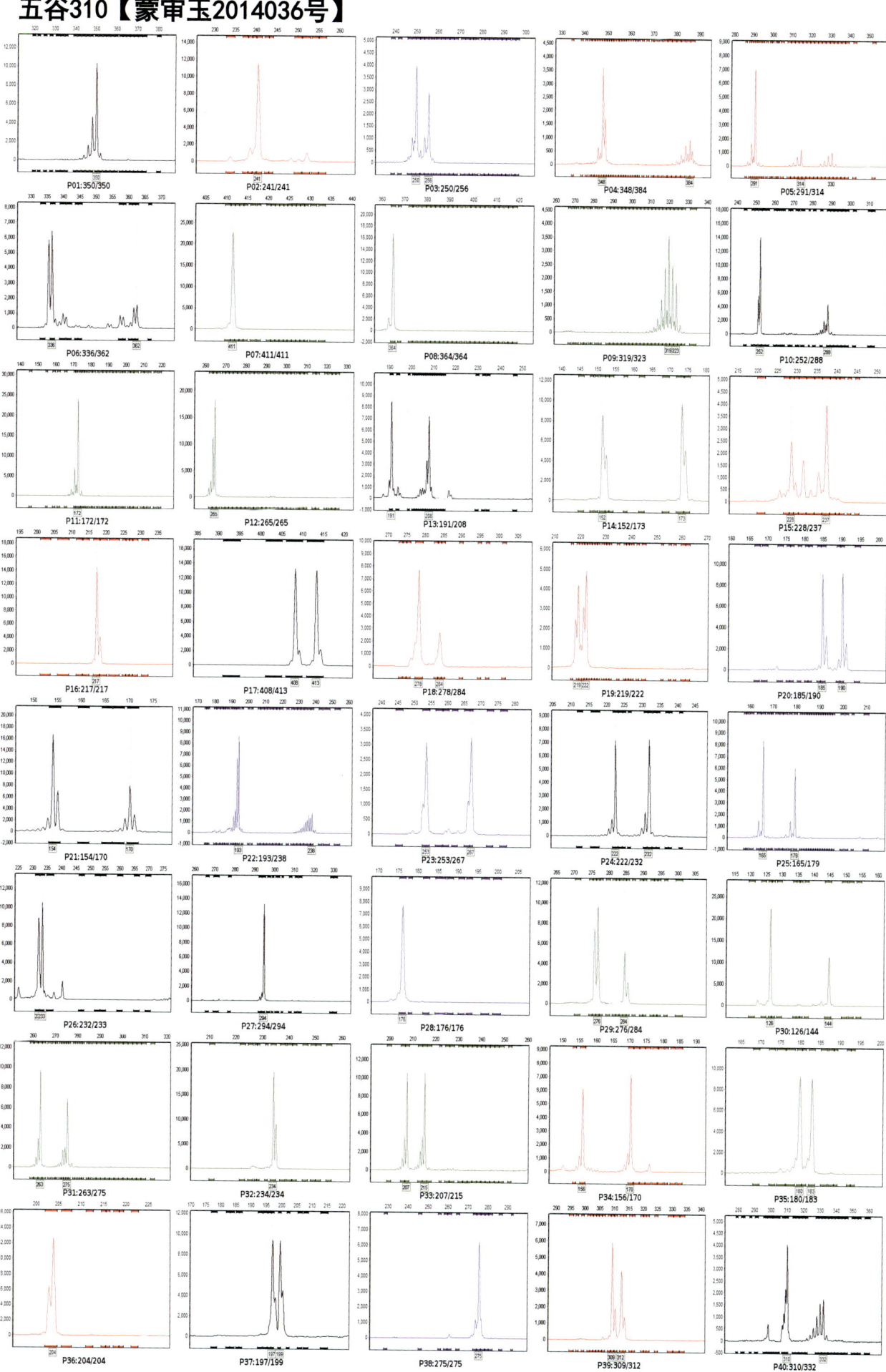

大民3301【蒙审玉2014037号】

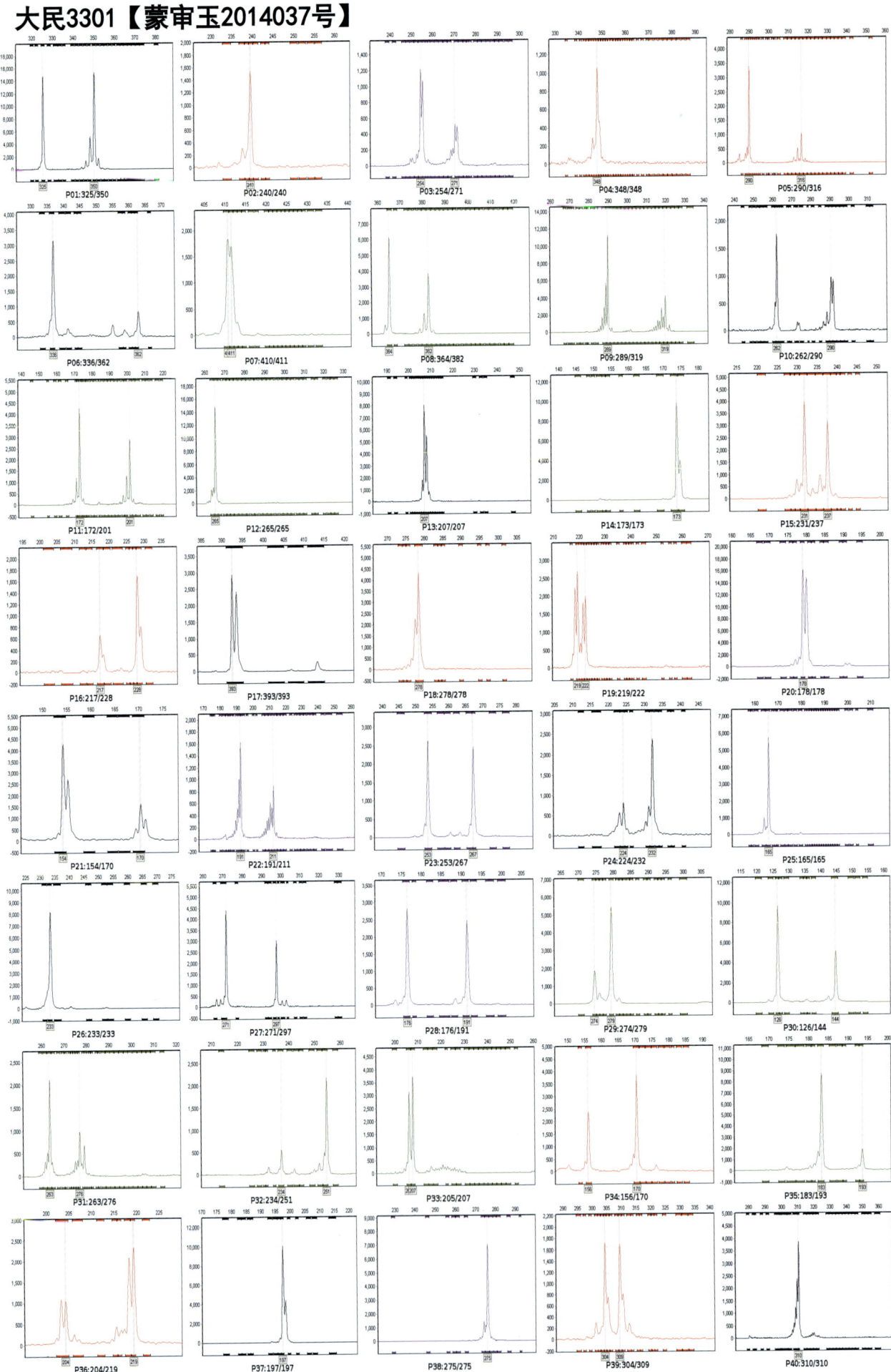

兴丰11【蒙审玉2014038号】

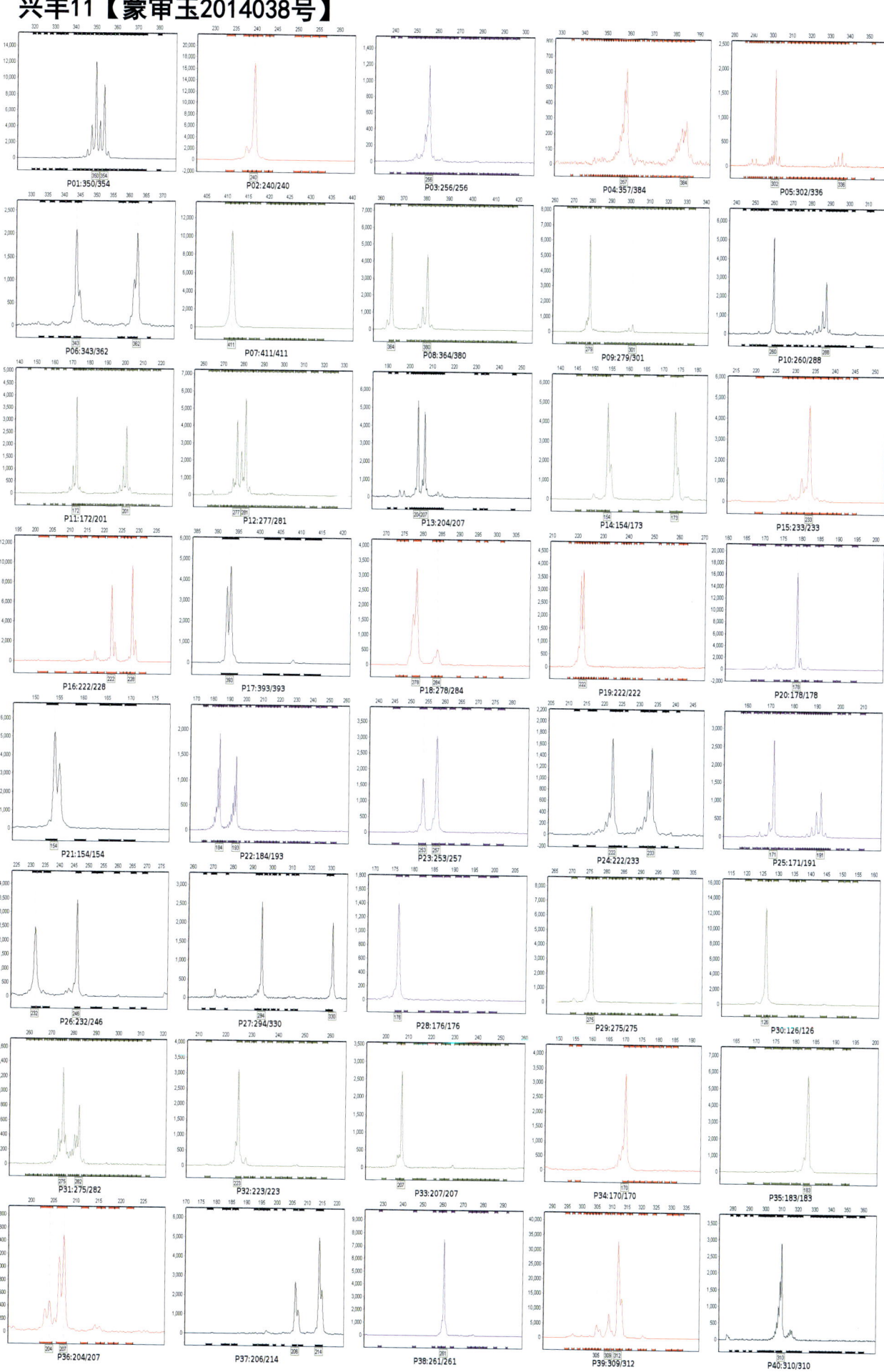

XD108【蒙审玉2015001号】

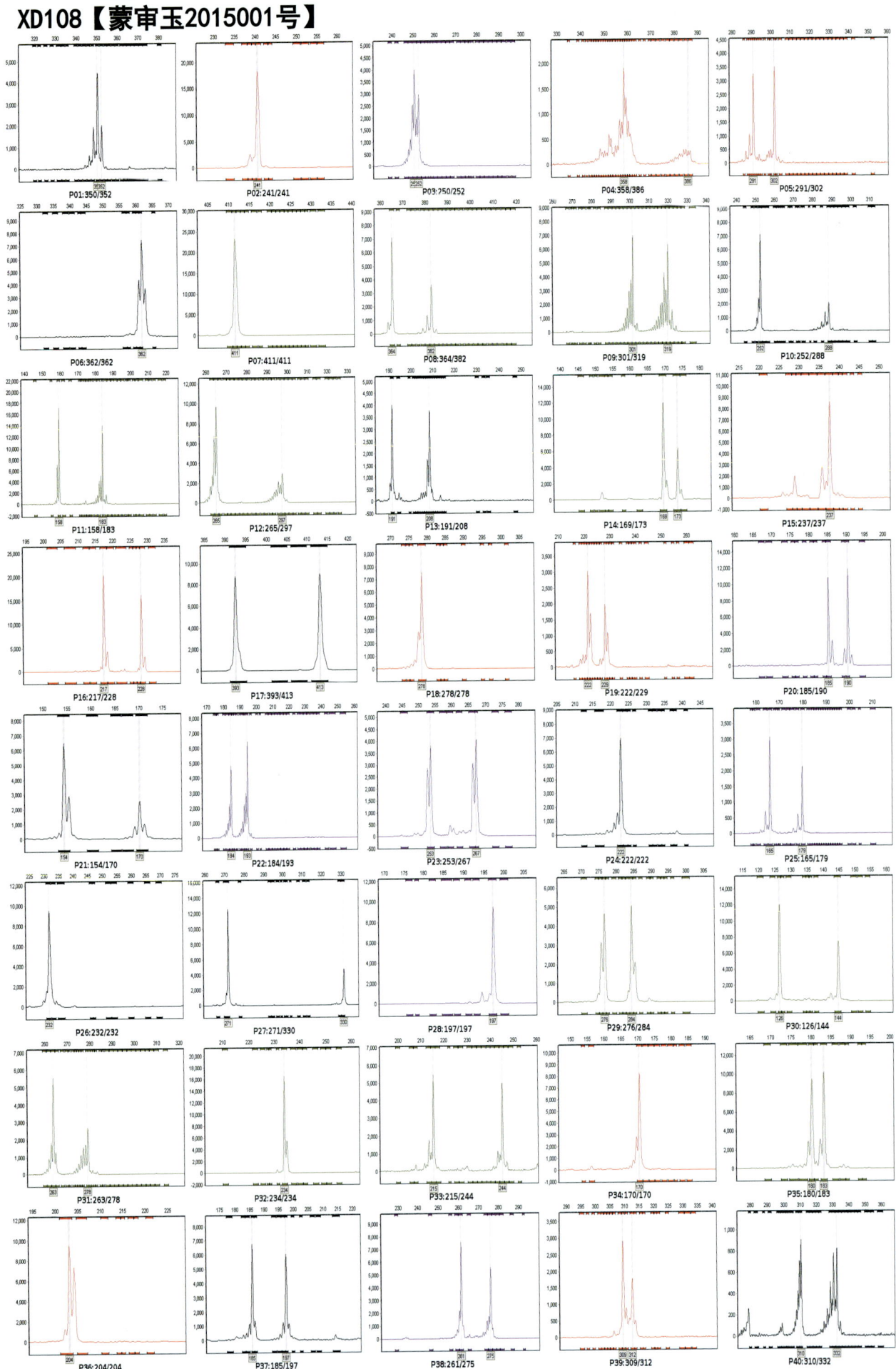

中地606【蒙审玉2015003号】

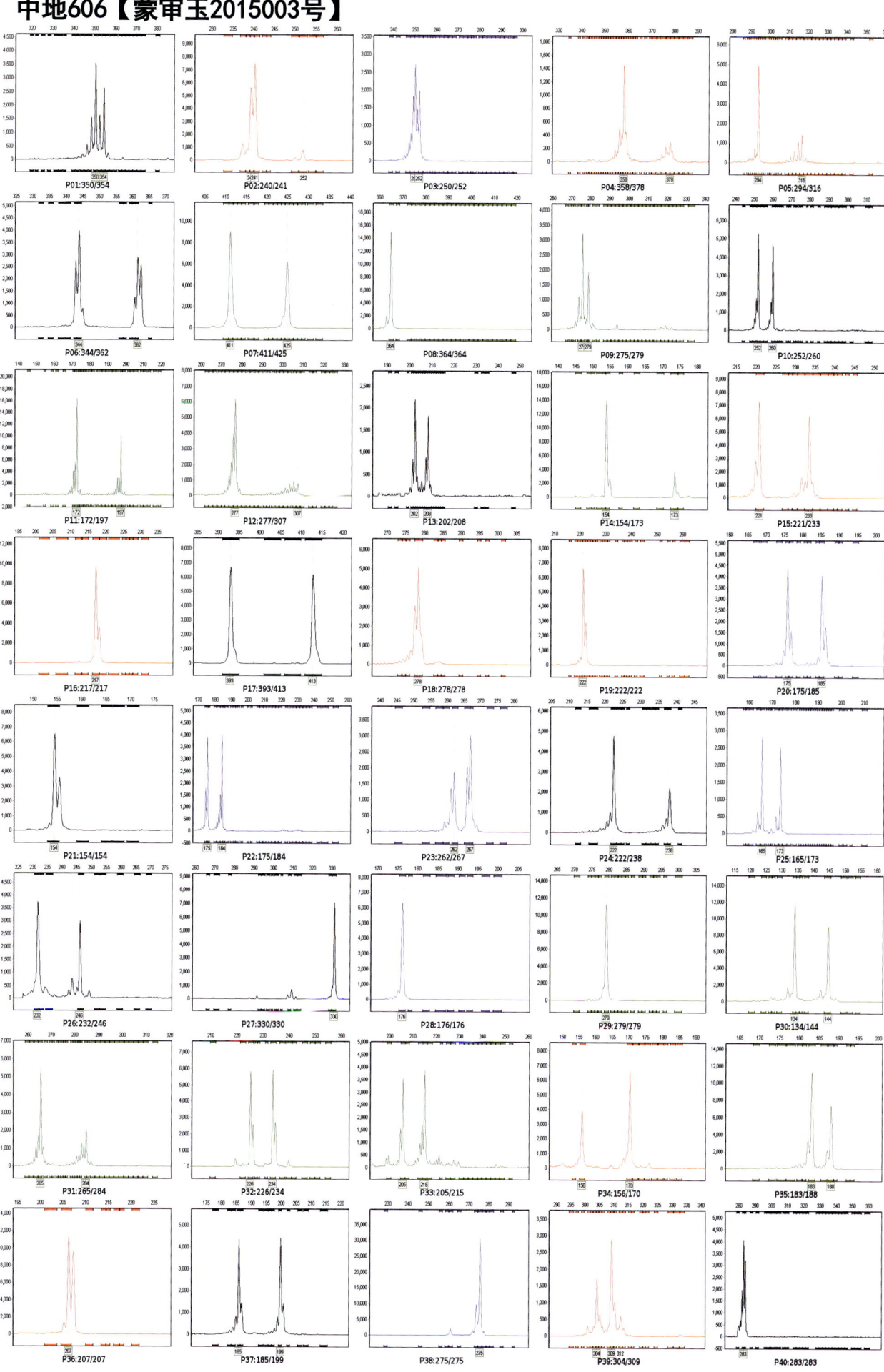

先玉1219【蒙审玉2015004号】

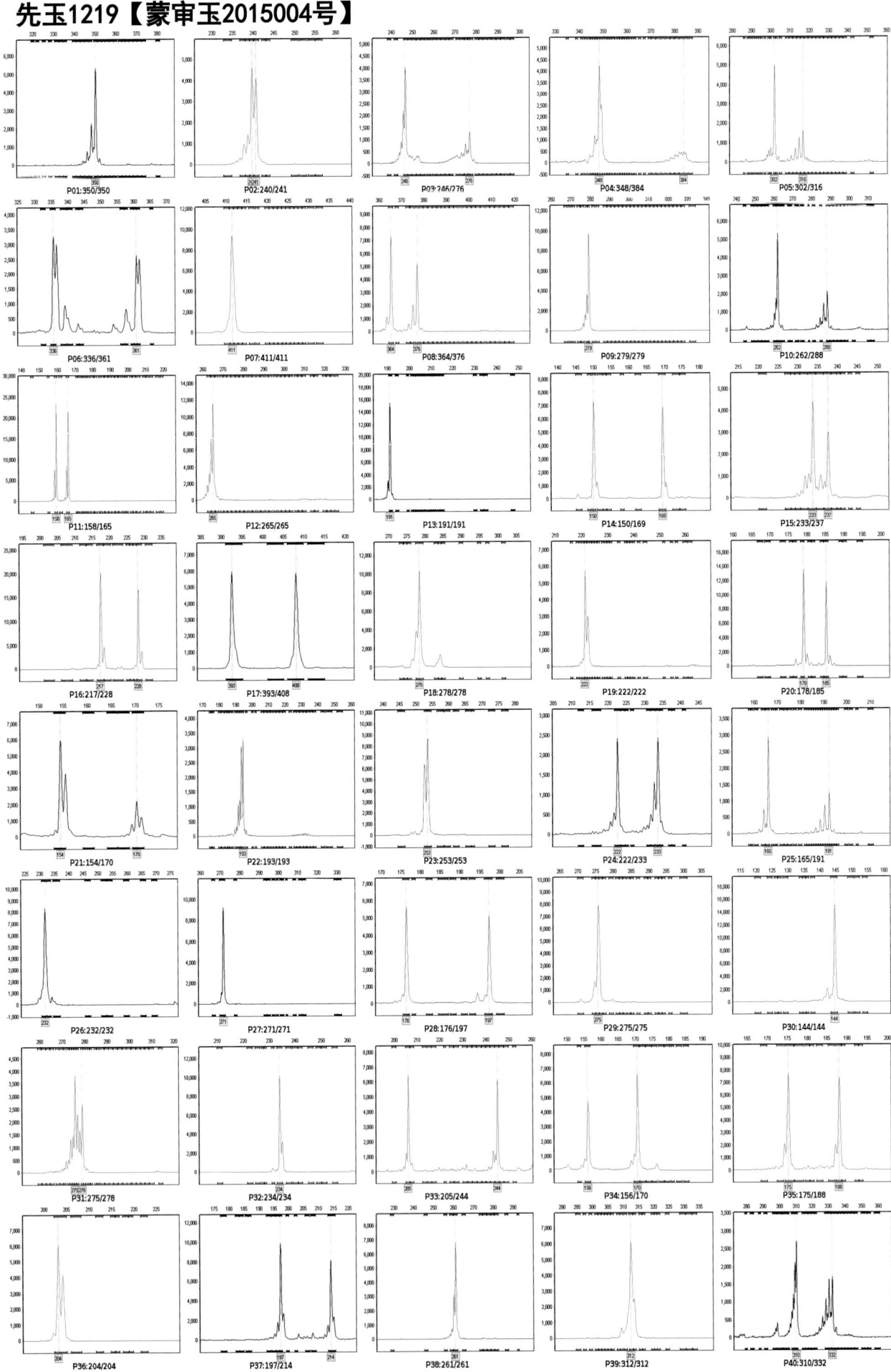

98

锋玉4号【蒙审玉2015006号】

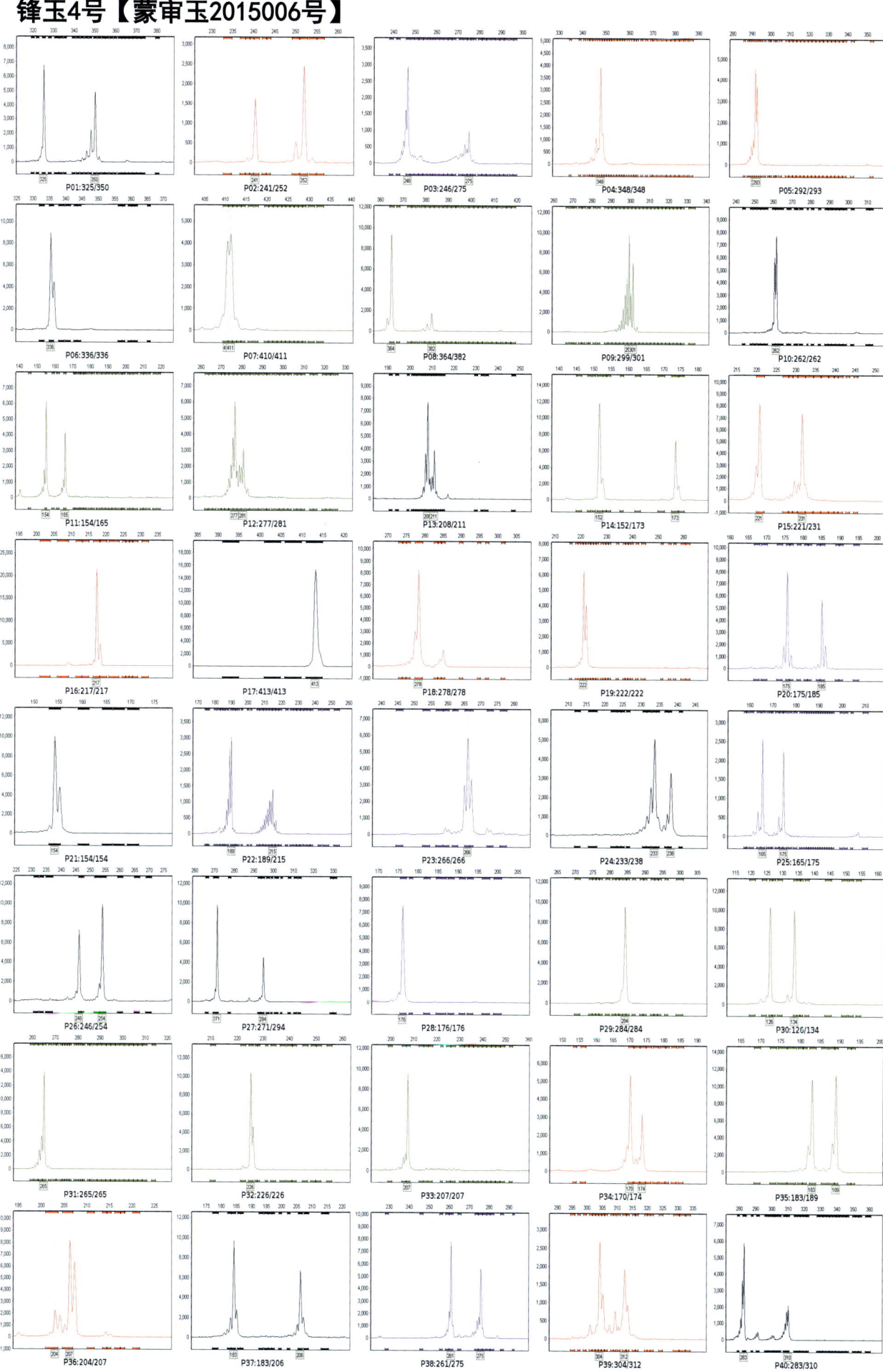

MC703 【蒙审玉2015007号】

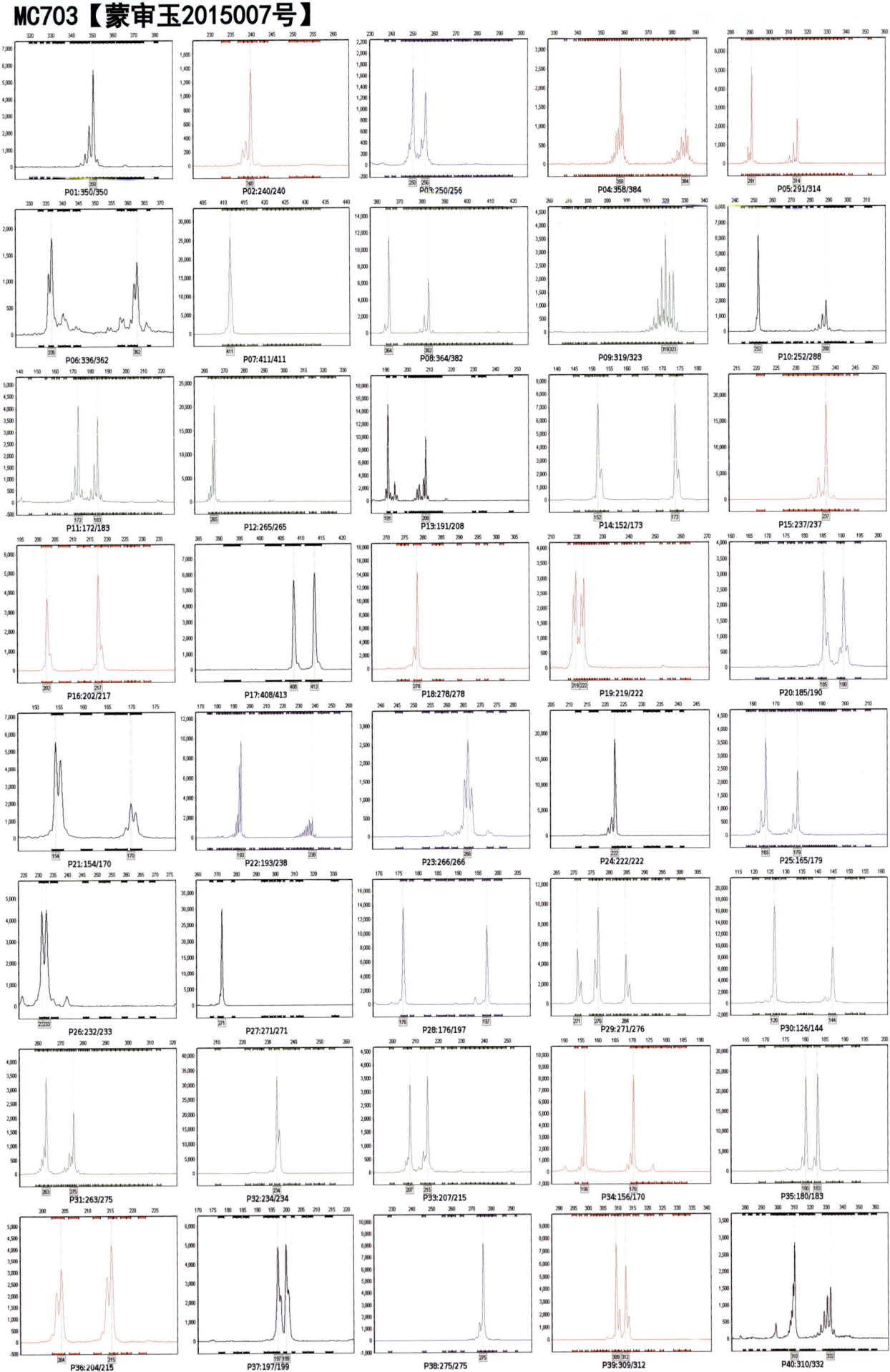

隆平703【蒙审玉2015008号】

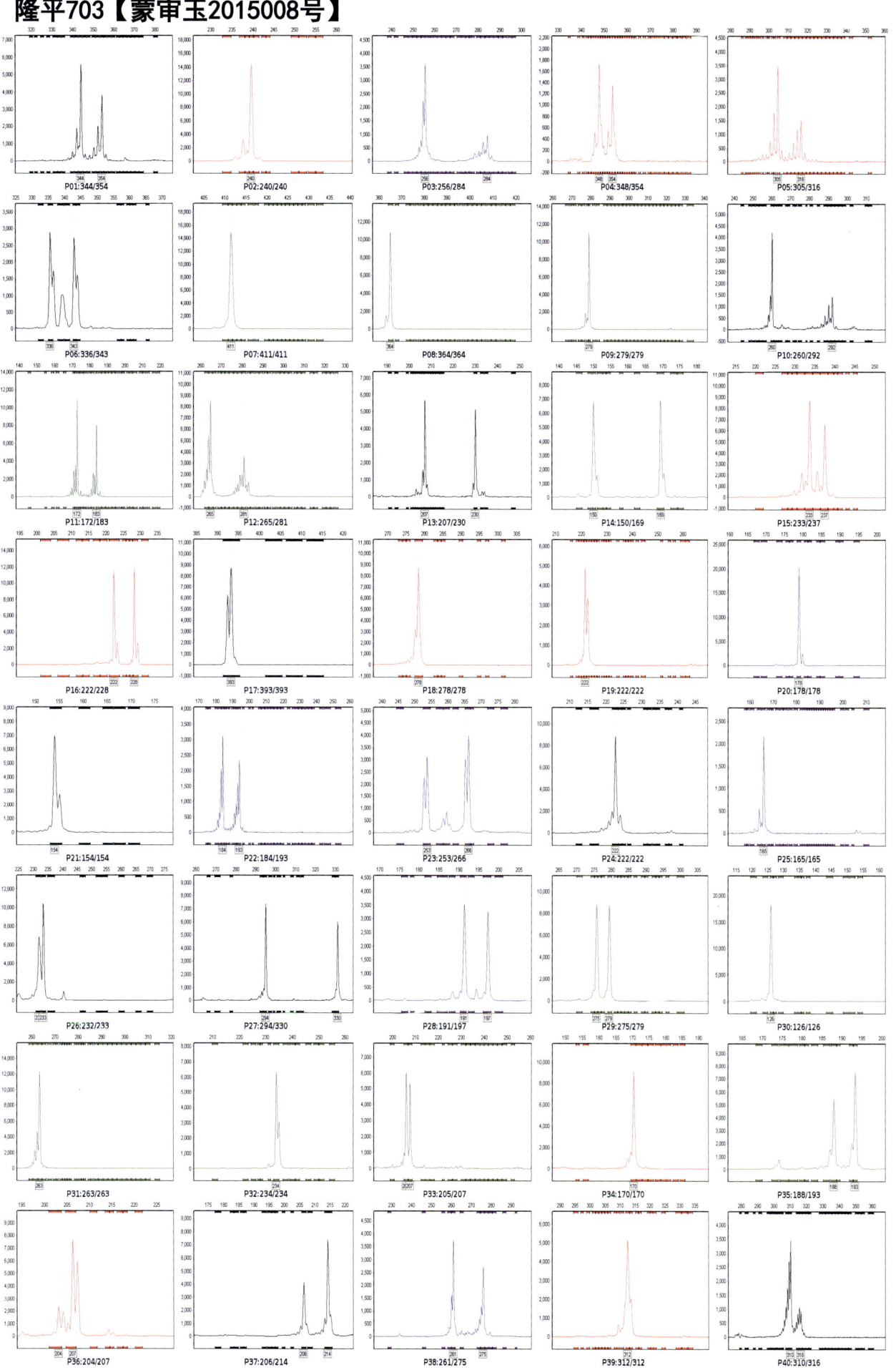

卓玉816【蒙审玉2015009号】

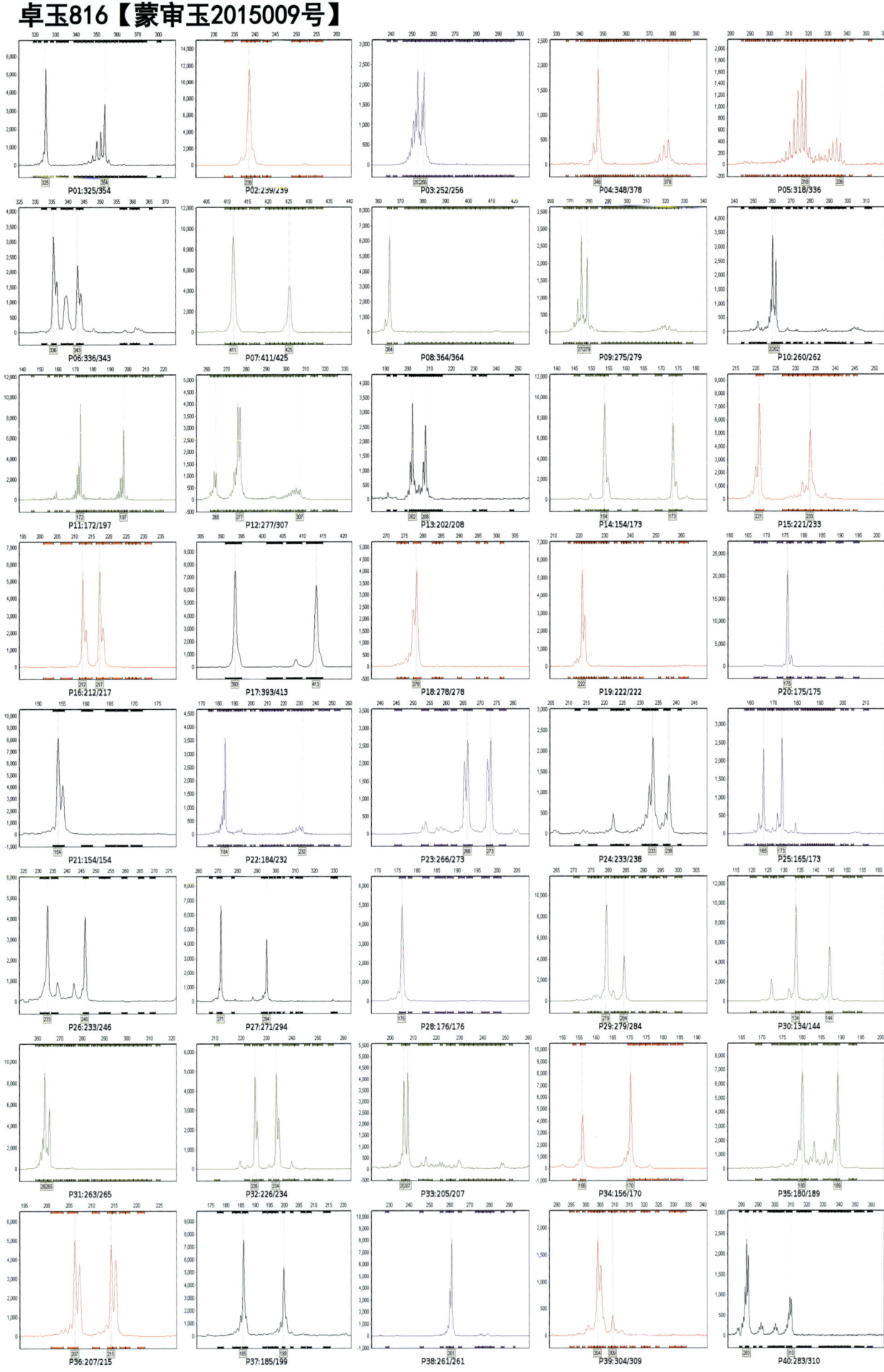

峰单189【蒙审玉2015010号】

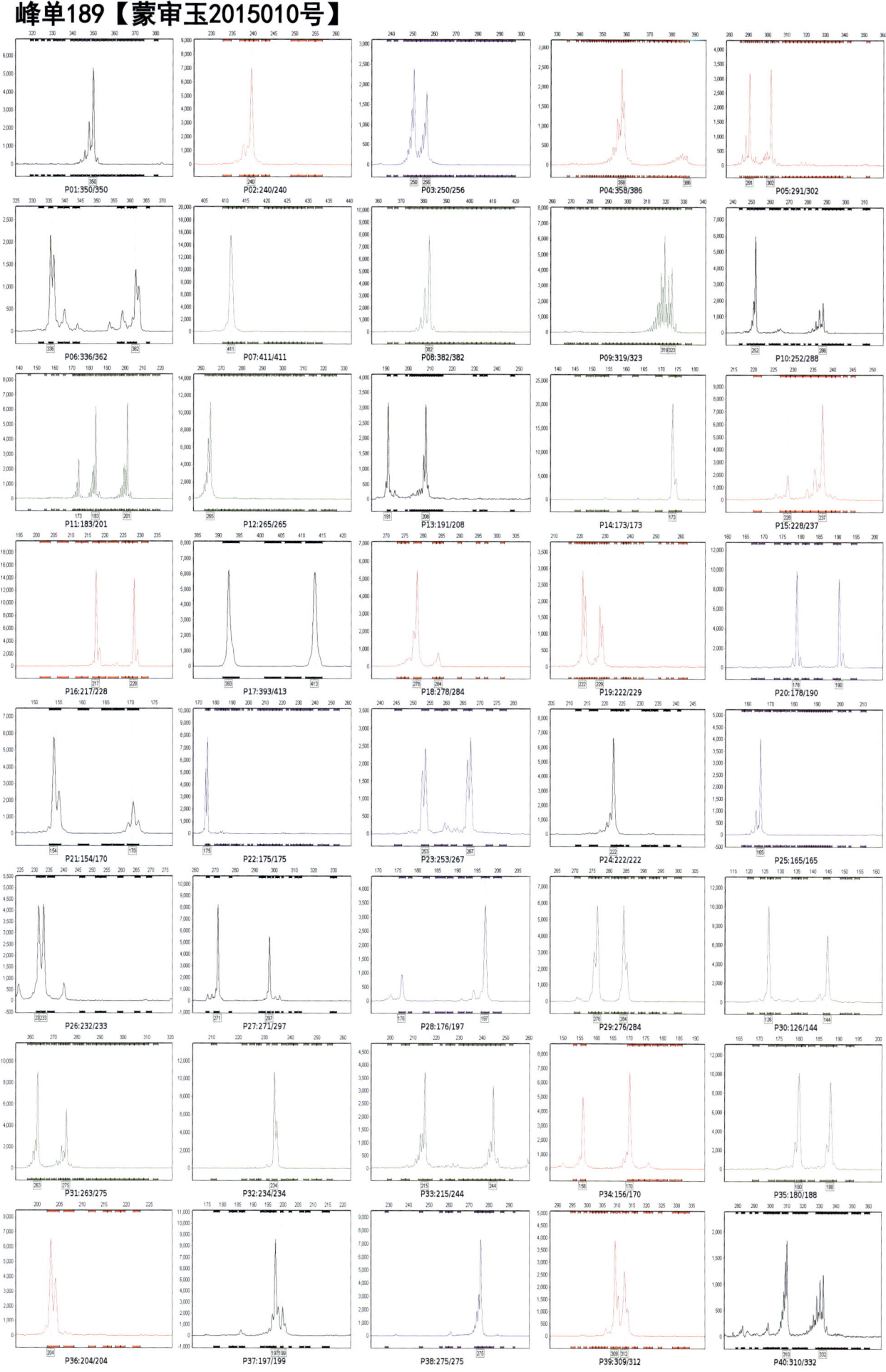

登海NK58【蒙审玉2015011号】

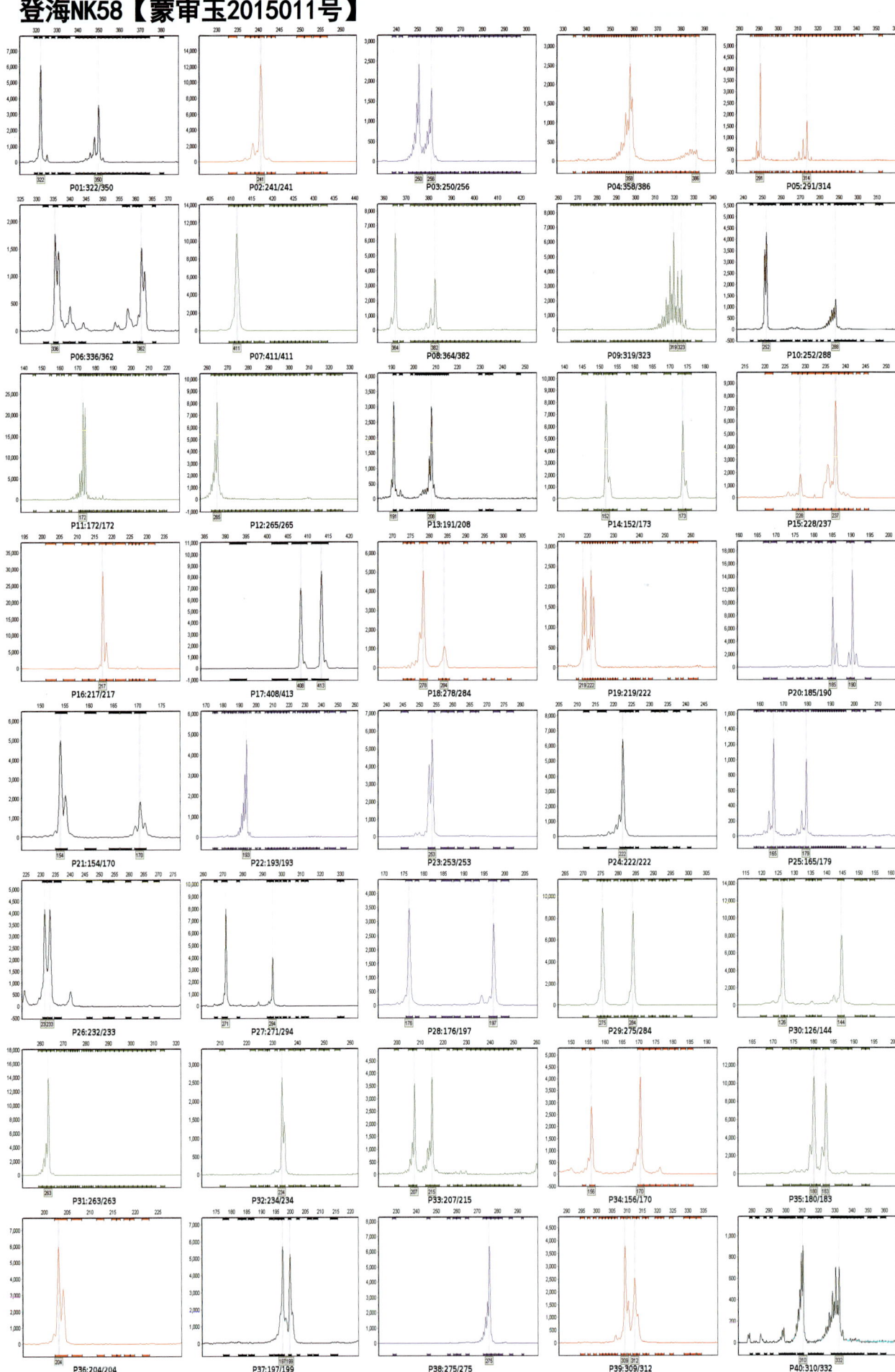

博品1号【蒙审玉2015012号】

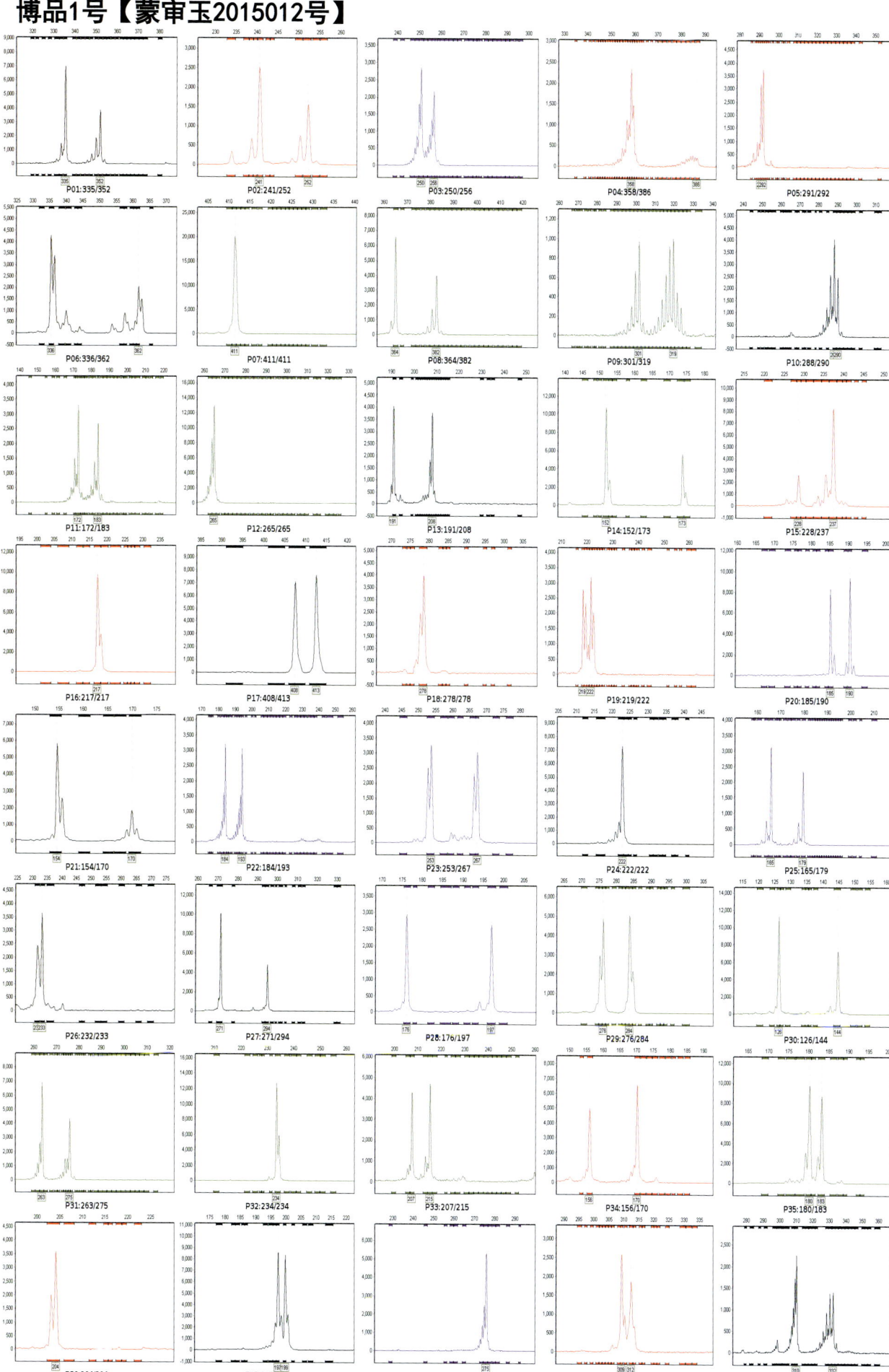

兴丰12【蒙审玉2015014号】

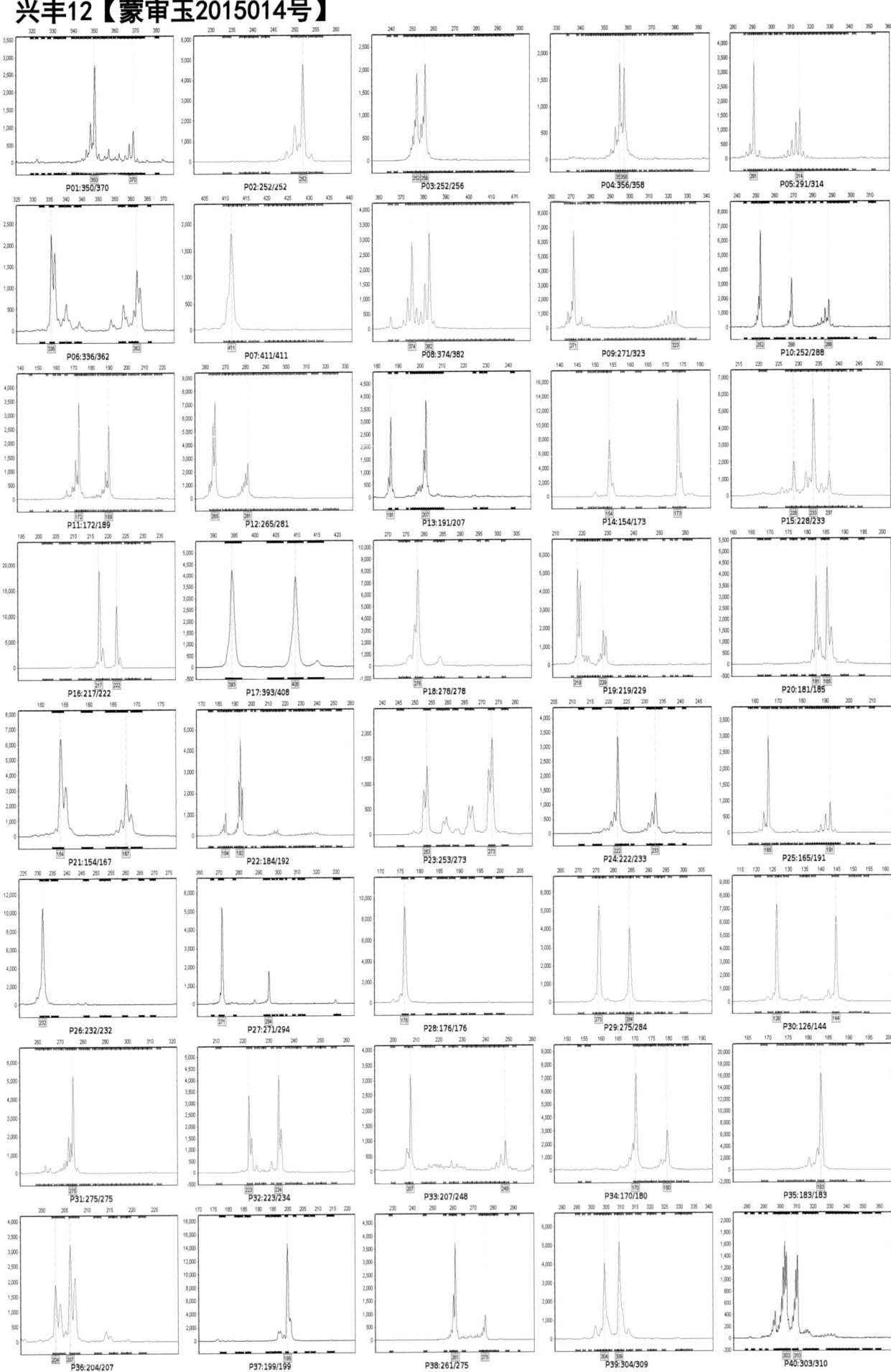

KD5112【蒙审玉2015015号】

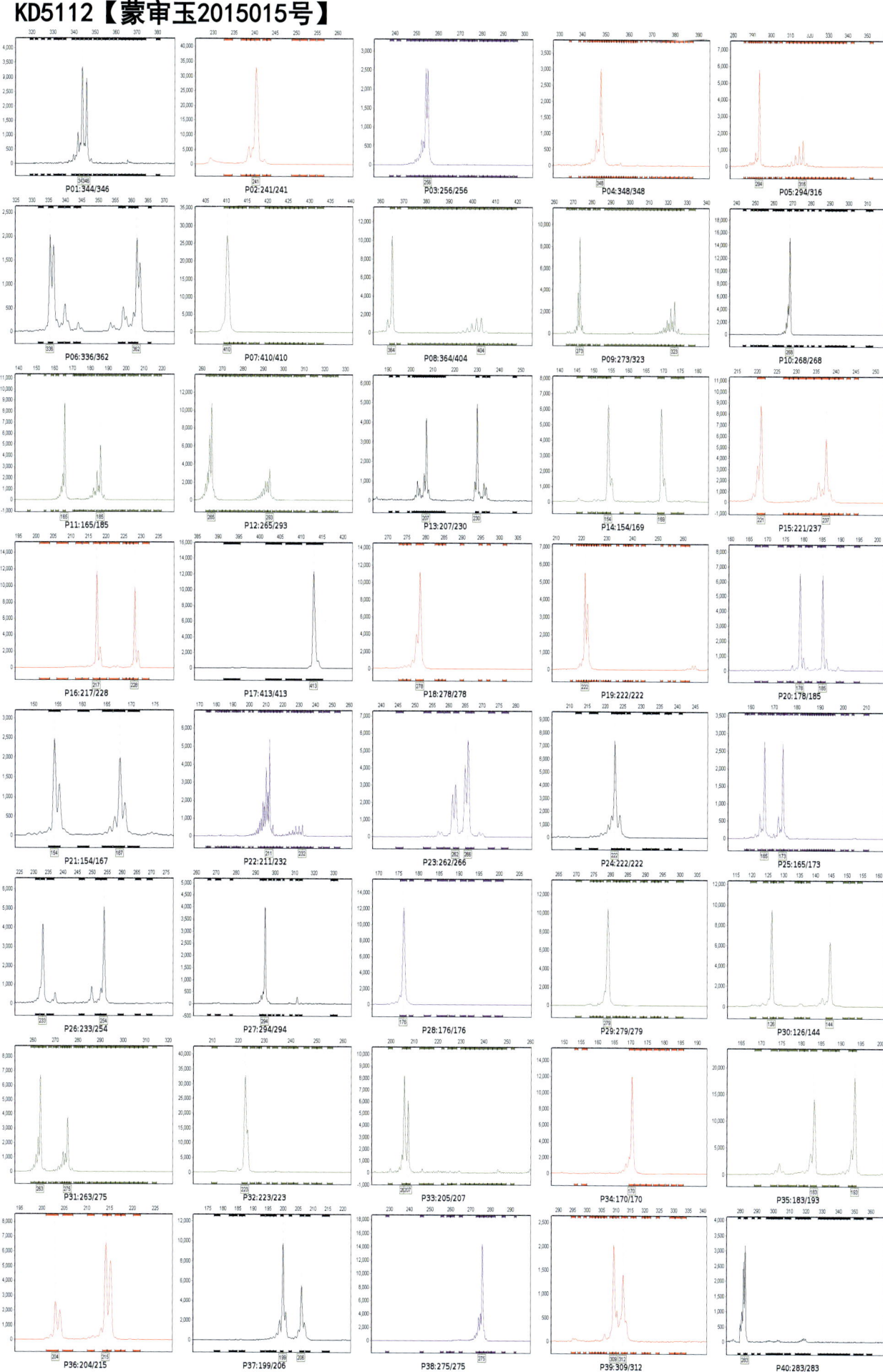

丰垦139【蒙审玉2015016号】

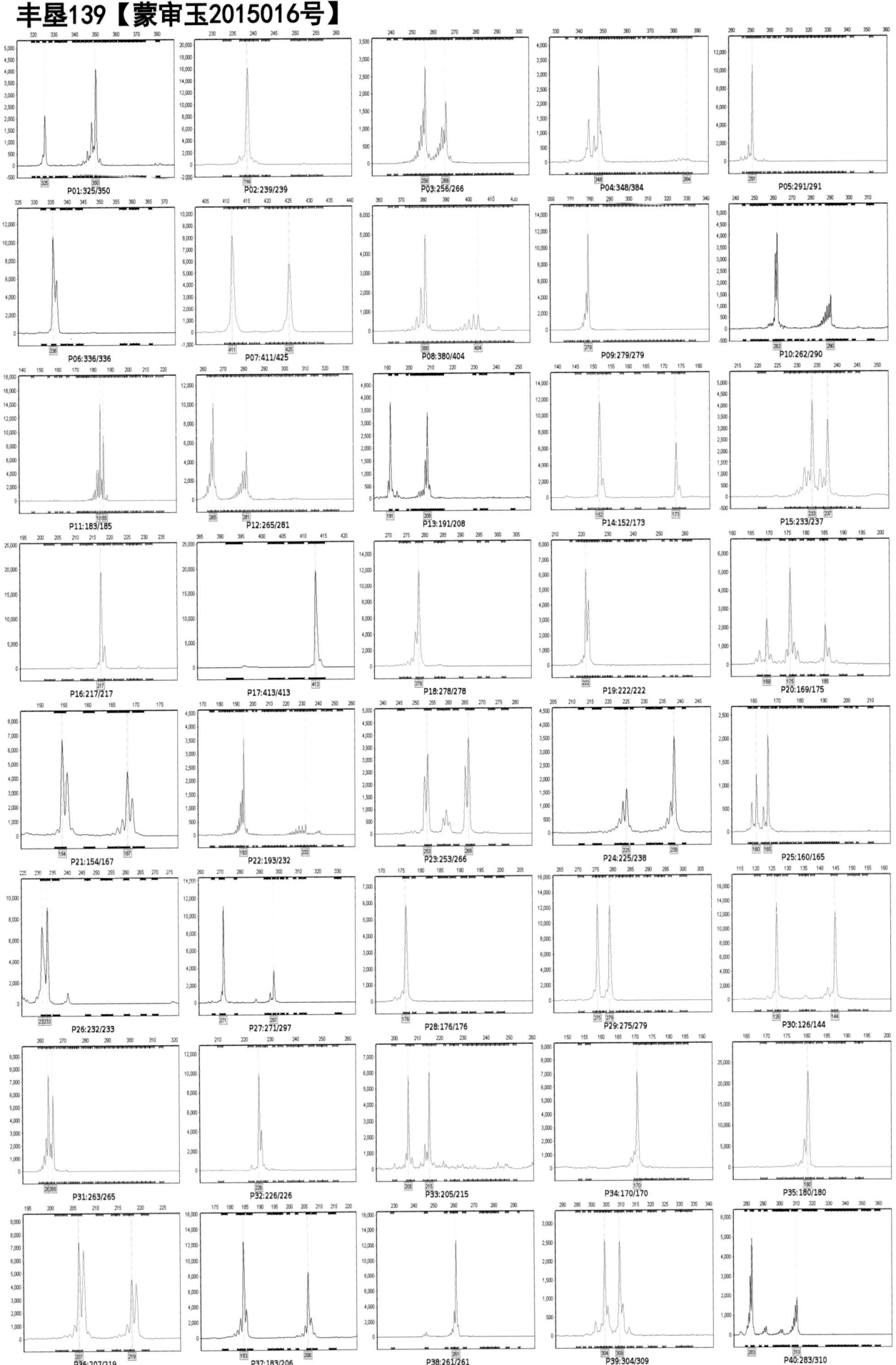

金垦10号【蒙审玉2015017号】

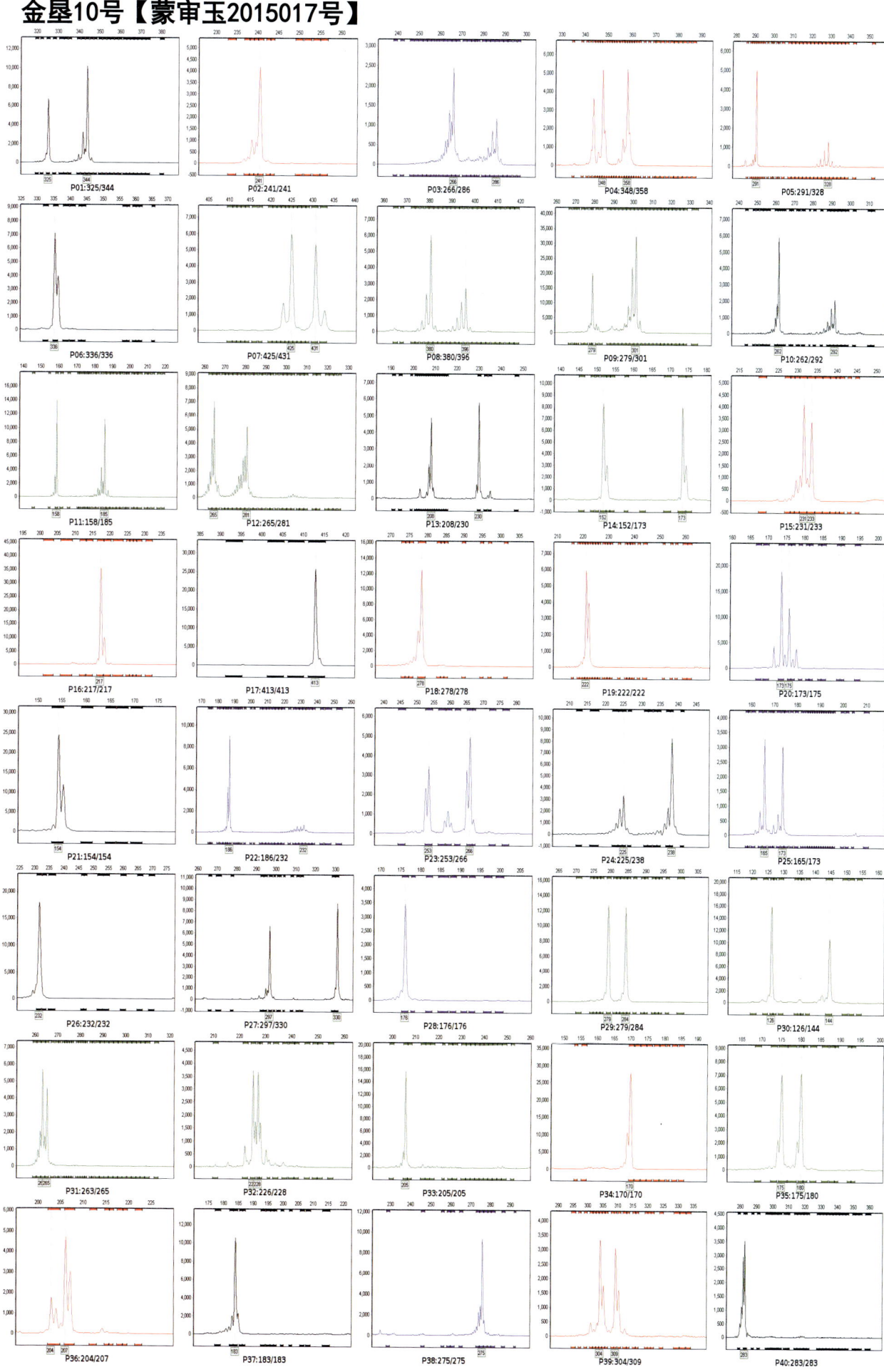

垦玉50【蒙审玉2015018号】

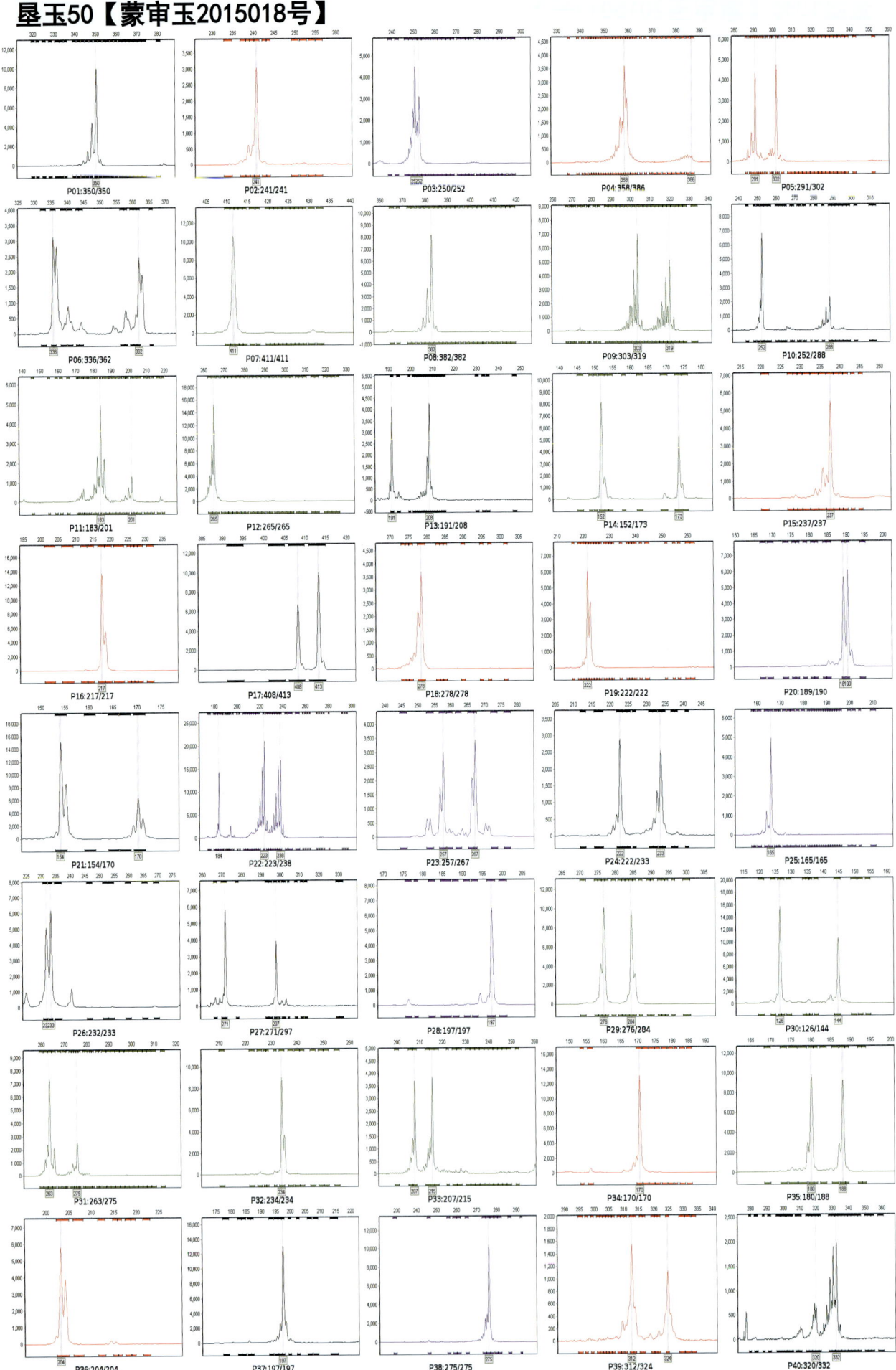

法尔利1010【蒙审玉2015019号】

P01:346/350　P02:240/240　P03:250/254　P04:360/386　P05:295/316
P06:336/362　P07:410/411　P08:364/374　P09:279/321　P10:252/262
P11:183/189　P12:265/297　P13:207/210　P14:150/150　P15:229/229
P16:222/228　P17:393/413　P18:278/284　P19:223/223　P20:178/181
P21:154/170　P22:180/192　P23:253/273　P24:225/233　P25:165/177
P26:232/233　P27:294/330　P28:176/176　P29:275/284　P30:126/136
P31:275/291　P32:226/226　P33:199/244　P34:170/176　P35:183/188
P36:204/207　P37:196/196　P38:261/261　P39:299/306　P40:302/310

利禾8【蒙审玉2015020号】

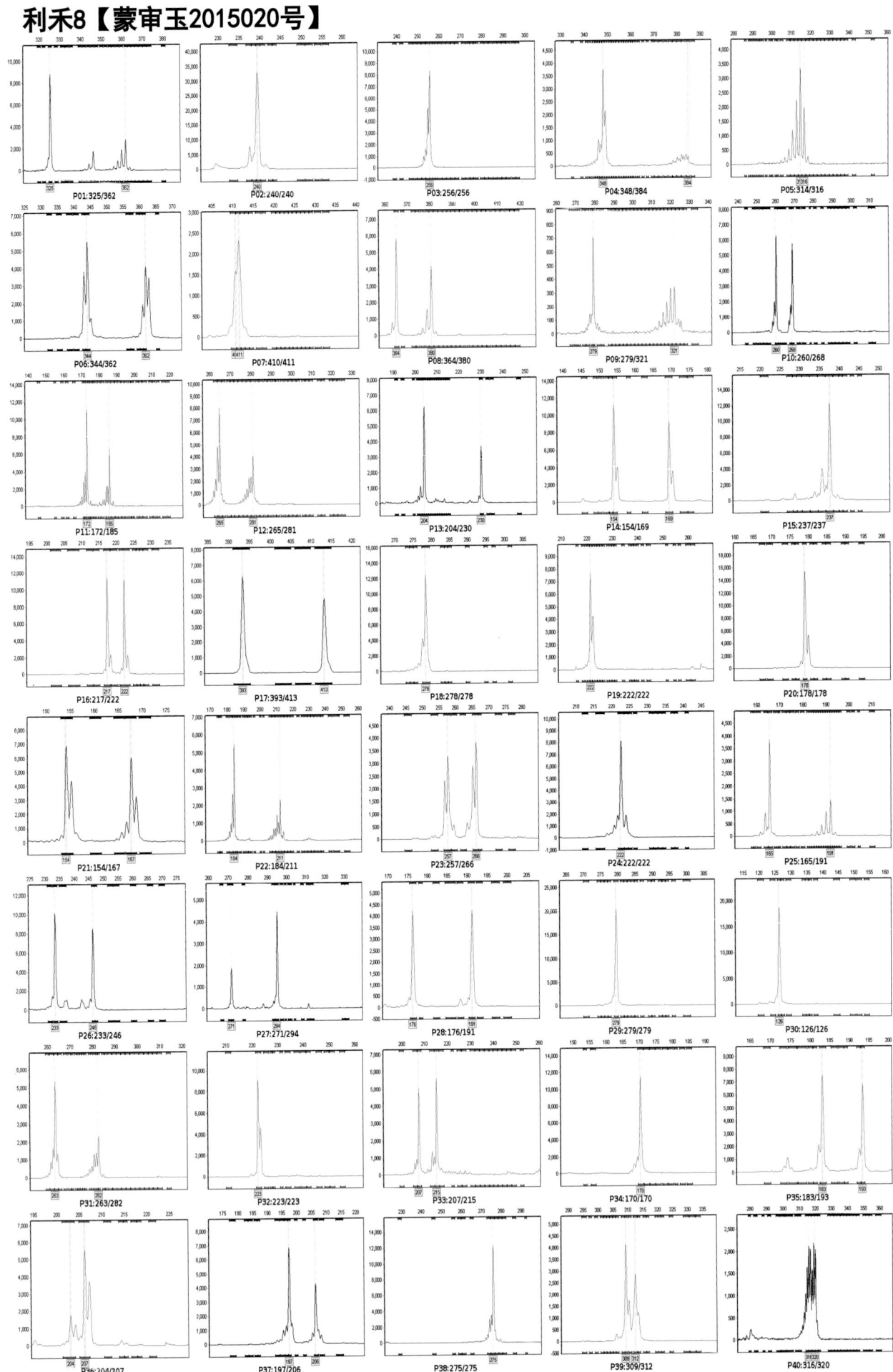

豫禾357【蒙审玉2015021号】

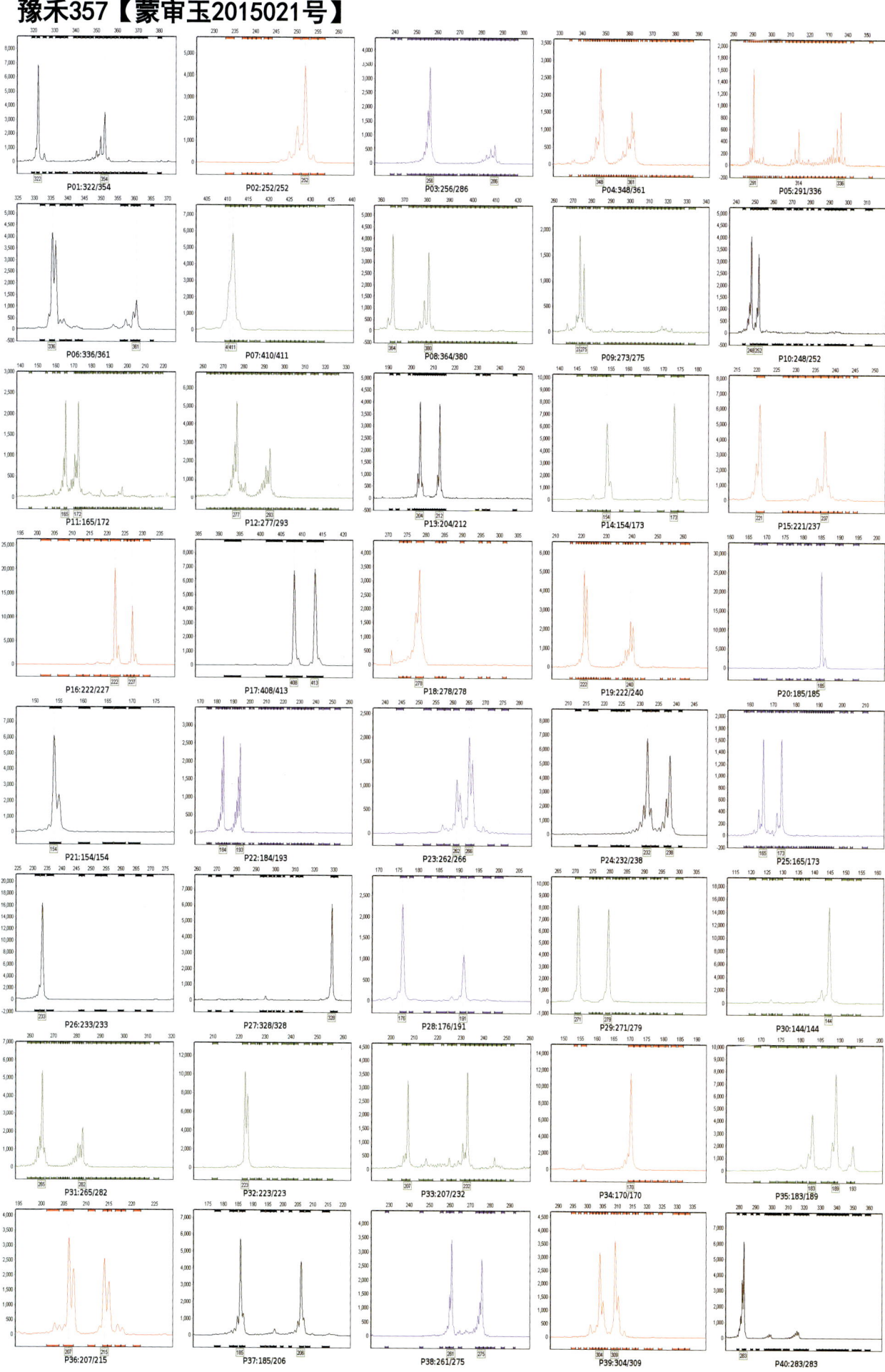

九玉6号【蒙审玉2015022号】

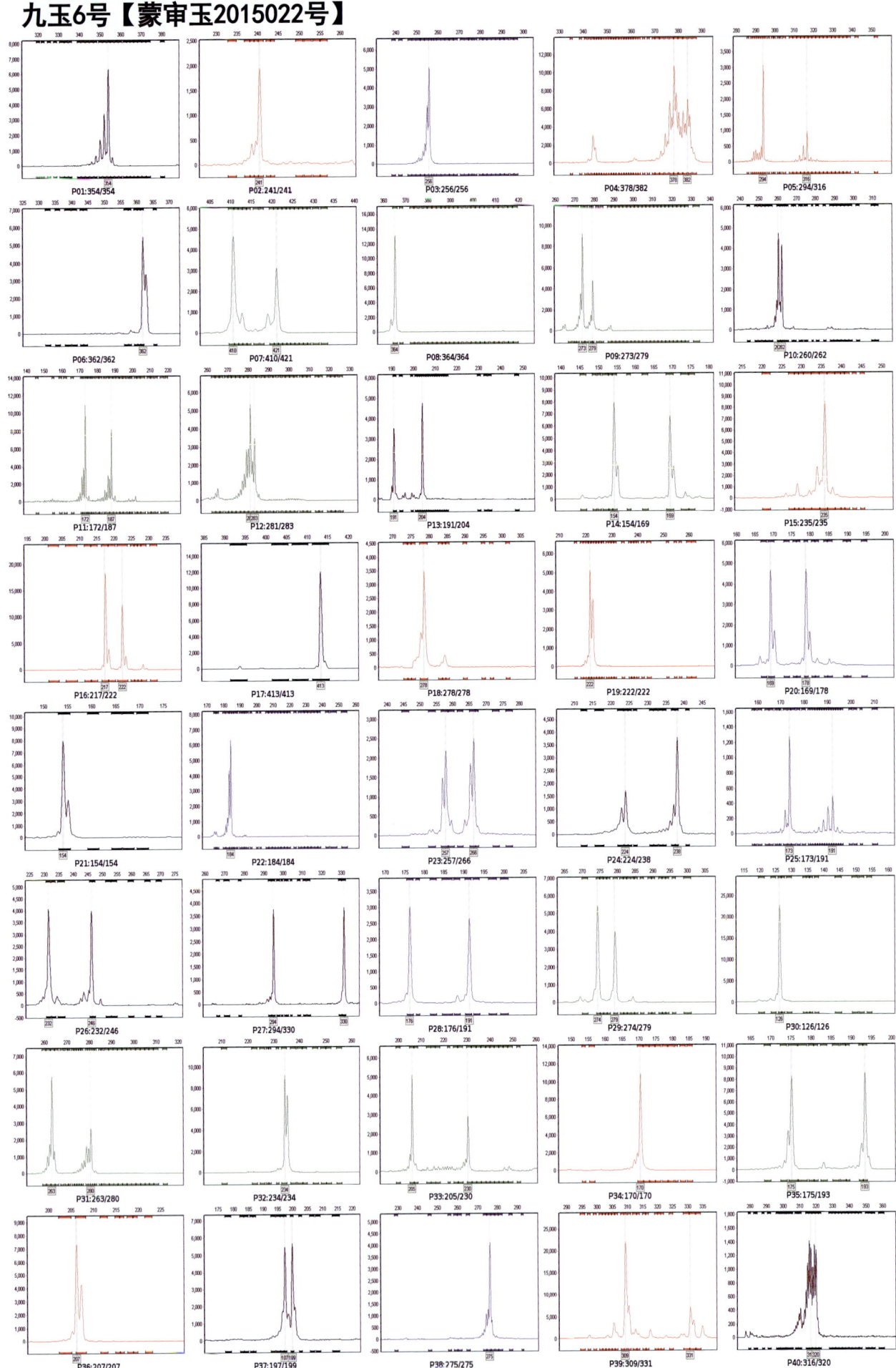

兴农5号【蒙审玉2015023号】

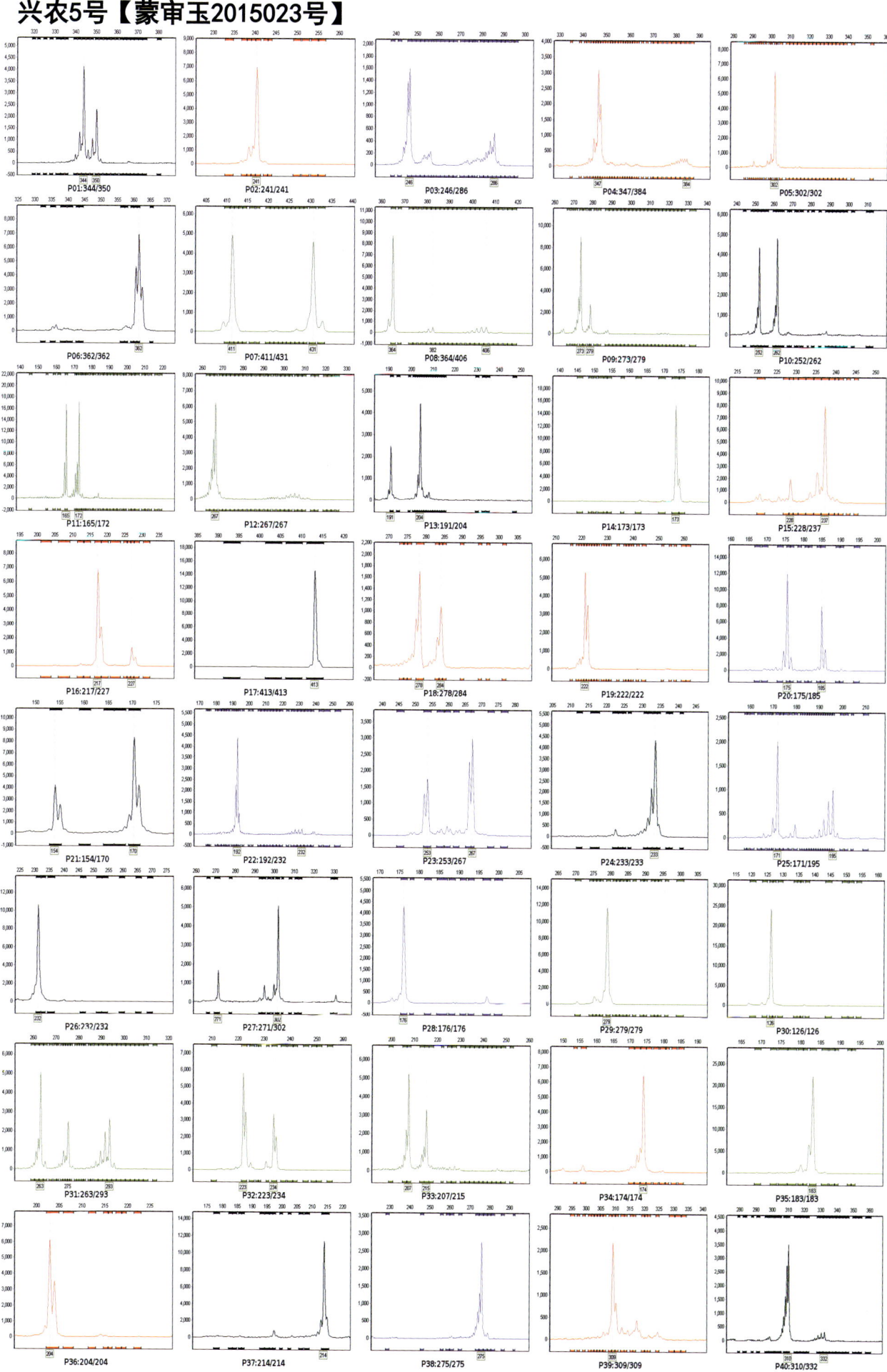

稼农3168【蒙审玉2015024号】

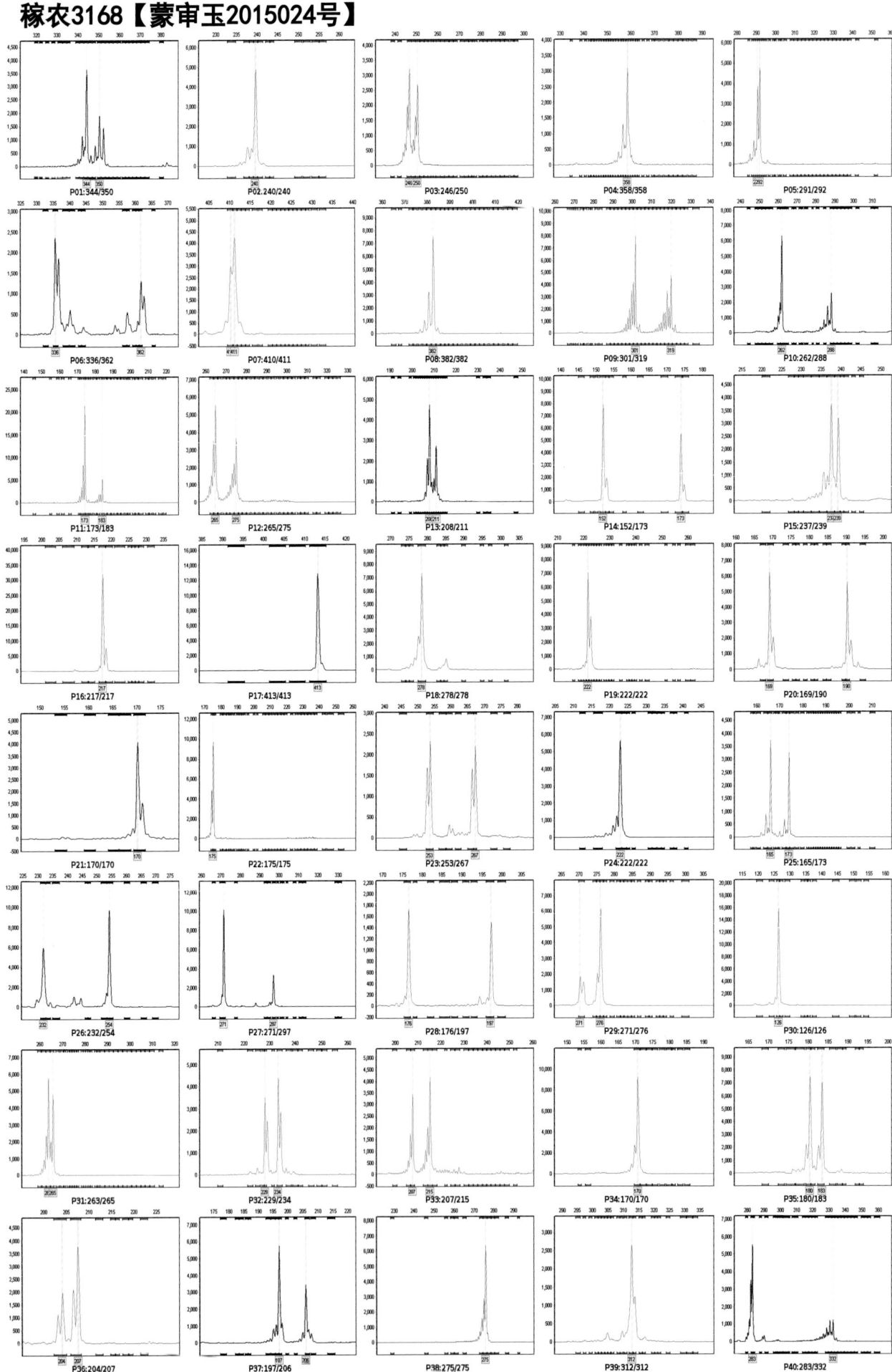

五谷318【蒙审玉2015025号】

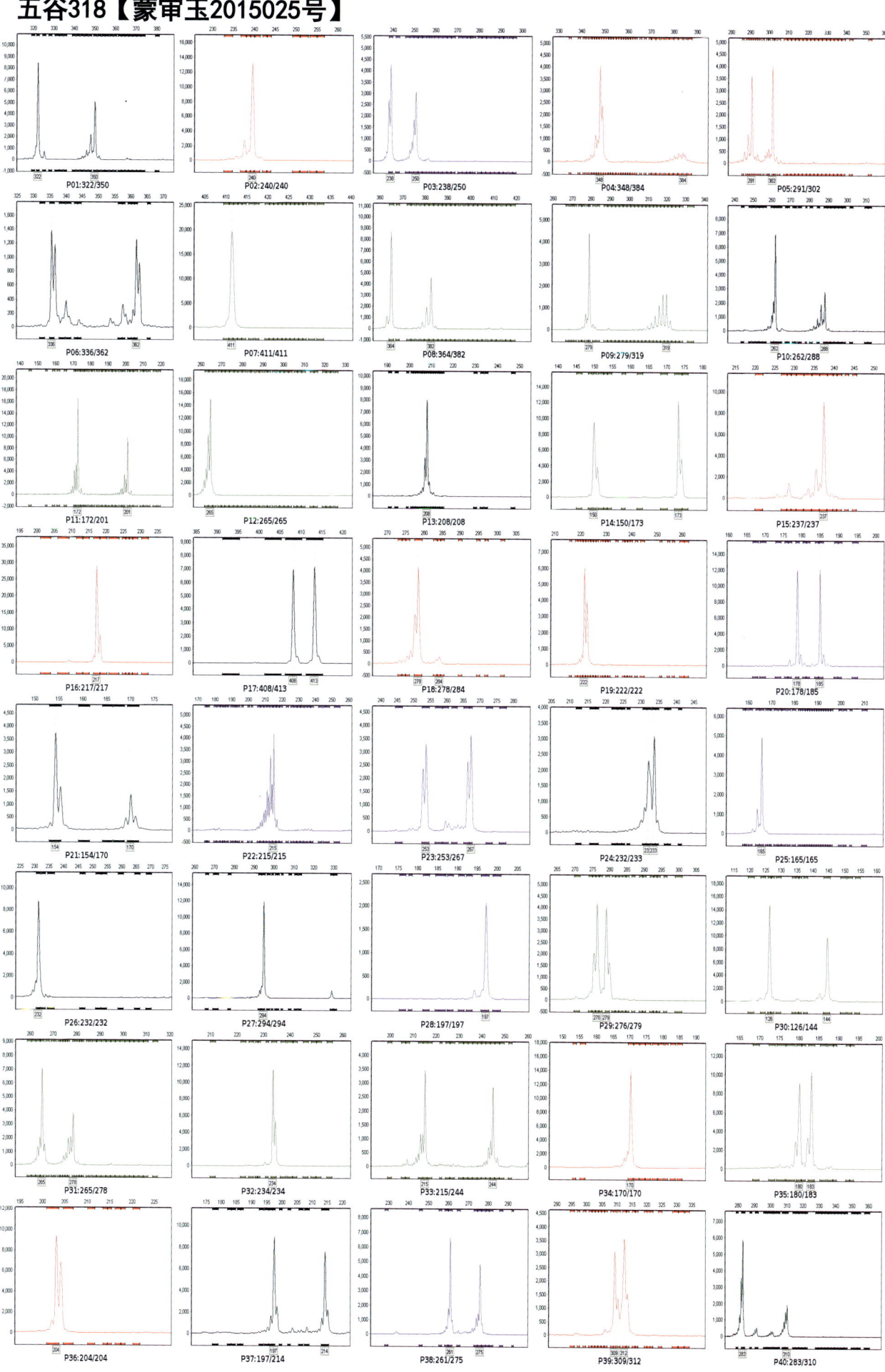

厚德186【蒙审玉2015026号】

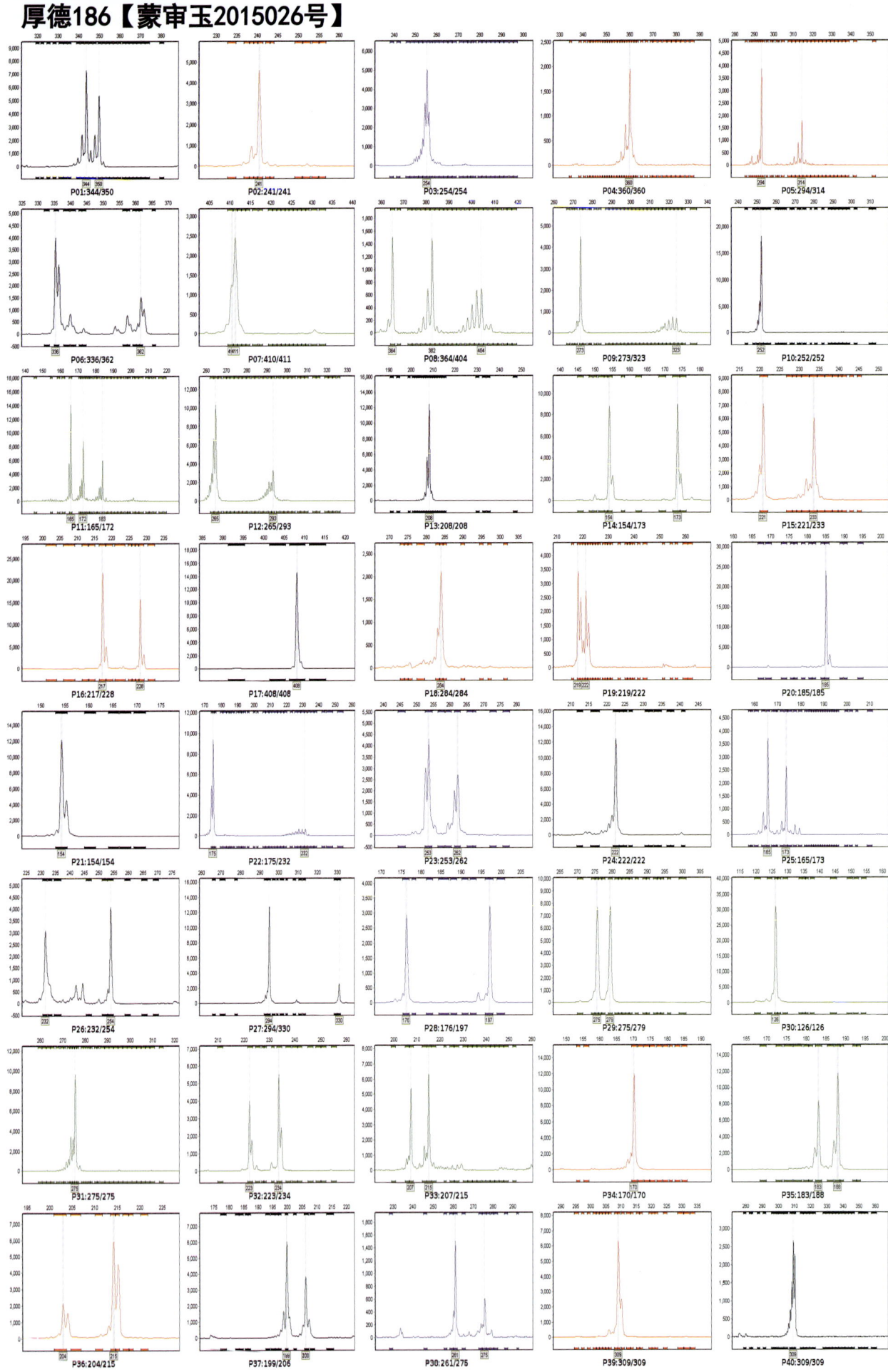

农华213【蒙审玉2015027号】

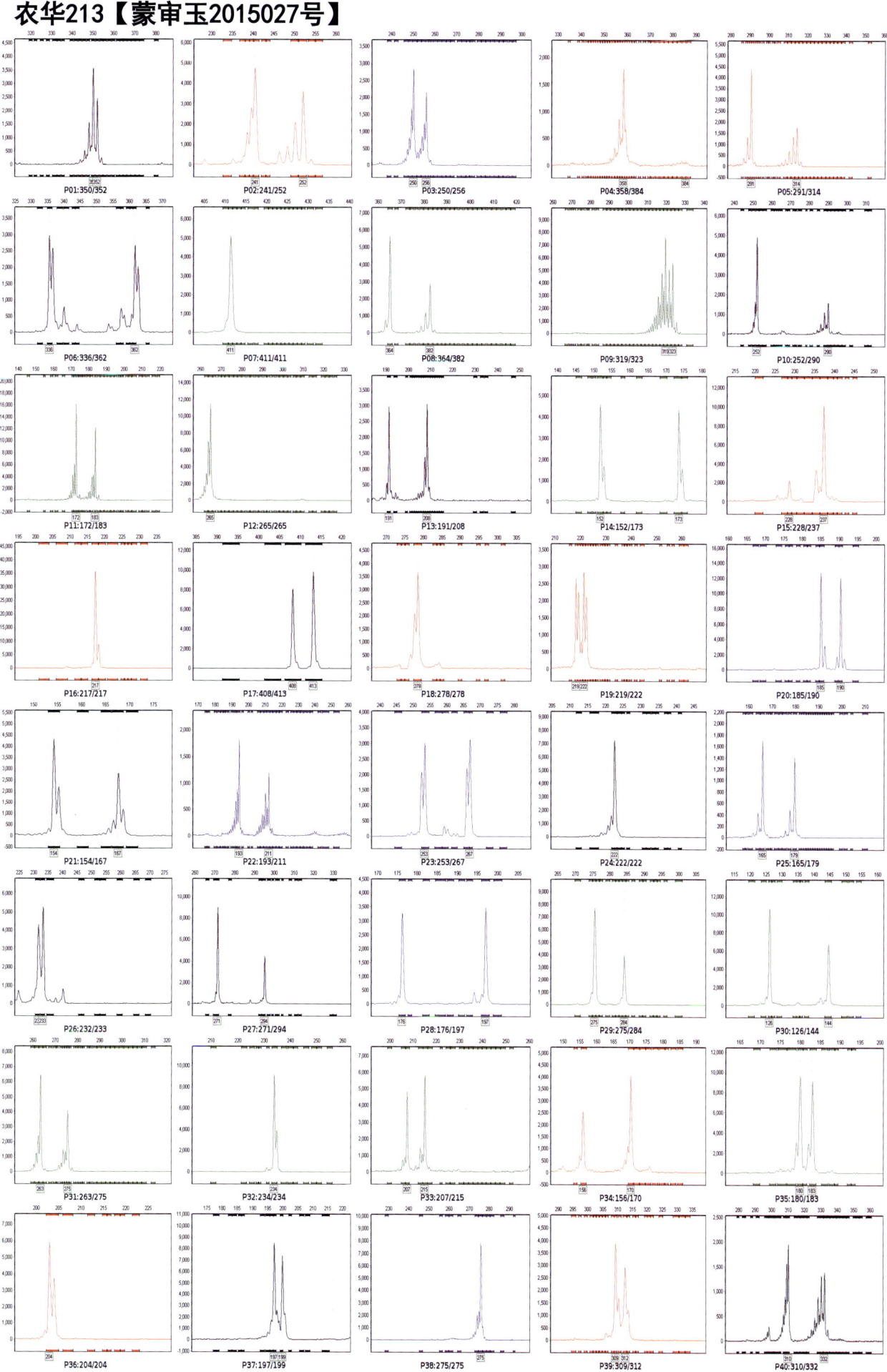

金创703【蒙审玉2015028号】

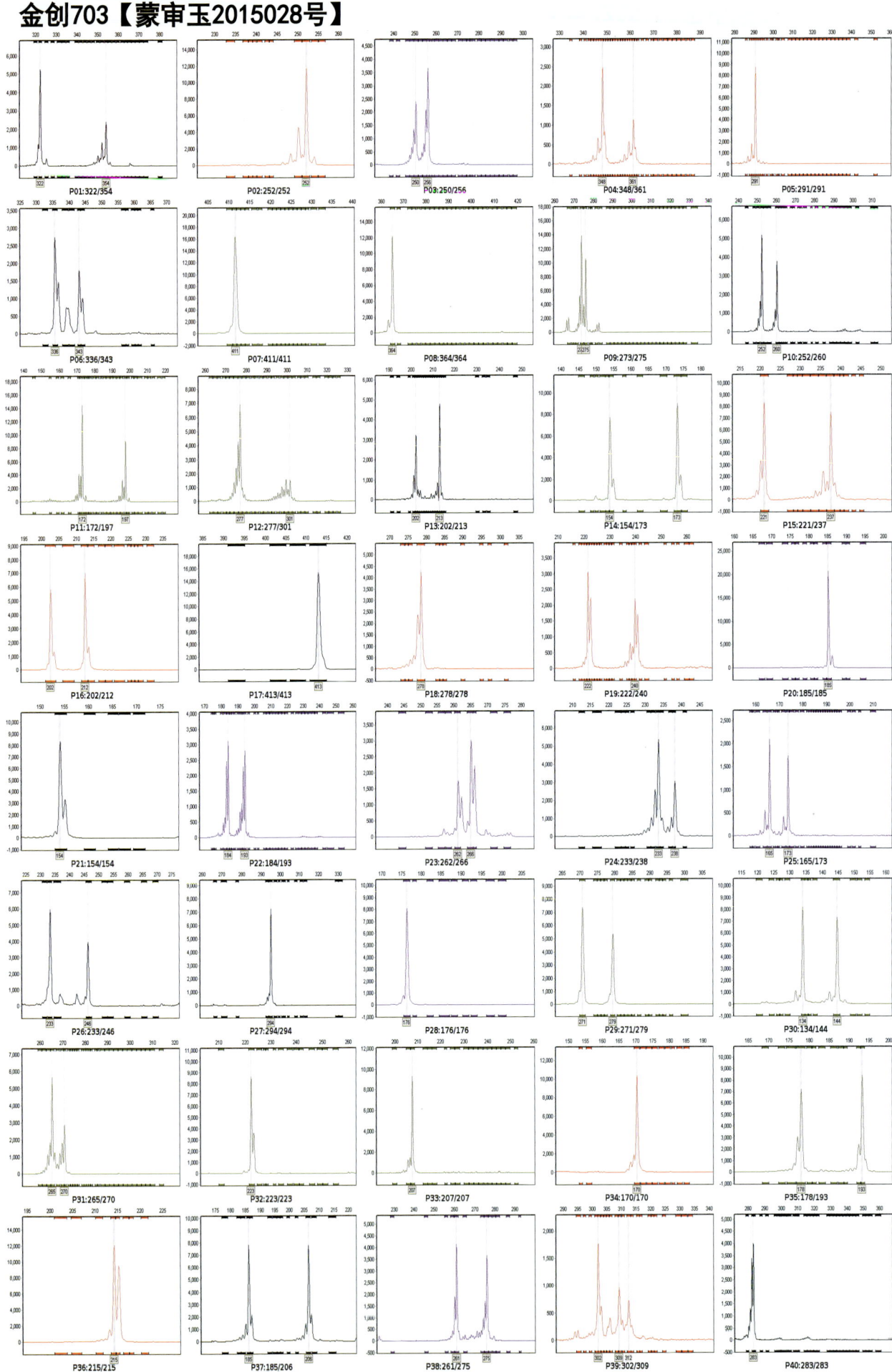

丰田101【蒙审玉2015030号】

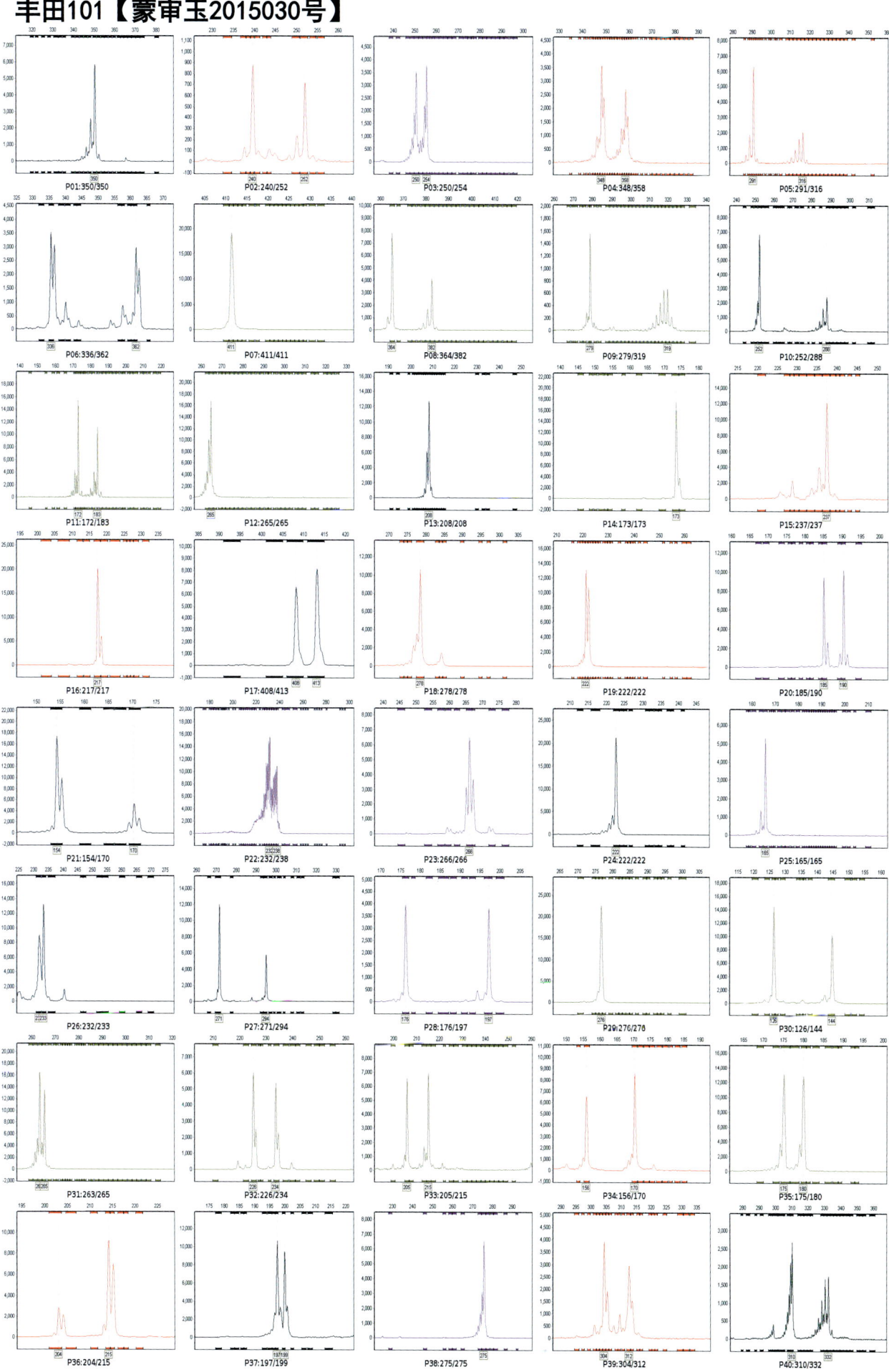

必祥101【蒙审玉2015031号】

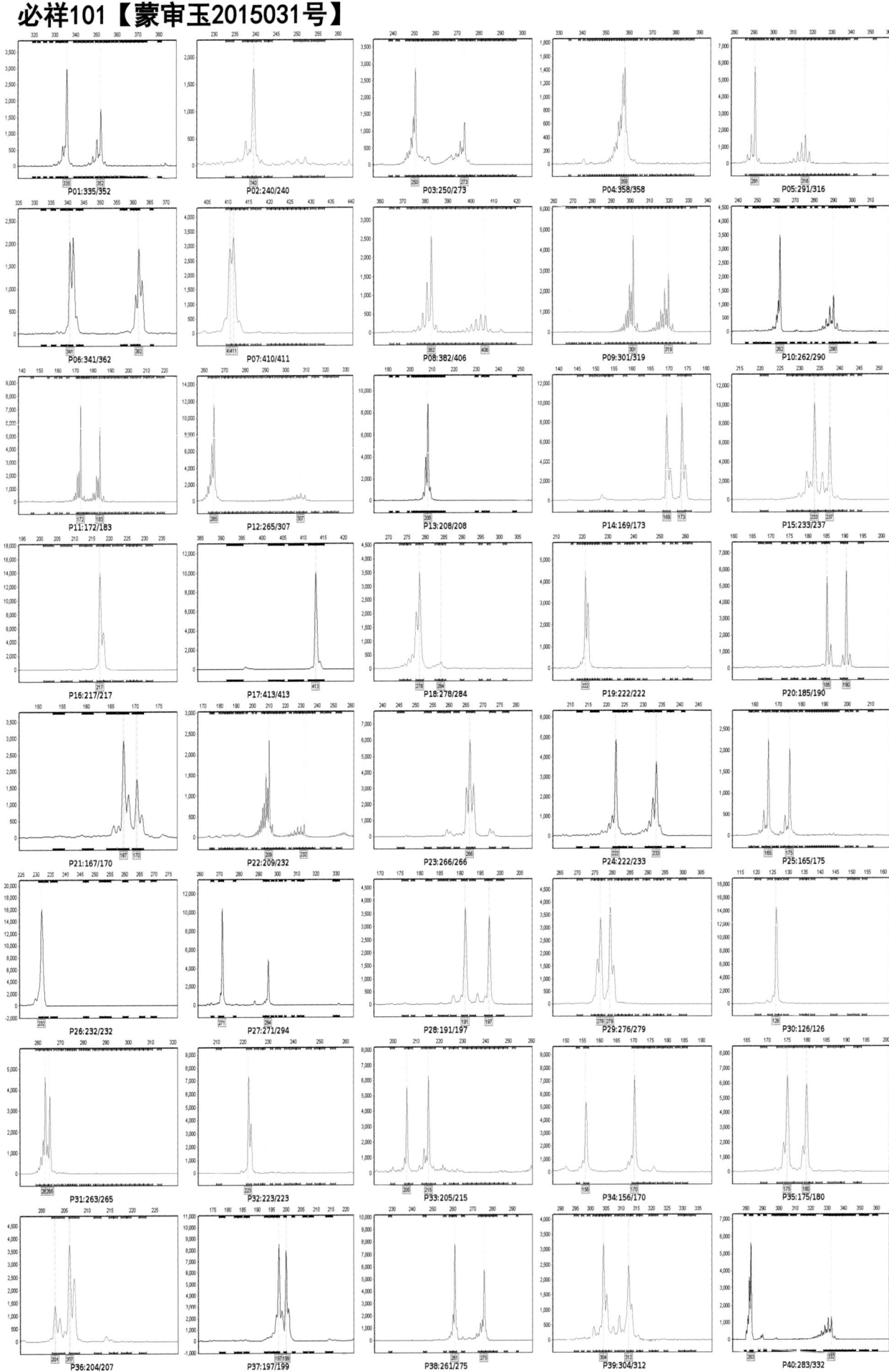

真金308【蒙审玉2015032号】

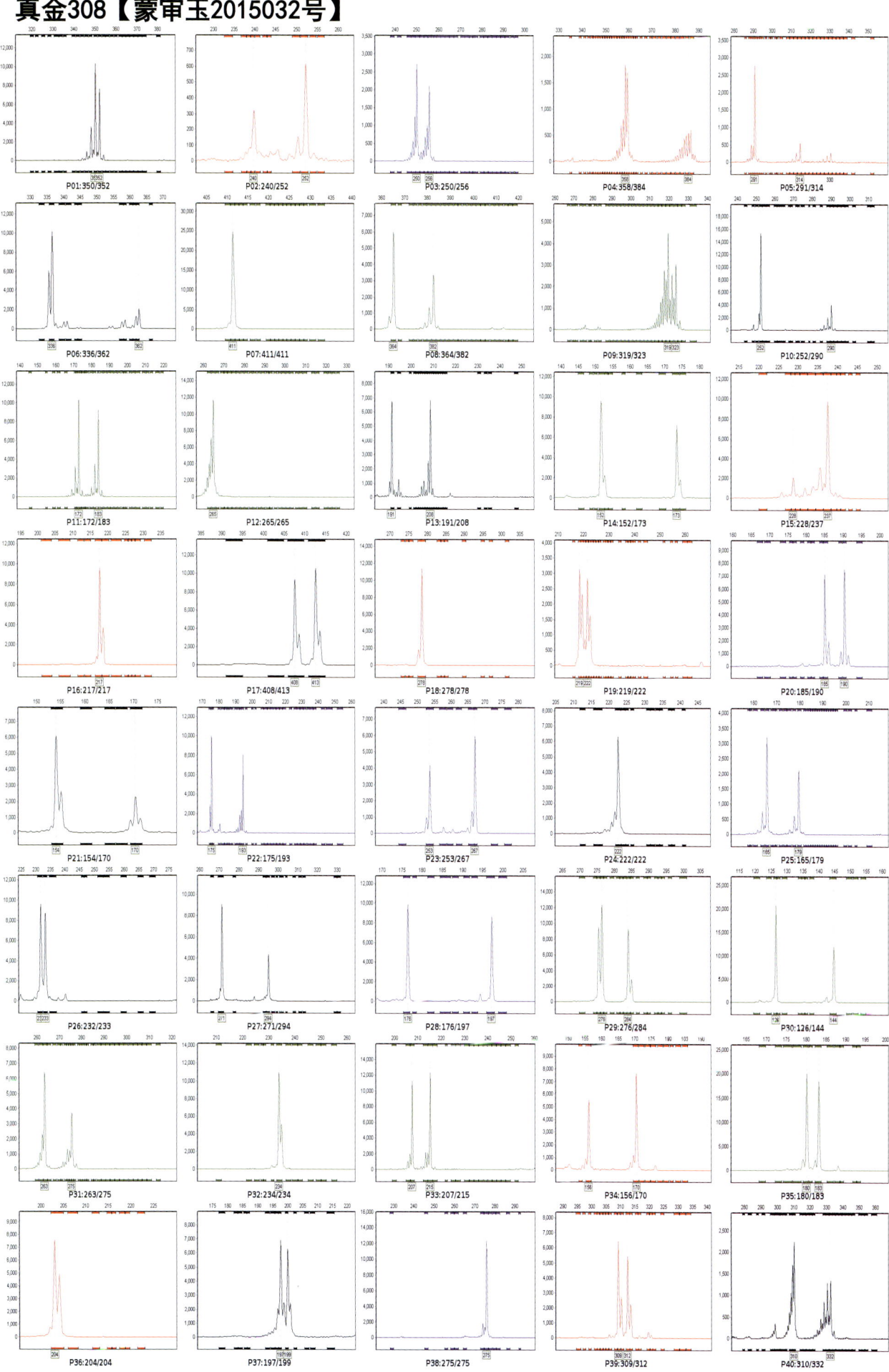

九园38【蒙审玉2015033号】

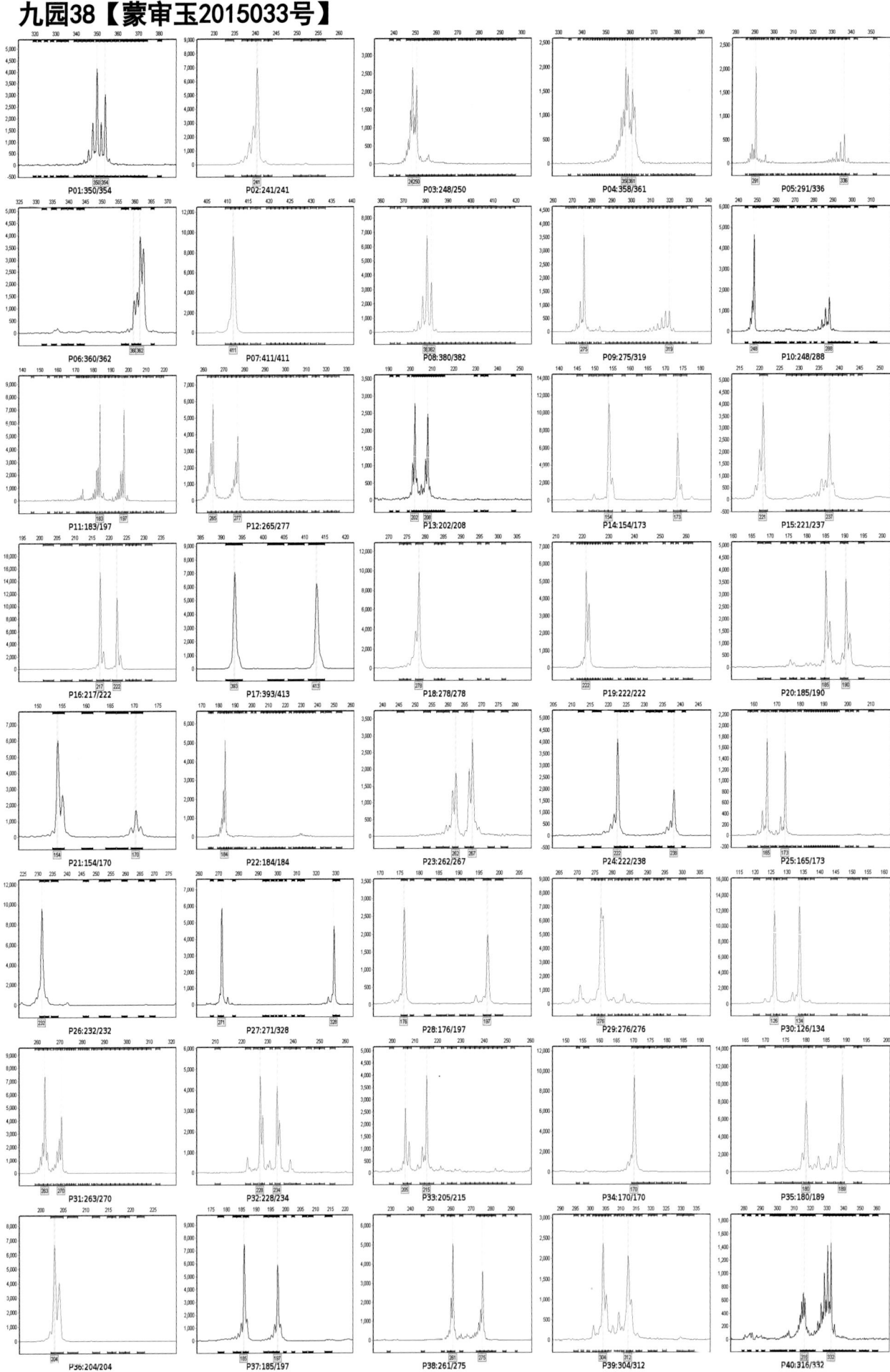

通平198【蒙审玉2015034号】

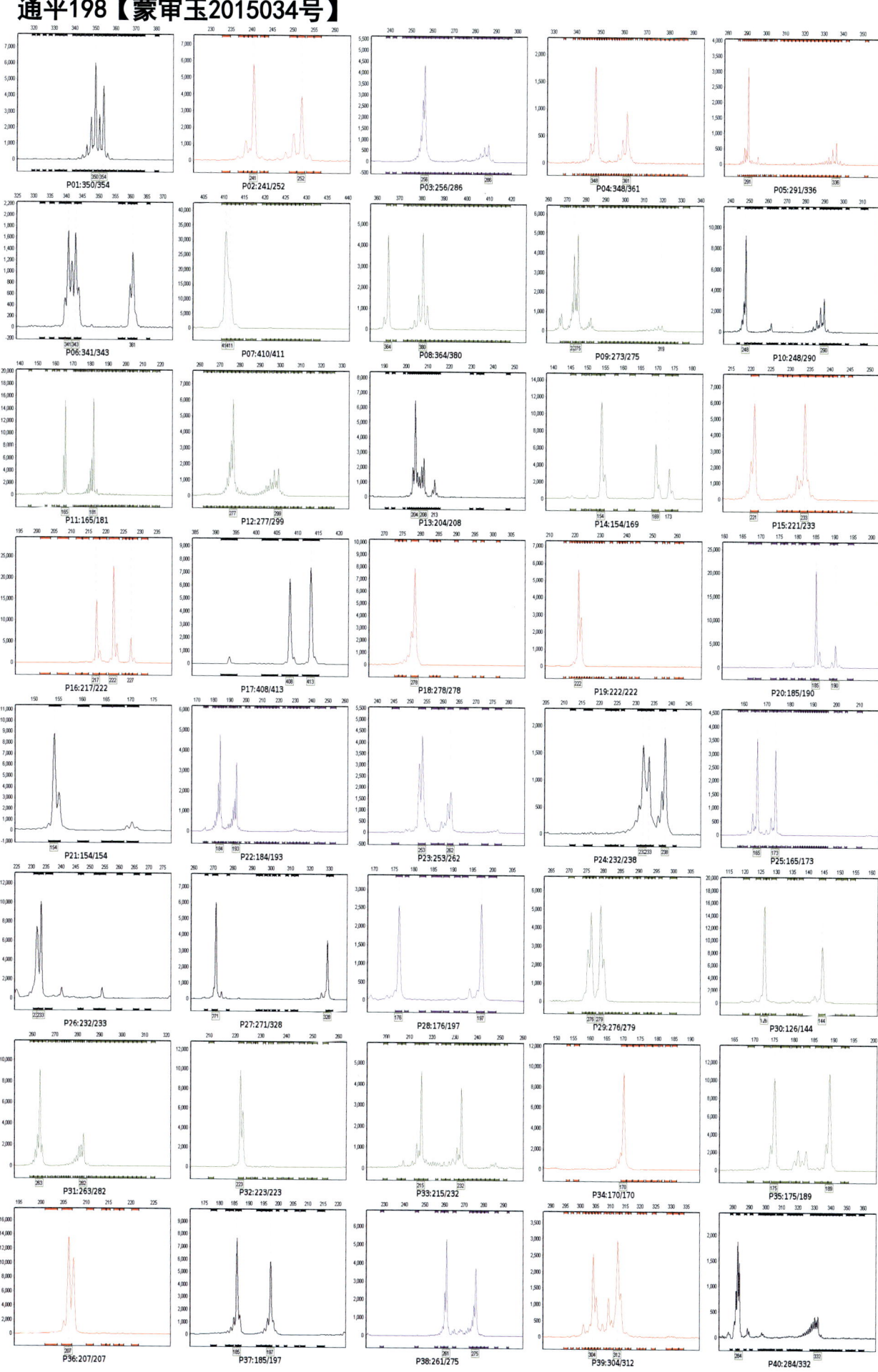

内甜1号【蒙审玉2015036号】

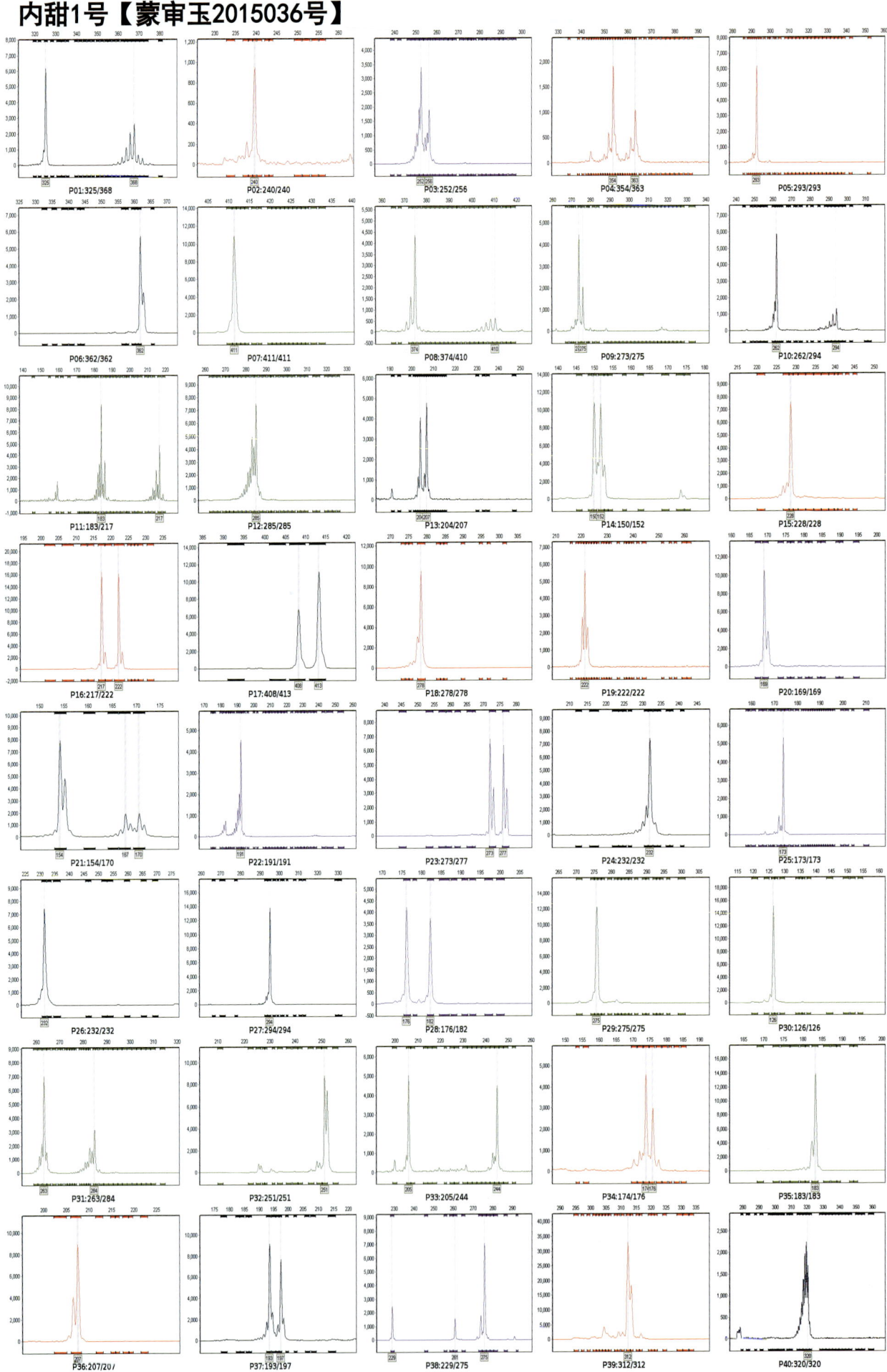

BM800【蒙审玉2015037号】

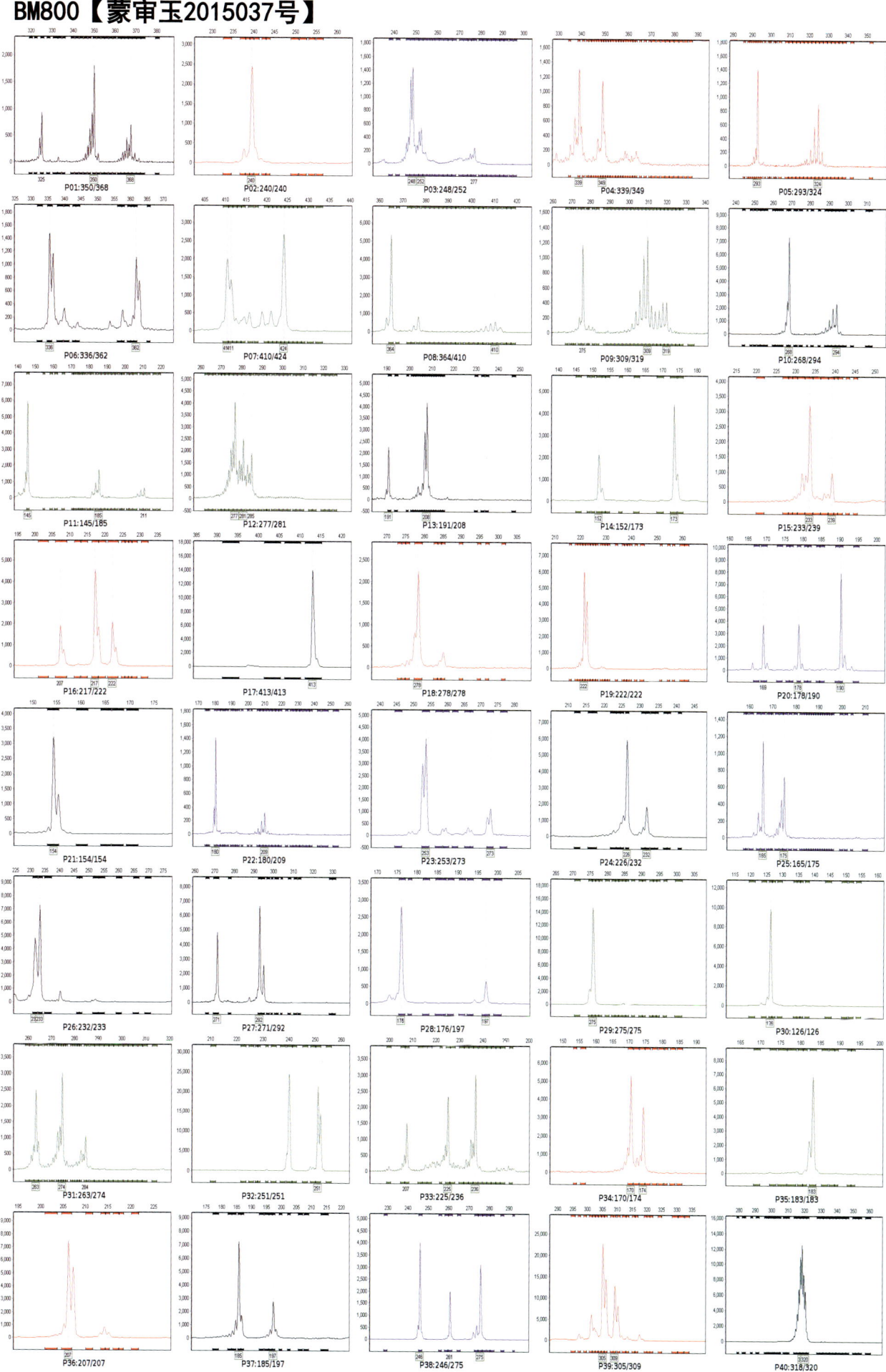

真金甜366【蒙审玉2015038号】

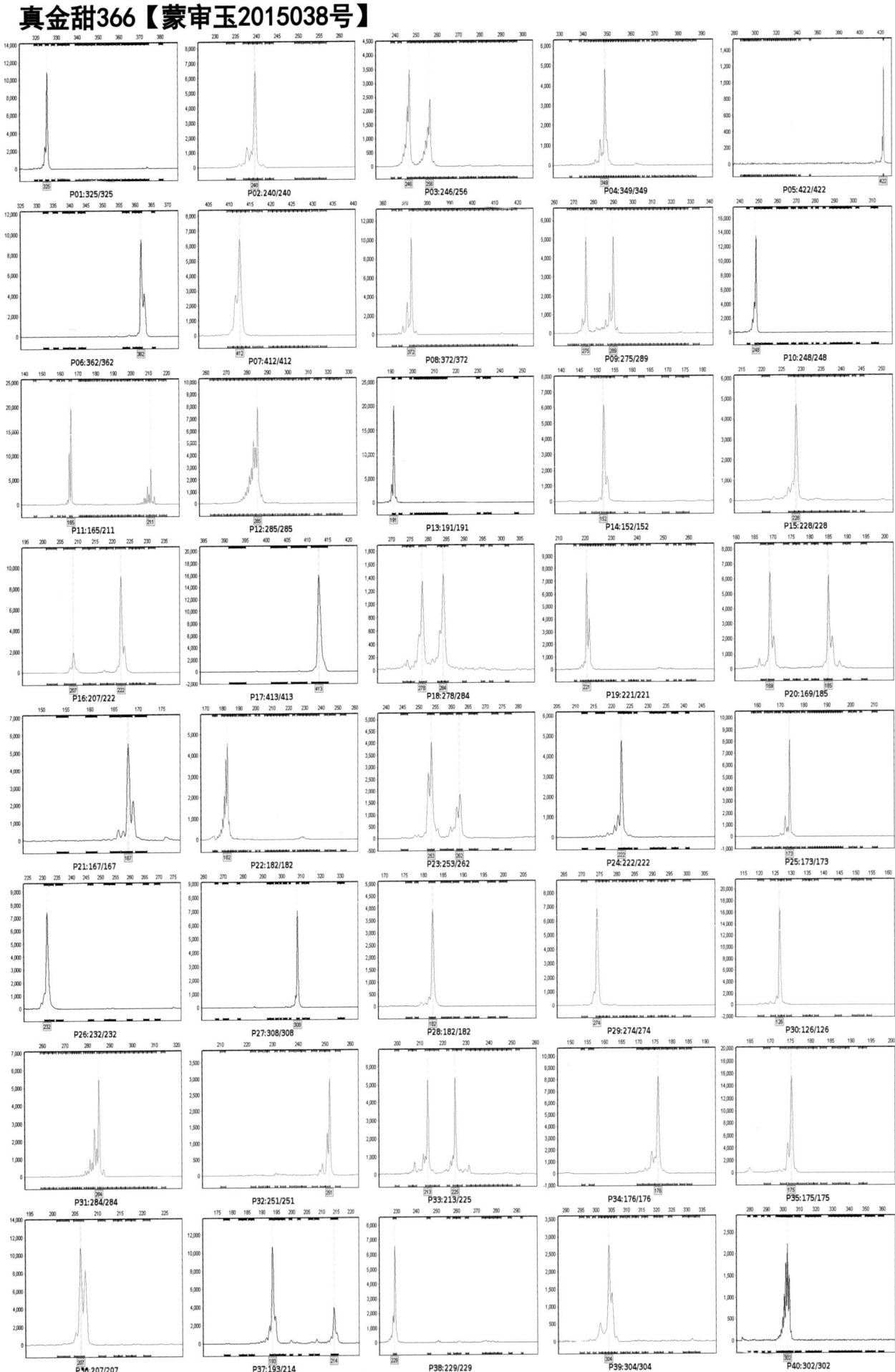

华泰甜216【蒙审玉2015039号】

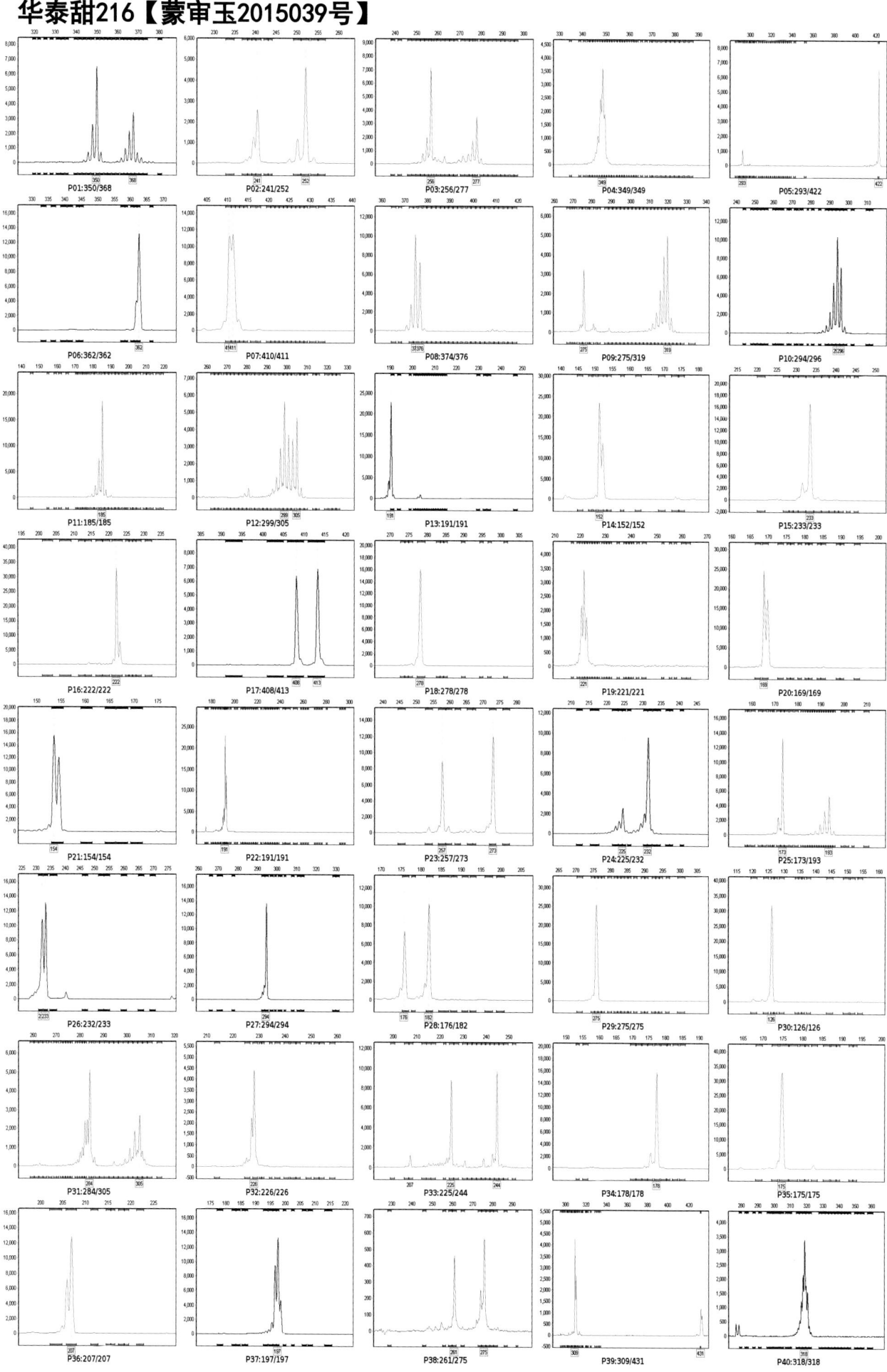

129

瑞甜【蒙审玉2015040号】

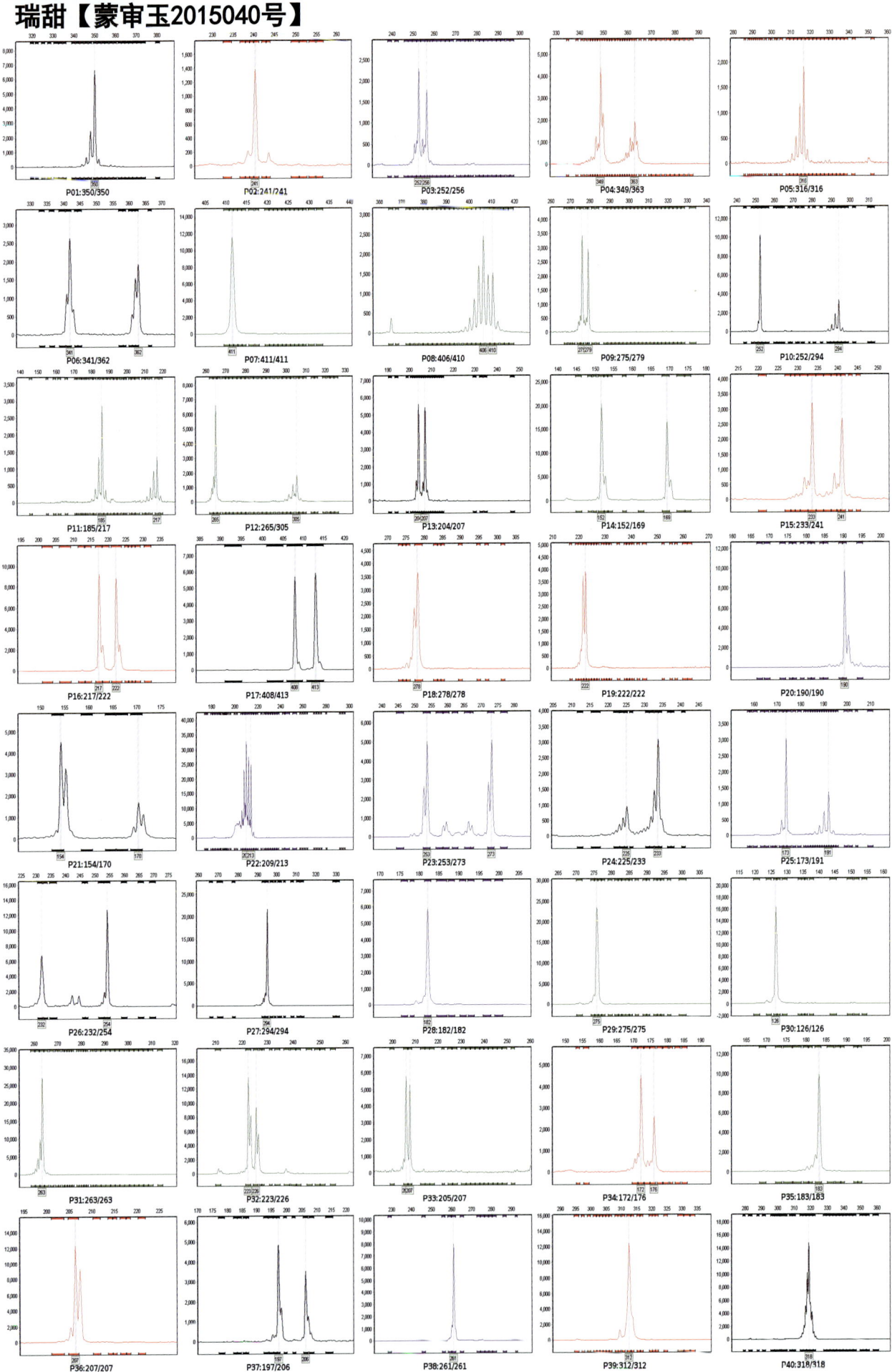

金艾581【蒙审玉（饲）2015001号】

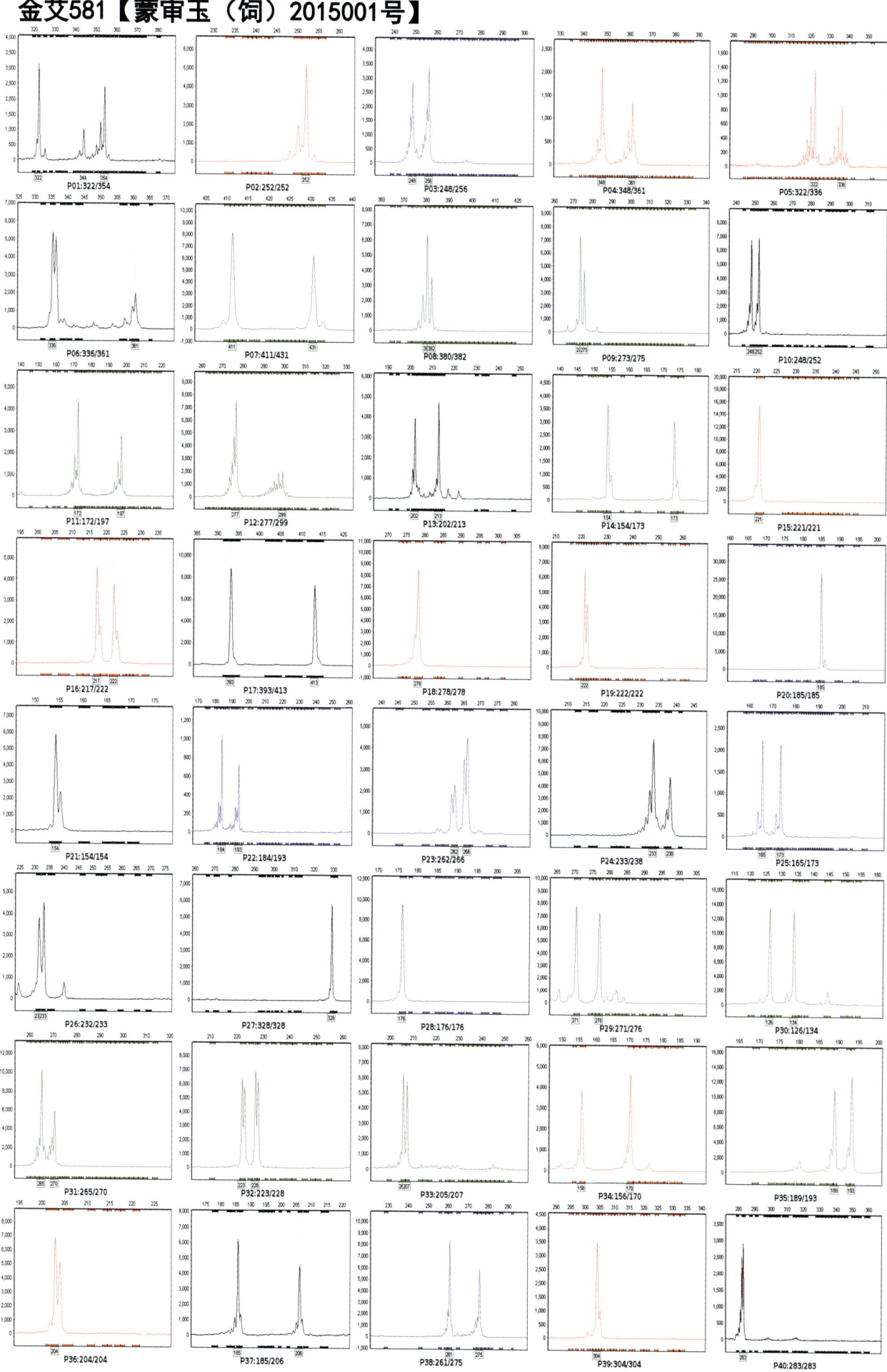

鑫达1号【蒙审玉2016002号】

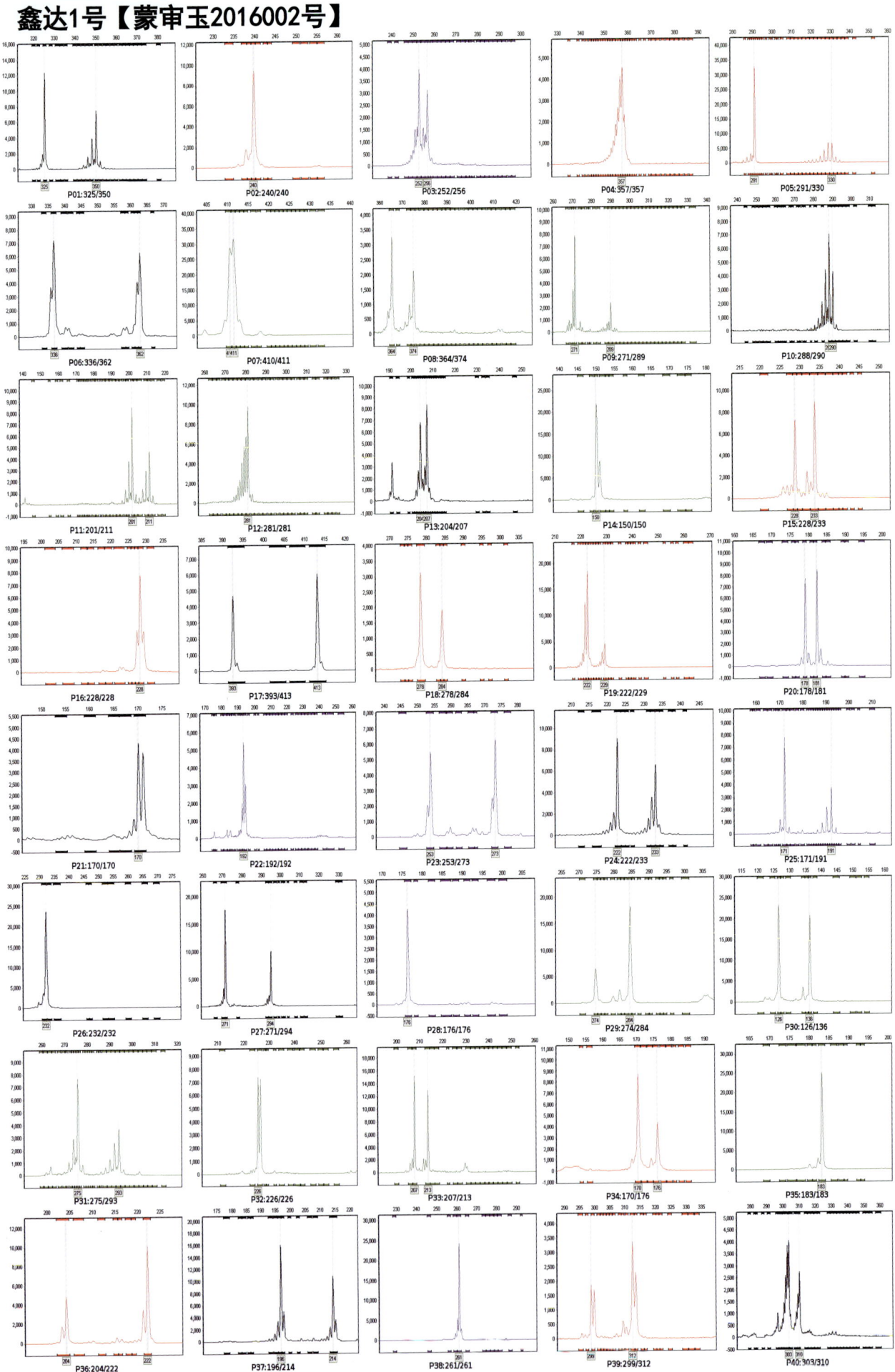

和育185【蒙审玉2016003号】

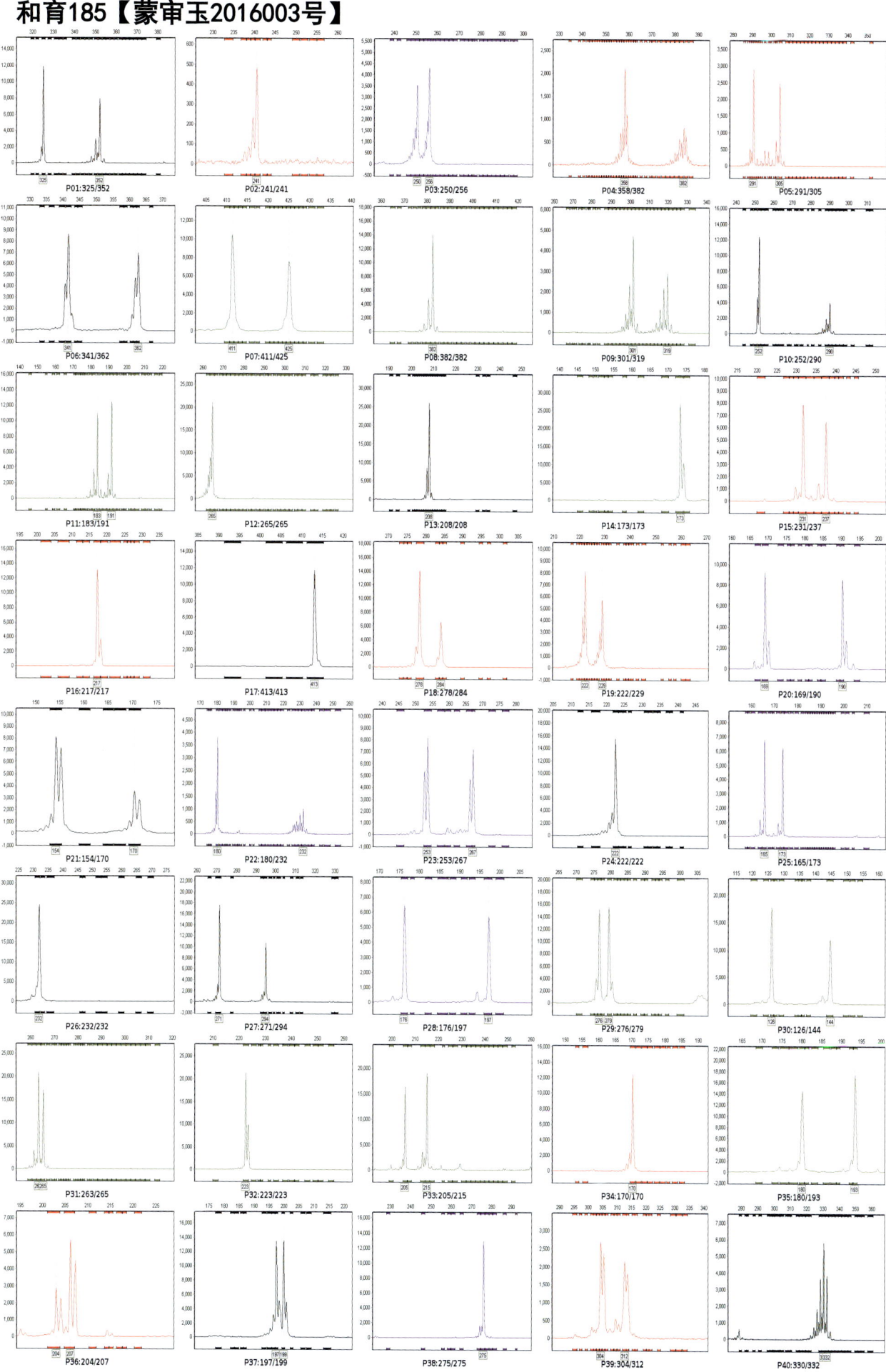

正弘558【蒙审玉2016004号】

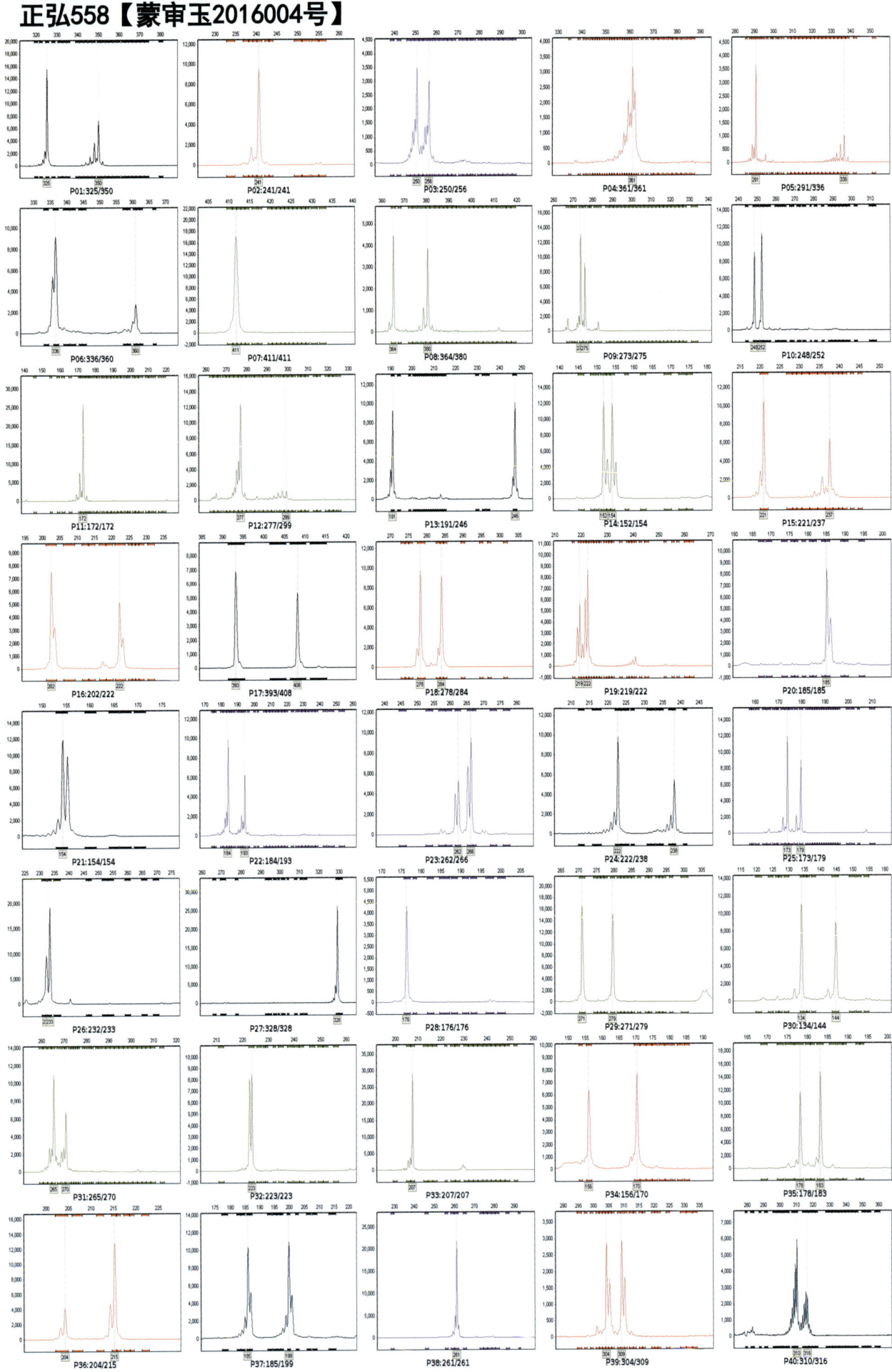

MC1002【蒙审玉2016005号】

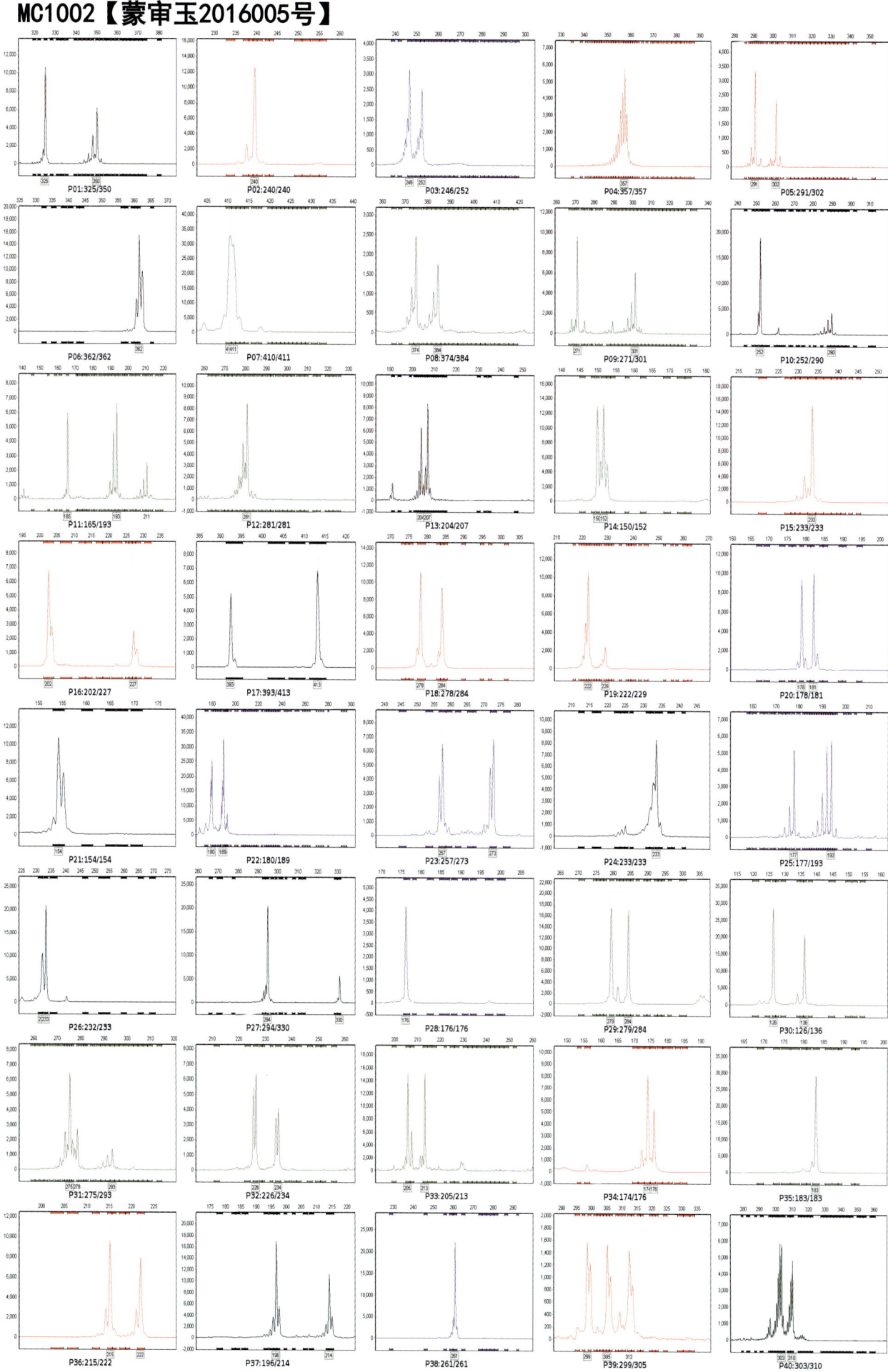

MC738【蒙审玉2016006号】

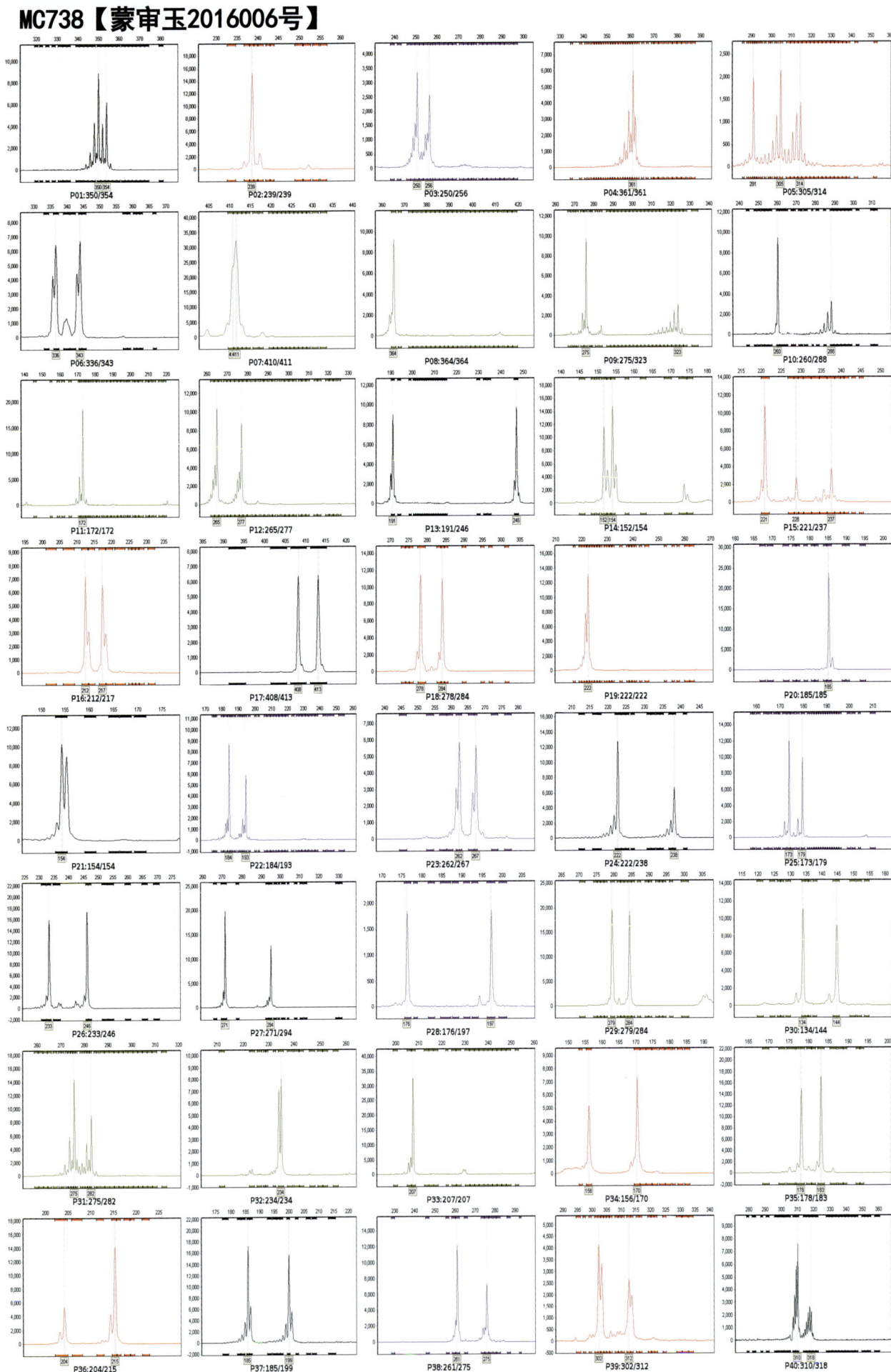

锋玉5号【蒙审玉2016007号】

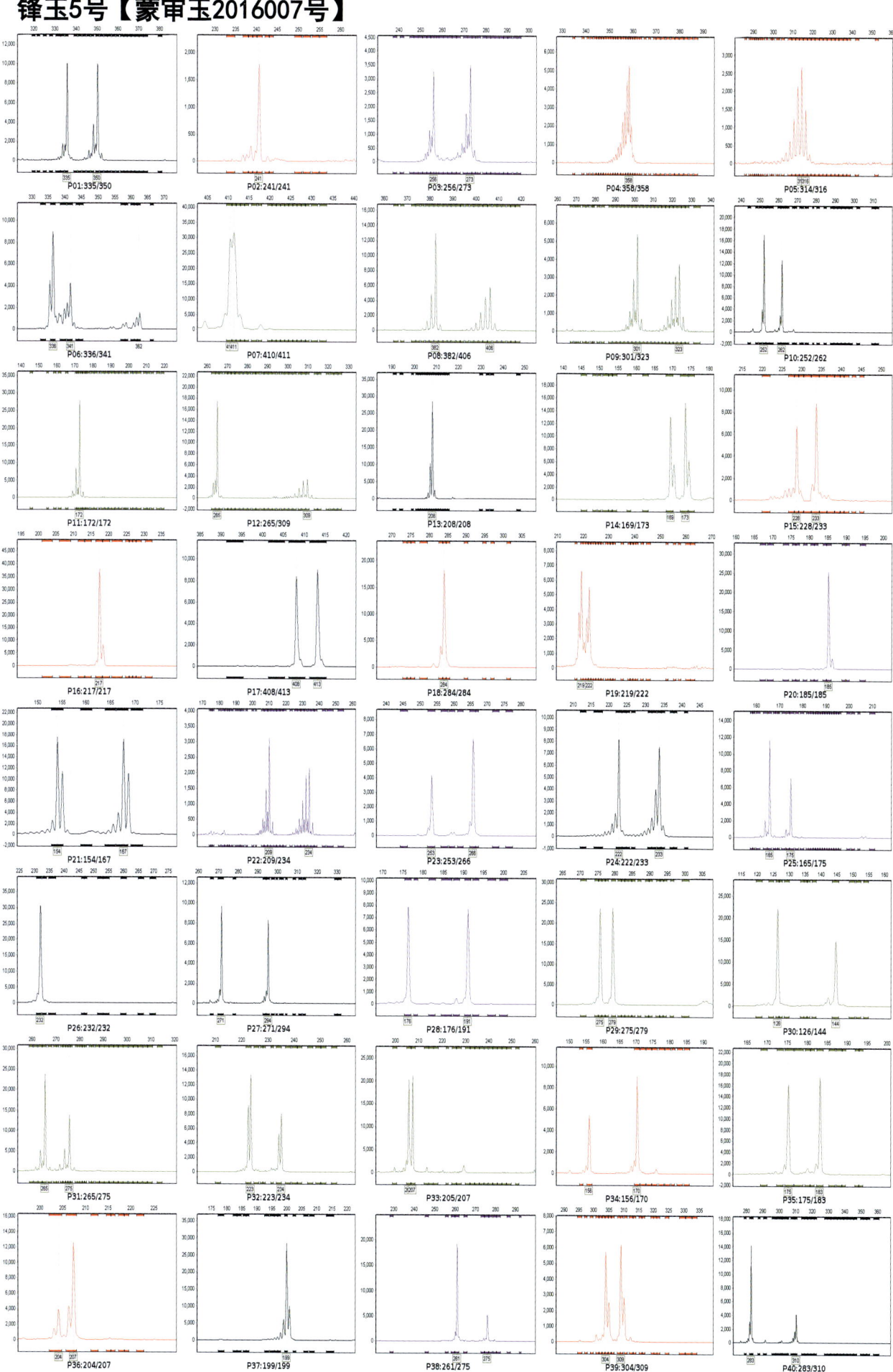

农富66【蒙审玉2016008号】

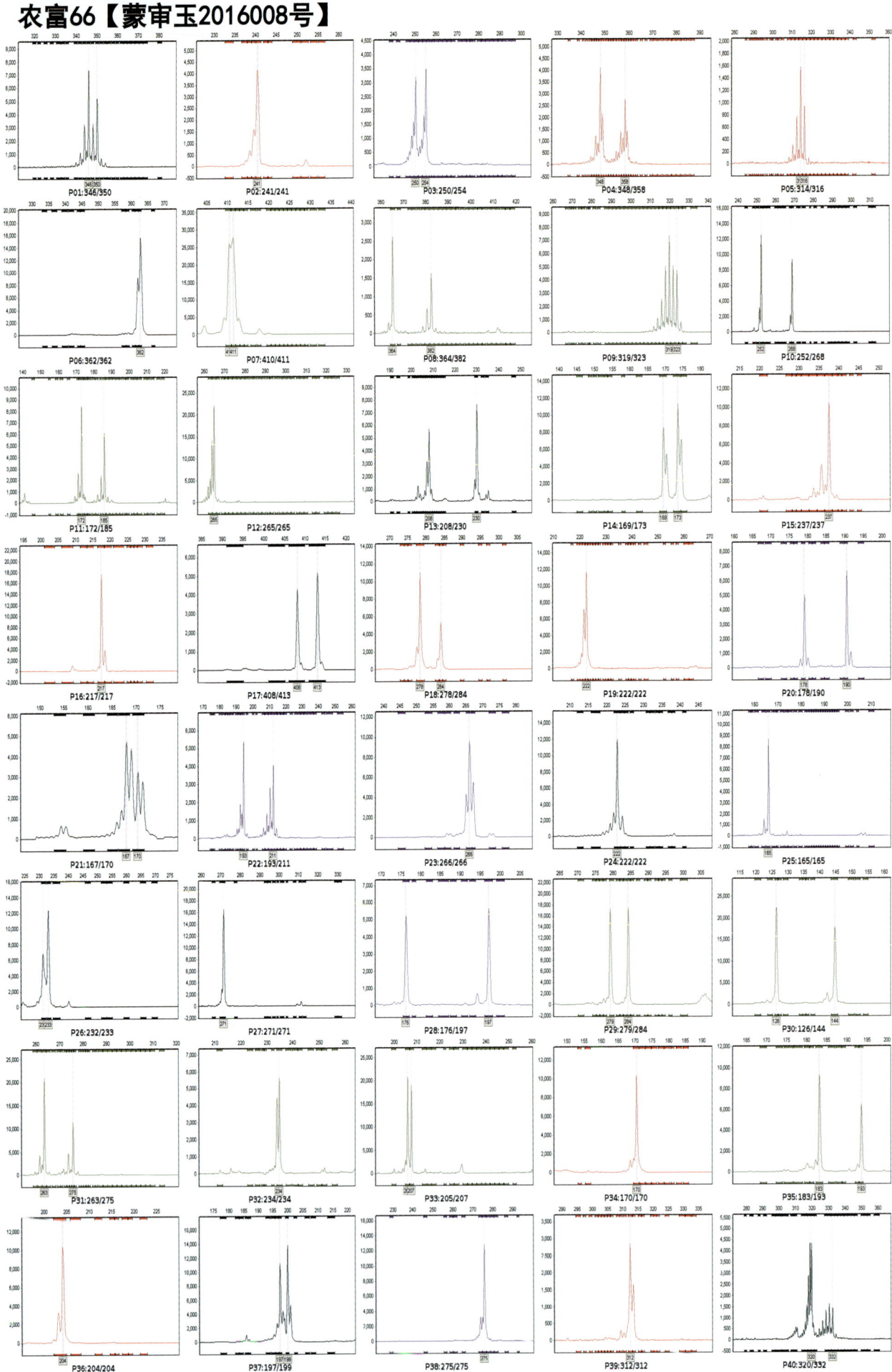

A2636【蒙审玉2016009号】

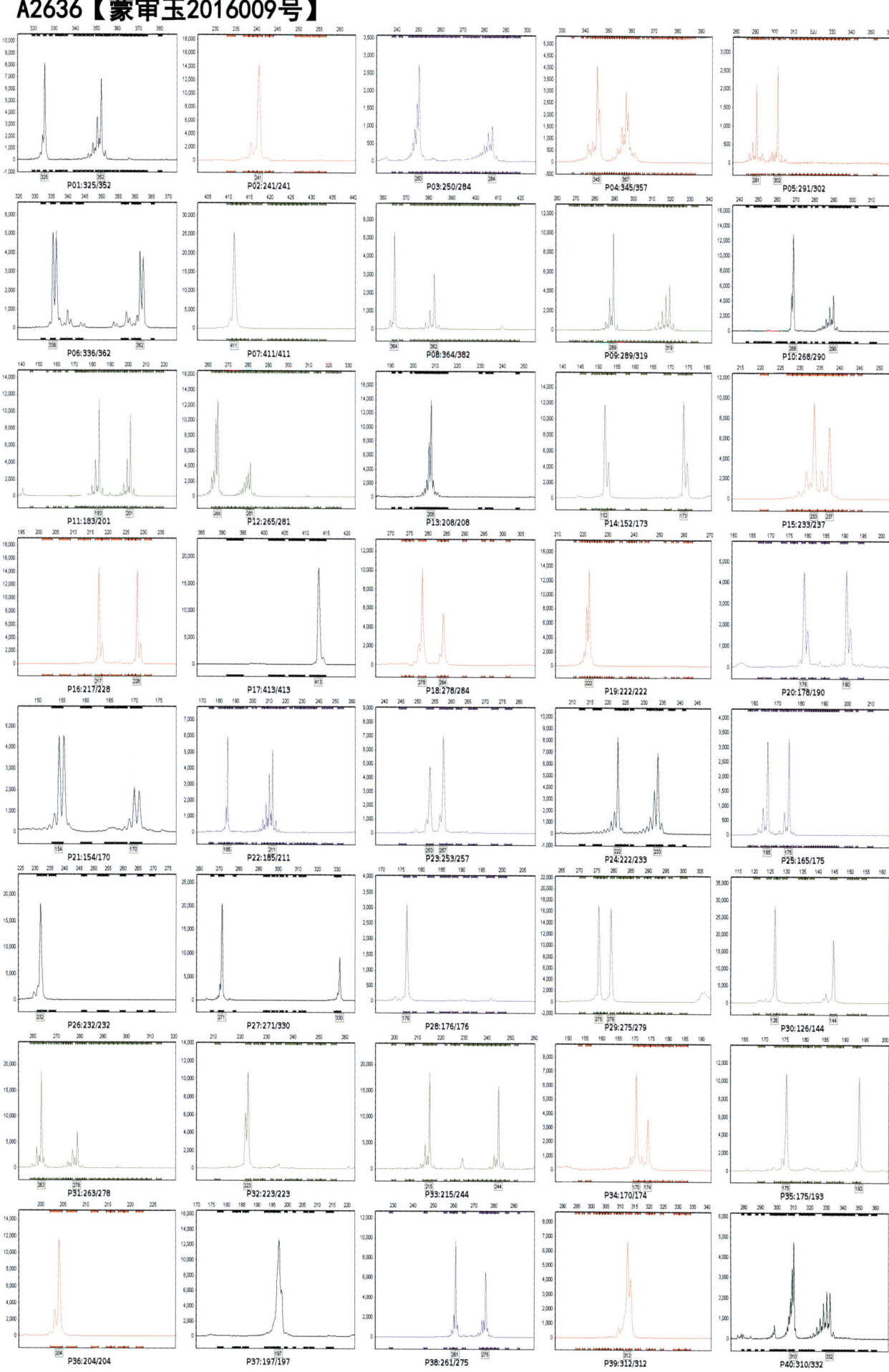

C1563【蒙审玉2016010号】

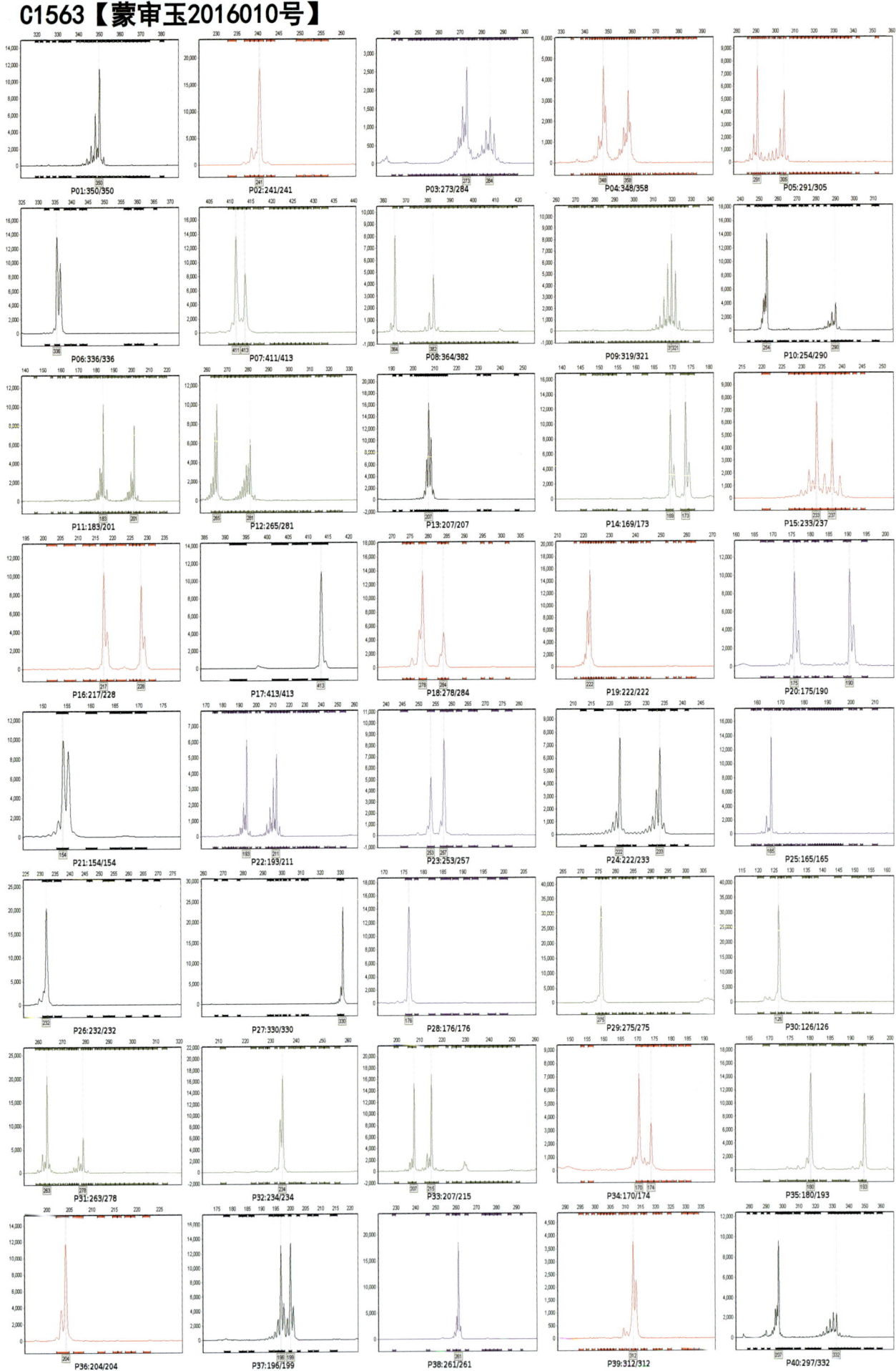

禾新9【蒙审玉2016011号】

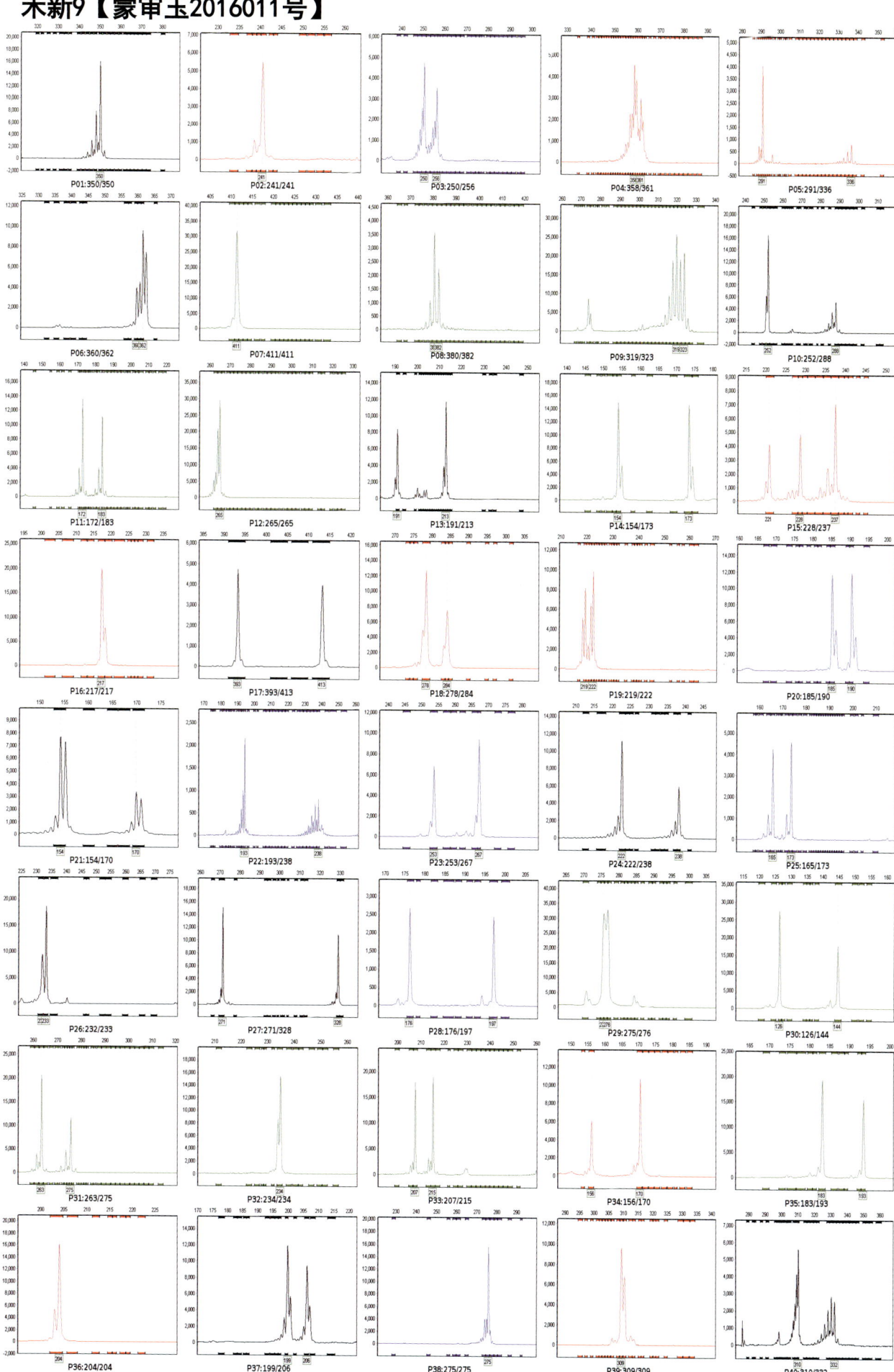

M99【蒙审玉2016012号】

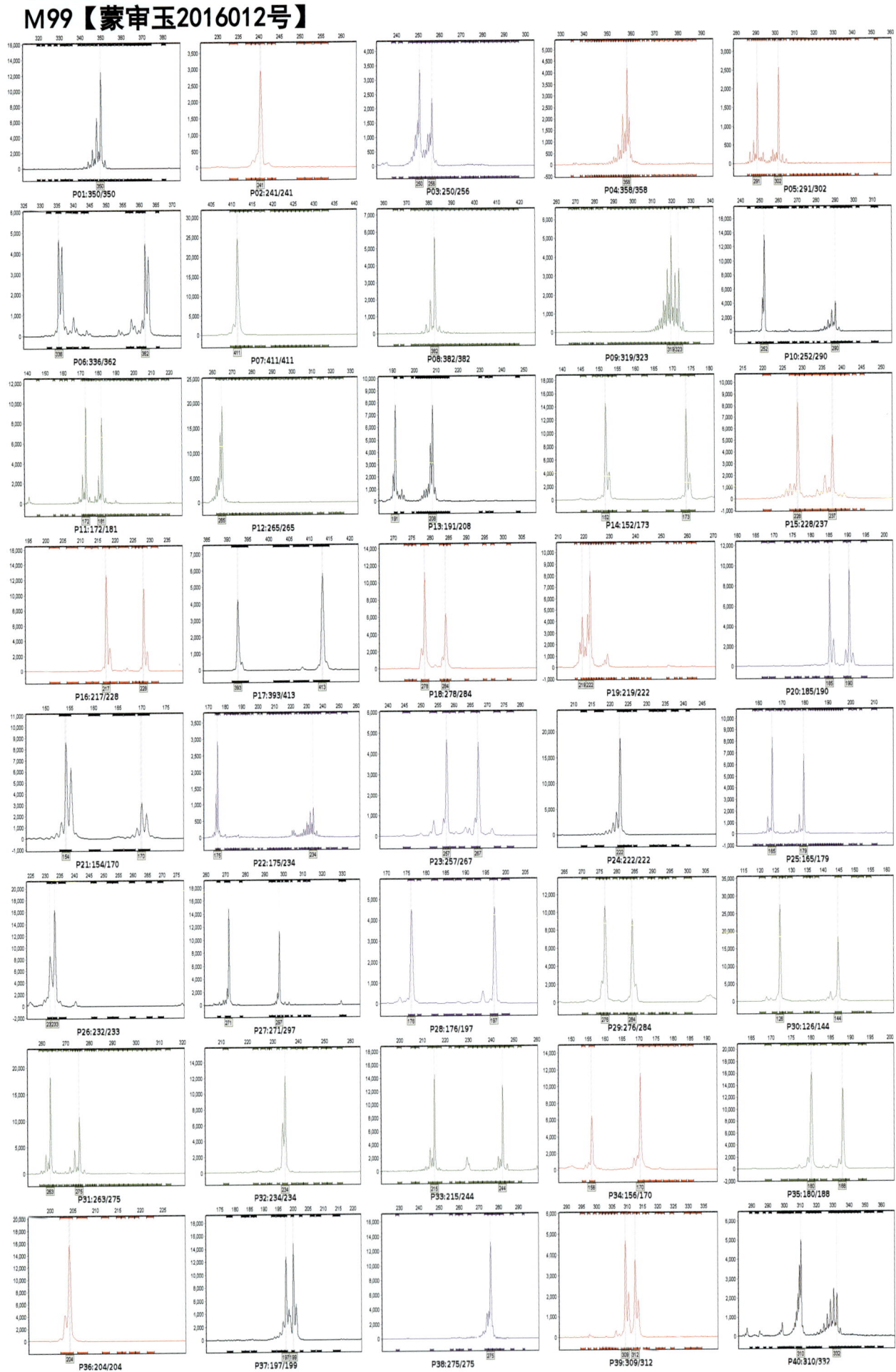

142

雄玉582【蒙审玉2016013号】

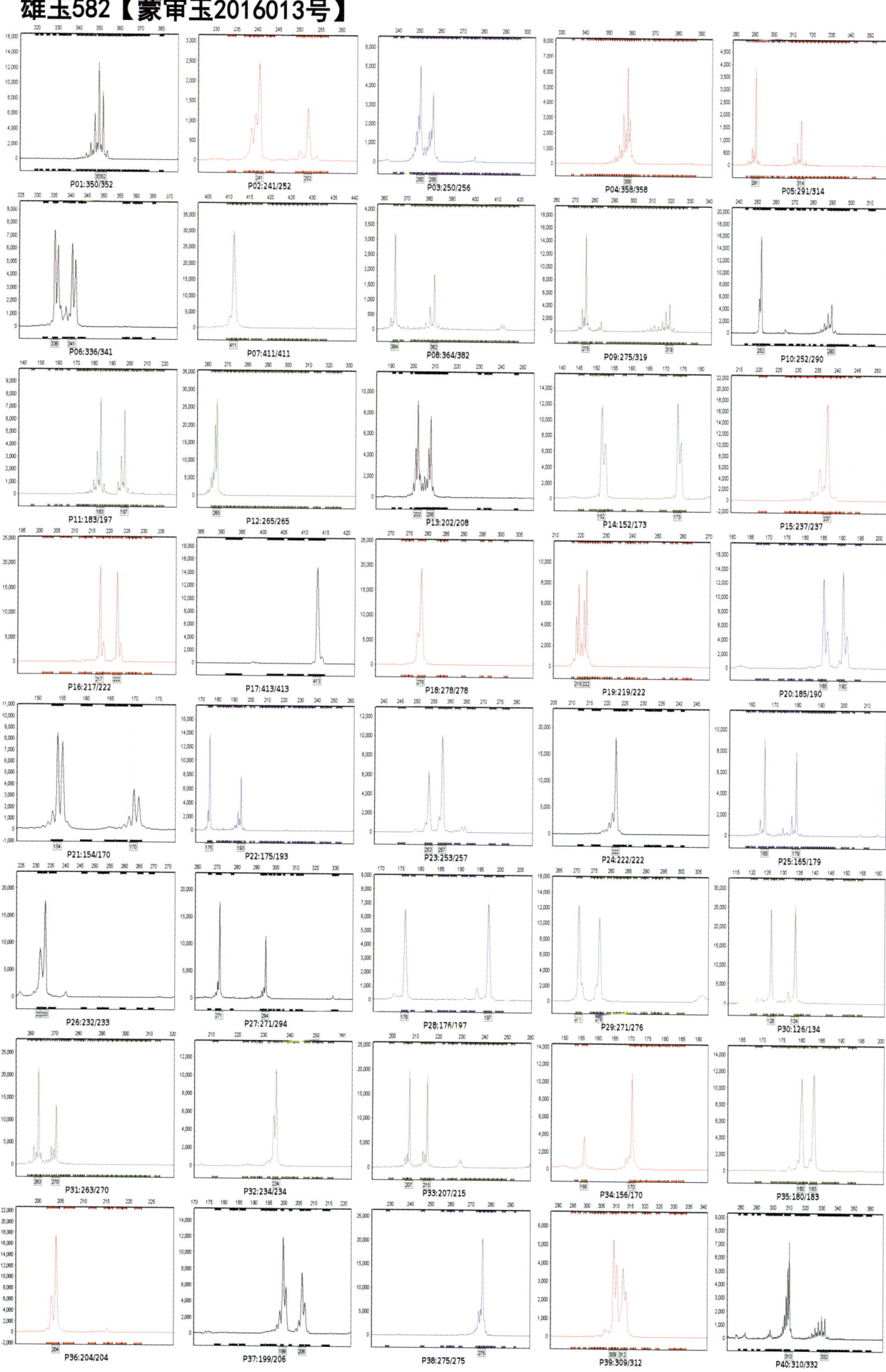

邦玉33【蒙审玉2016014号】

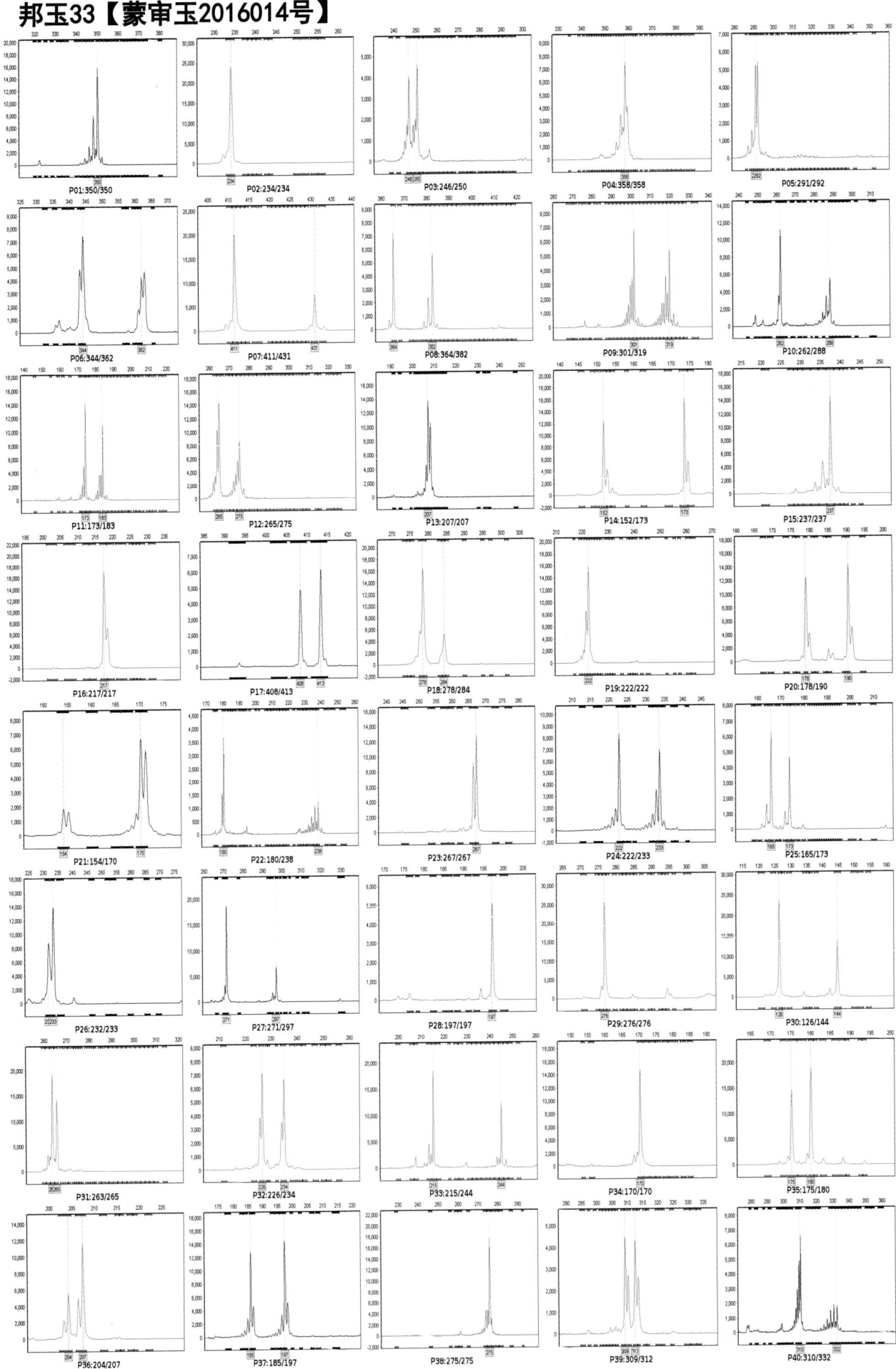

农富99【蒙审玉2016015号】

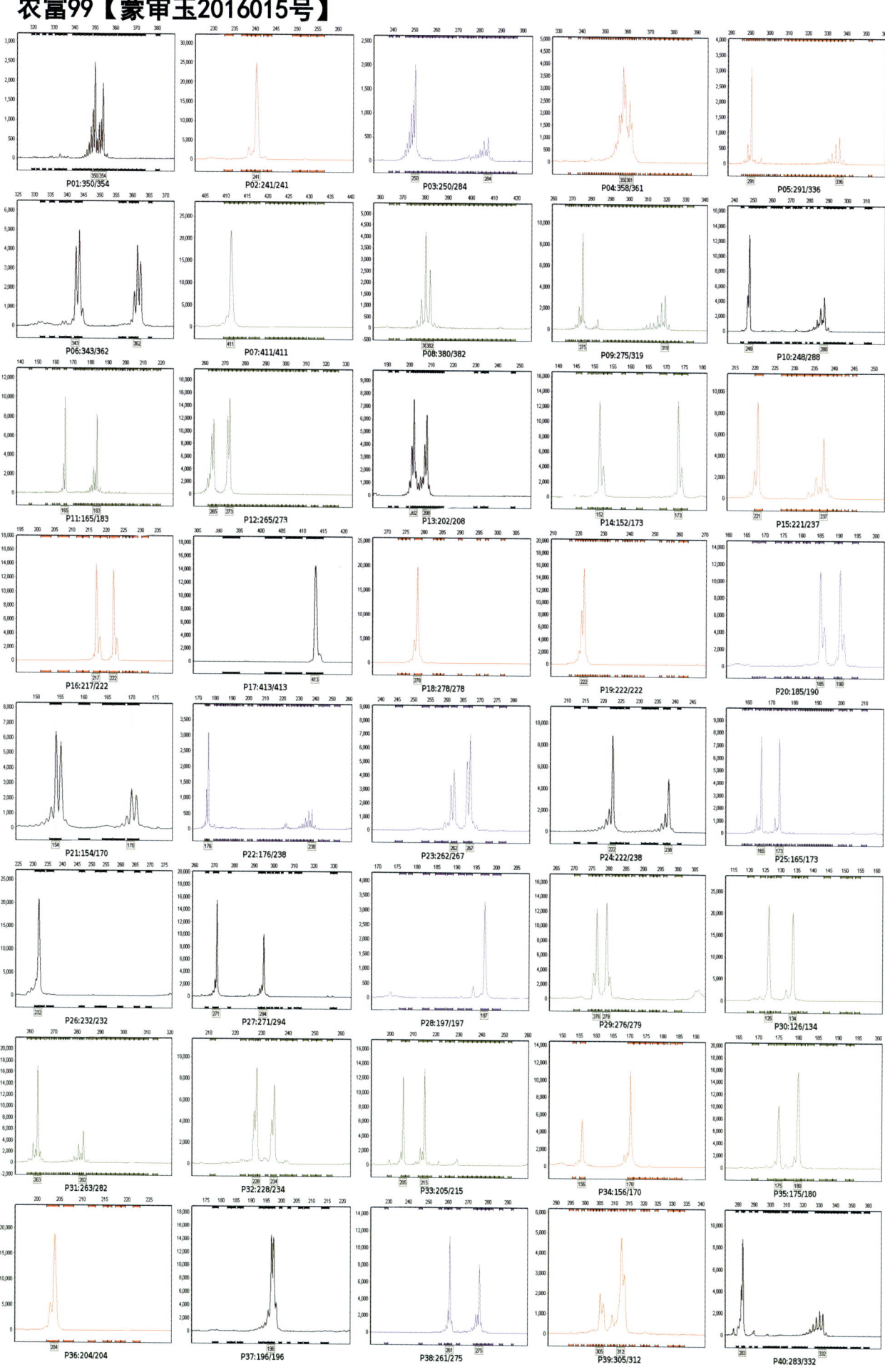

迪卡556【蒙审玉2016016号】

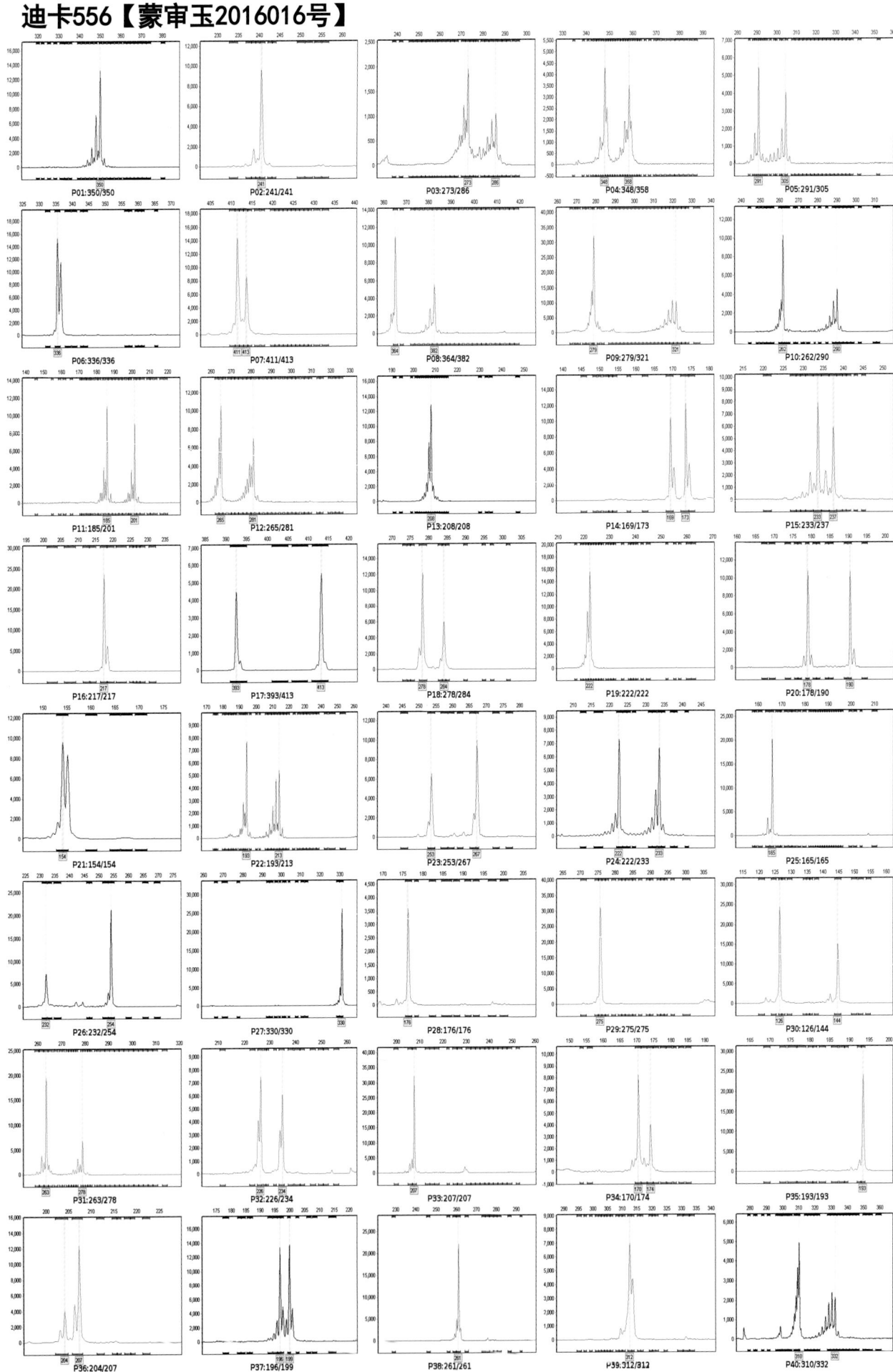

A6565 【蒙审玉2016017号】

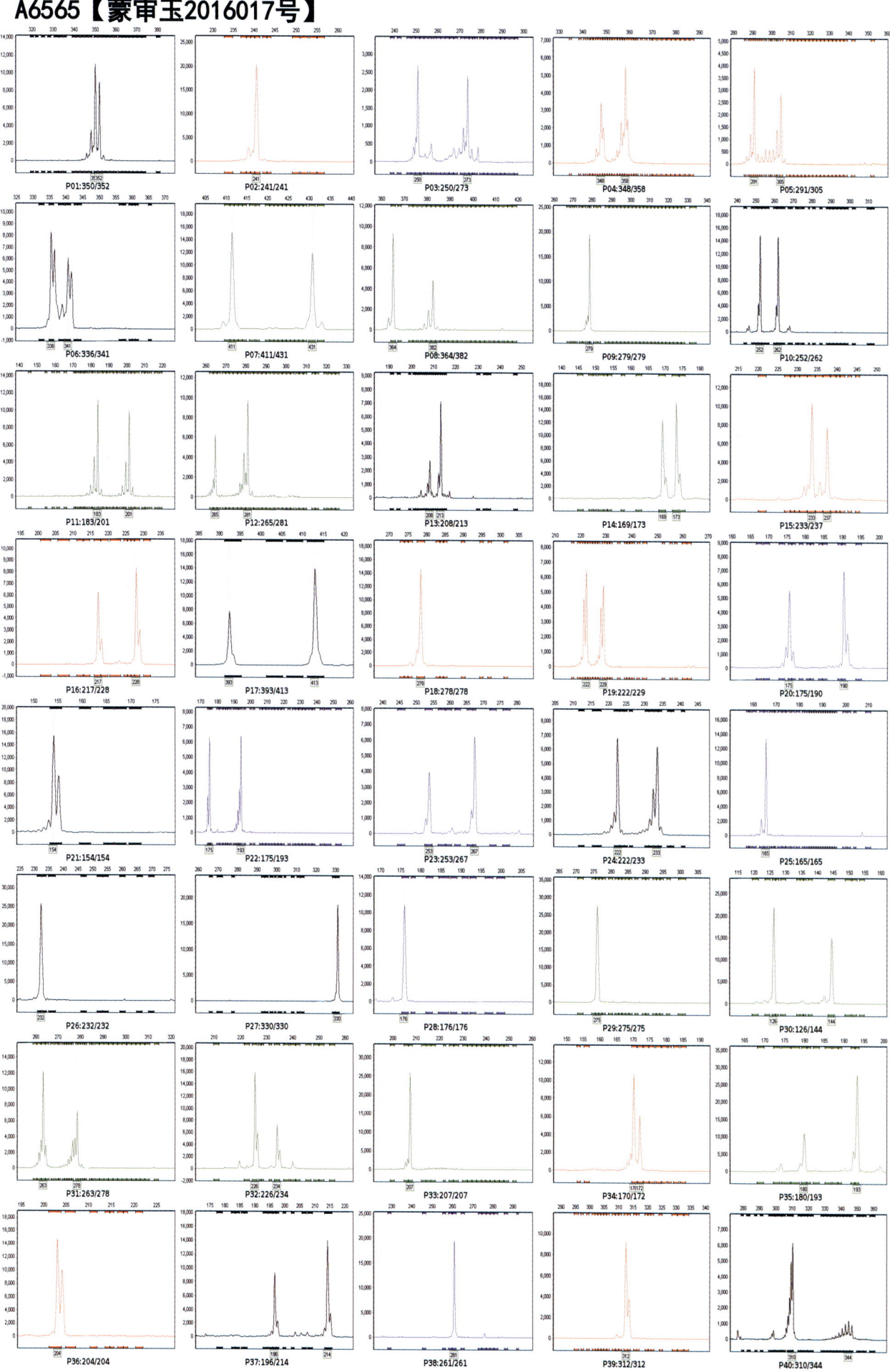

农富88【蒙审玉2016018号】

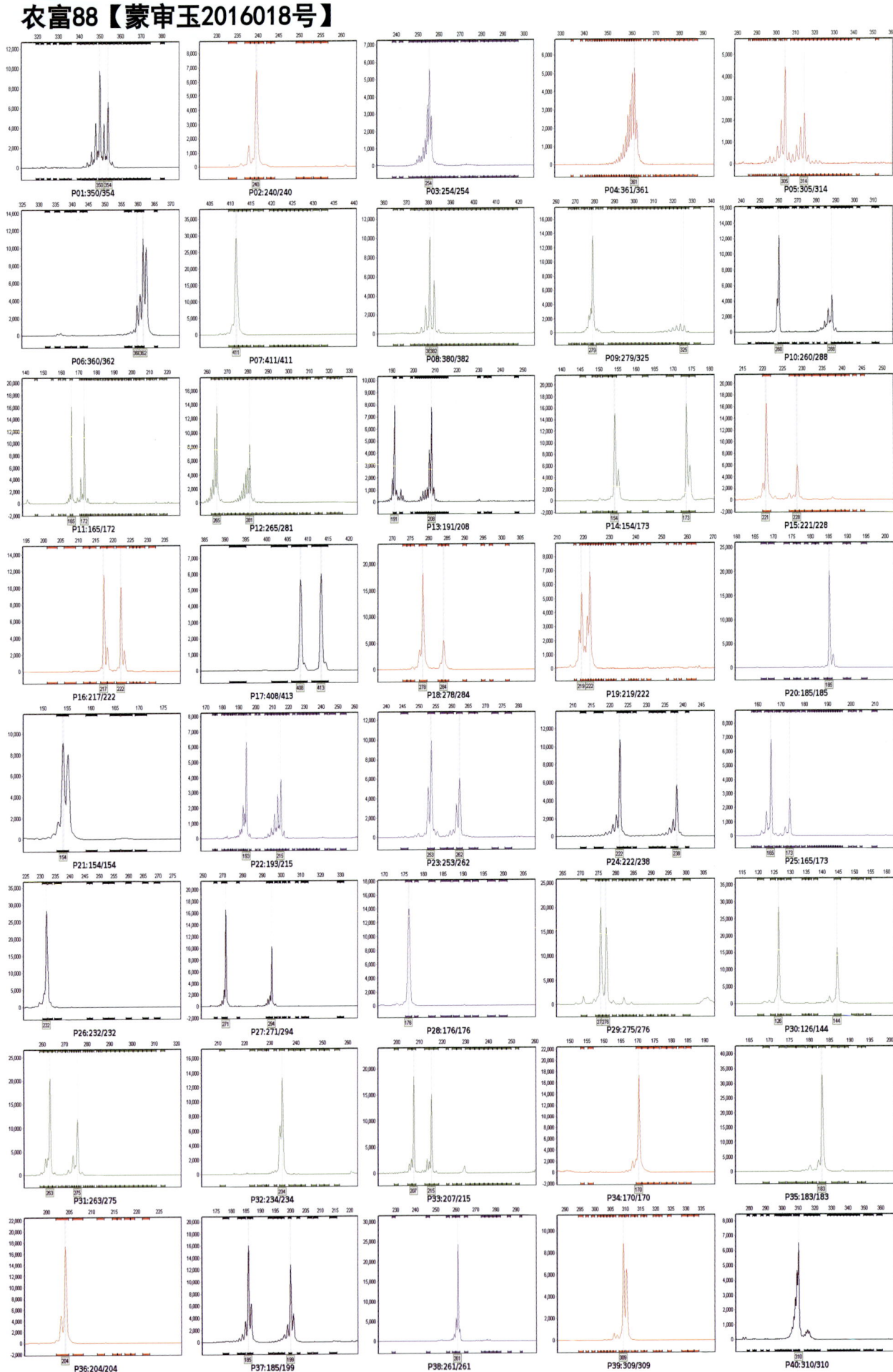

148

恒育1号【蒙审玉2016019号】

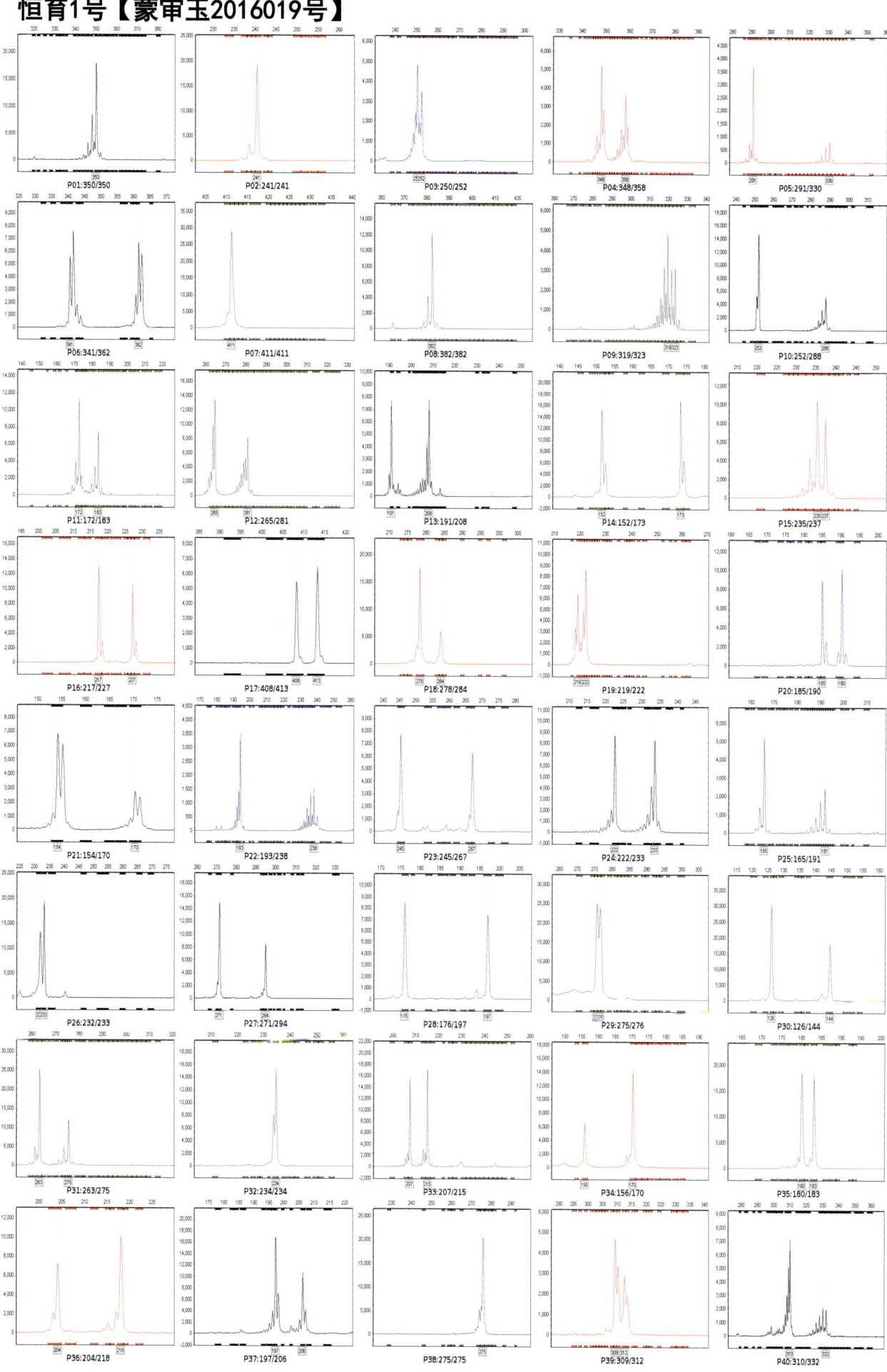

均隆1217【蒙审玉2016020号】

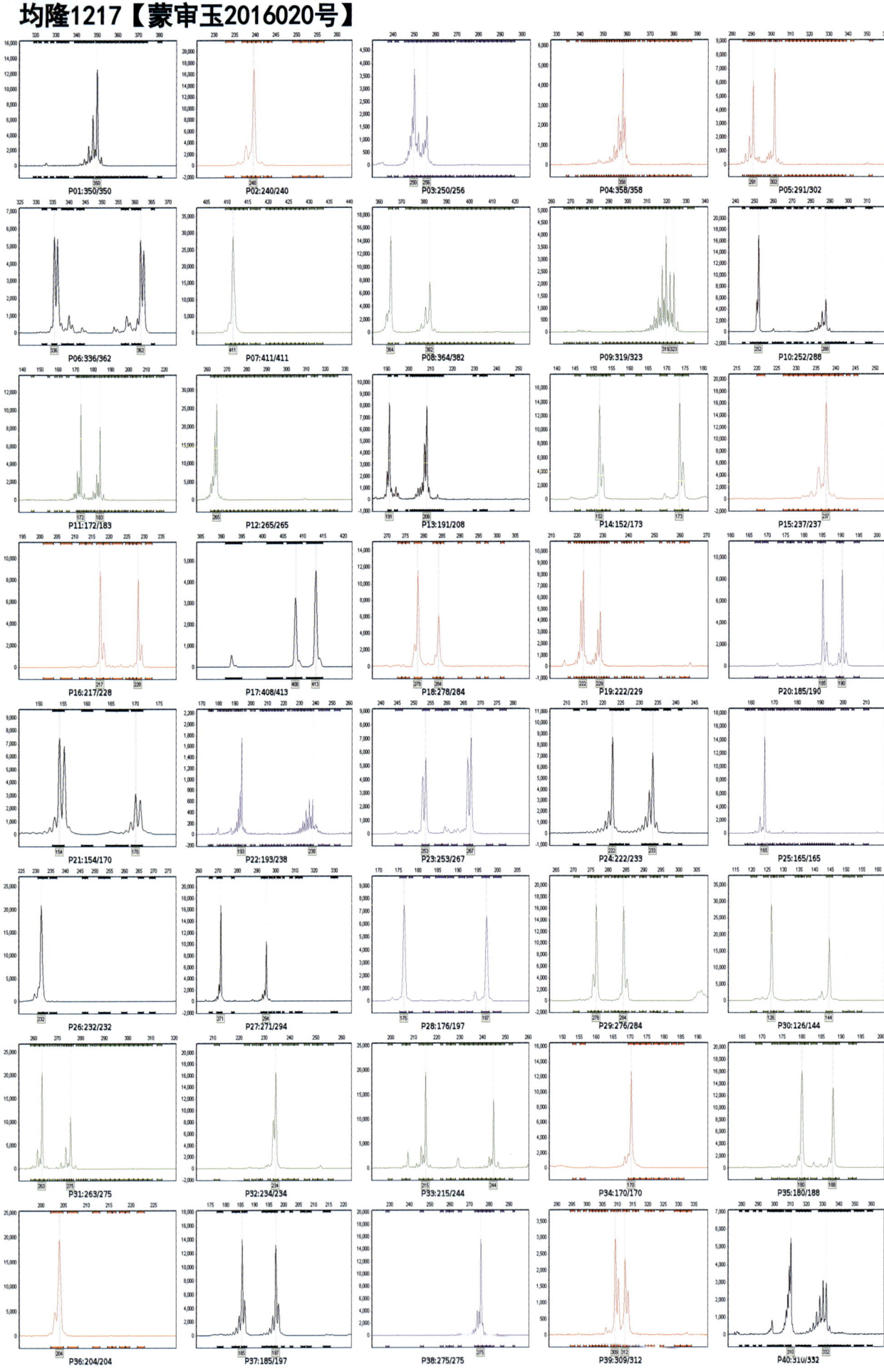

利禾6【蒙审玉2016021号】

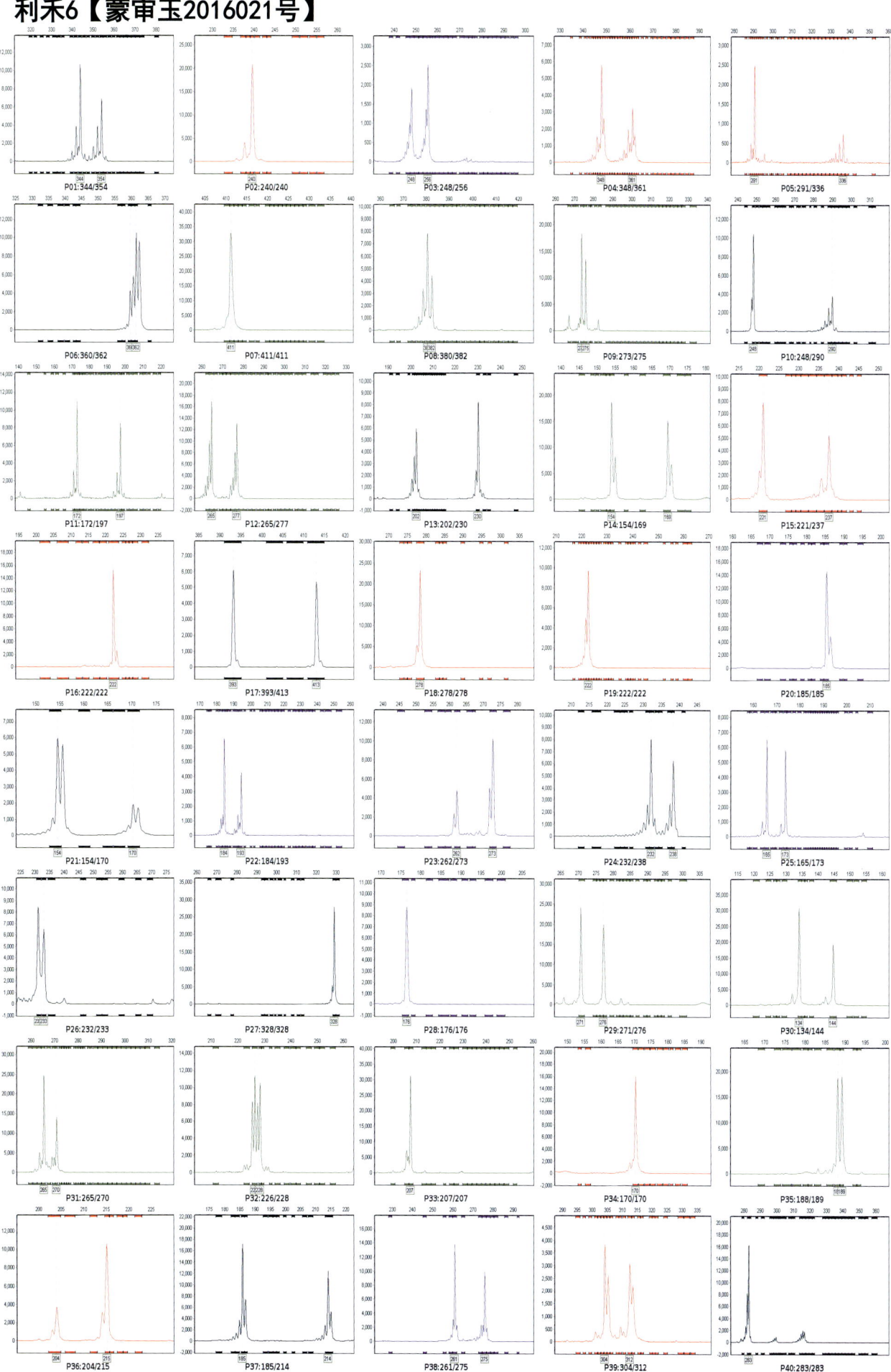

胜丰157【蒙审玉2016022号】

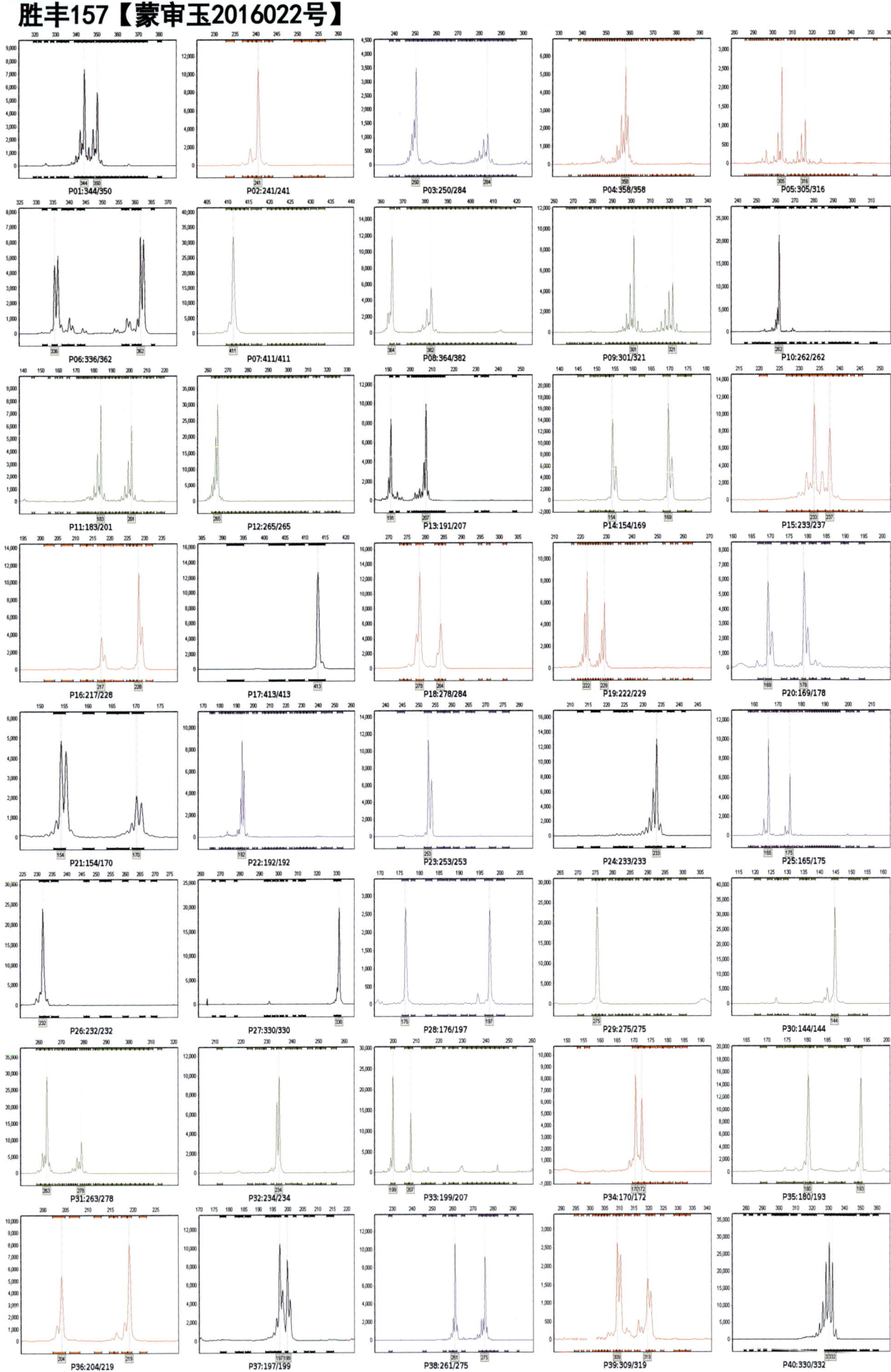

利禾3【蒙审玉2016023号】

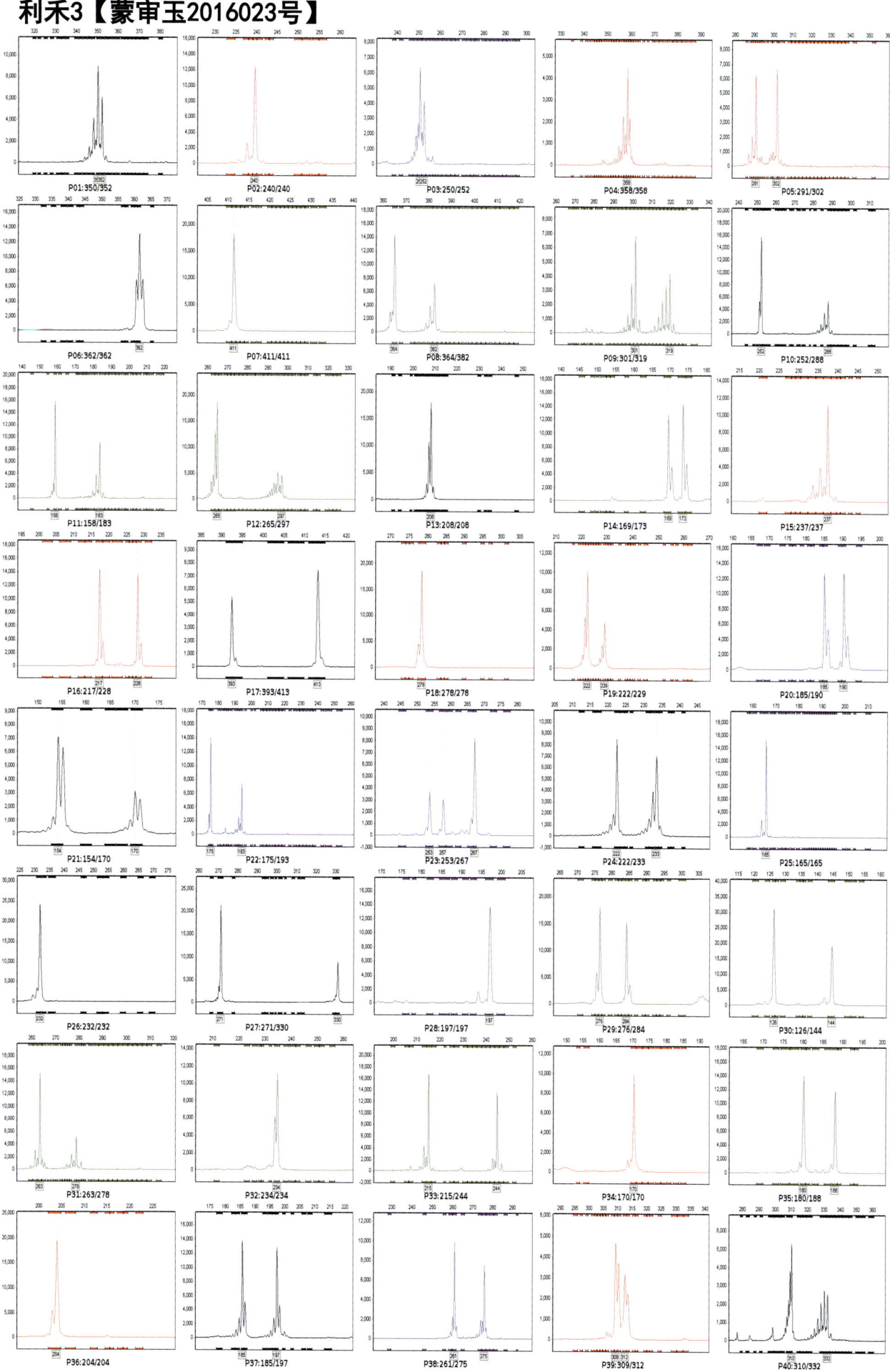

和育183【蒙审玉2016024号】

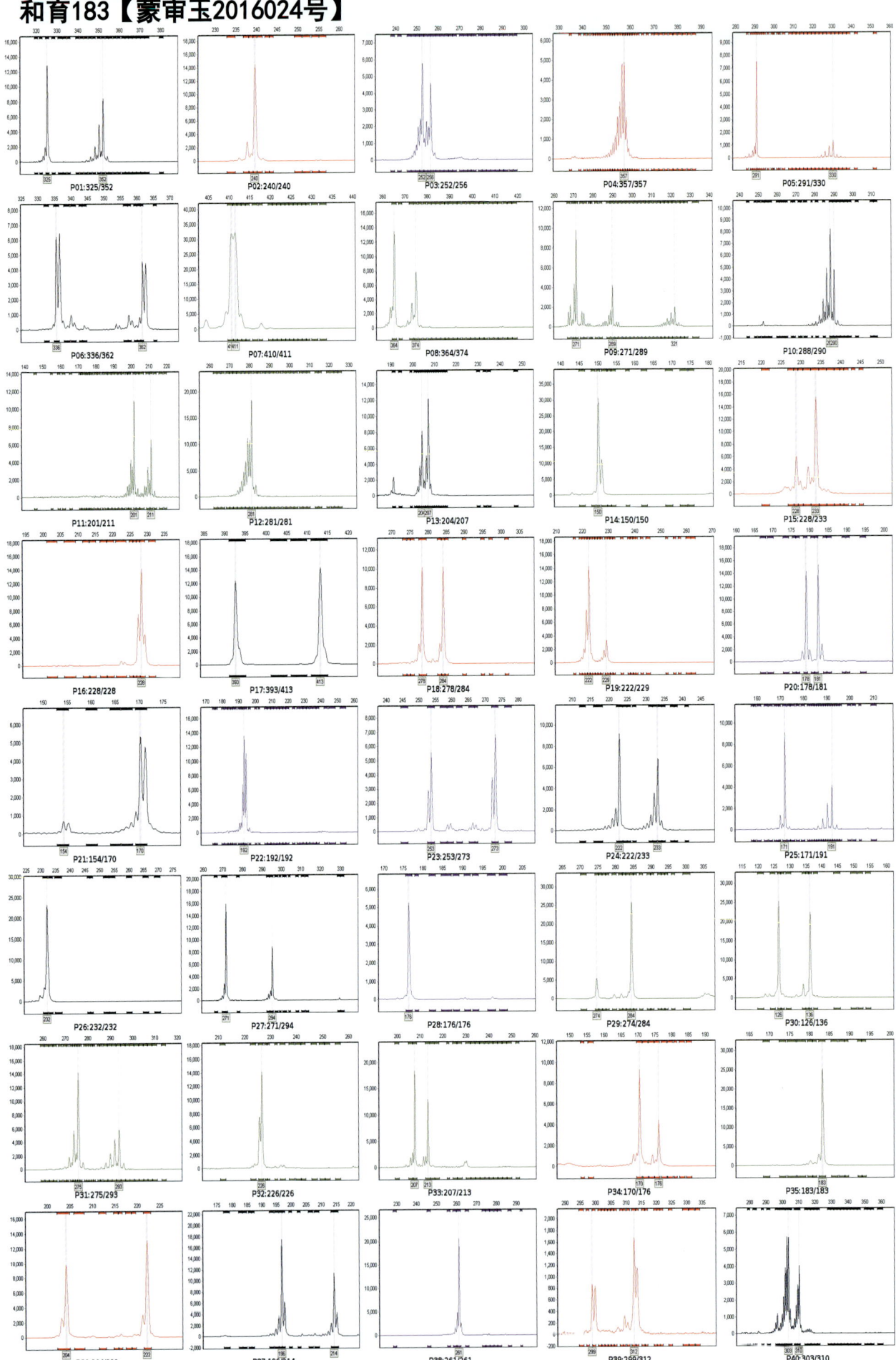

呼单517【蒙审玉2016025号】

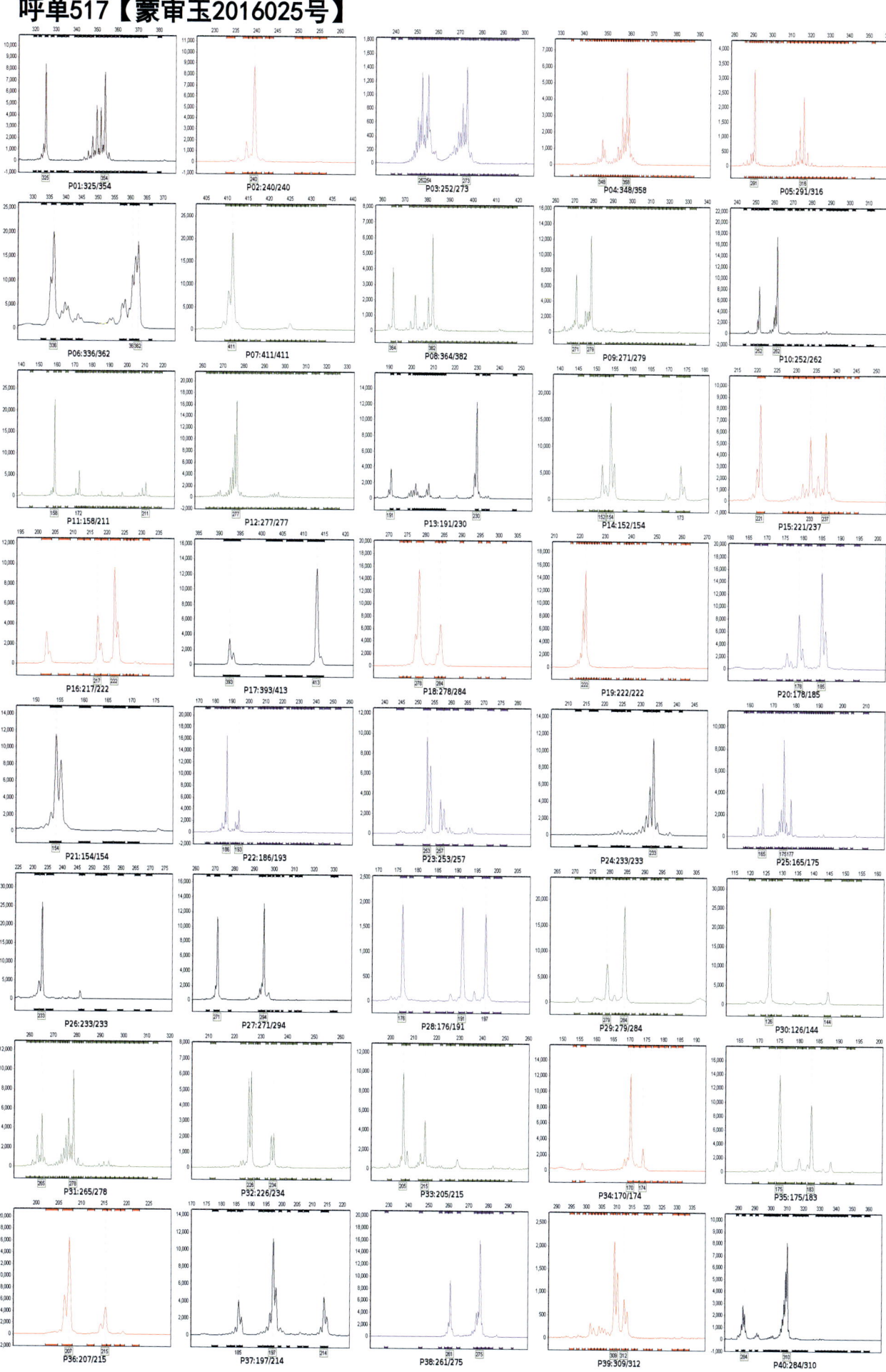

P5697【蒙审玉2016026号】

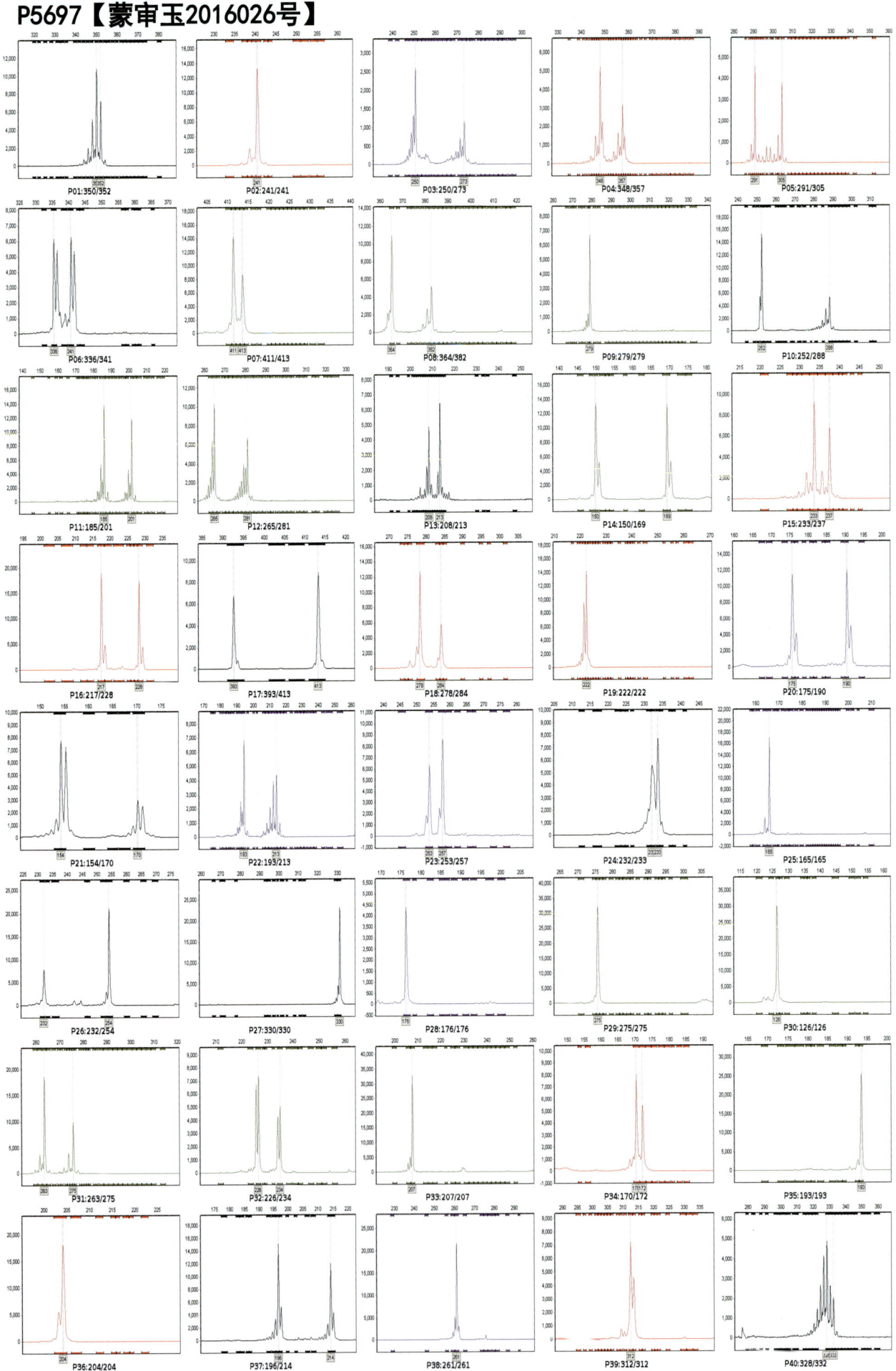

登海NK66【蒙审玉2016028号】

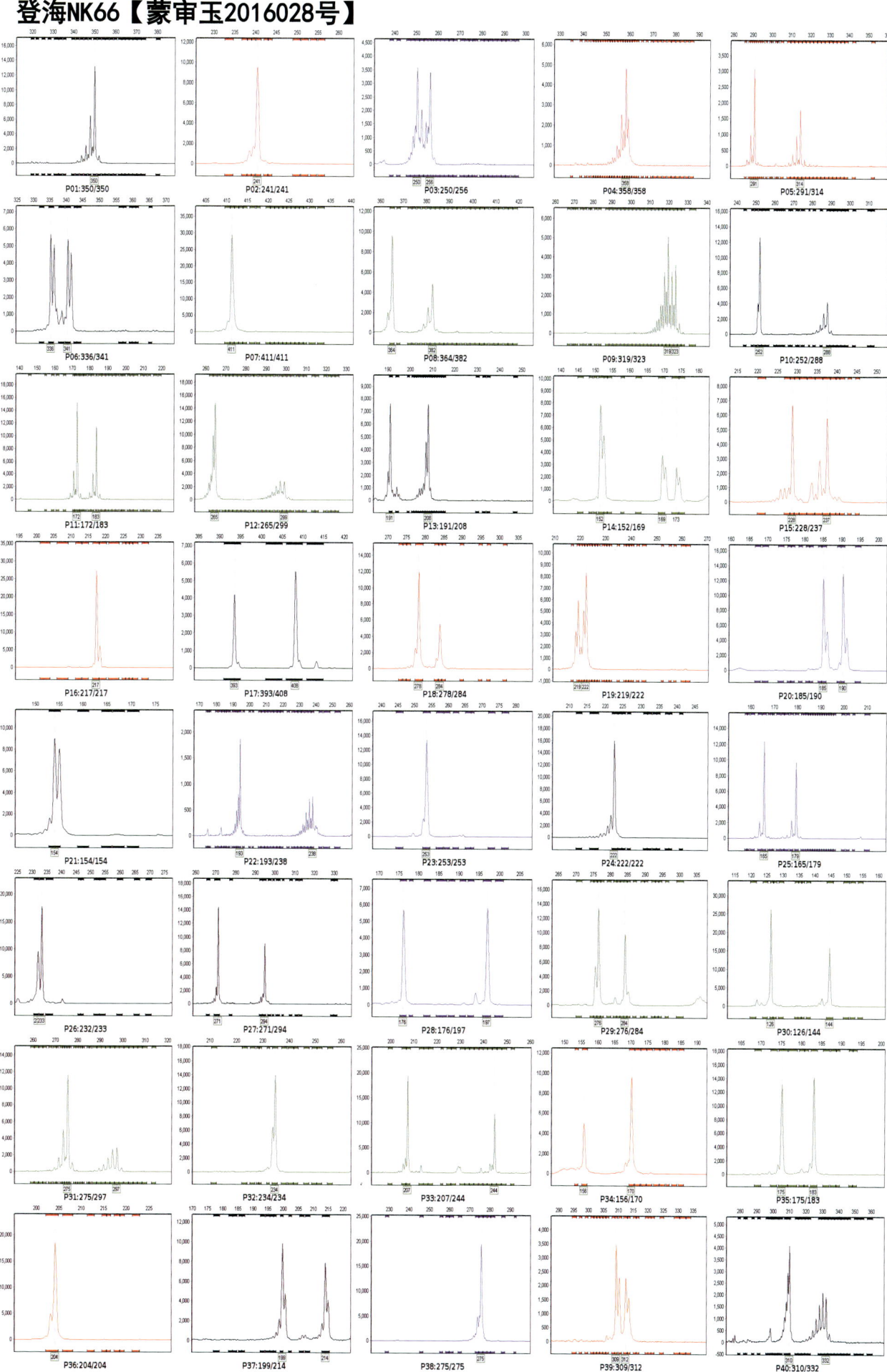

P6512【蒙审玉2016029号】

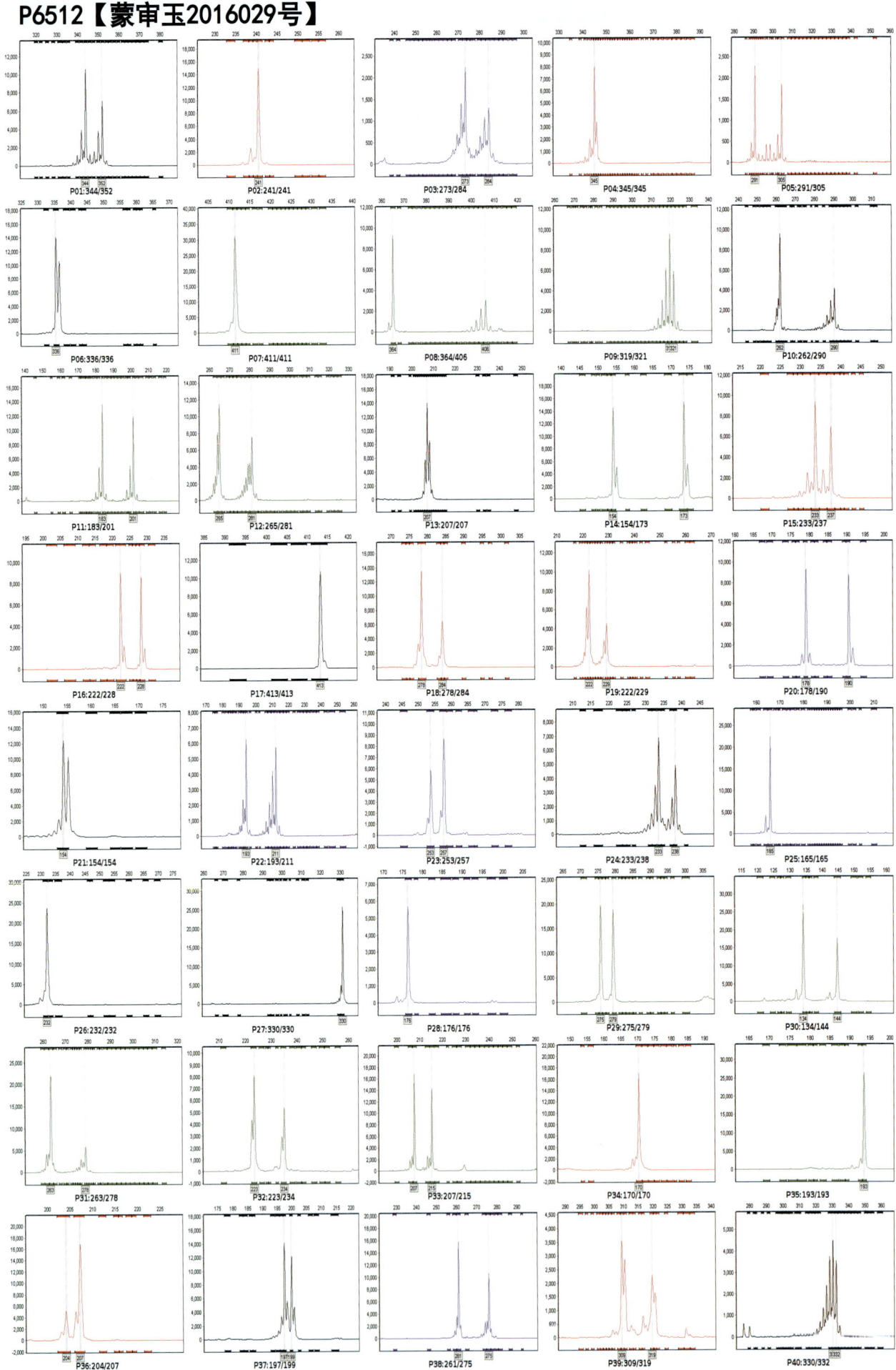

蒙吉813【蒙审玉2016031号】

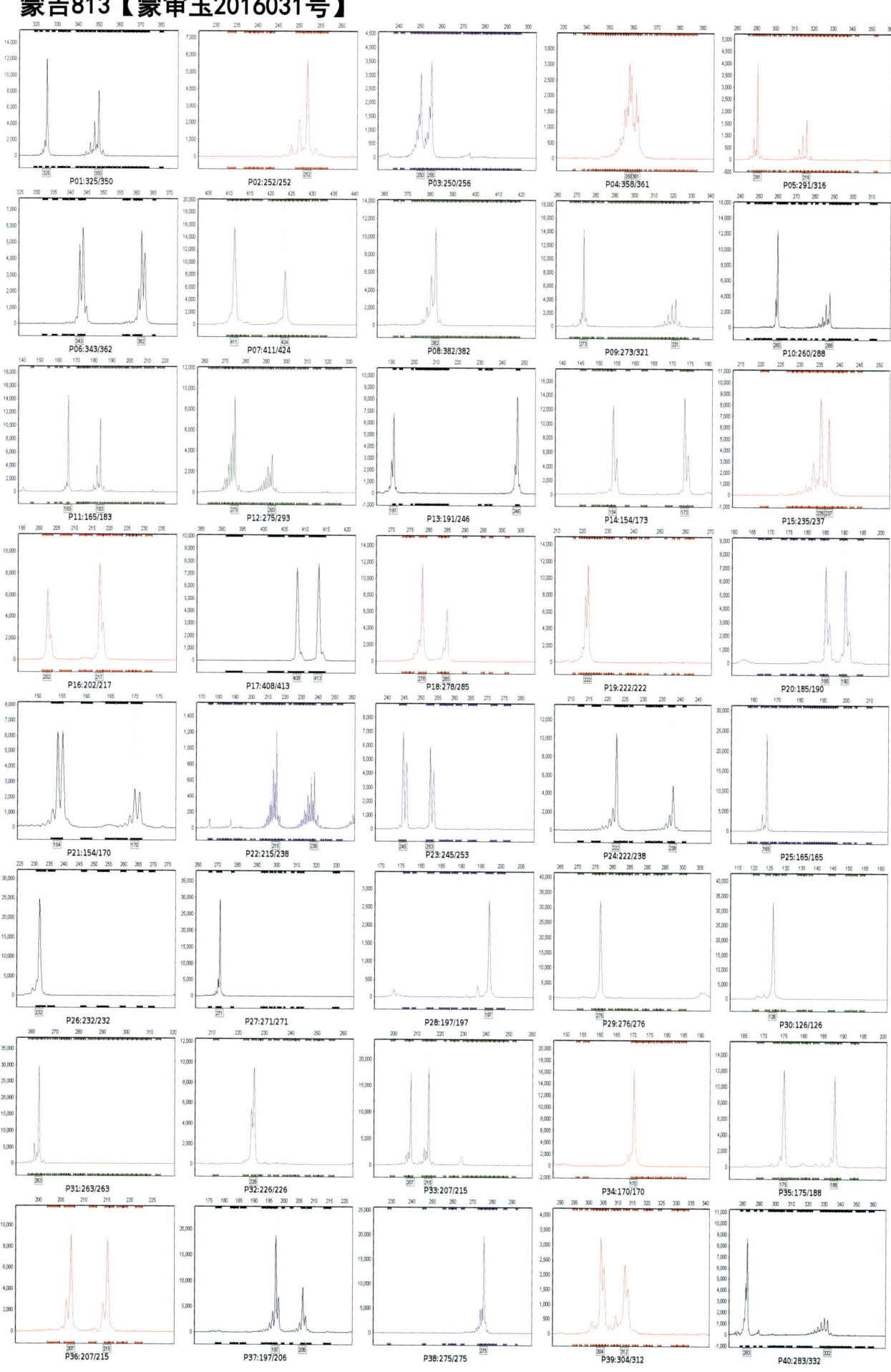

金韵308【蒙审玉2016032号】

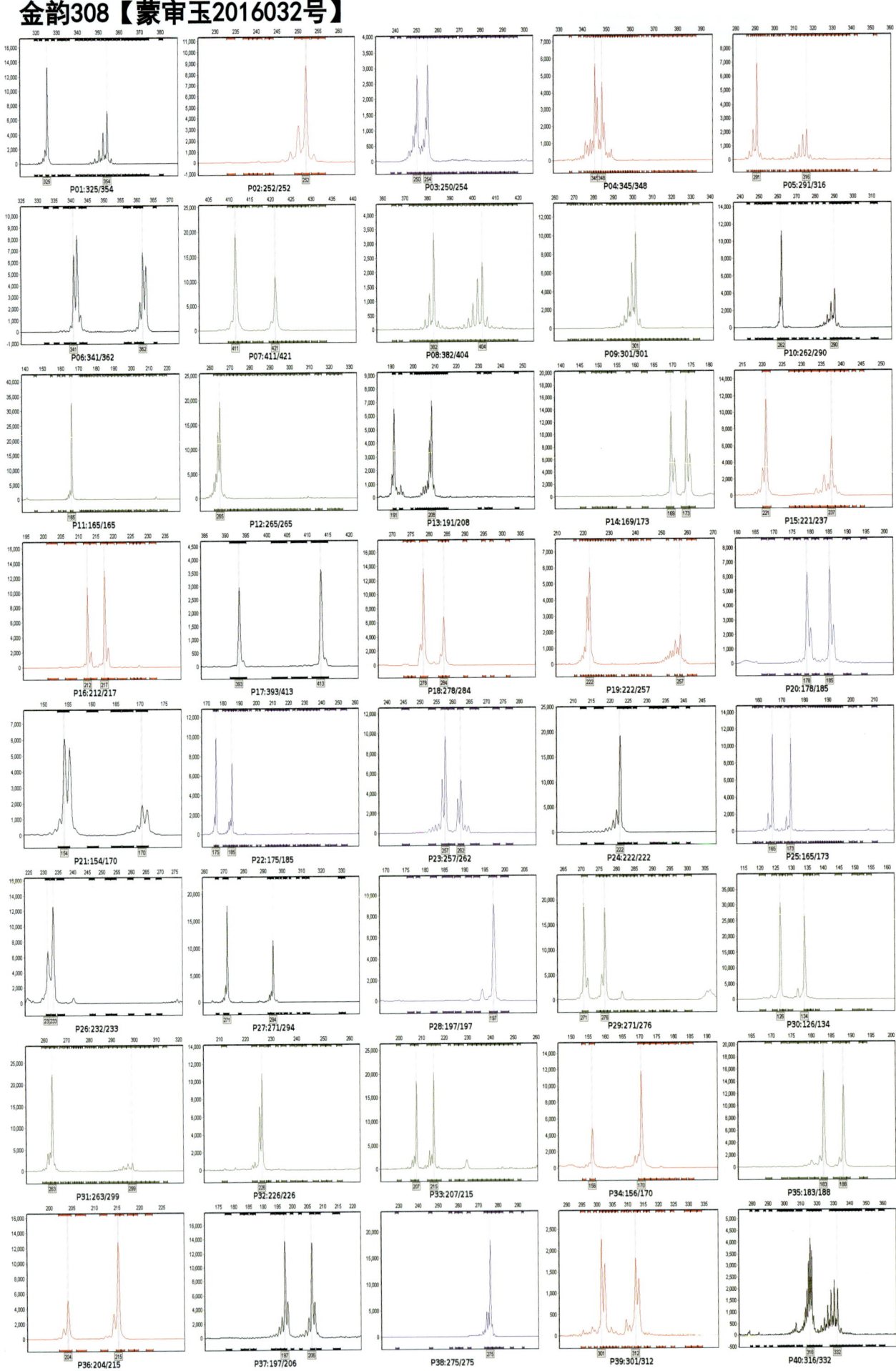

玉龙7899【蒙审玉2016033号】

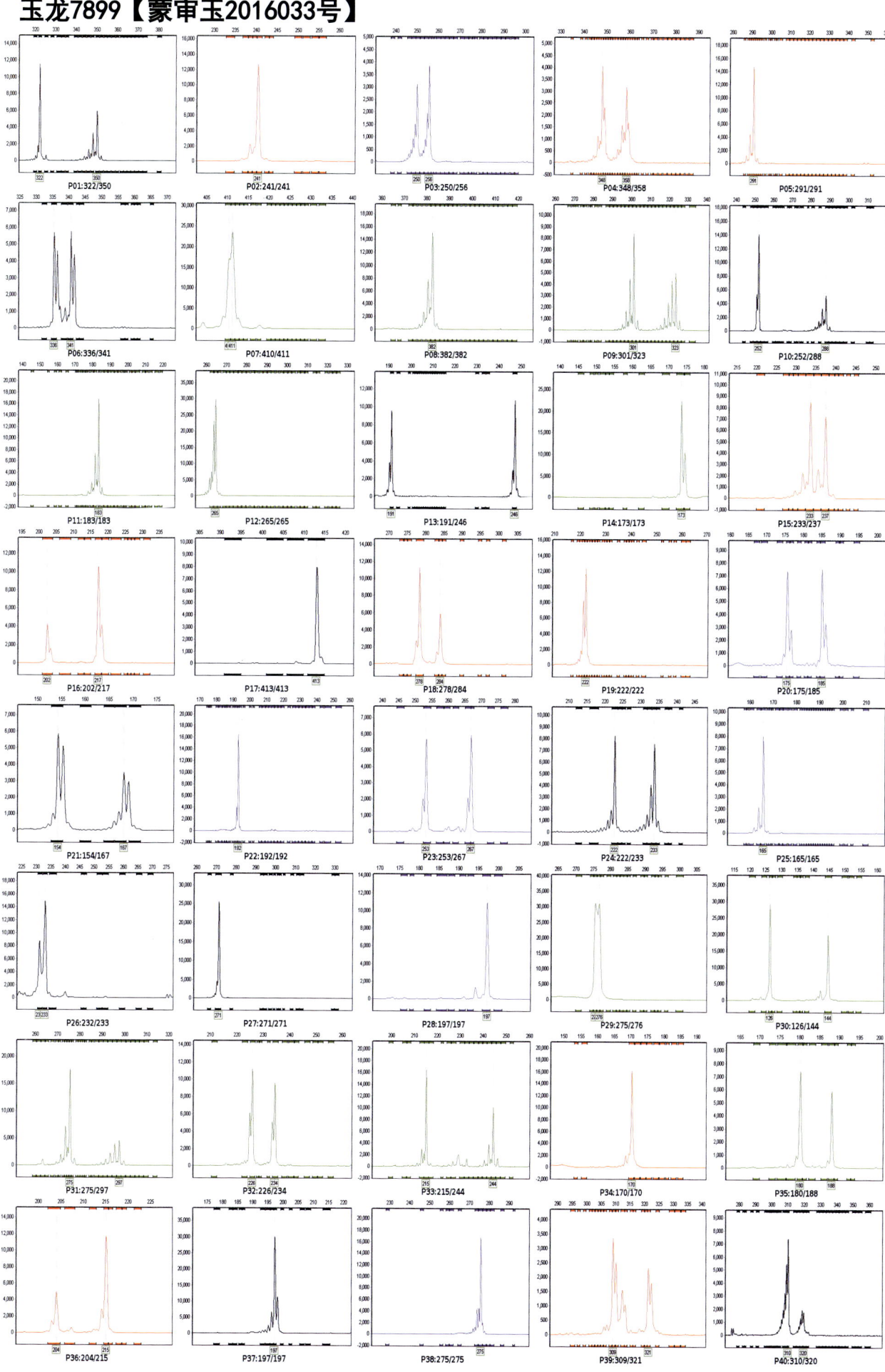

金艾1305【蒙审玉2016034号】

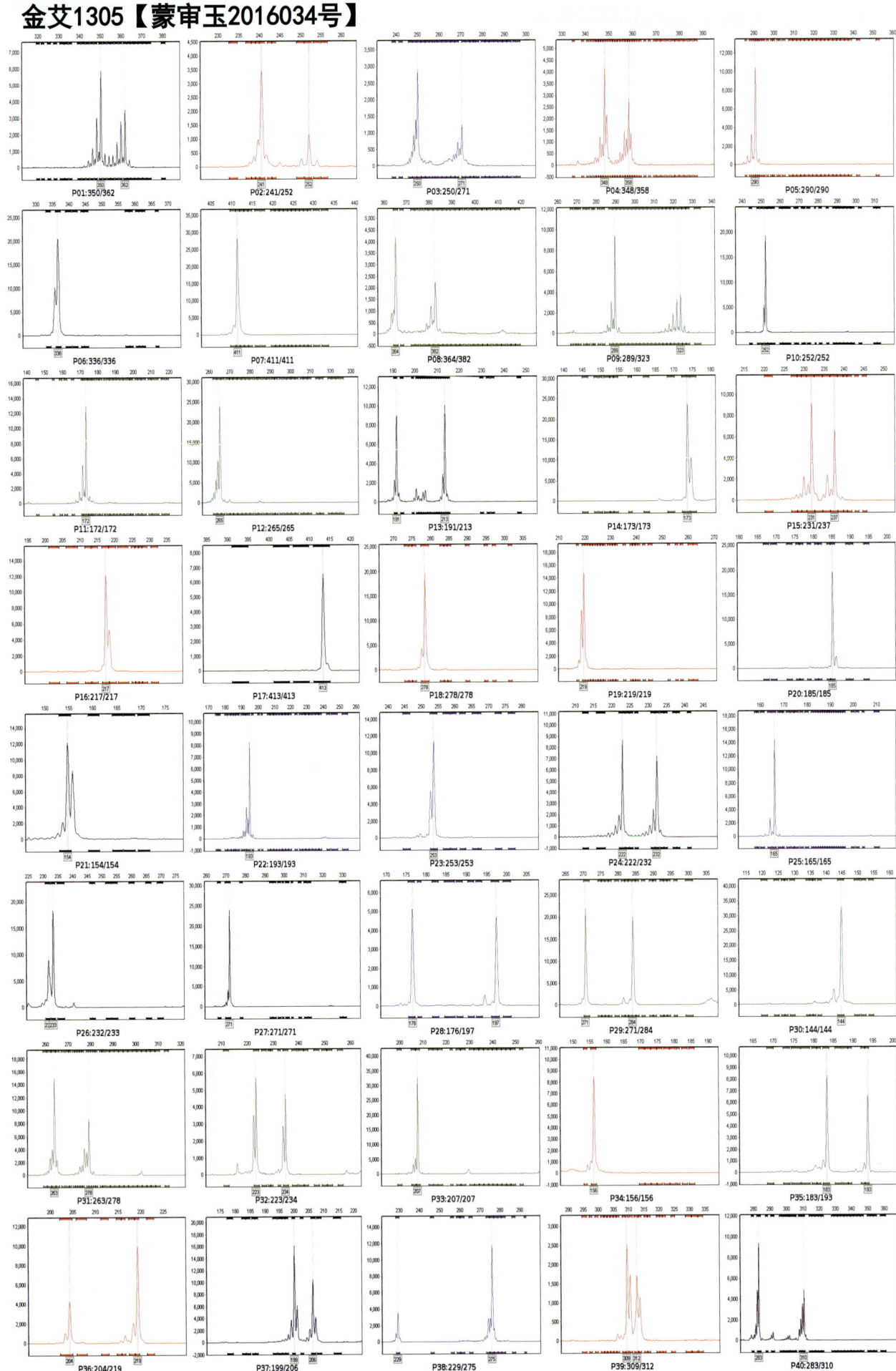

宏博66【蒙审玉2016035号】

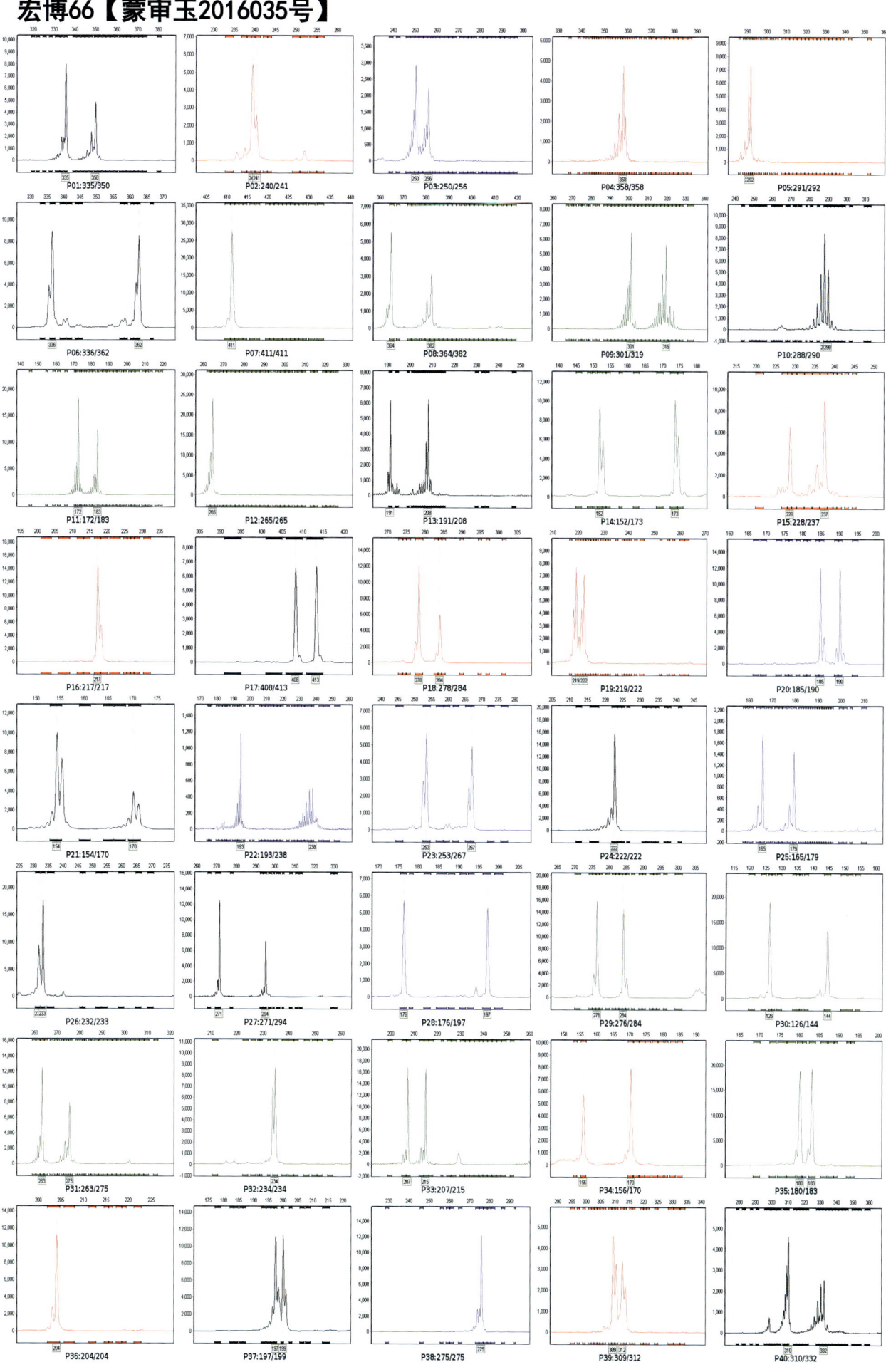

金创103【蒙审玉2016036号】

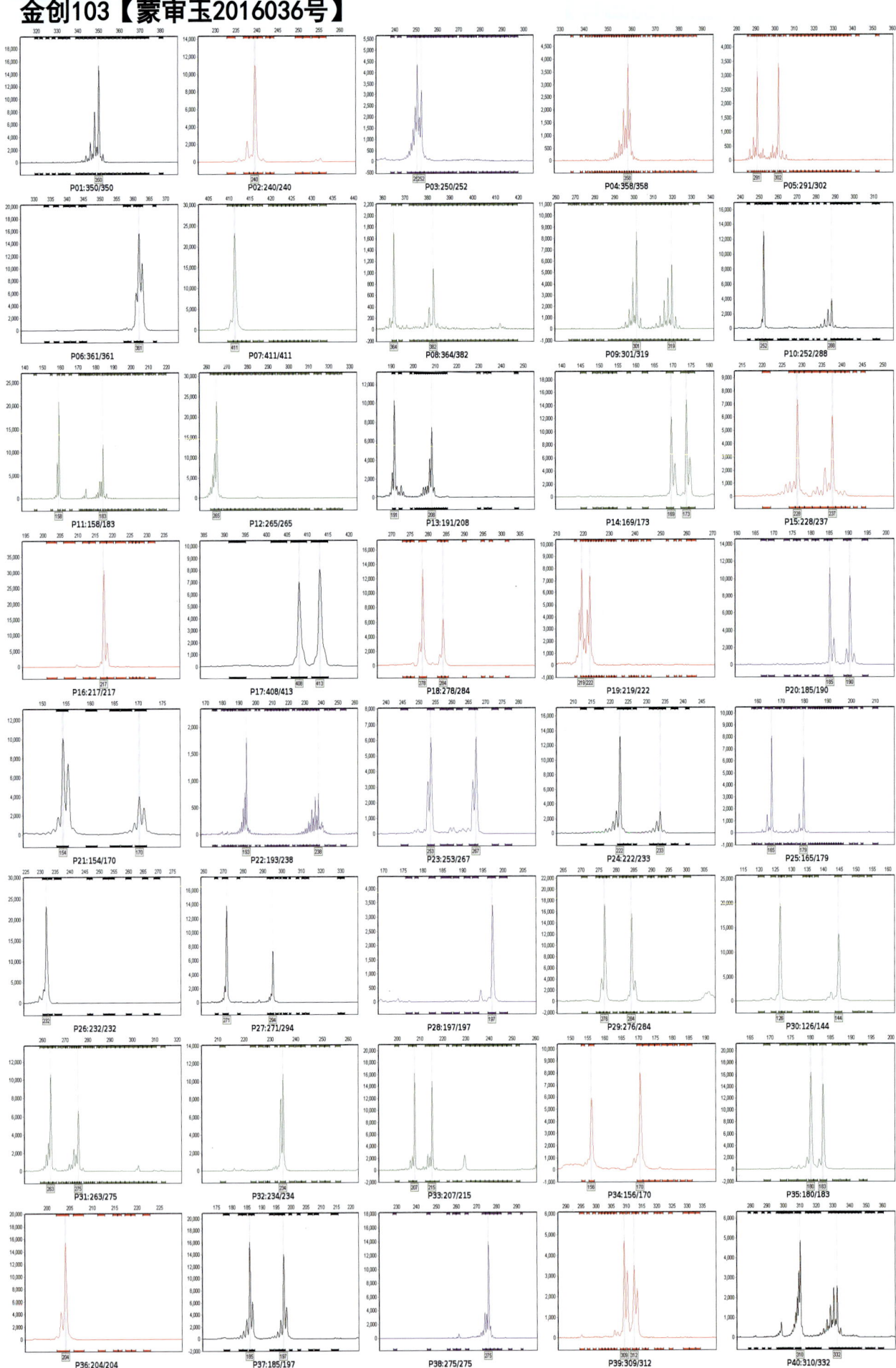

MC670【蒙审玉2016037号】

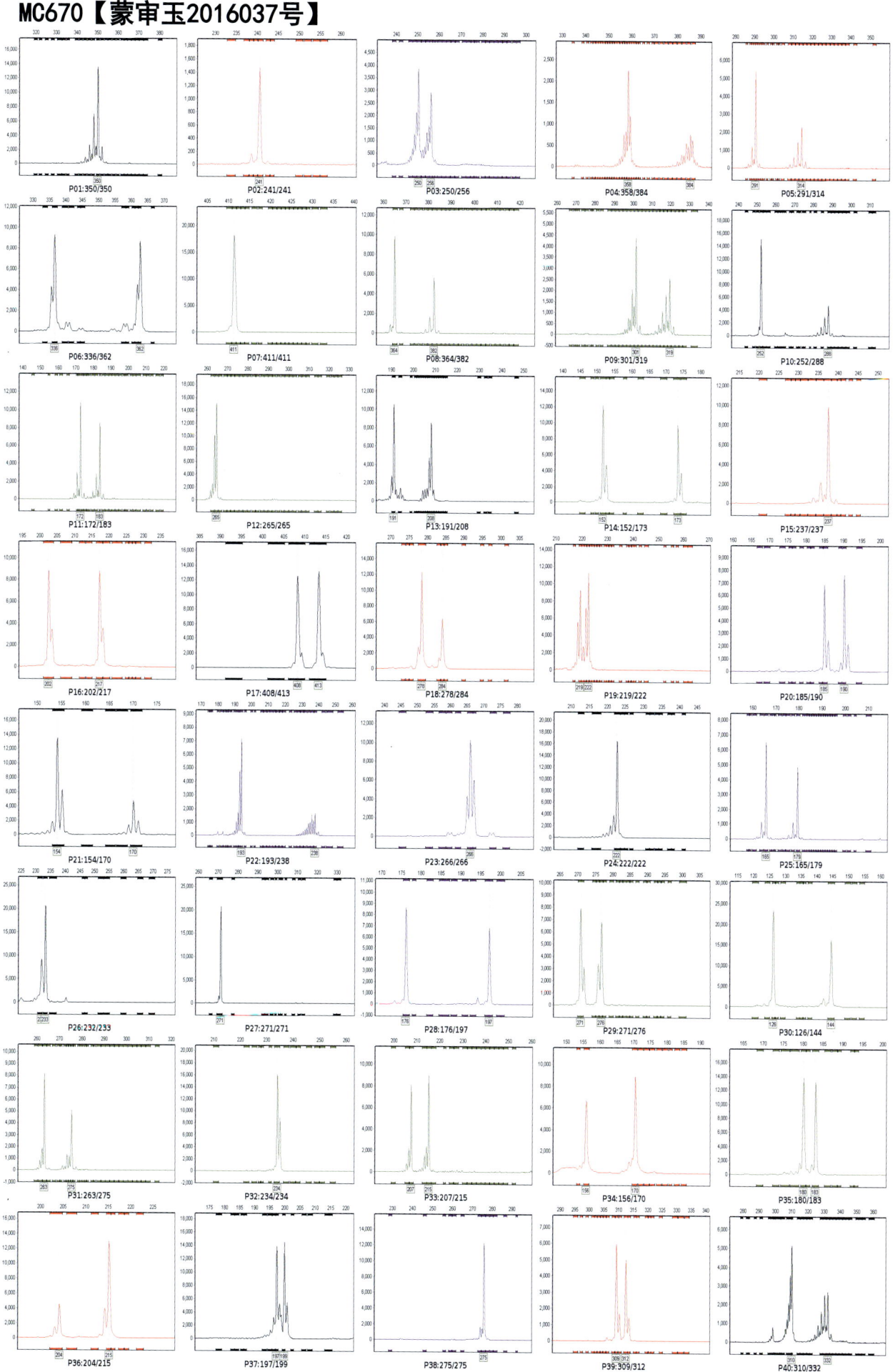

先玉1331【蒙审玉2016038号】

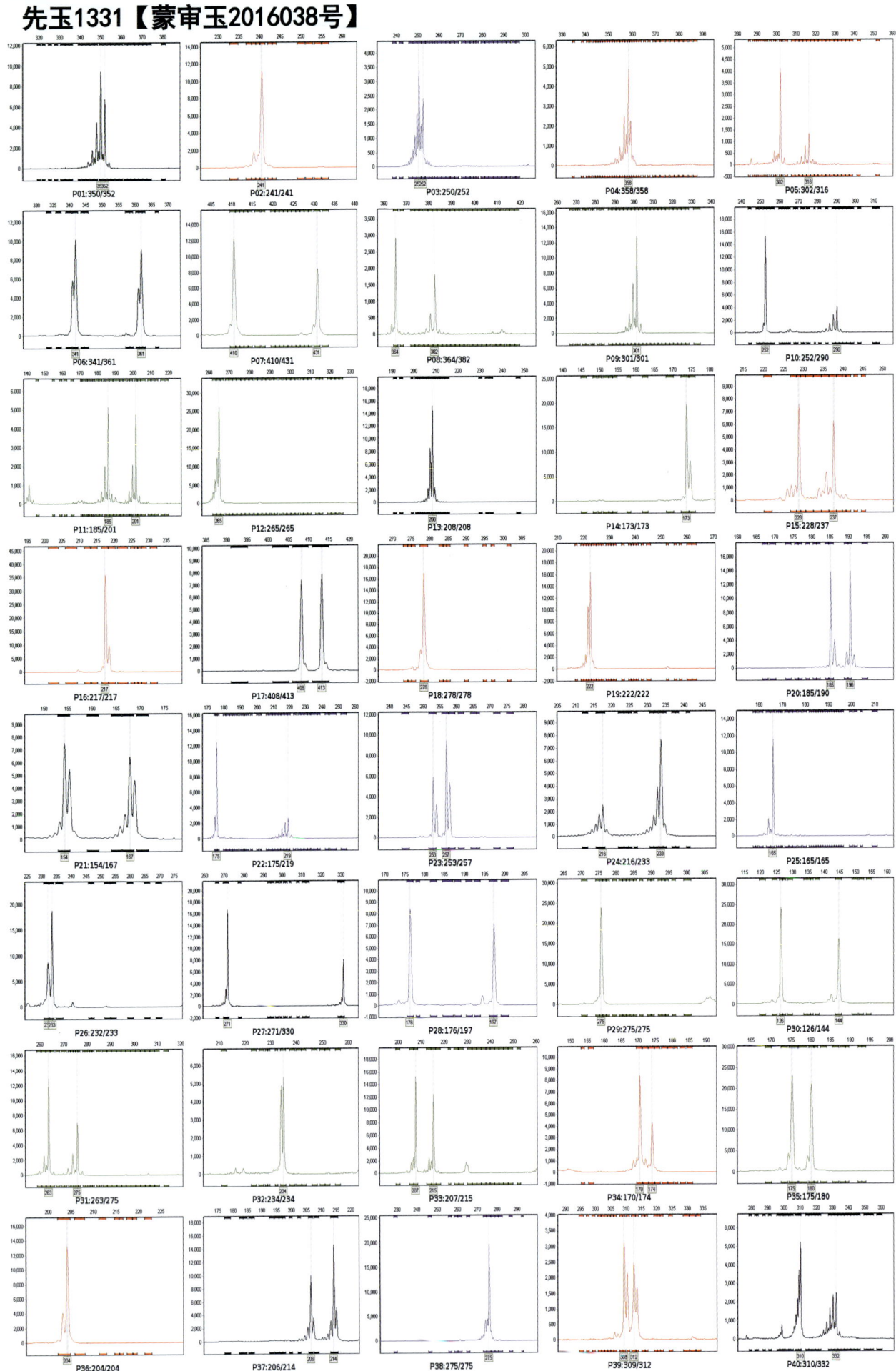

真金208【蒙审玉2016041号】

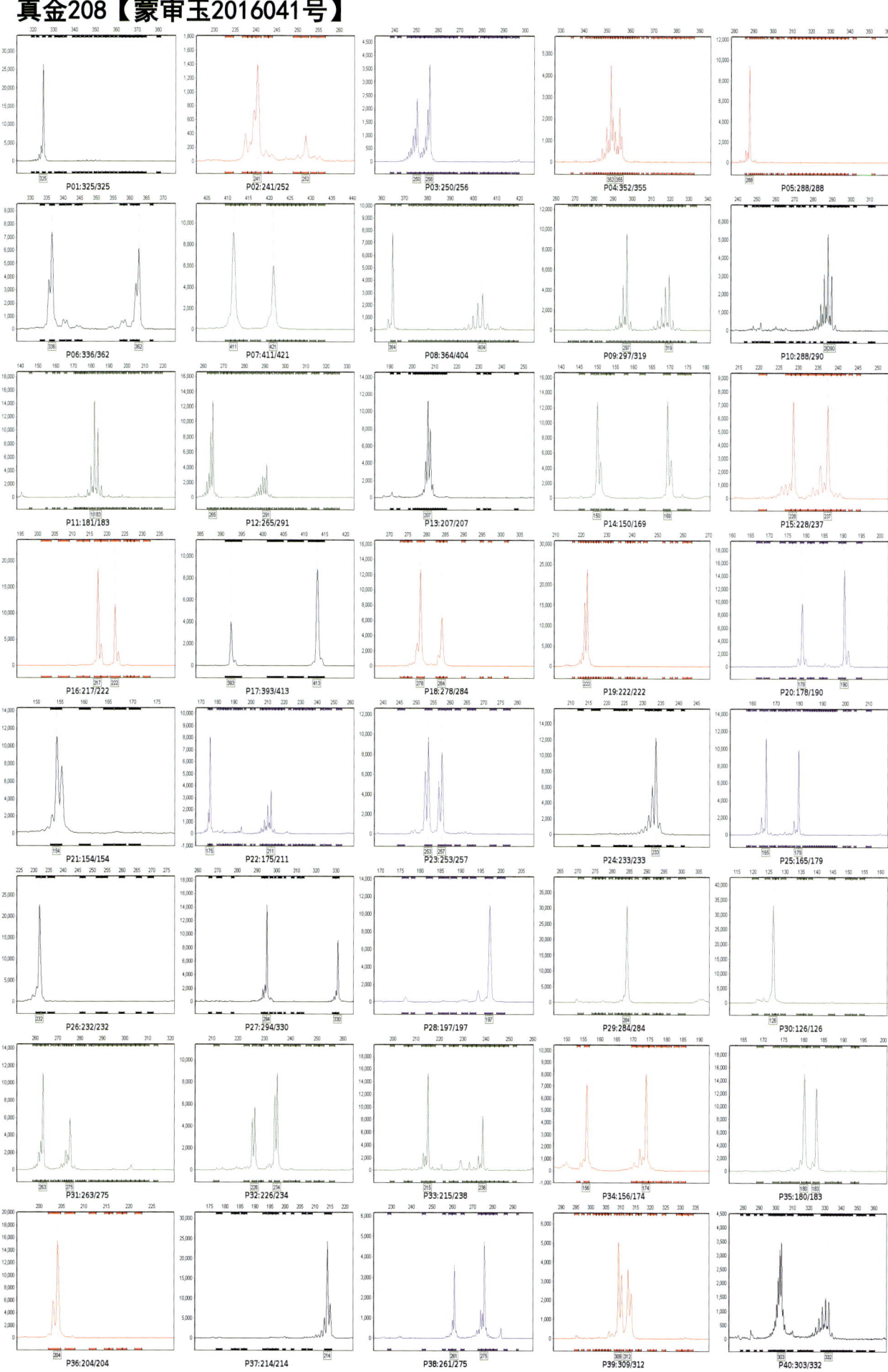

广德9【蒙审玉2016042号】

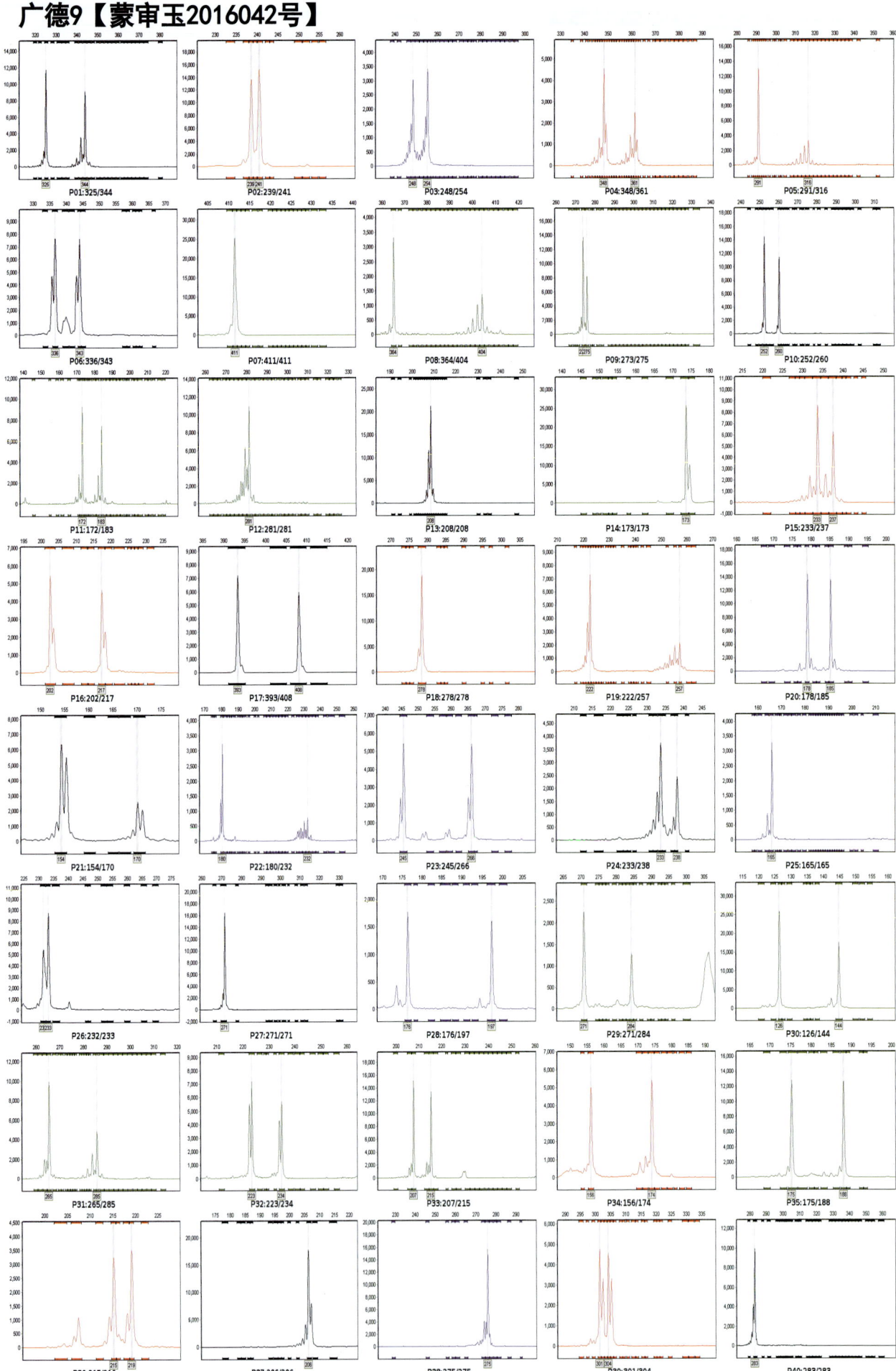

玉龙228【蒙审玉2016043号】

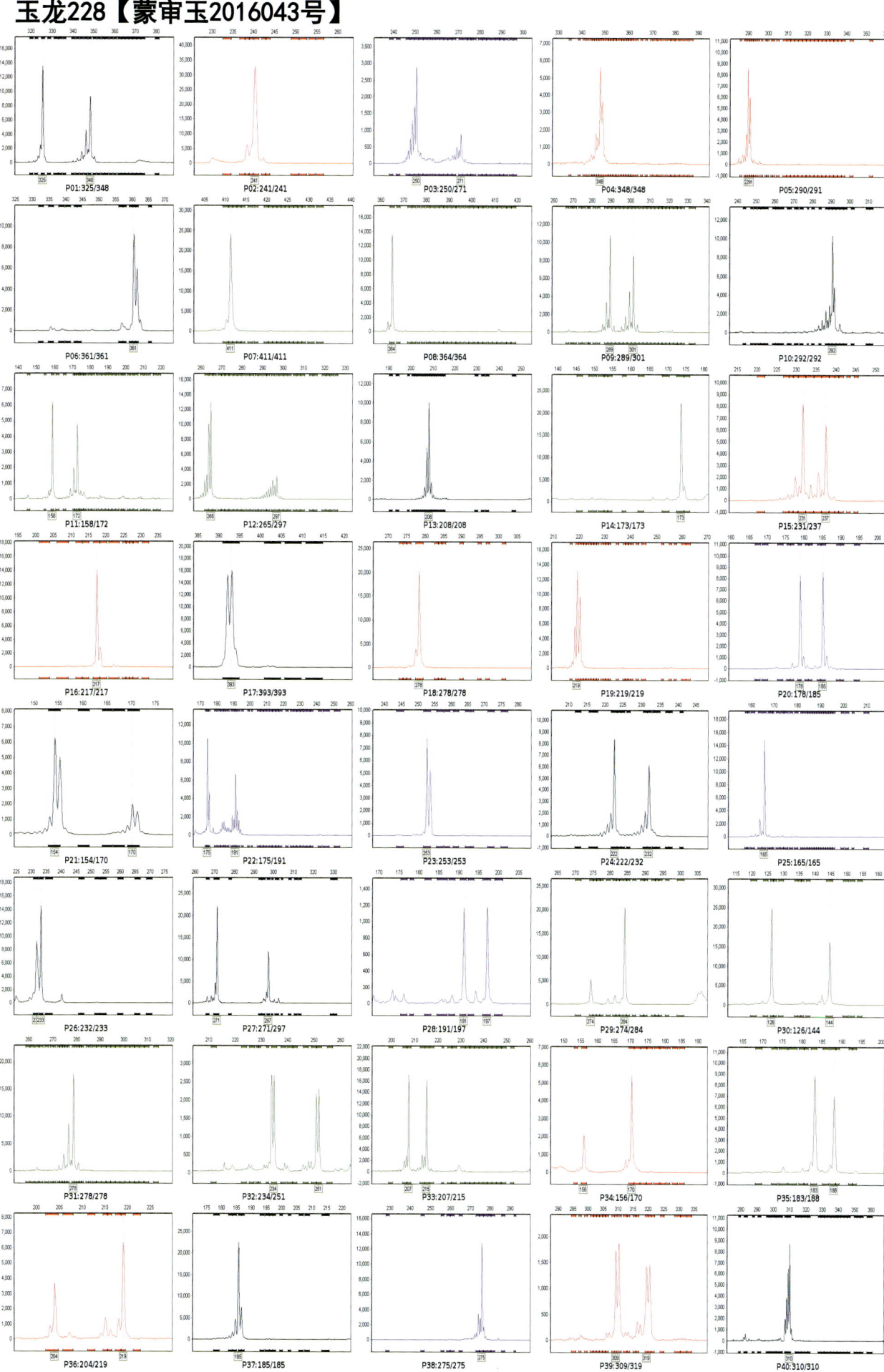

罕玉336【蒙审玉2016044号】

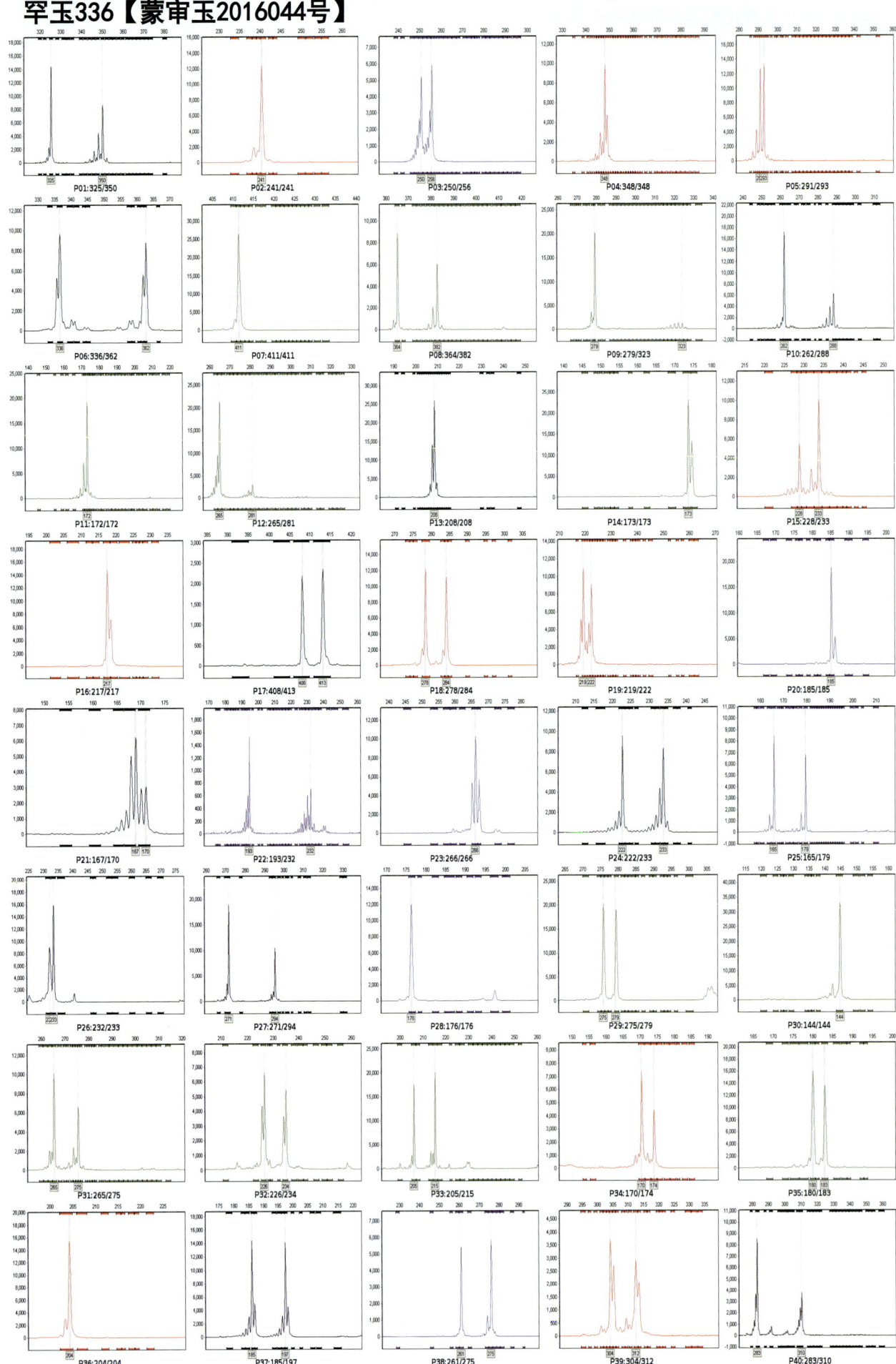

和育181【蒙审玉2016045号】

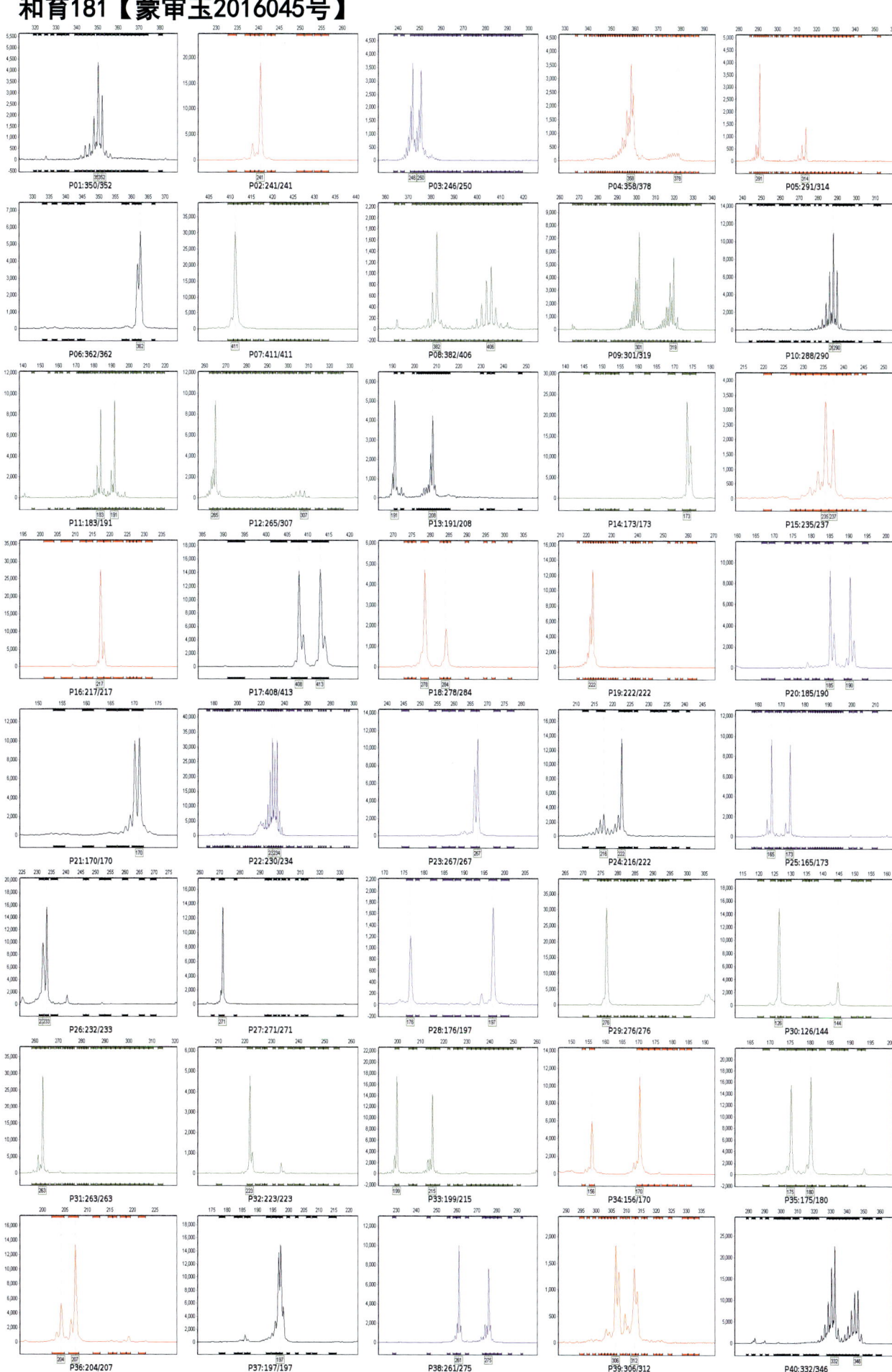

171

大民309【蒙审玉2016046号】

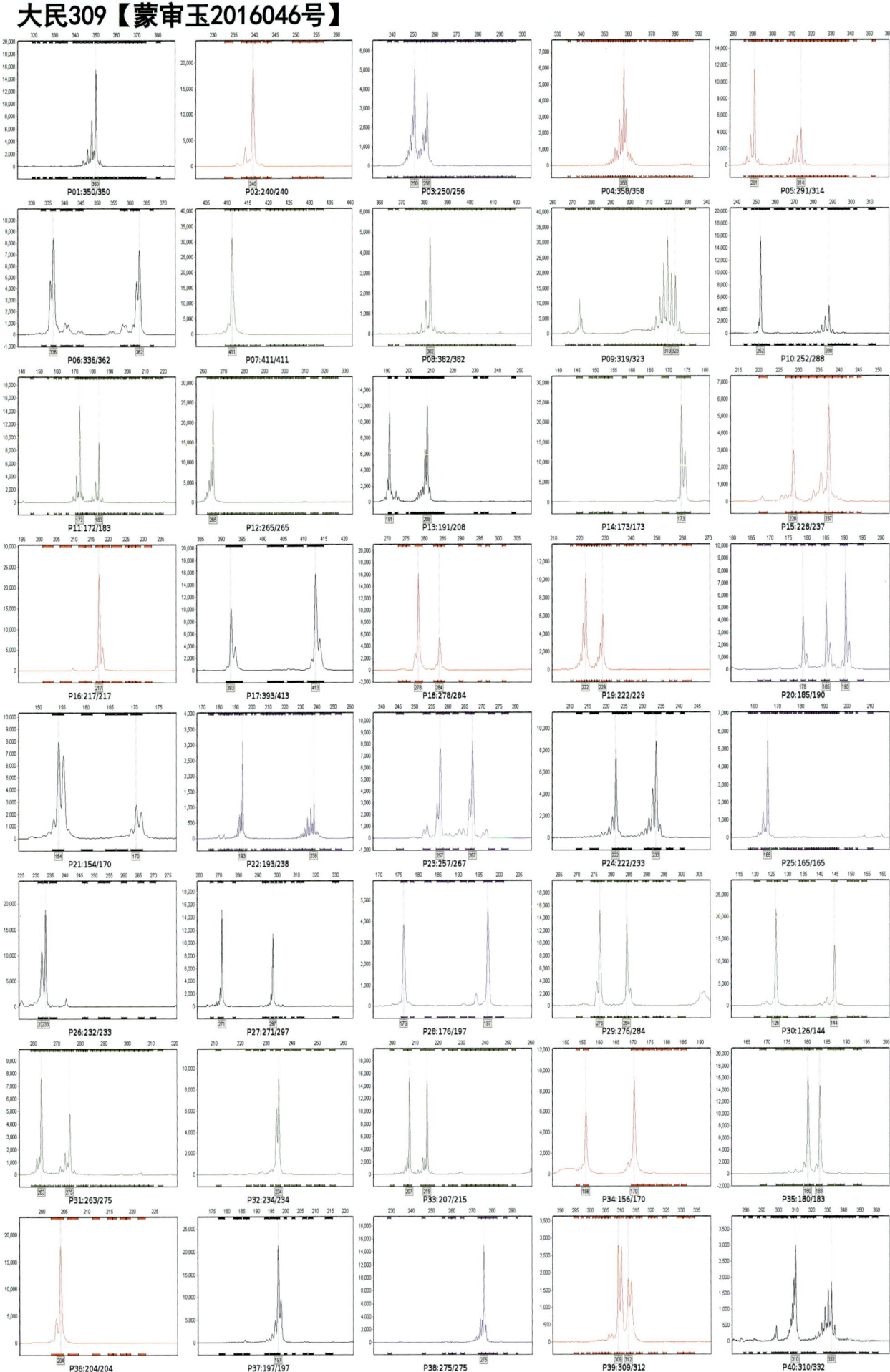

BM303【蒙审玉2016048号】

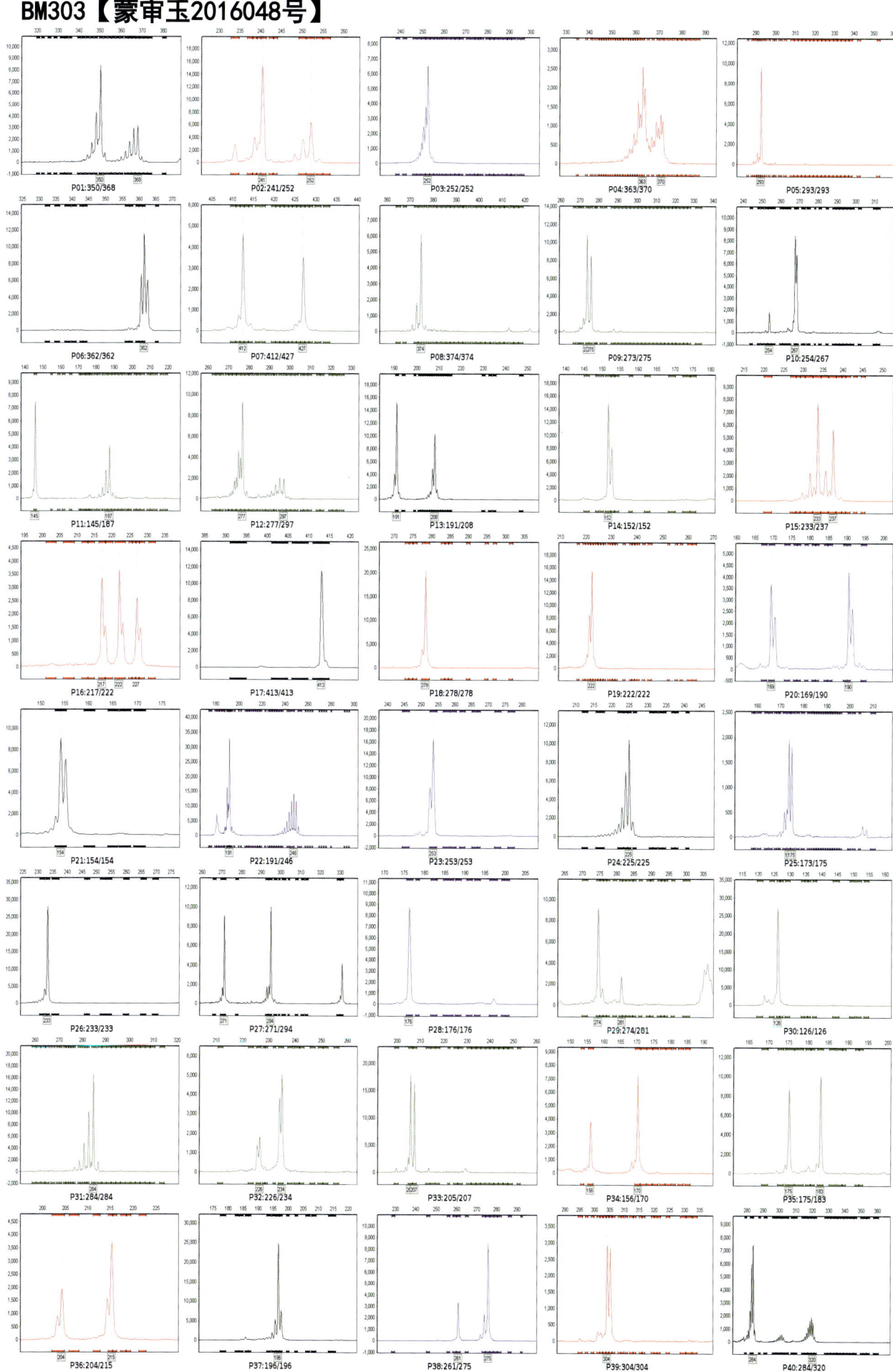

BM380【蒙审玉2016049号】

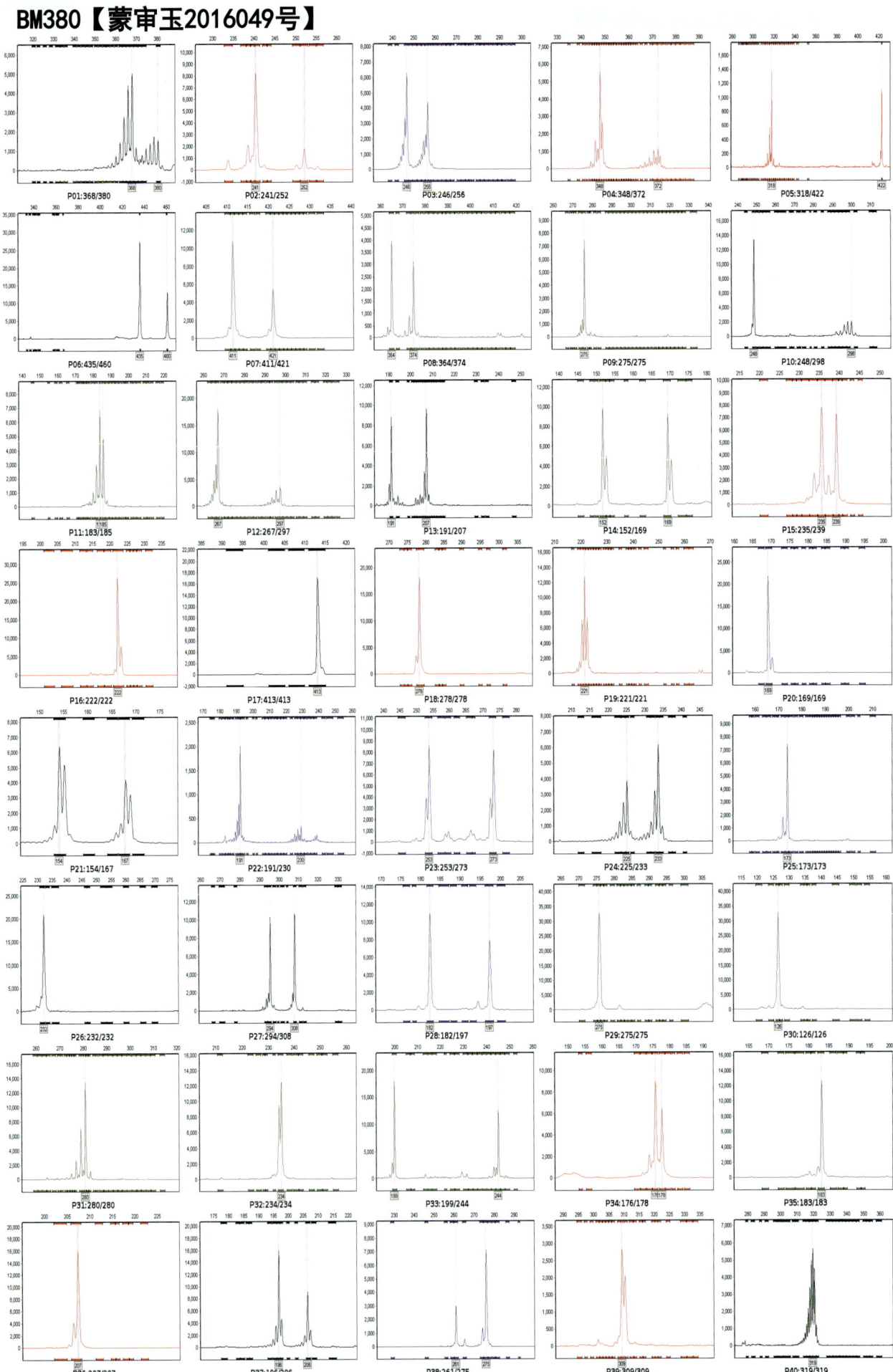

彩糯203【蒙审玉2016050号】

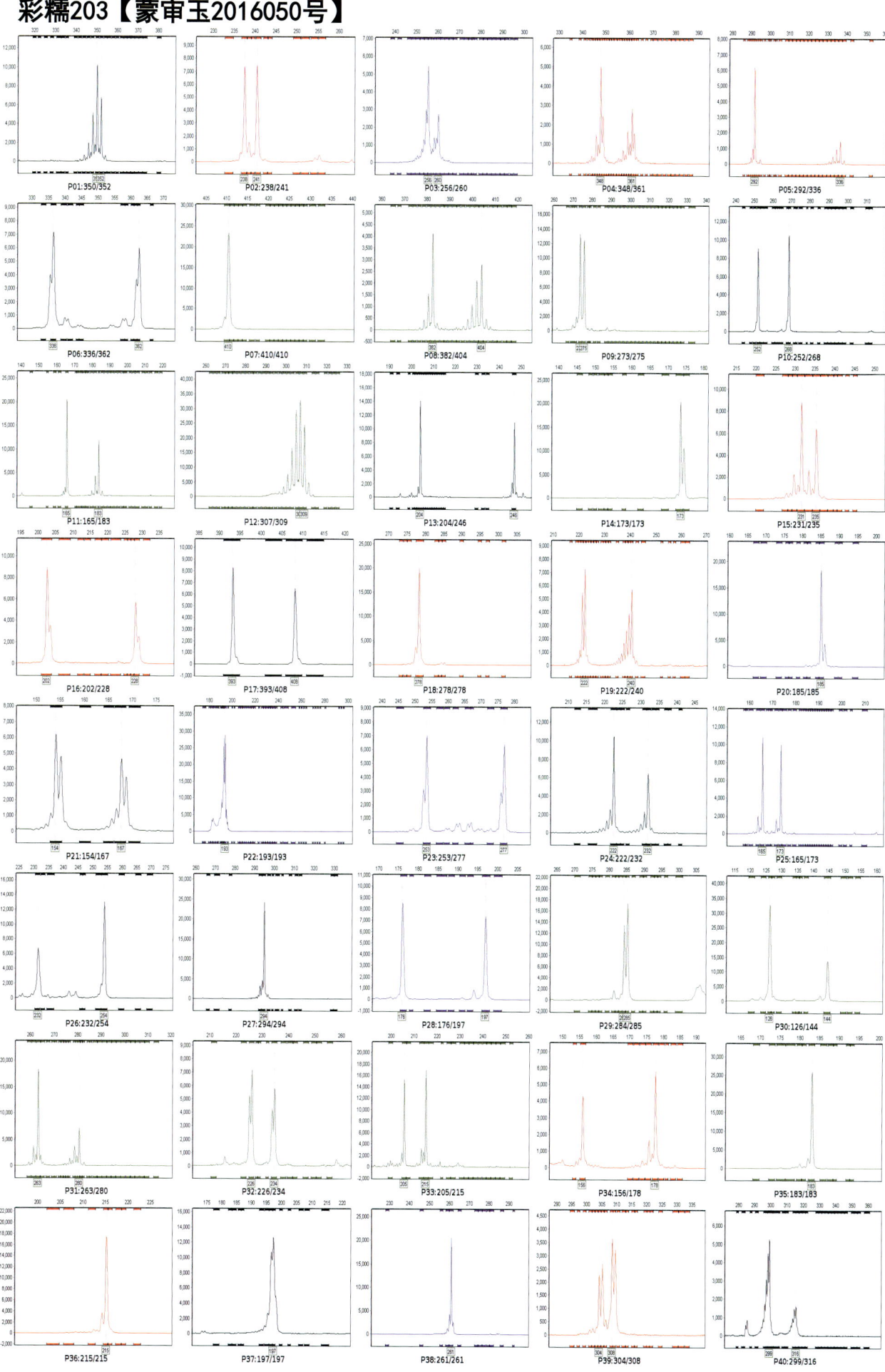

同糯一号【蒙审玉2016051号】

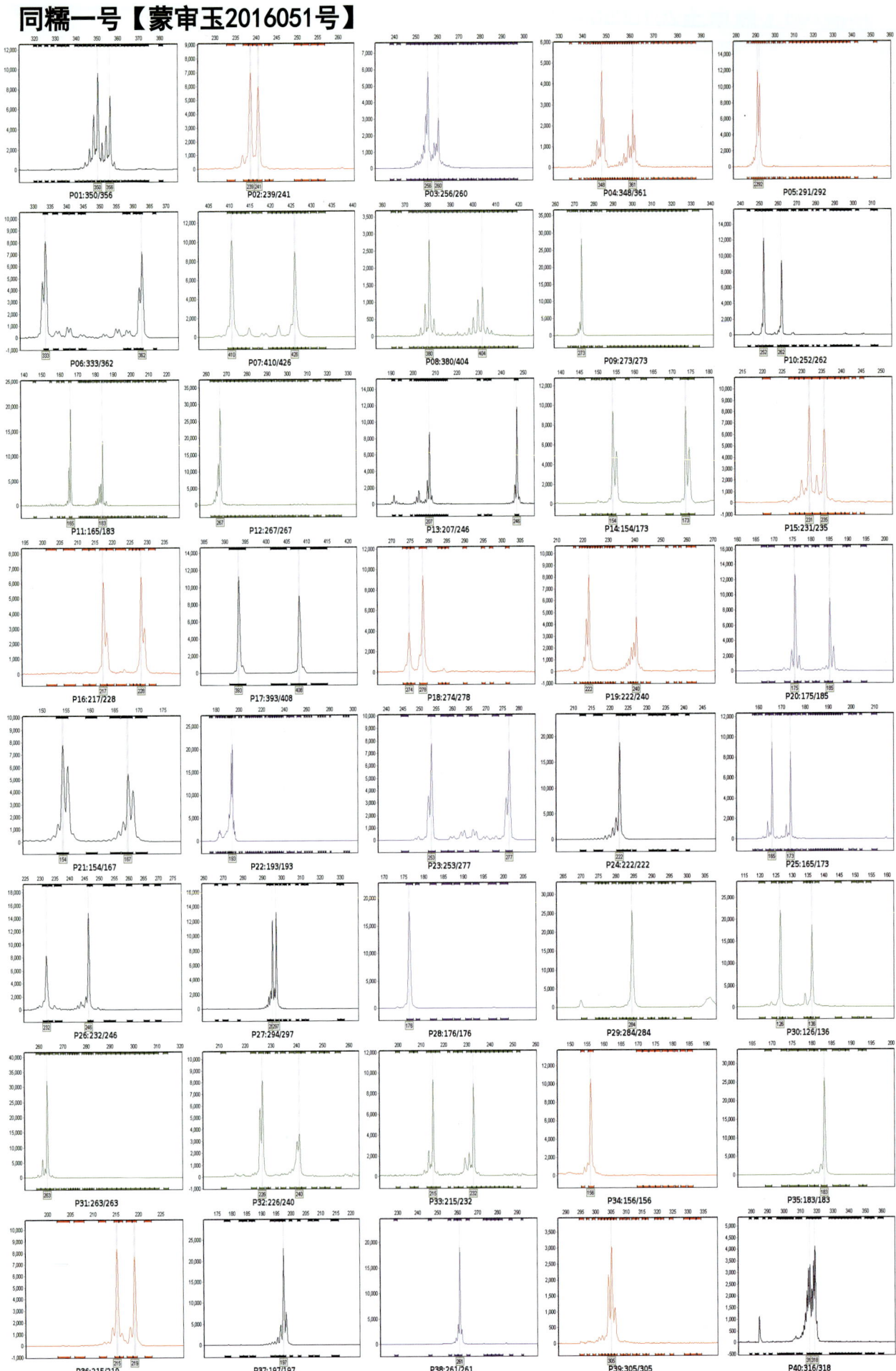

禾甜糯1【蒙审玉2016052号】

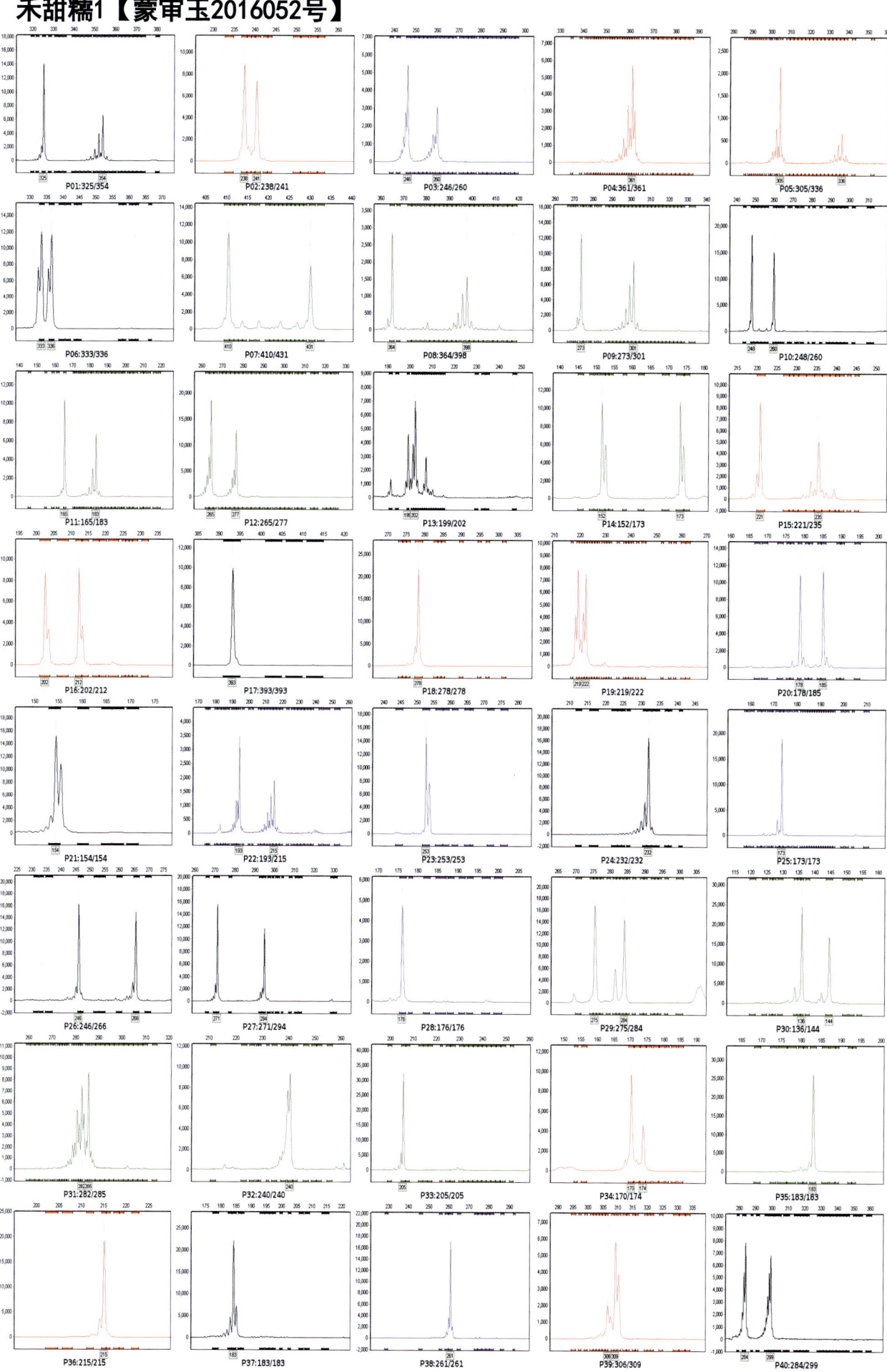

金艾588【蒙审玉（饲）2016001号】

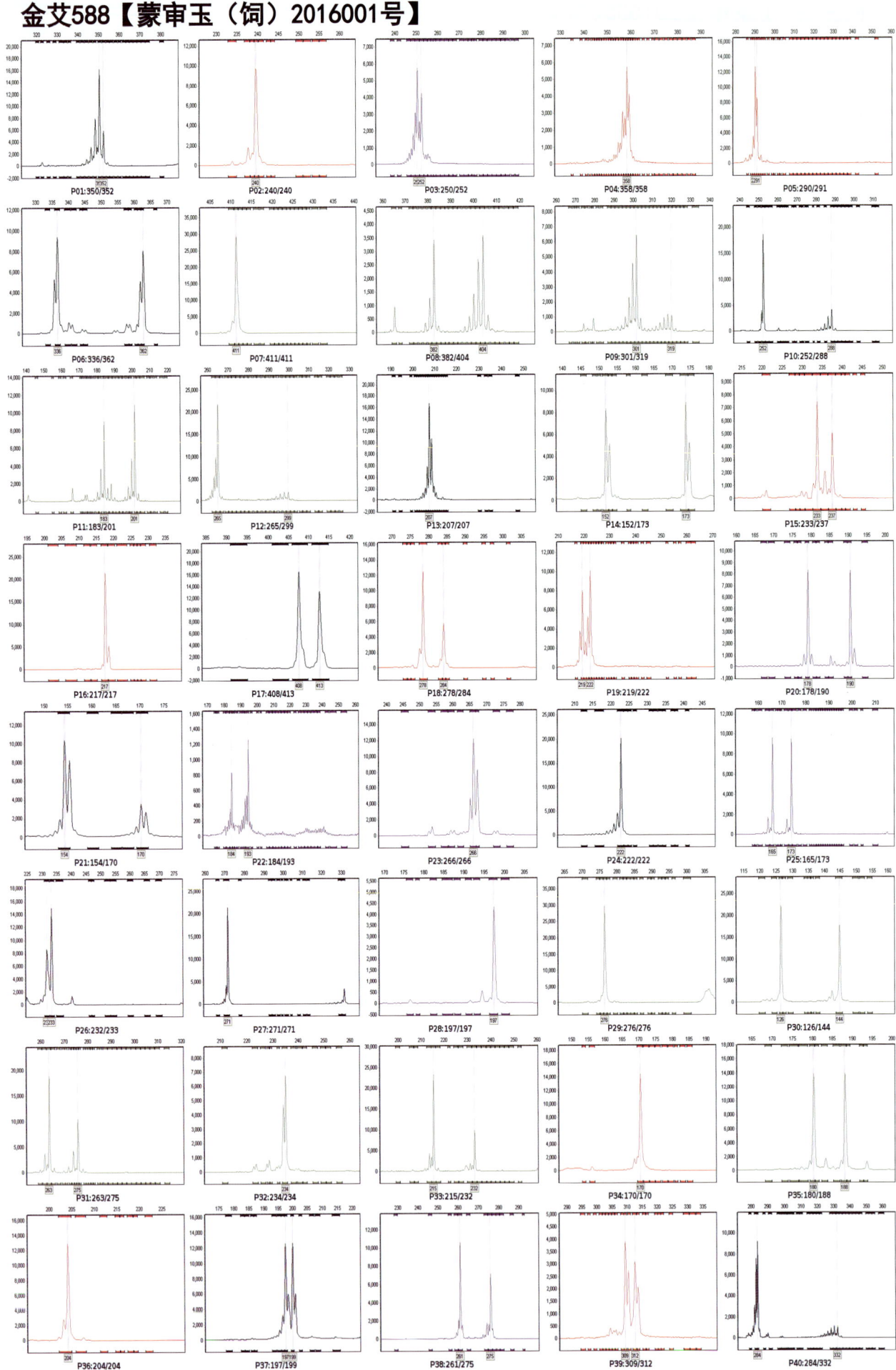

青贮808【蒙审玉（饲）2016002号】

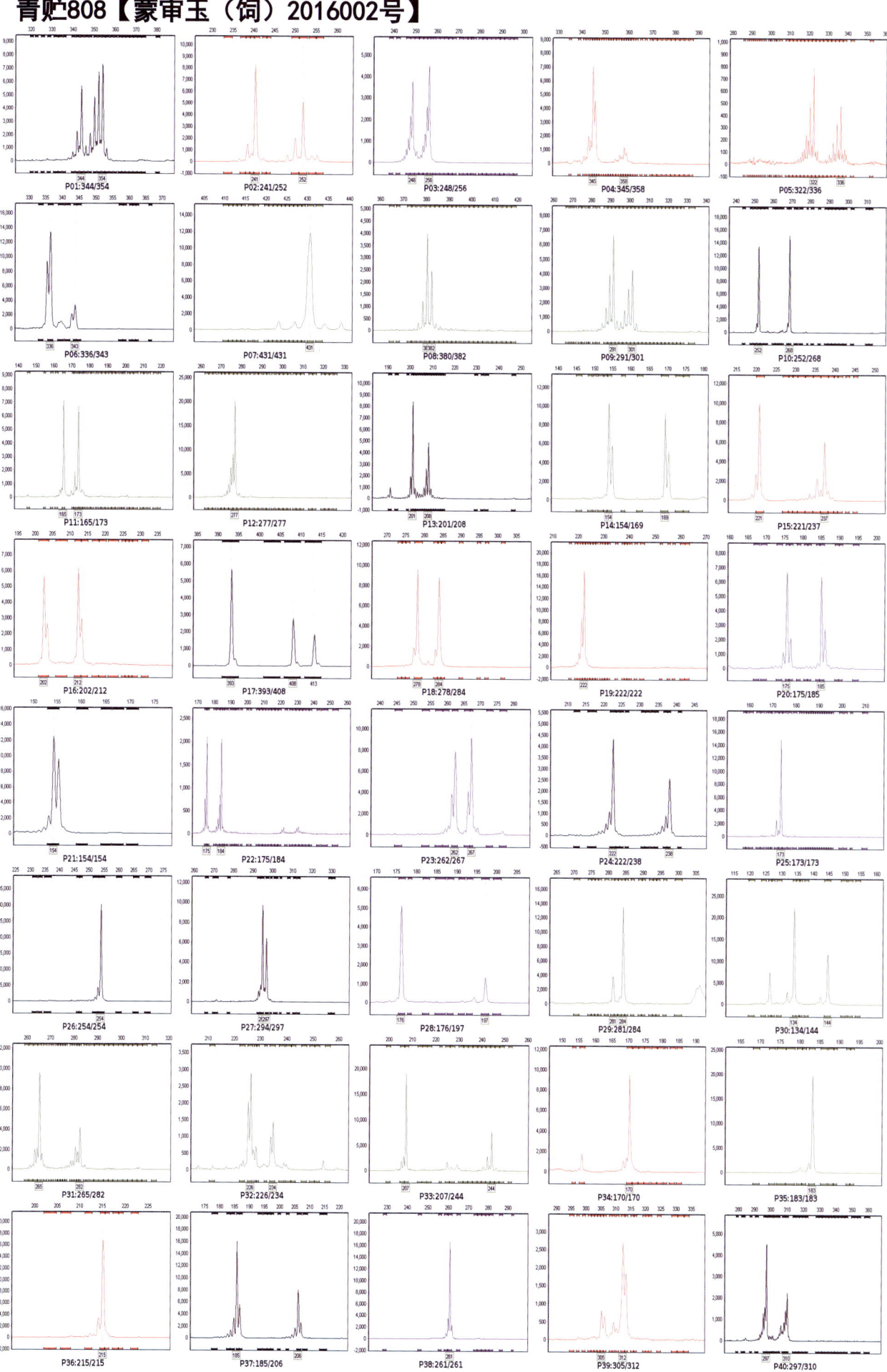

佰青131【蒙审玉（饲）2016003号】

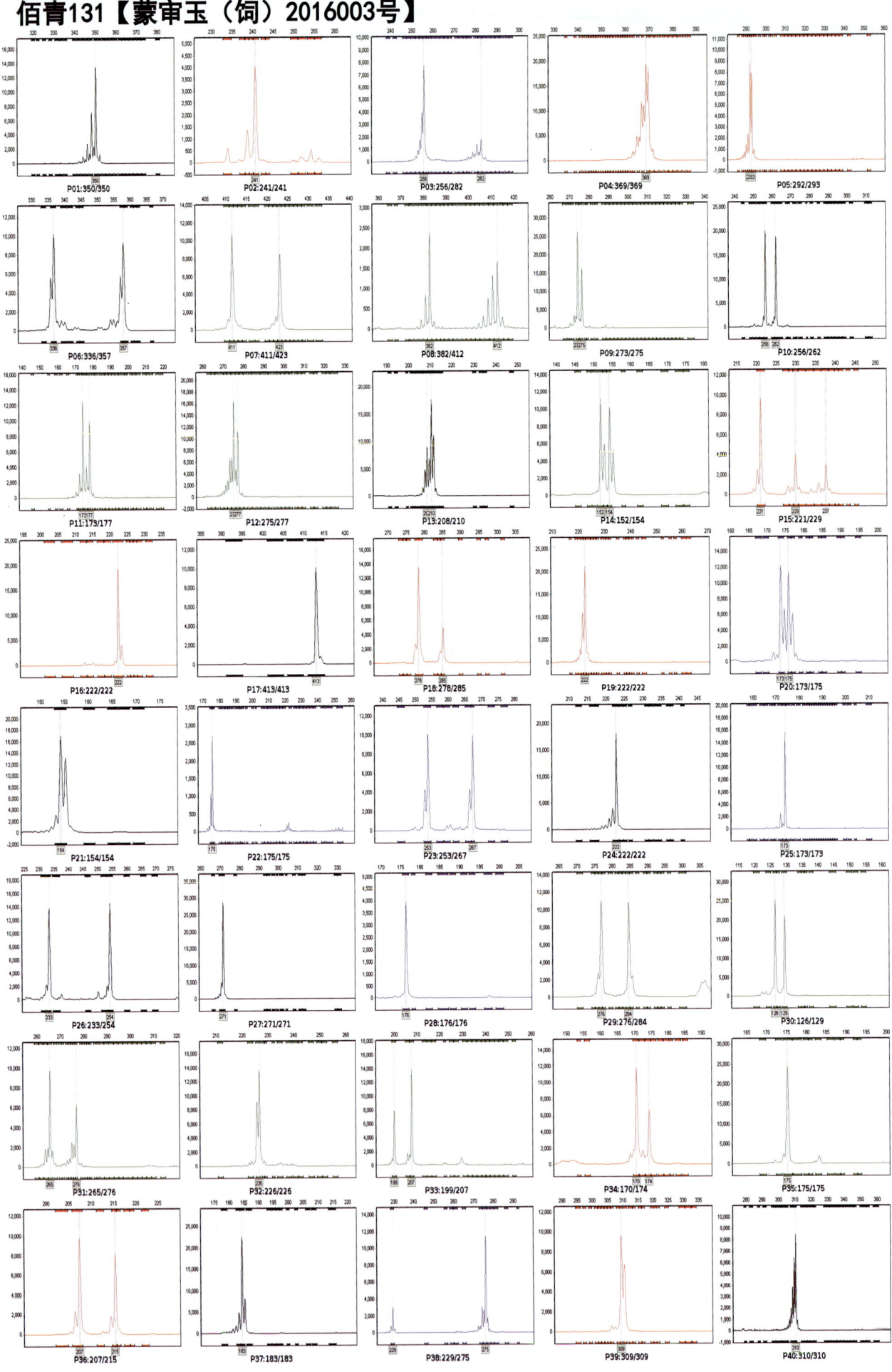

大京九26【蒙审玉（饲）2016004号】

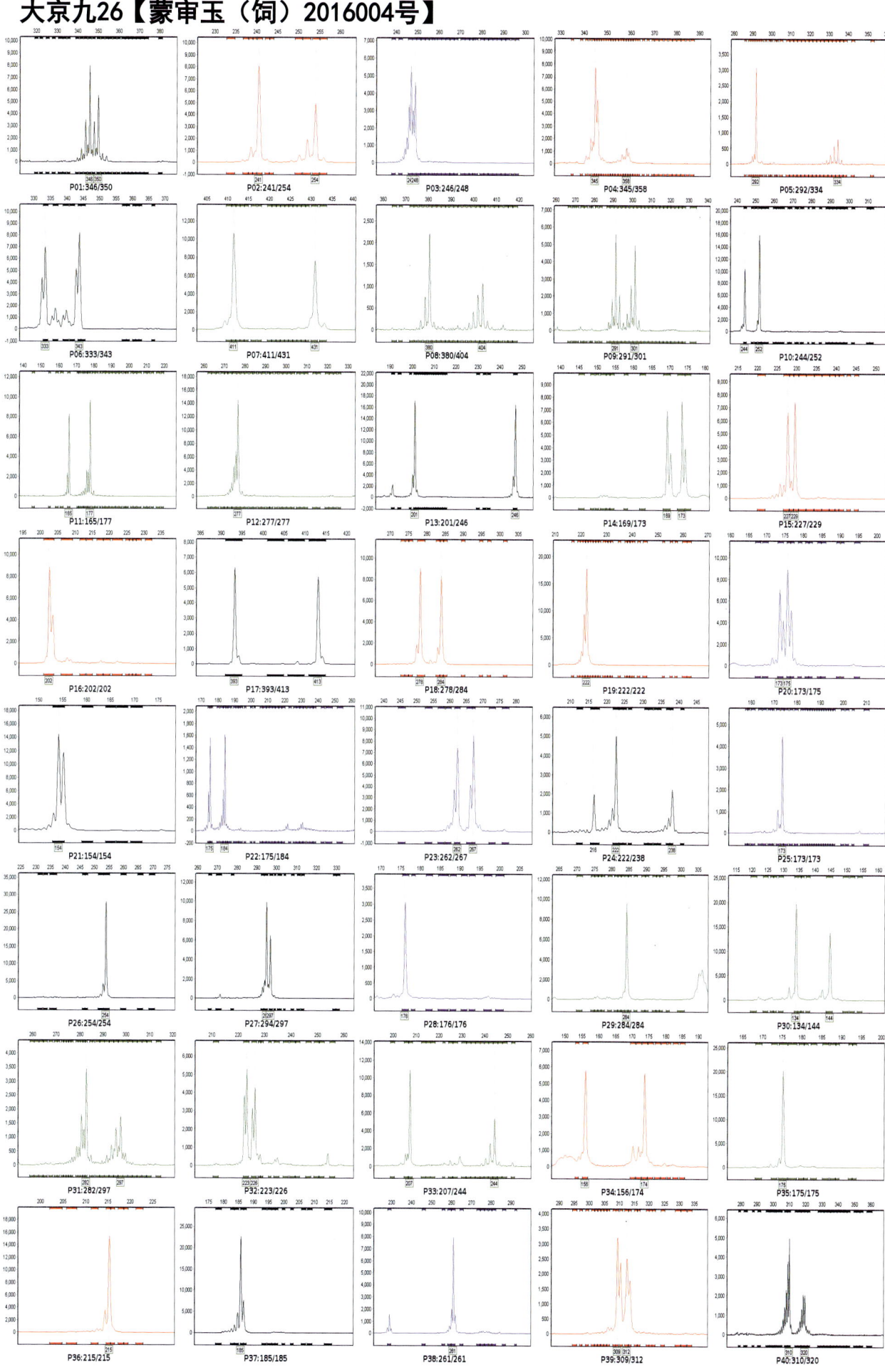

瑞丰88【蒙审玉2017001号】

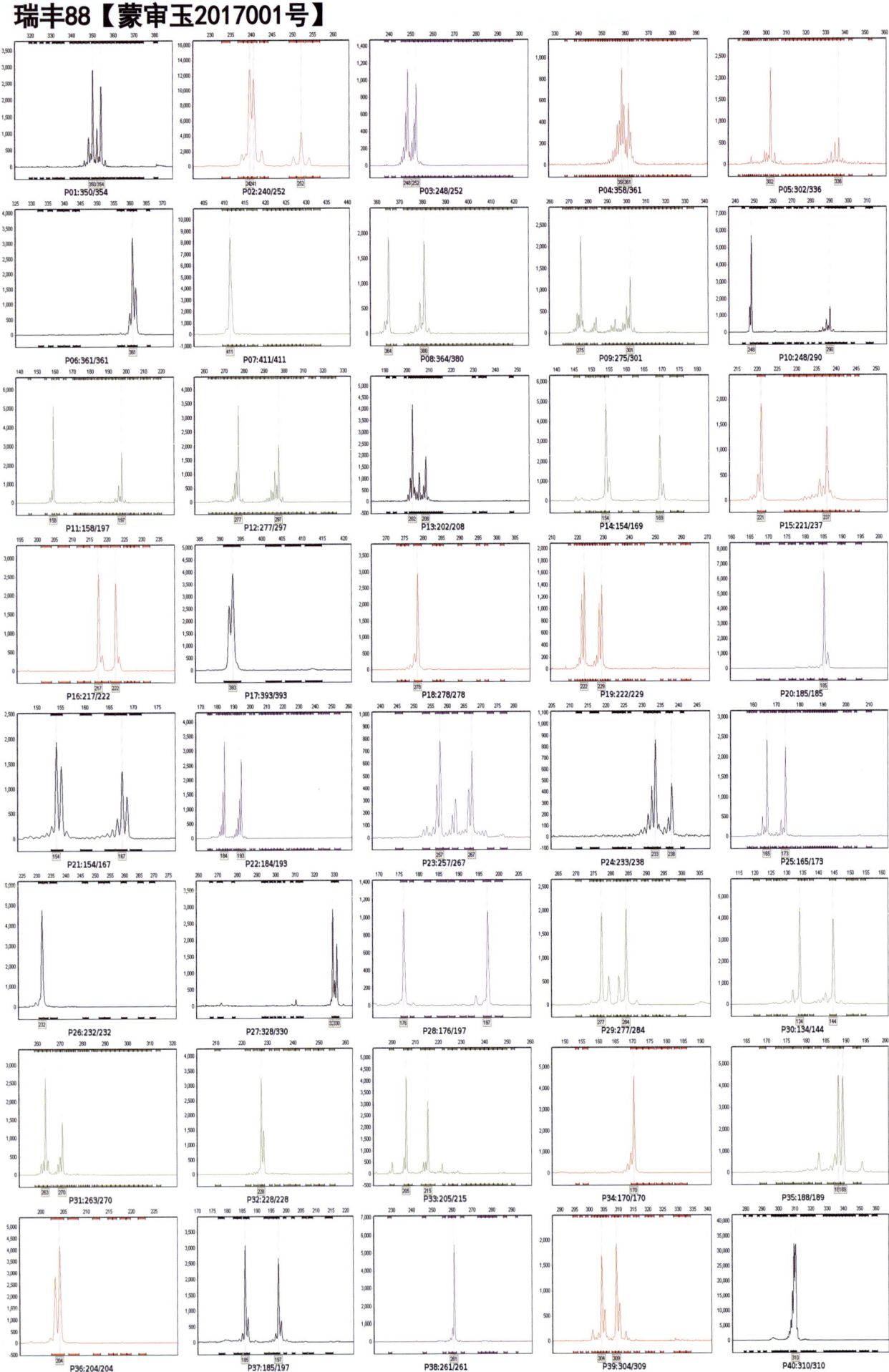

宇丰1310【蒙审玉2017002号】

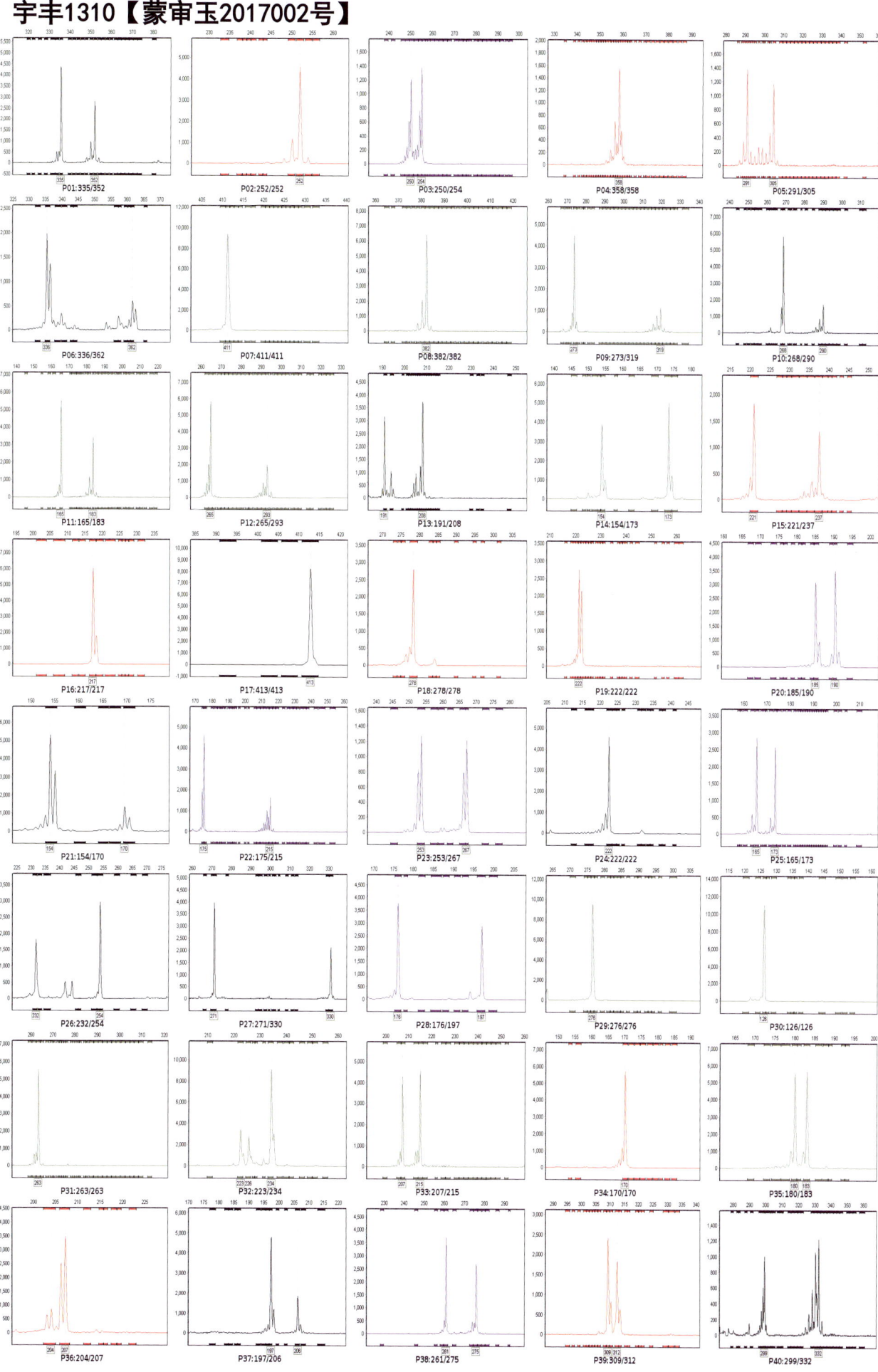

TK601【蒙审玉2017003号】

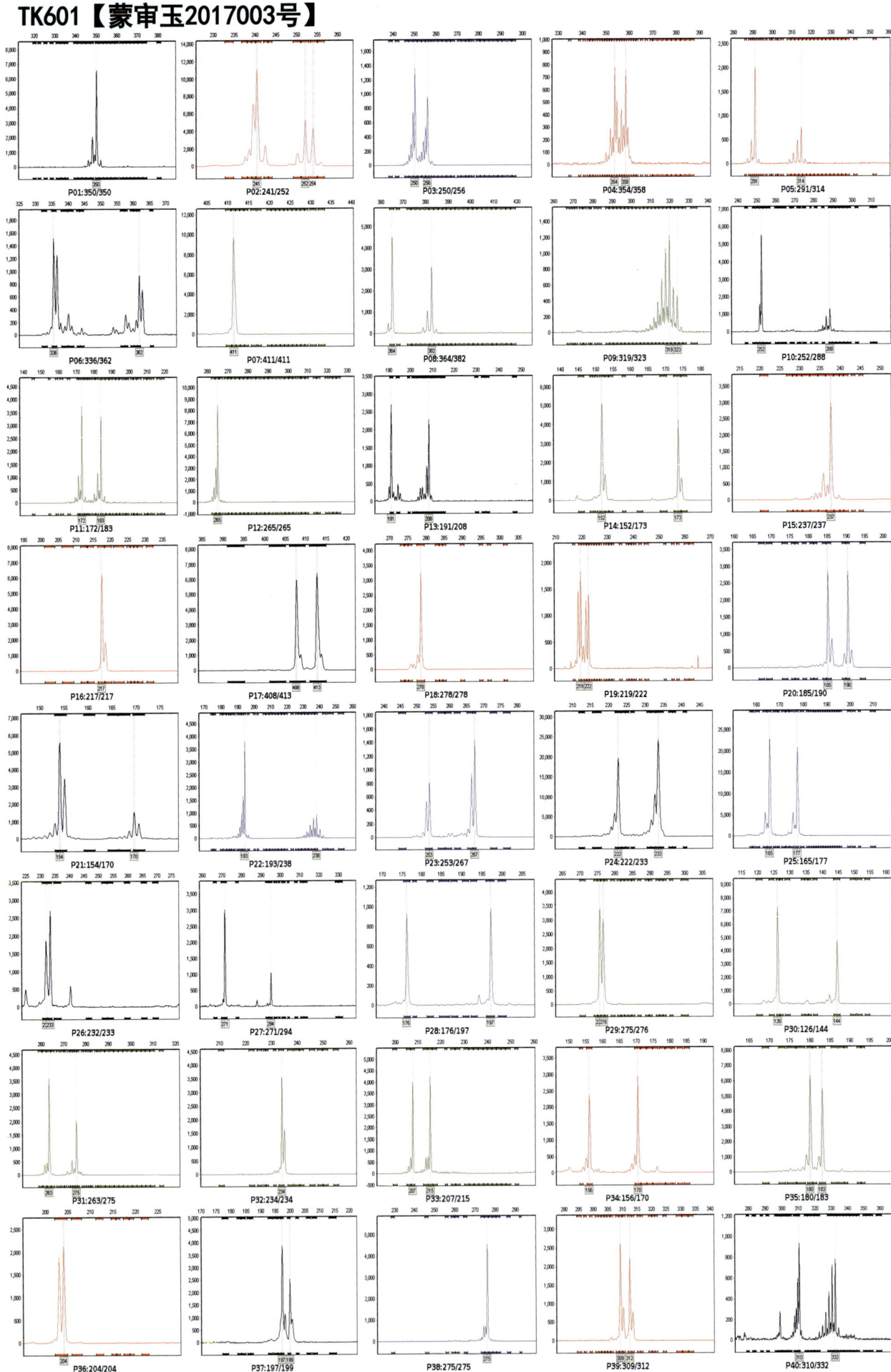

184

秋乐368【蒙审玉2017004号】

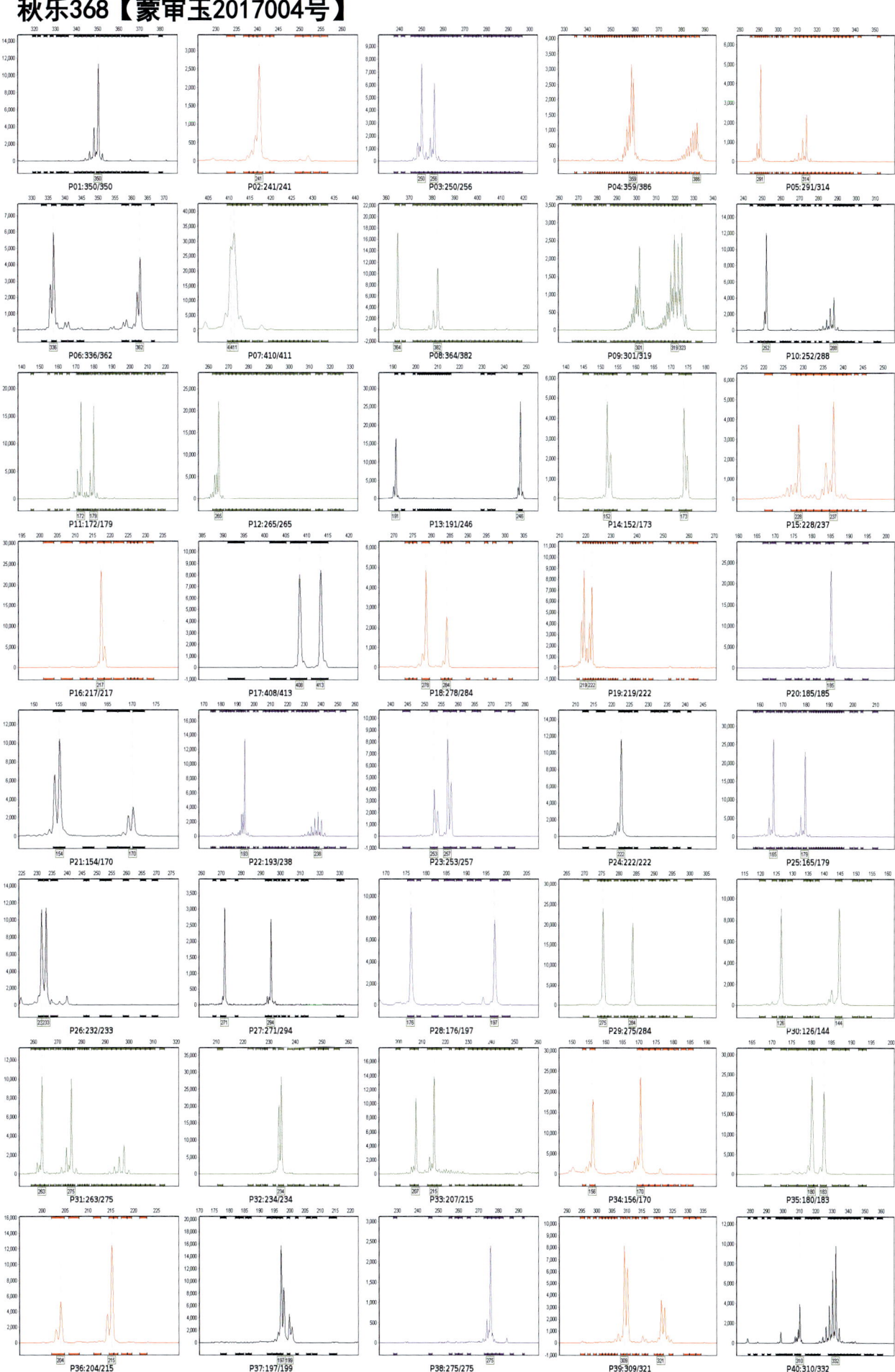

利禾5【蒙审玉2017005号】

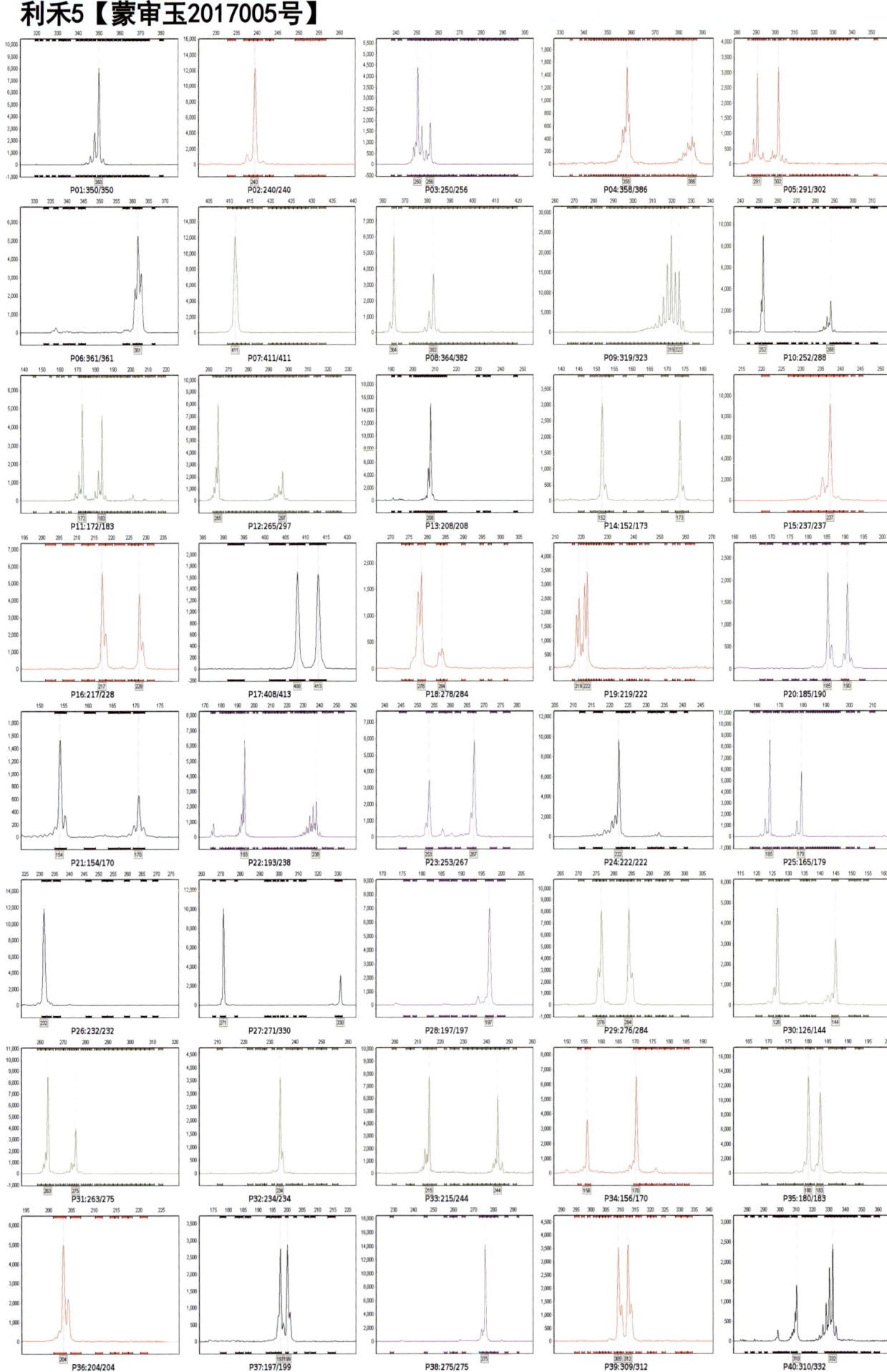

金园5【蒙审玉2017006号】

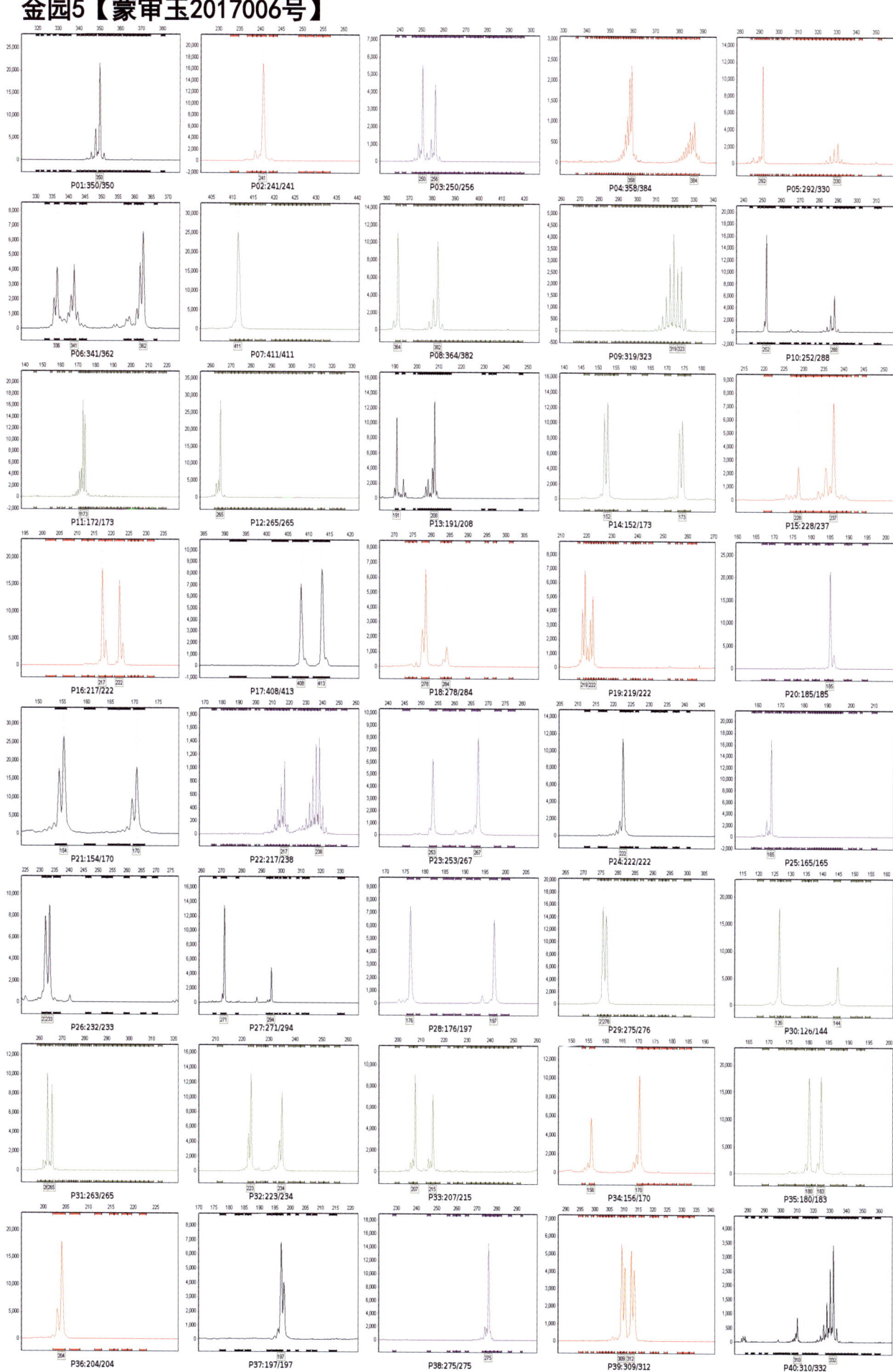

187

科河699【蒙审玉2017007号】

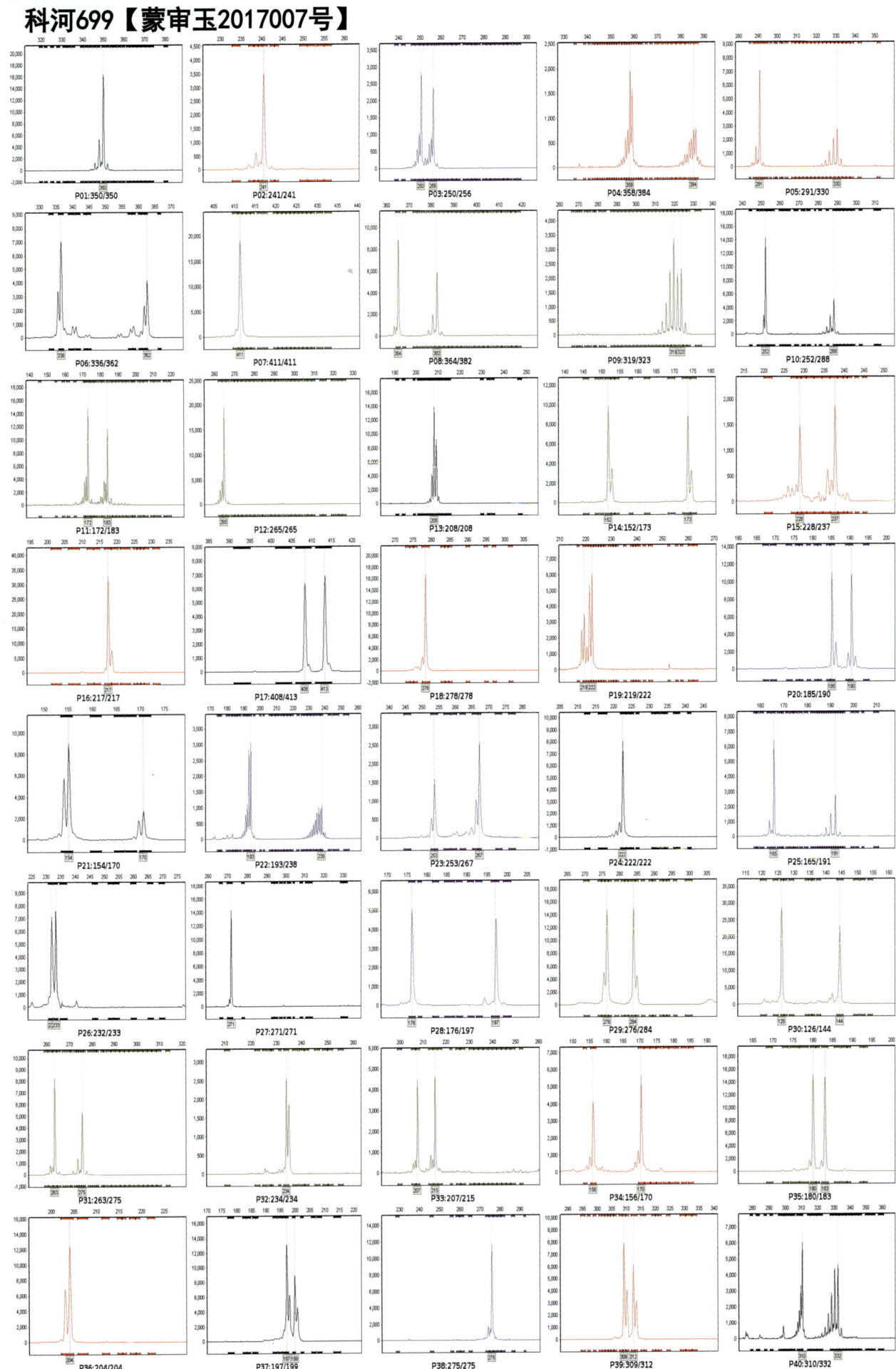

博奥408【蒙审玉2017008号】

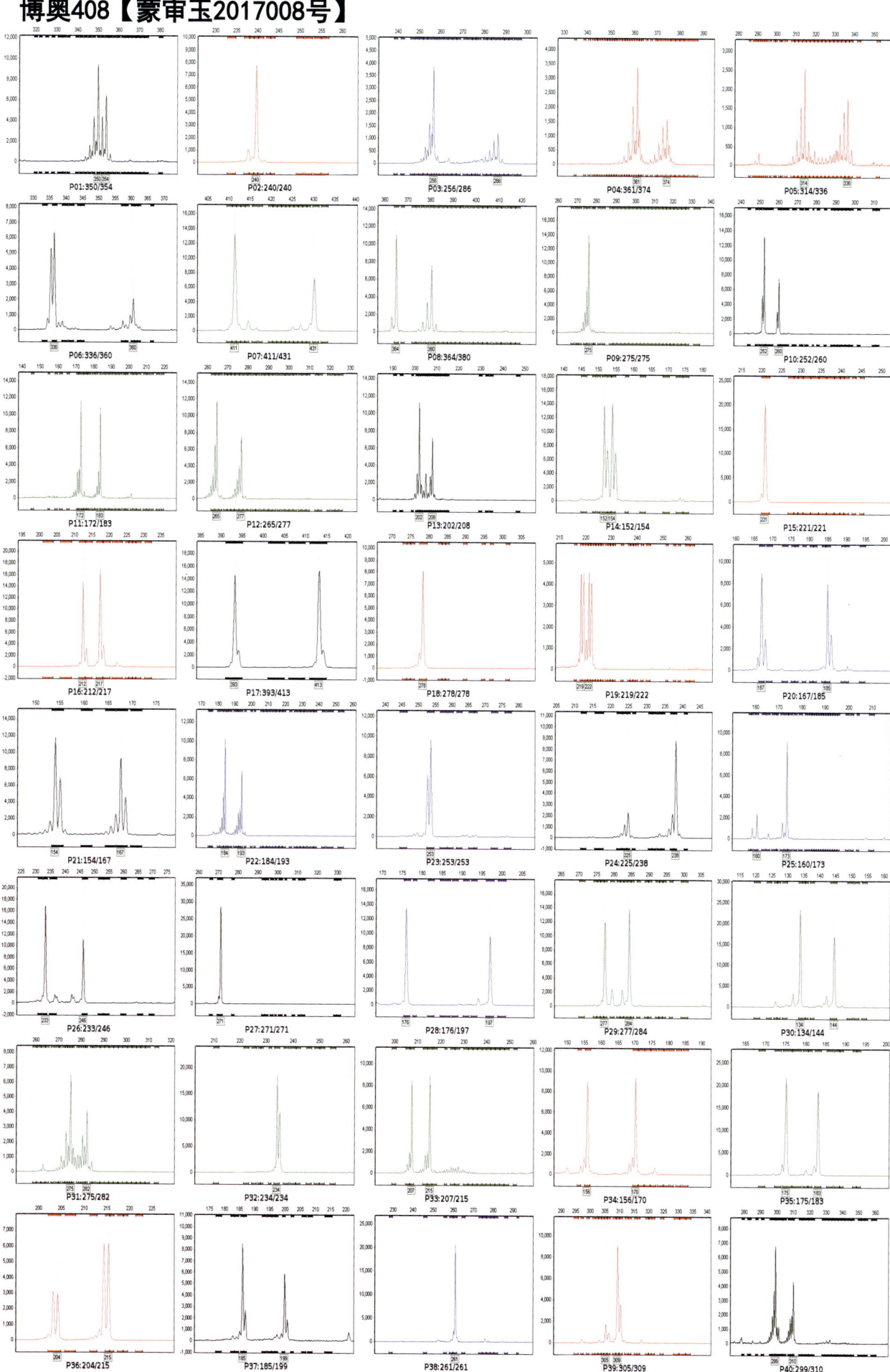

金粒178【蒙审玉2017009号】

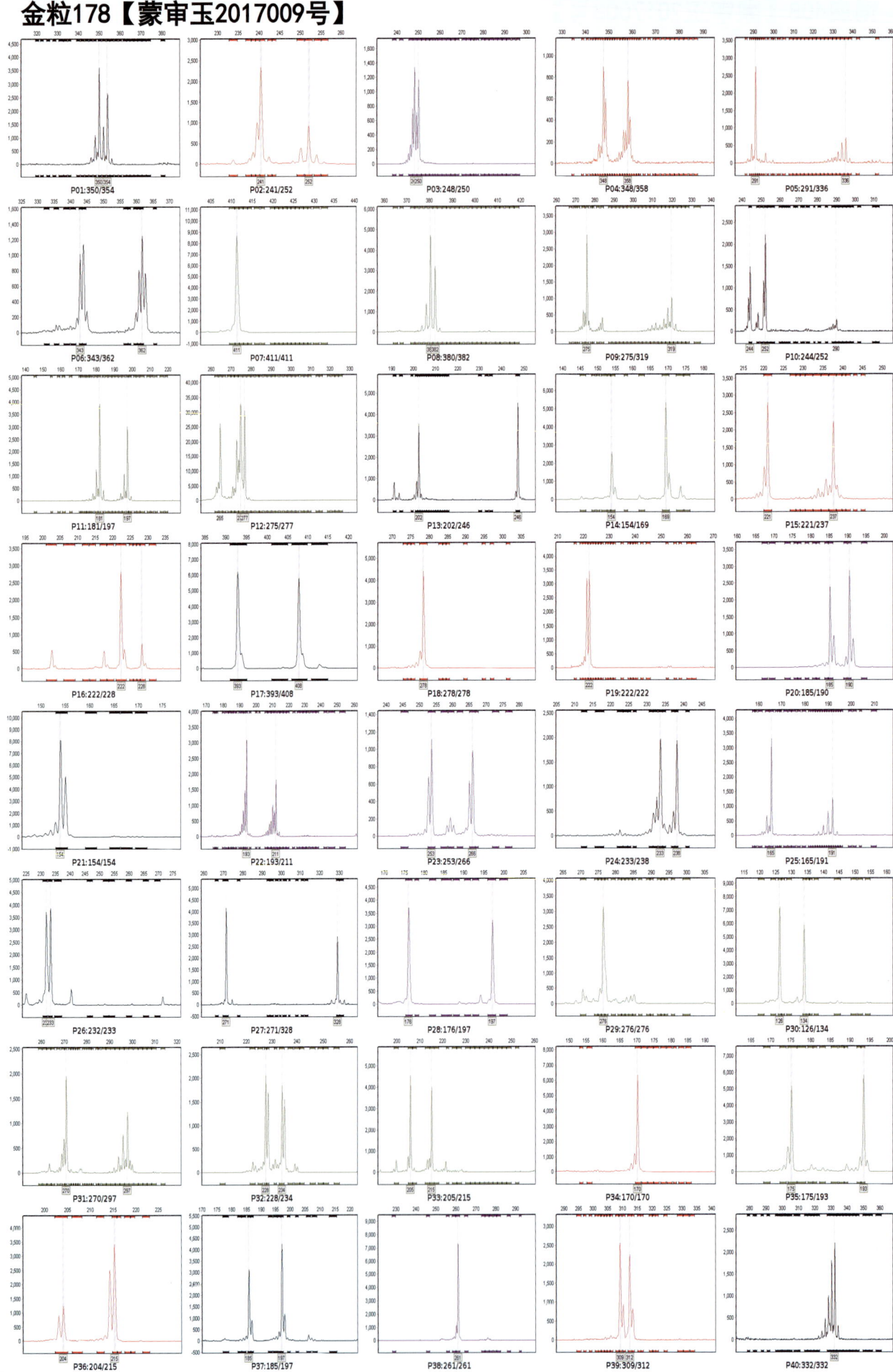

锦绣233【蒙审玉2017011号】

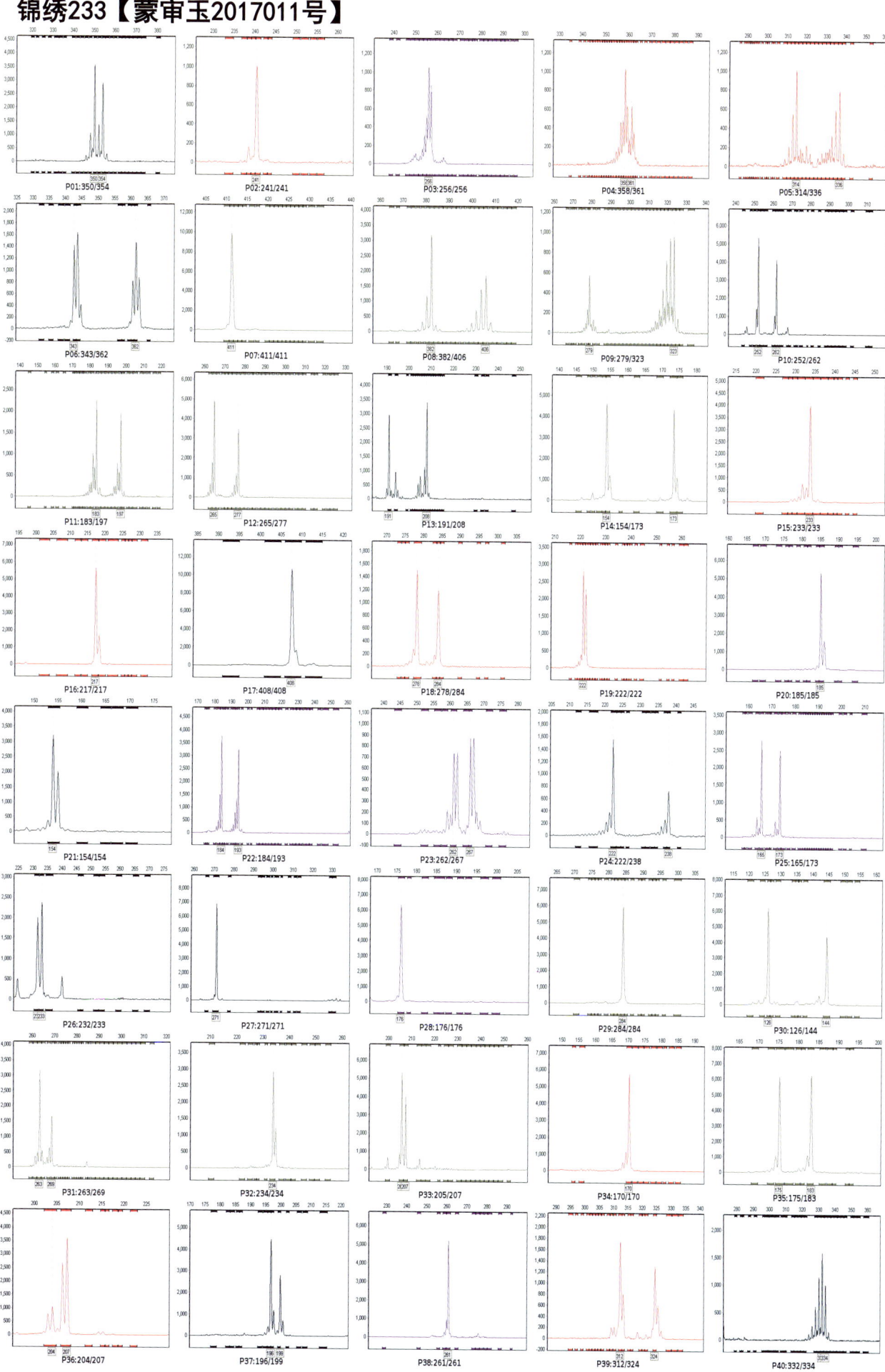

伊单131【蒙审玉2017012号】

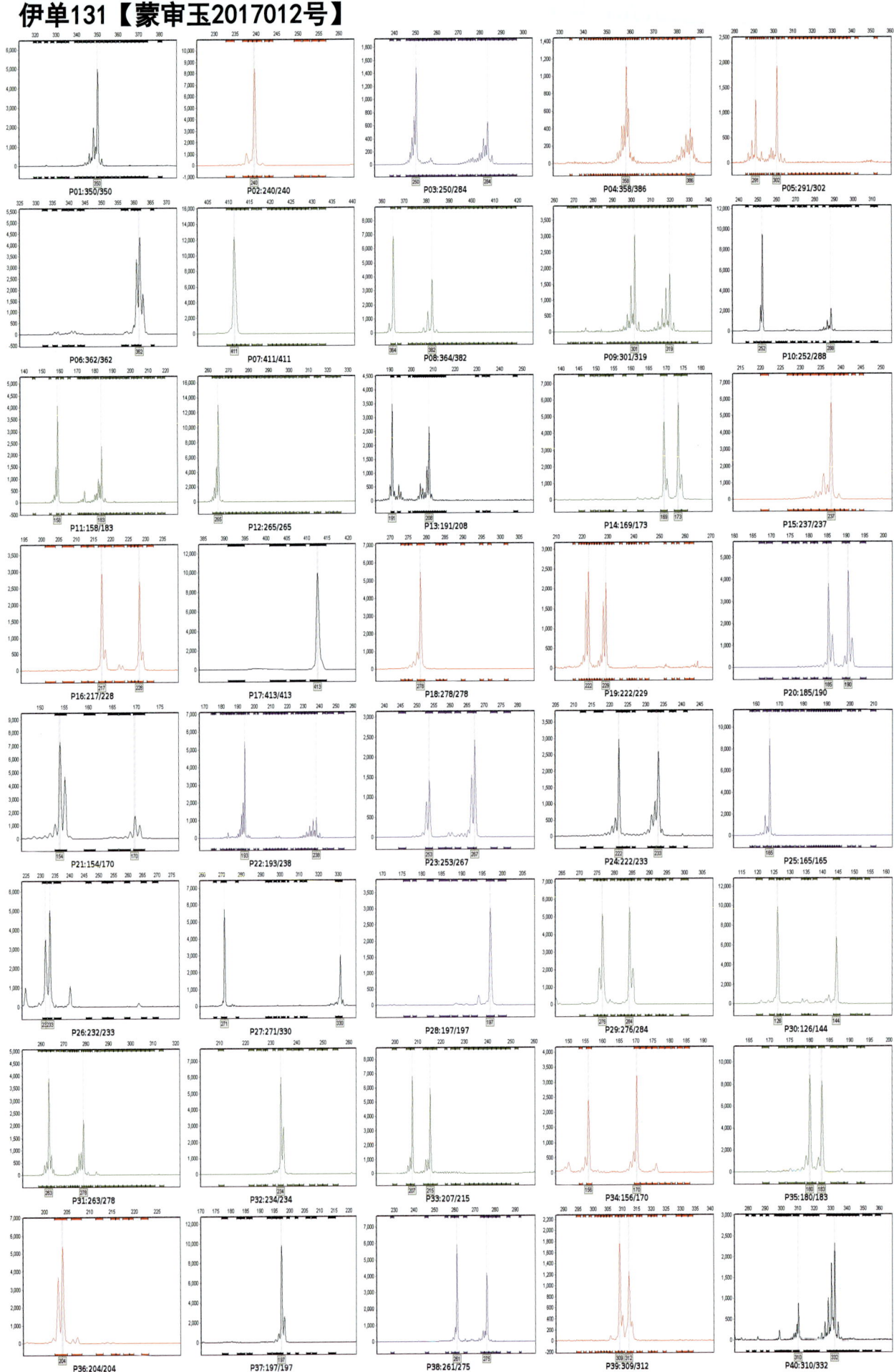

金穗58【蒙审玉2017014号】

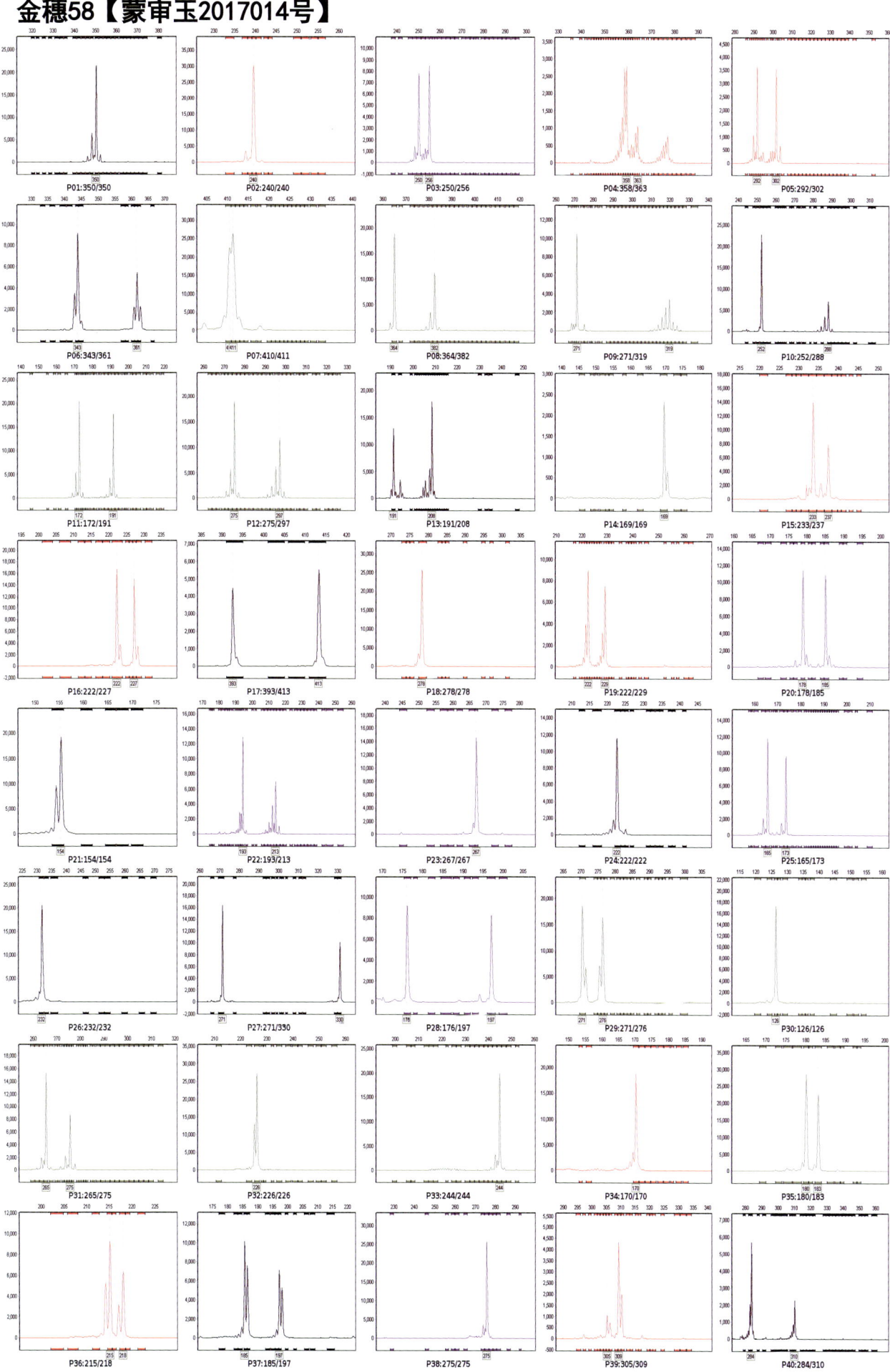

翔玉1421【蒙审玉2017015号】

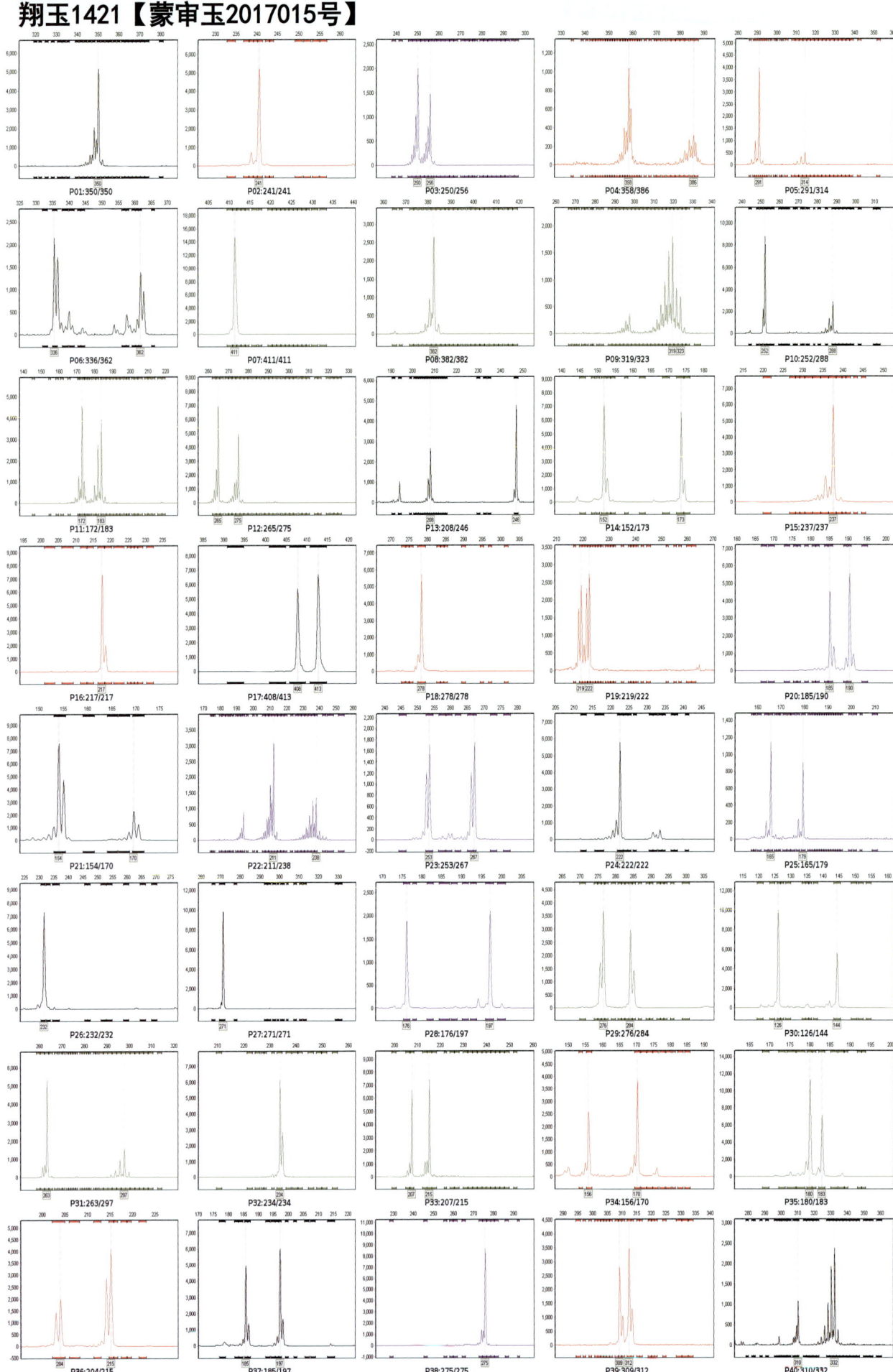

FT909【蒙审玉2017016号】

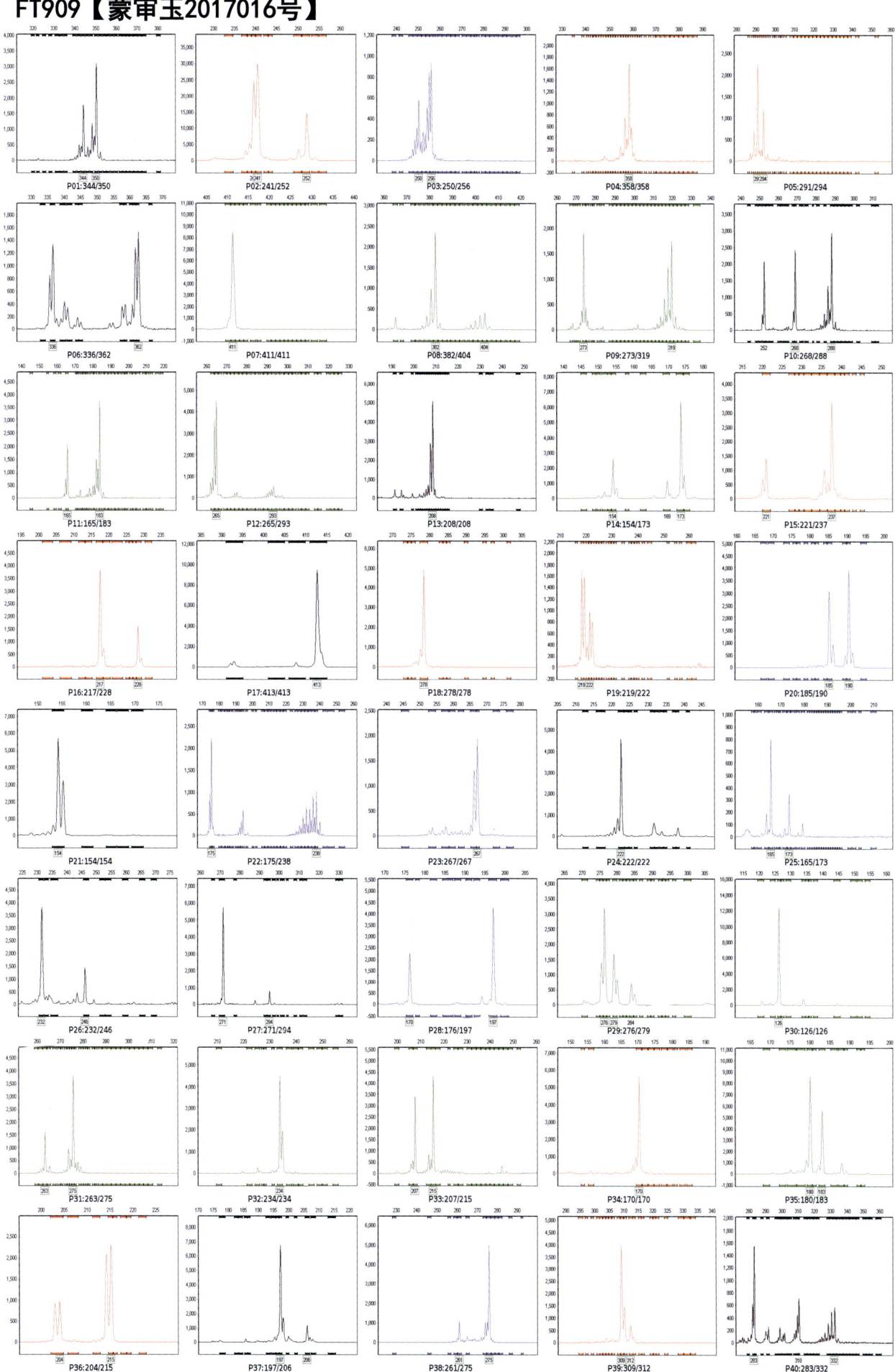

真金3305【蒙审玉2017019号】

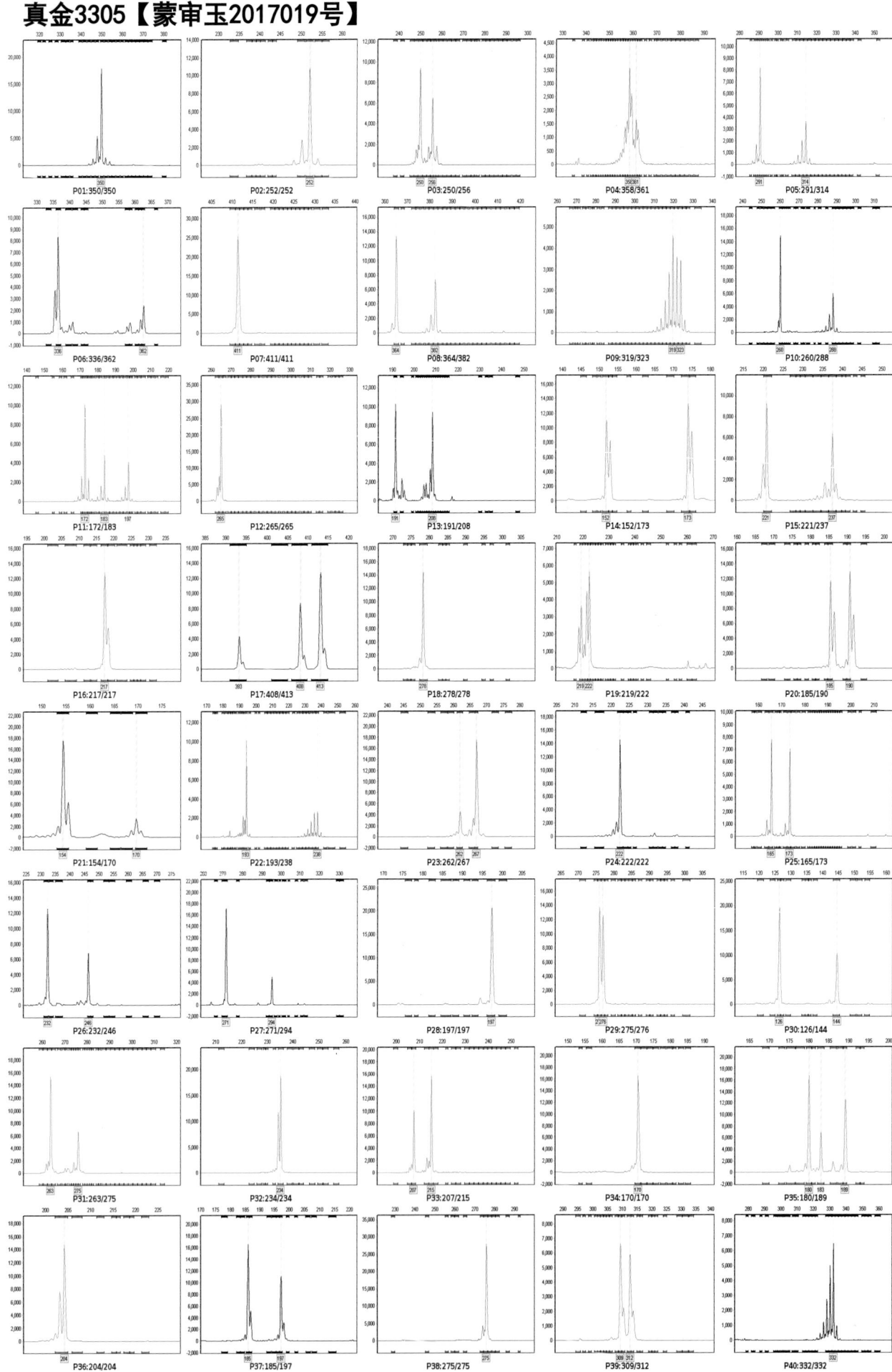

德单1403【蒙审玉2017020号】

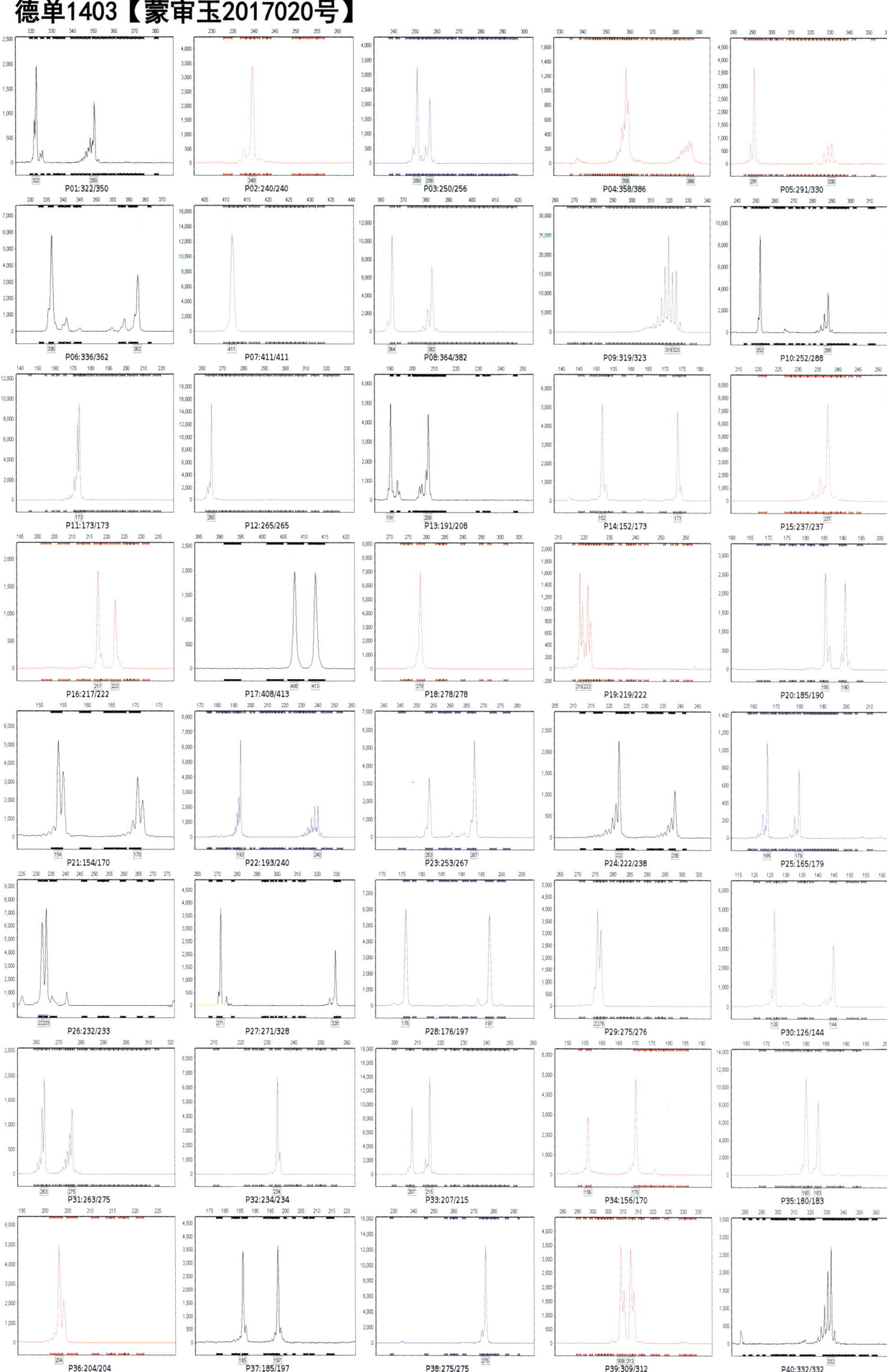

农富106【蒙审玉2017021号】

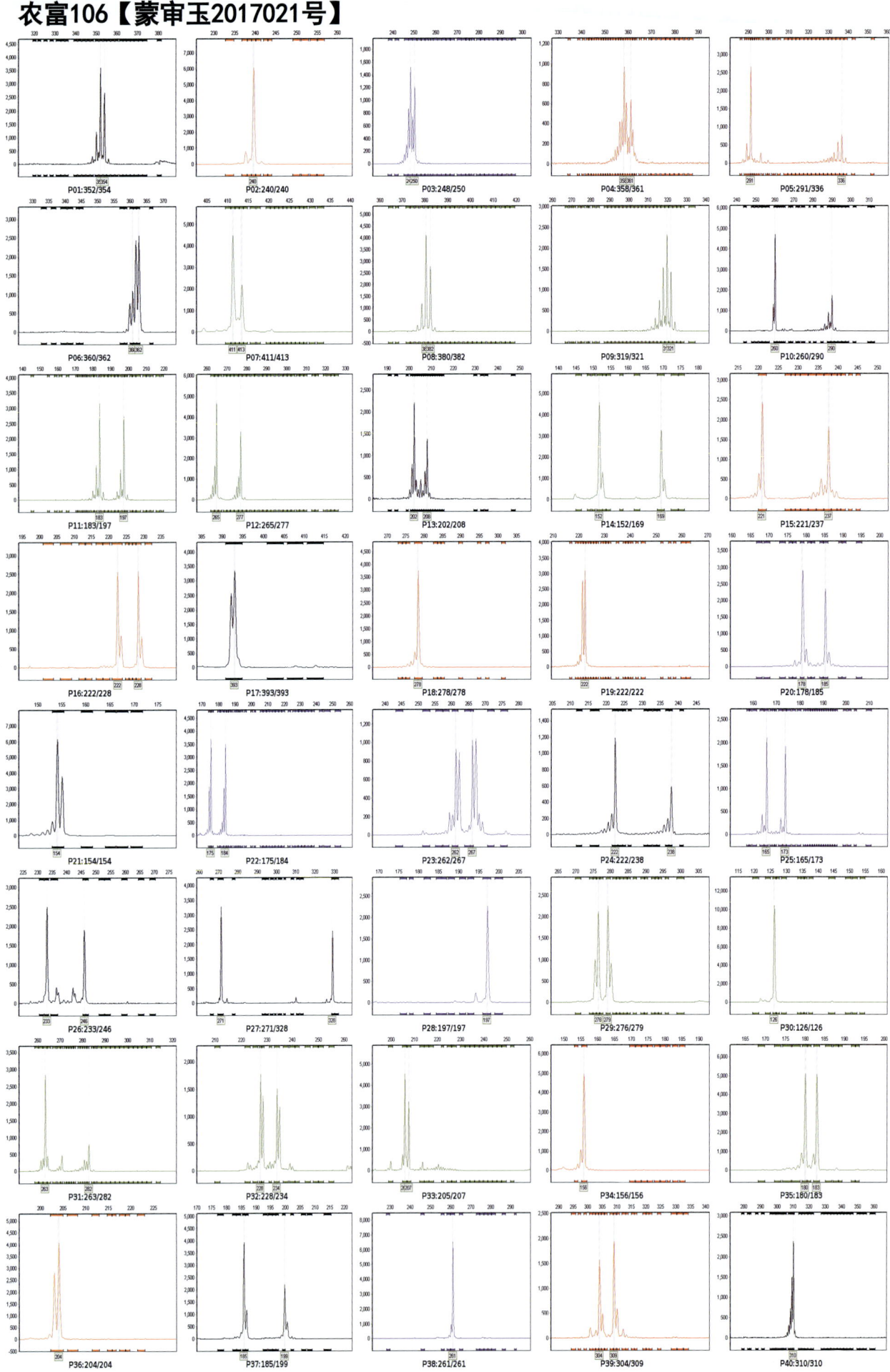

利禾7【蒙审玉2017023号】

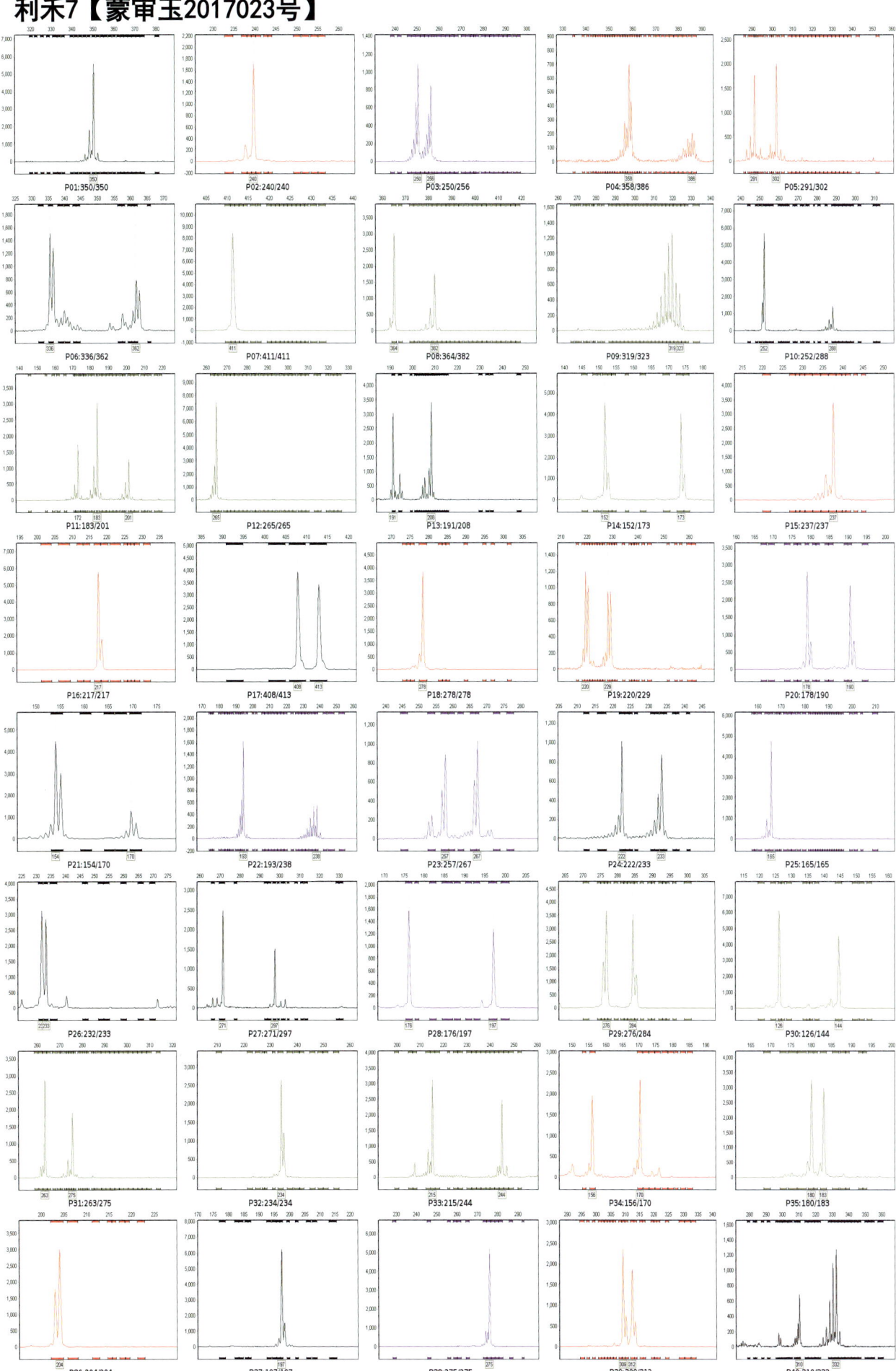

MC948【蒙审玉2017024号】

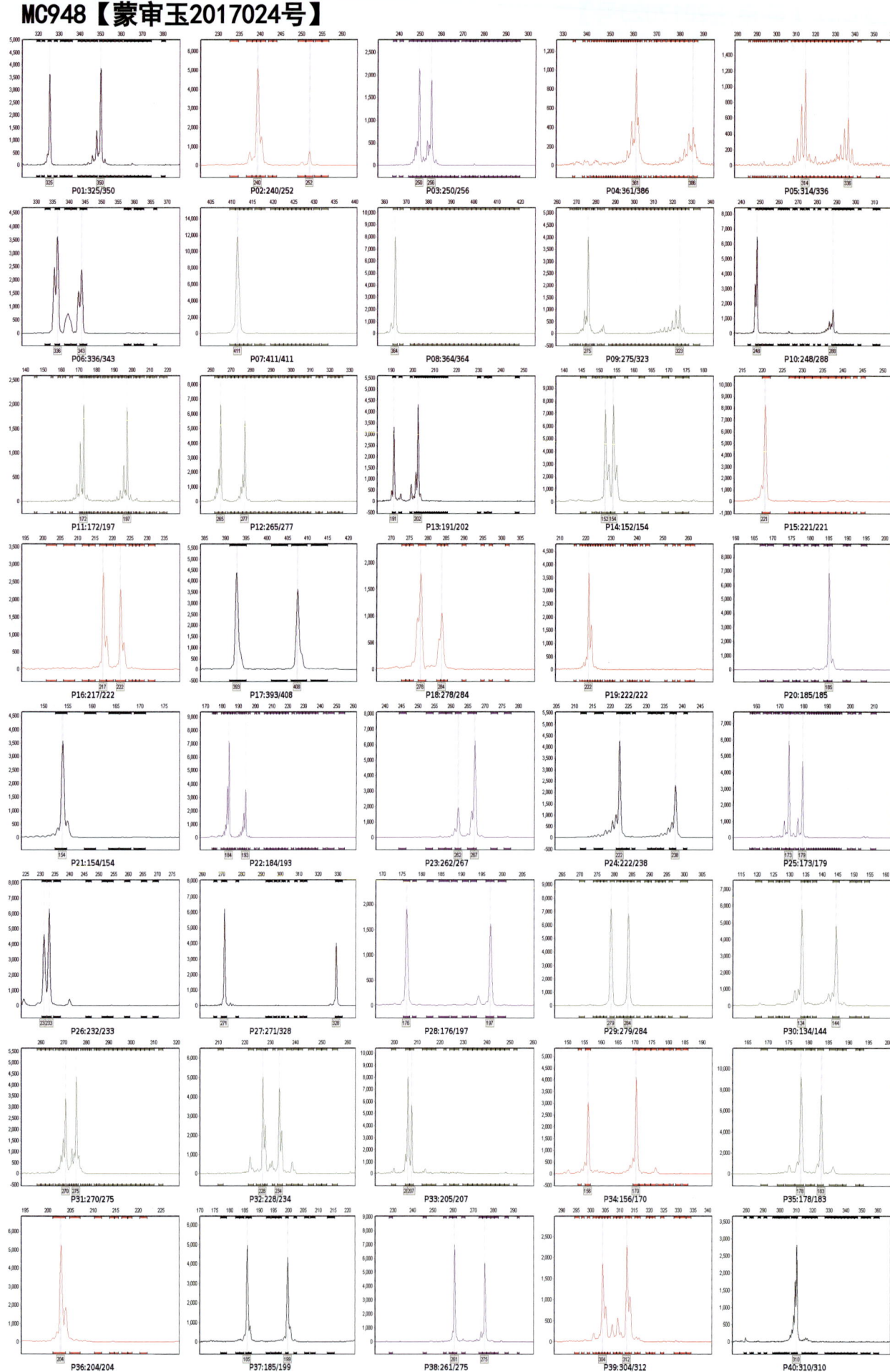

金穗86【蒙审玉2017025号】

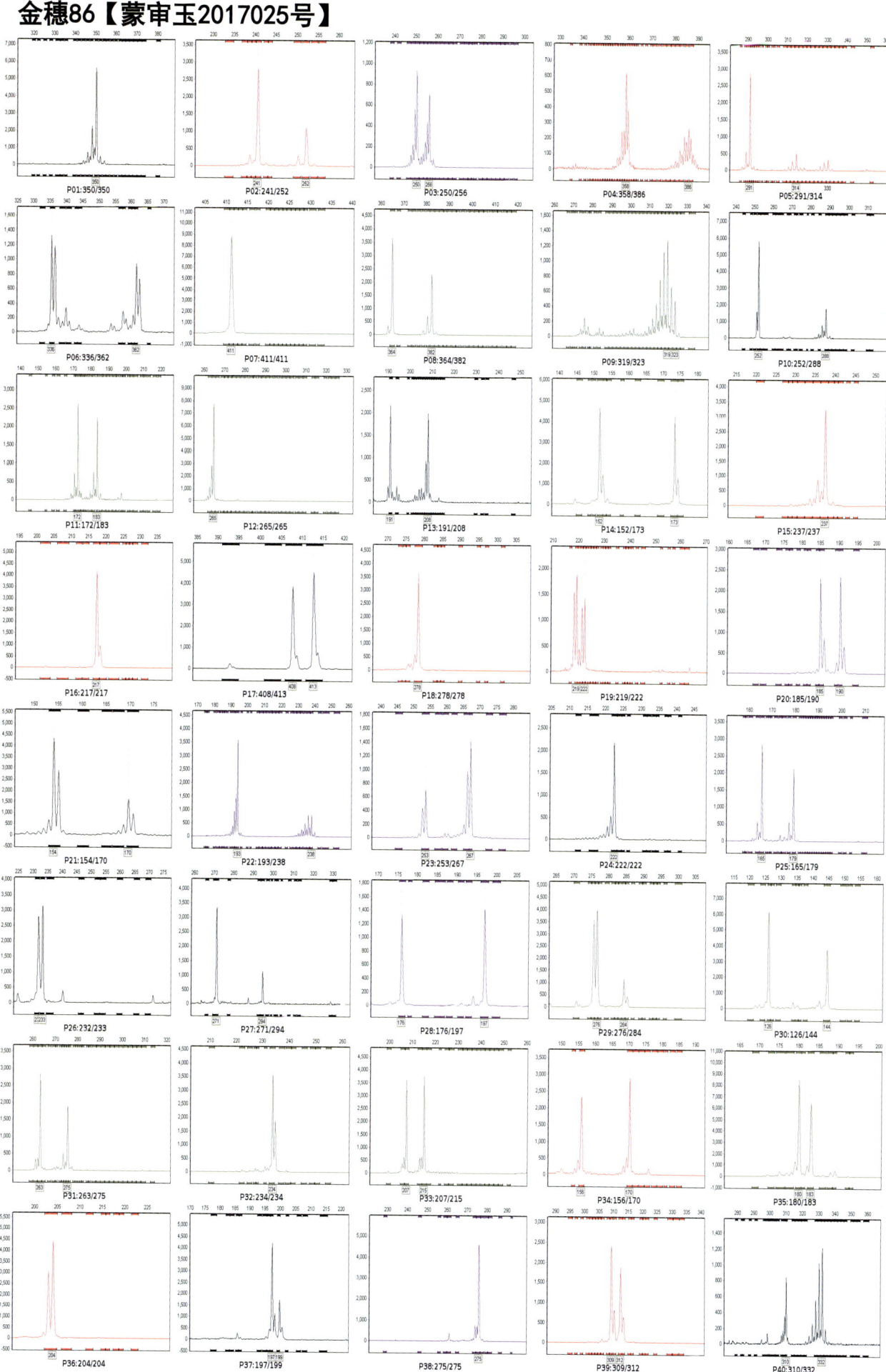

均隆1210【蒙审玉2017026号】

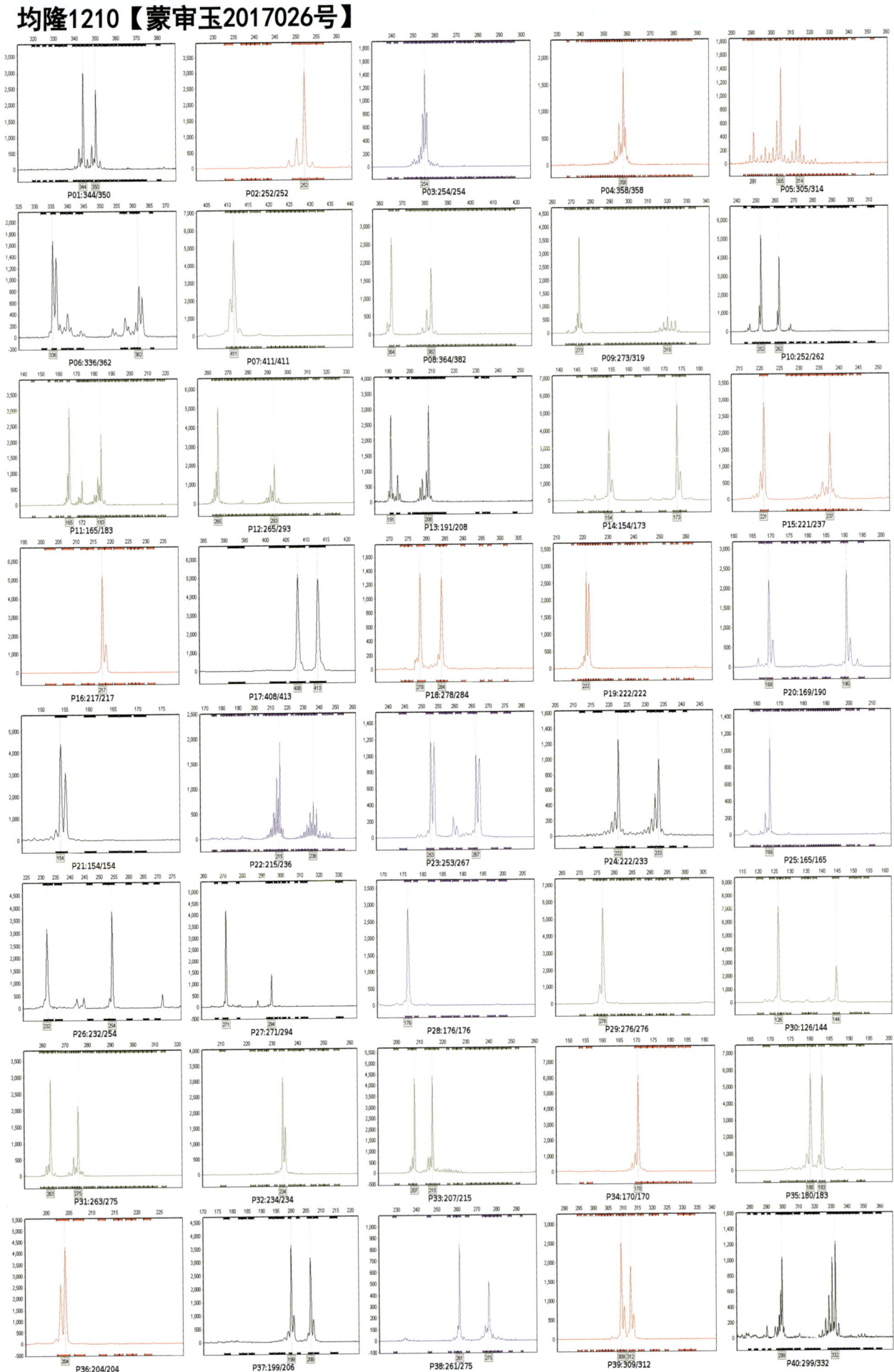

种星718【蒙审玉2017027号】

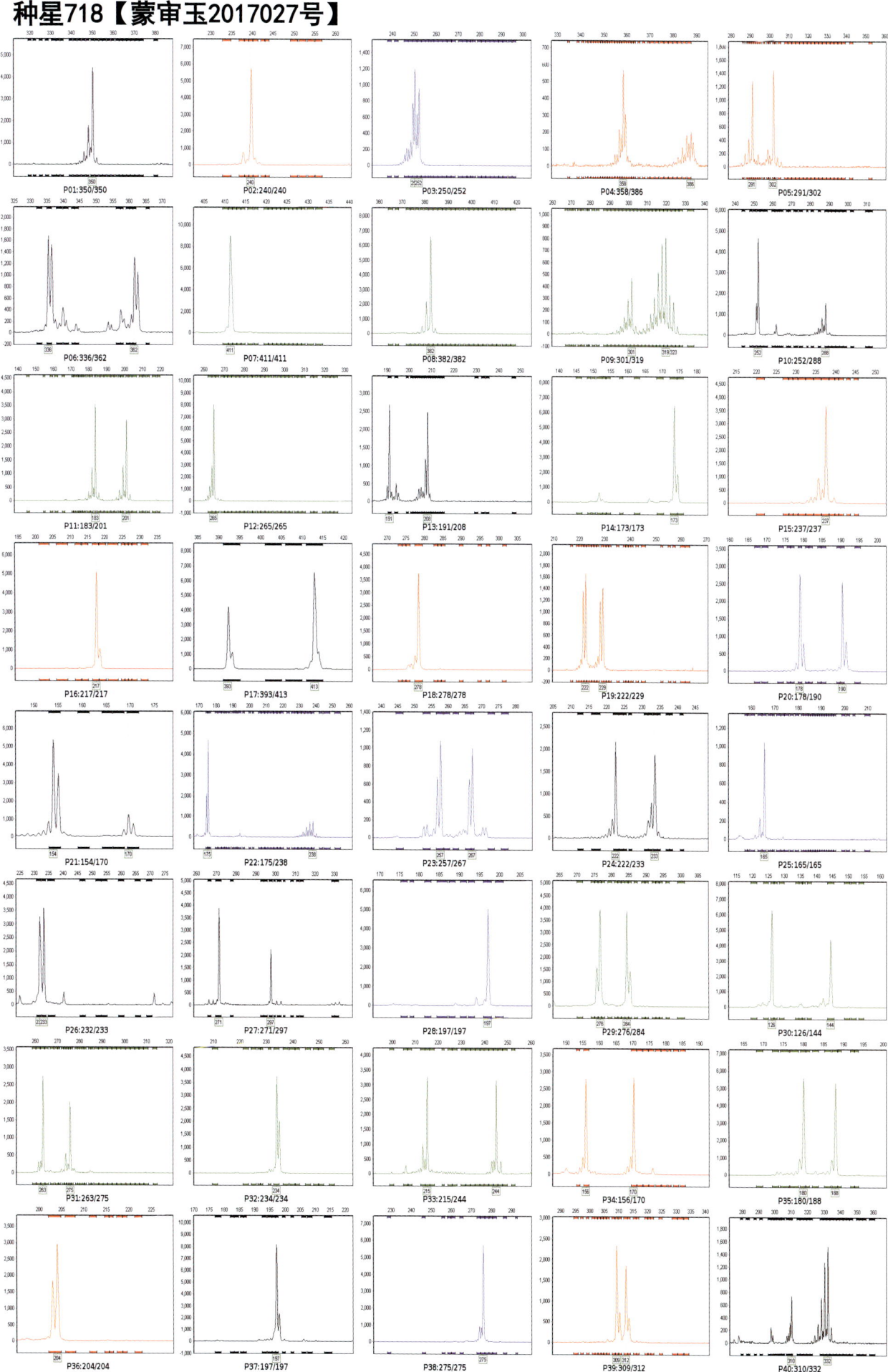

翔玉326【蒙审玉2017028号】

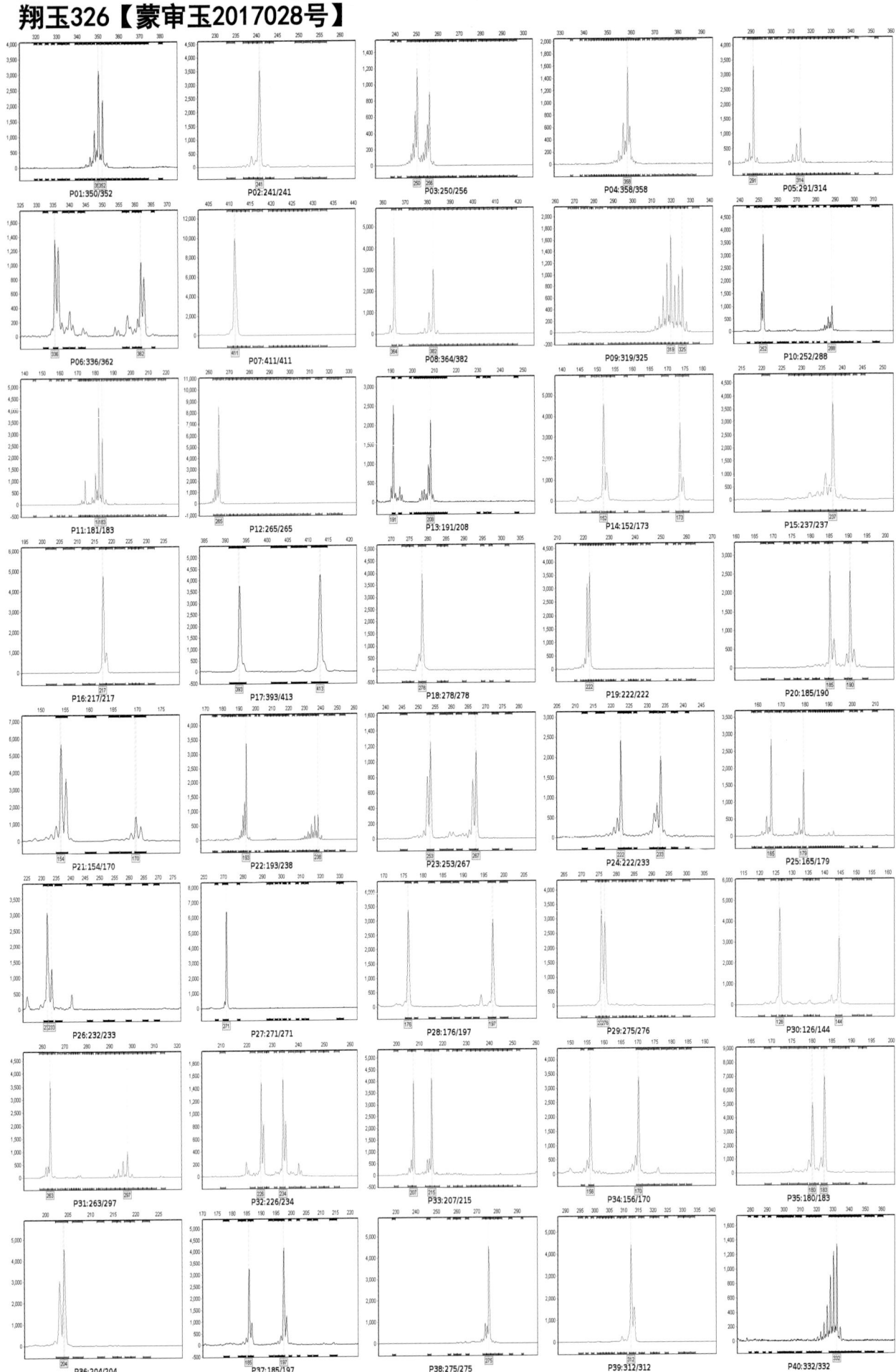

先仁98【蒙审玉2017029号】

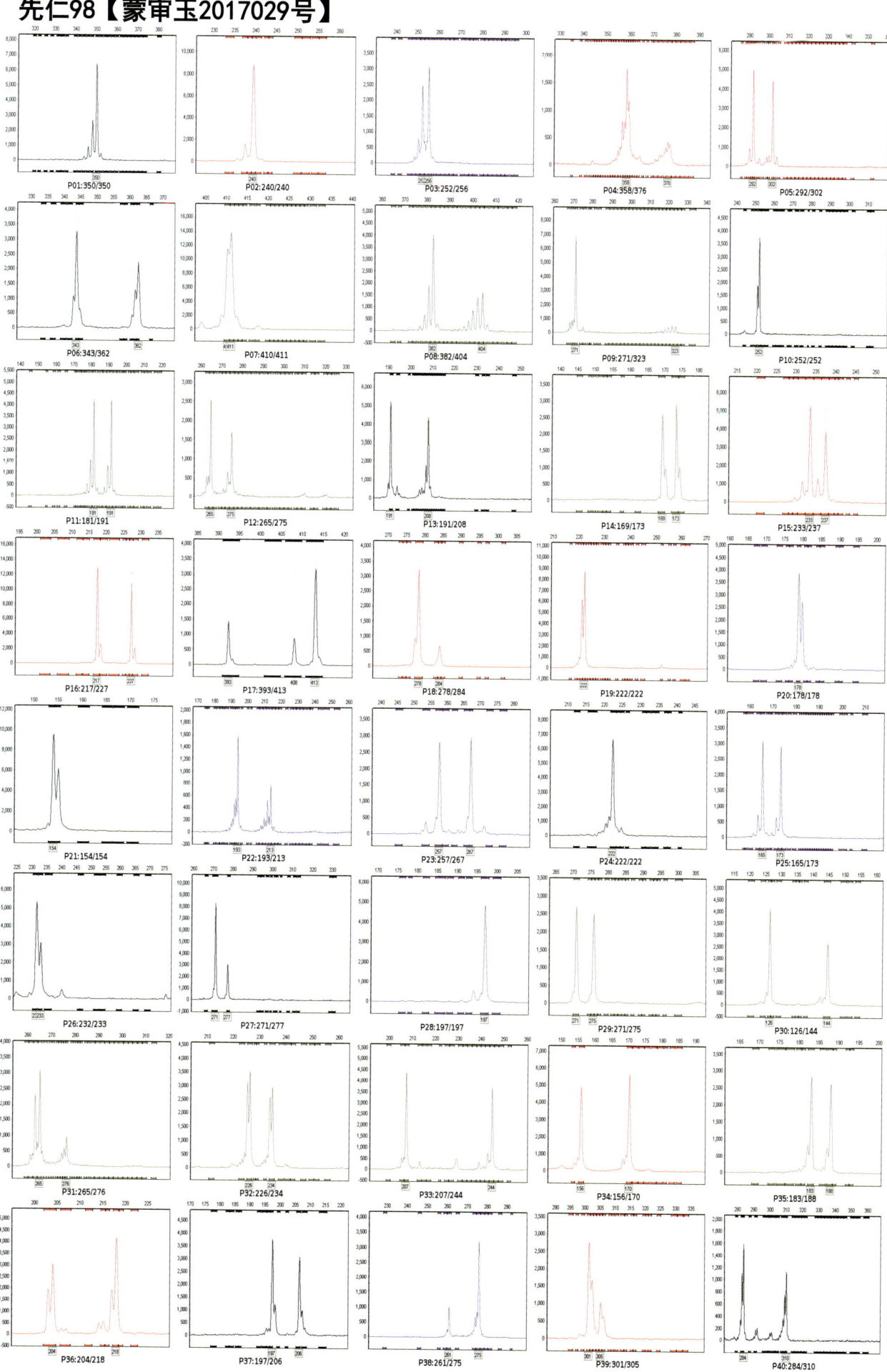

蒙奥188【蒙审玉2017030号】

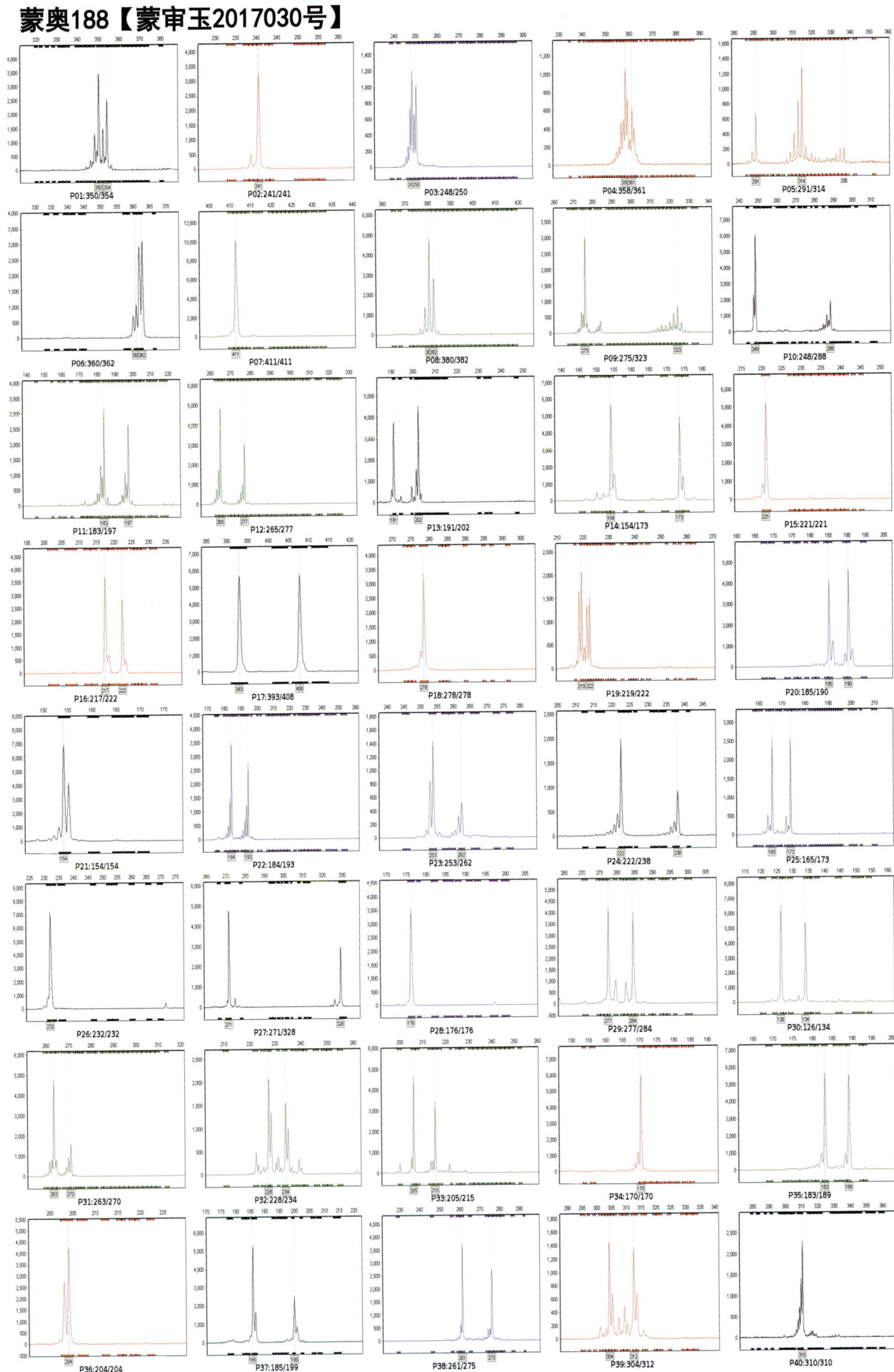

206

T808【蒙审玉2017031号】

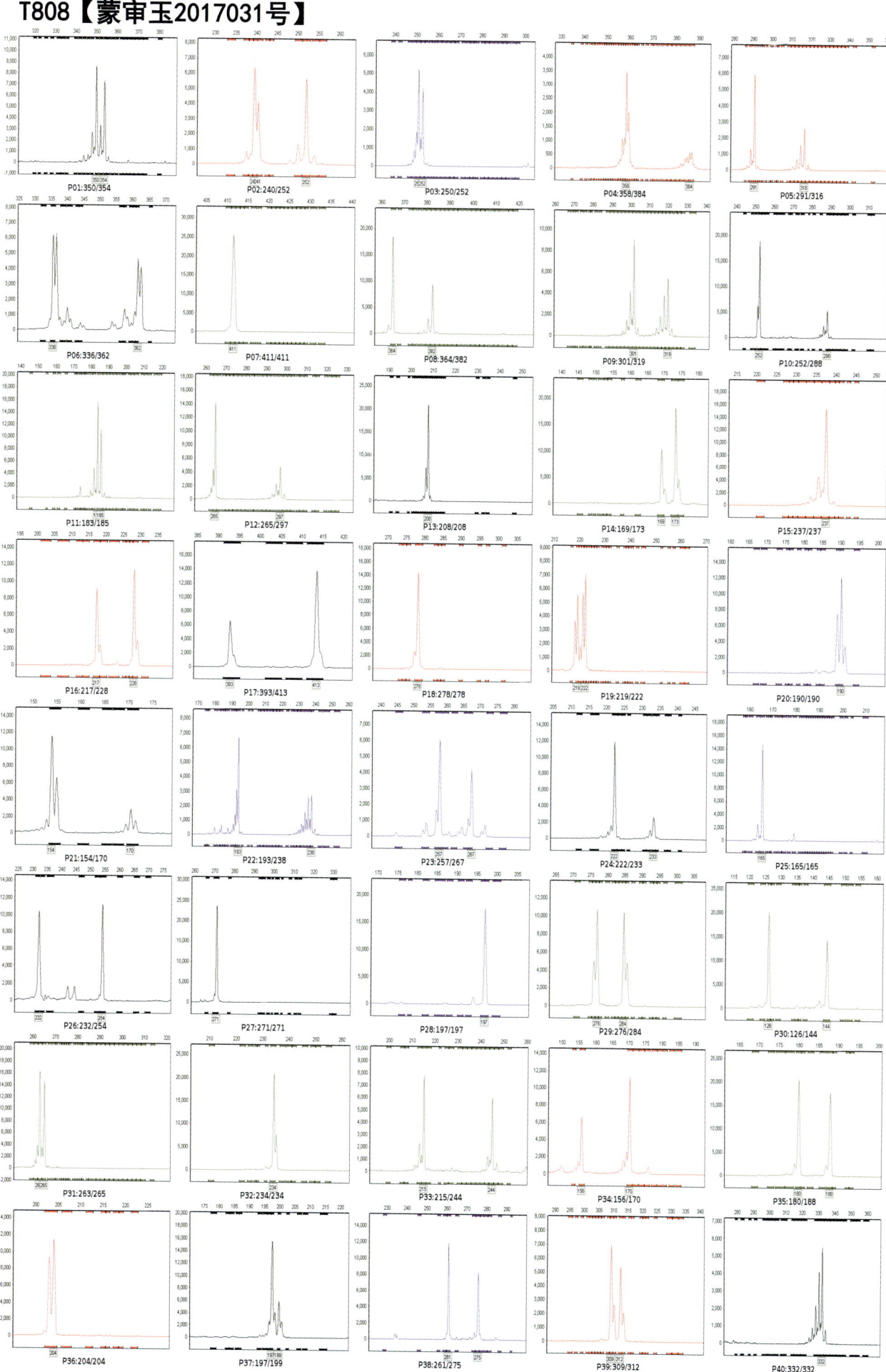

207

玉龙1208【蒙审玉2017032号】

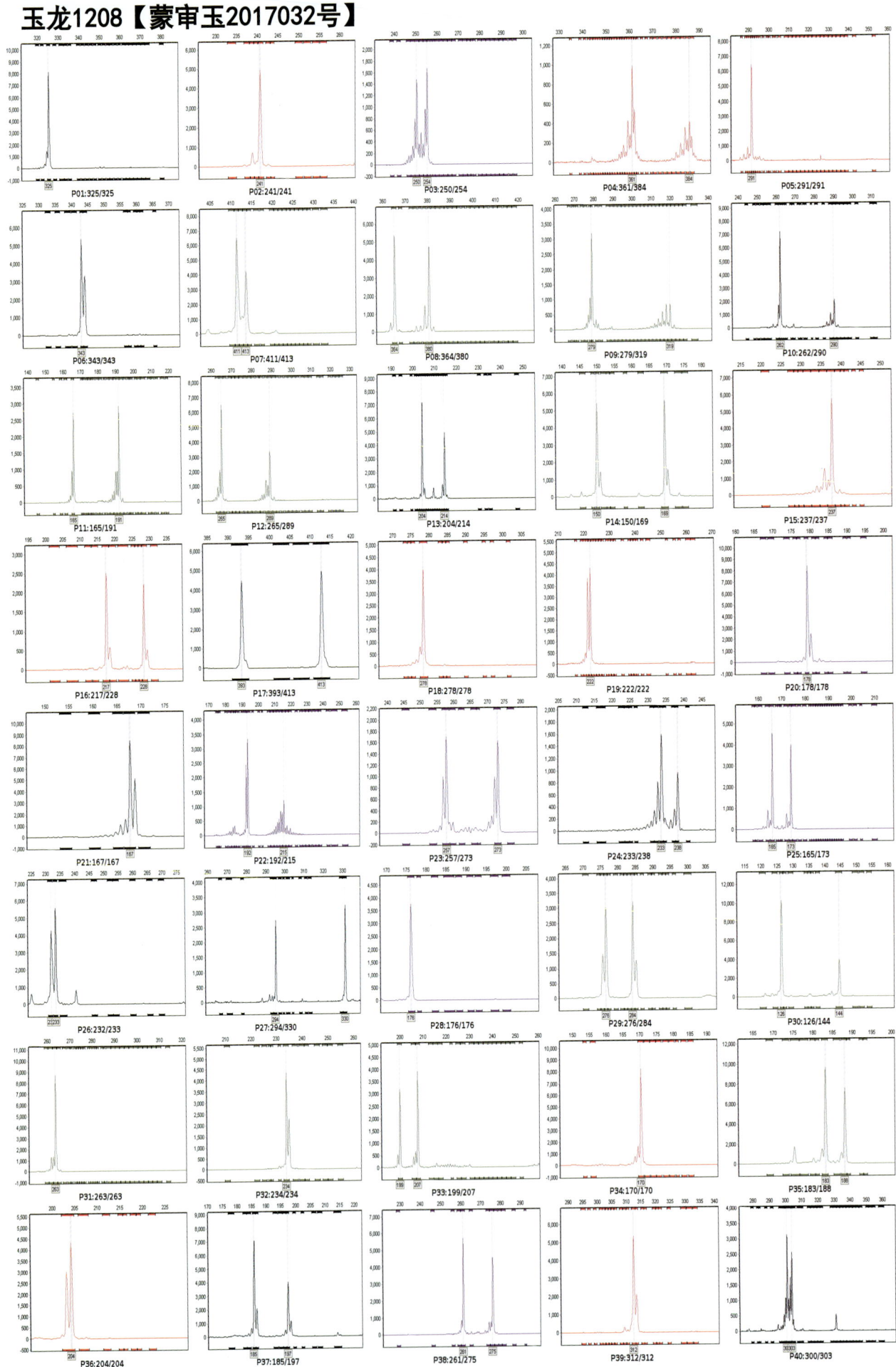

利合325【蒙审玉2017033号】

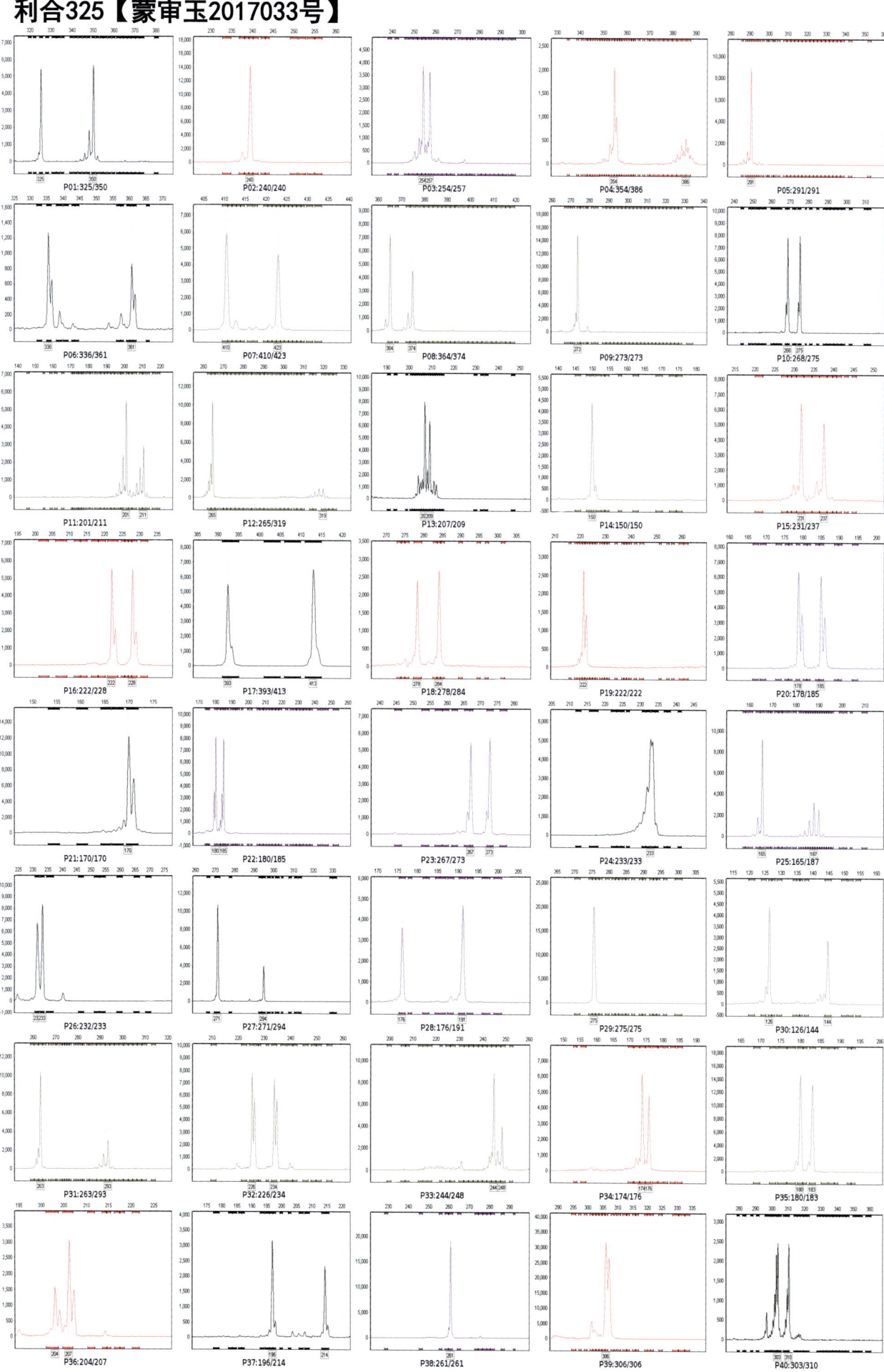

种星98【蒙审玉2017034号】

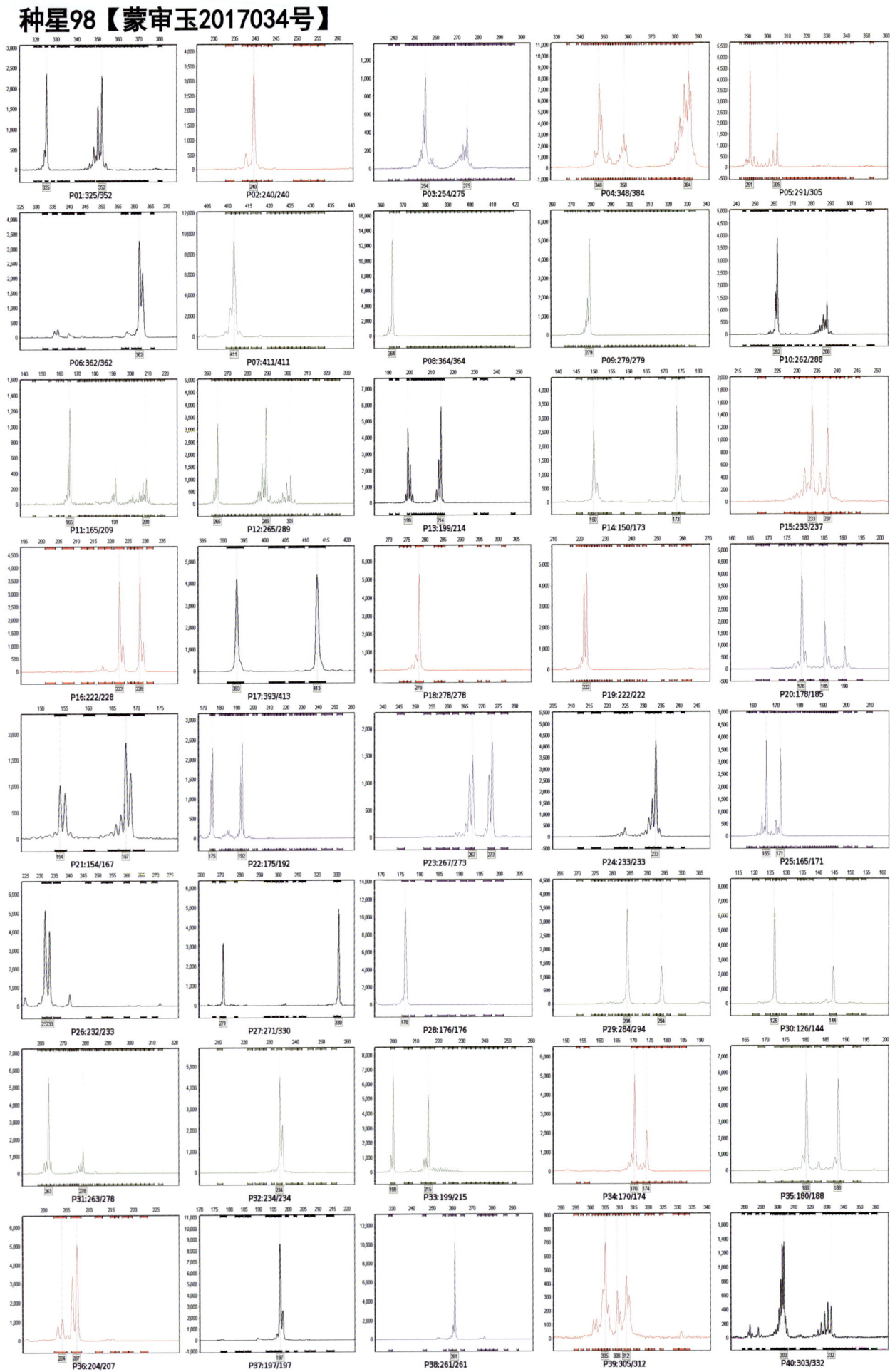

真金619【蒙审玉2017036号】

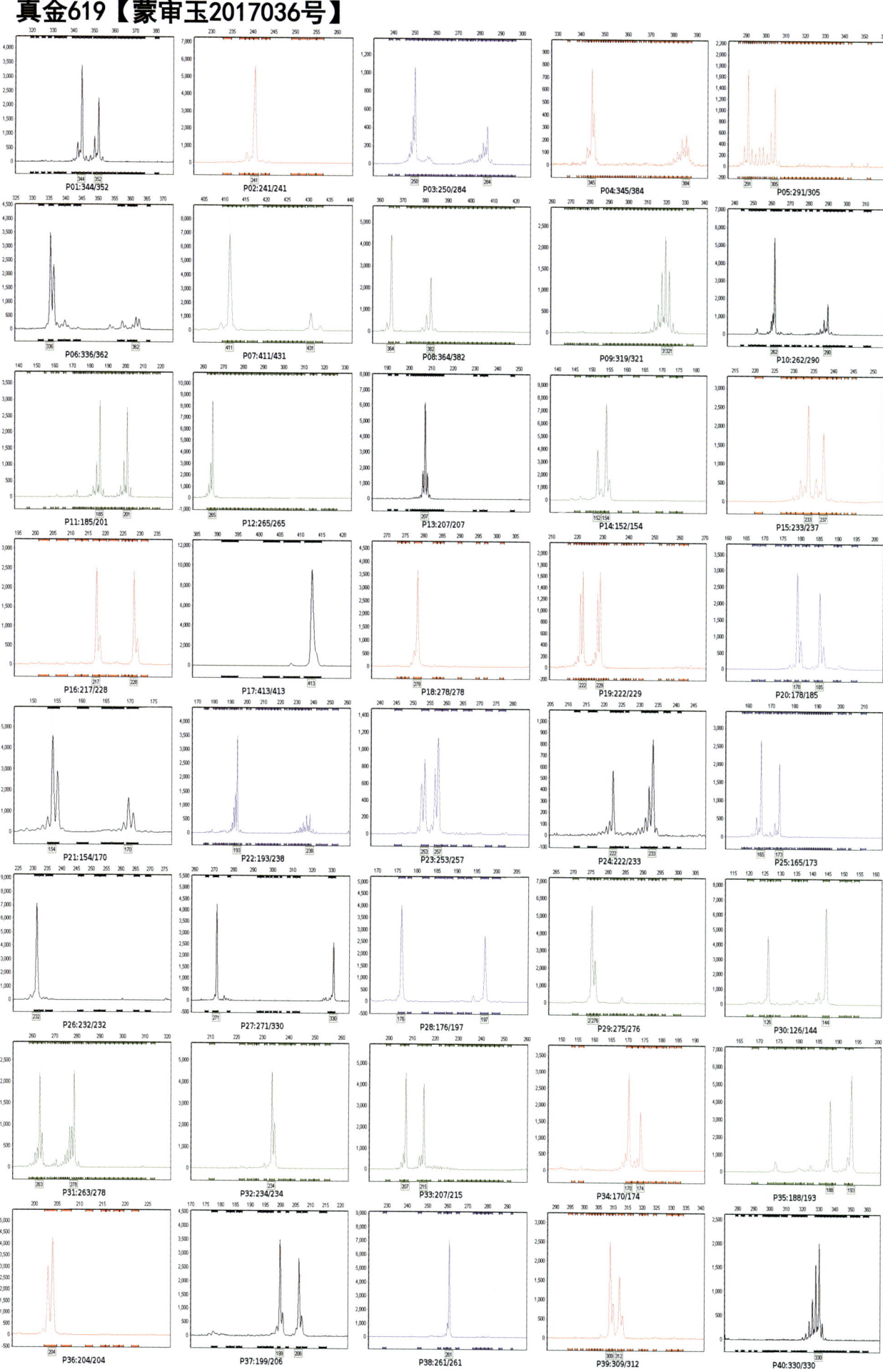

兴丰13【蒙审玉2017037号】

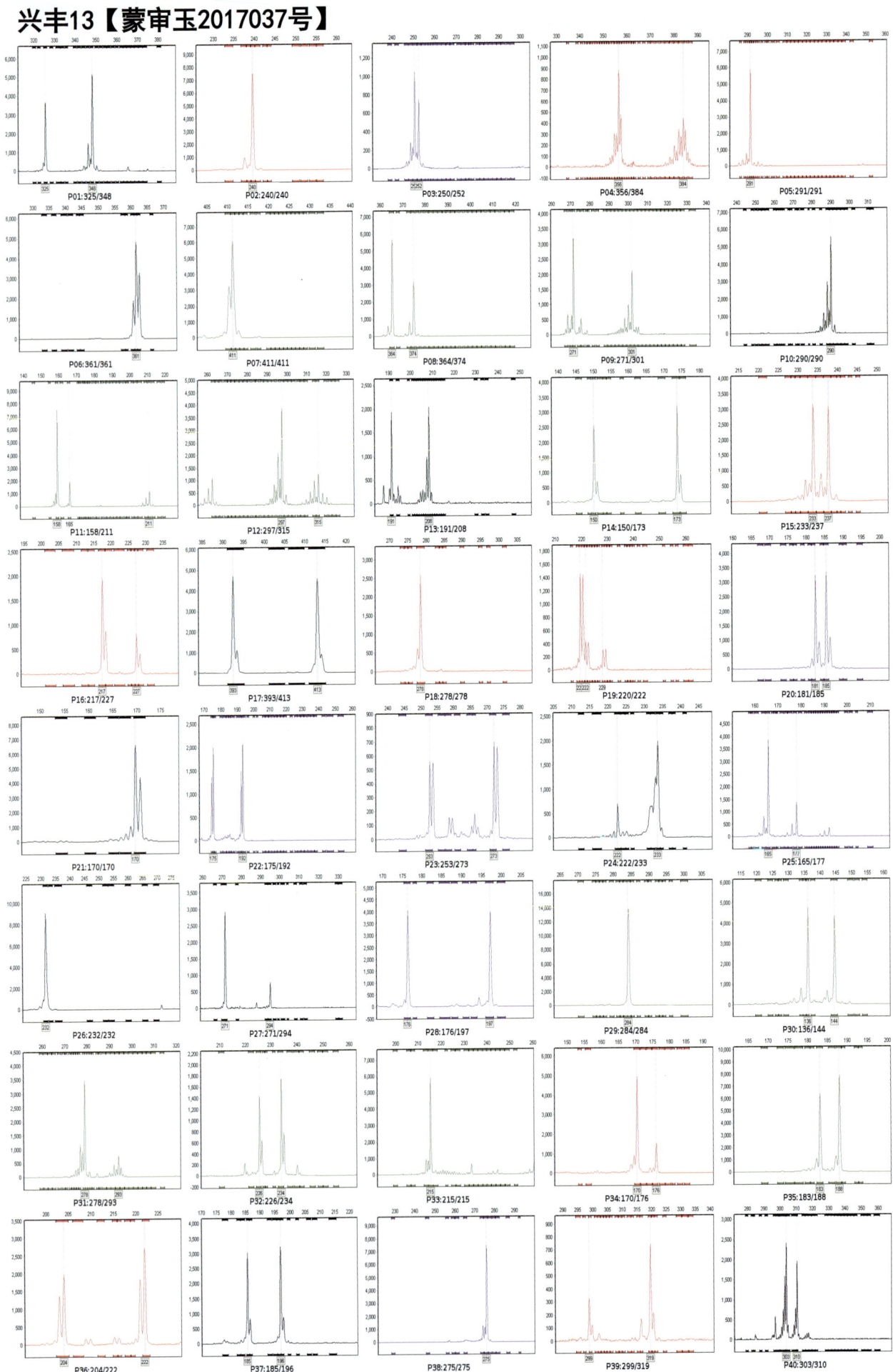

华元玉1号【蒙审玉2017038号】

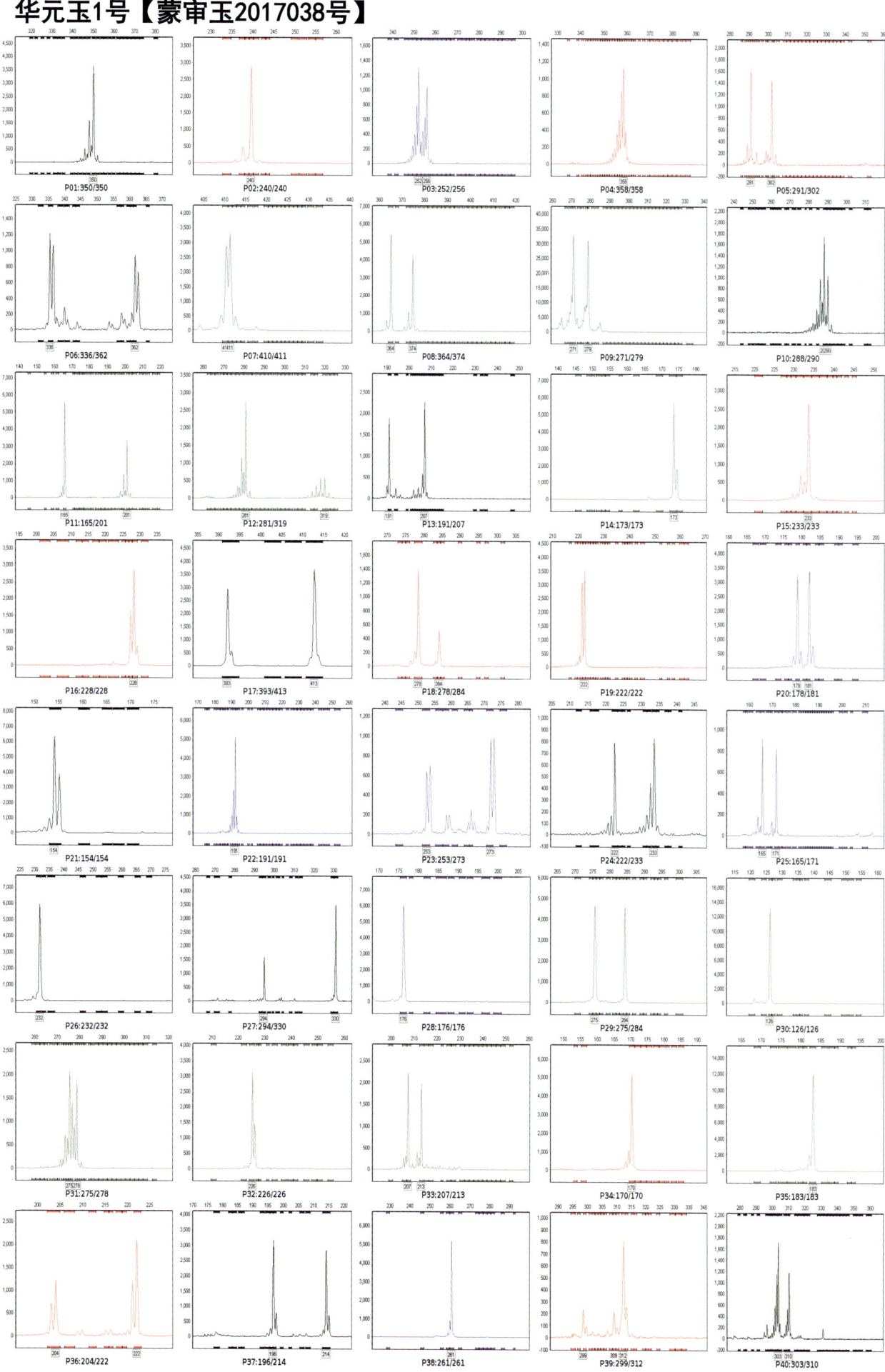

213

宏博K88【蒙审玉2017042号】

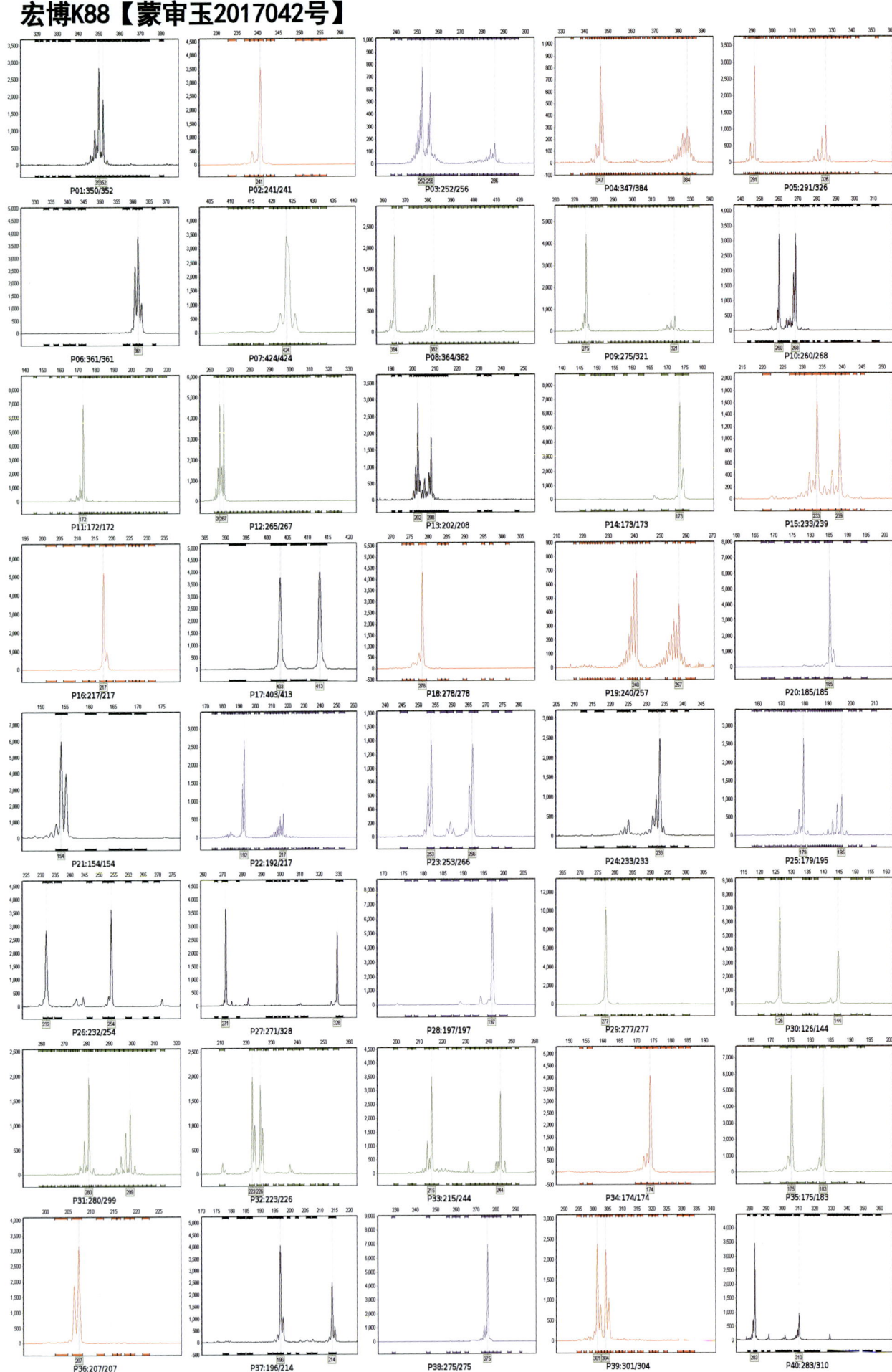

益农1号【蒙审玉2017044号】

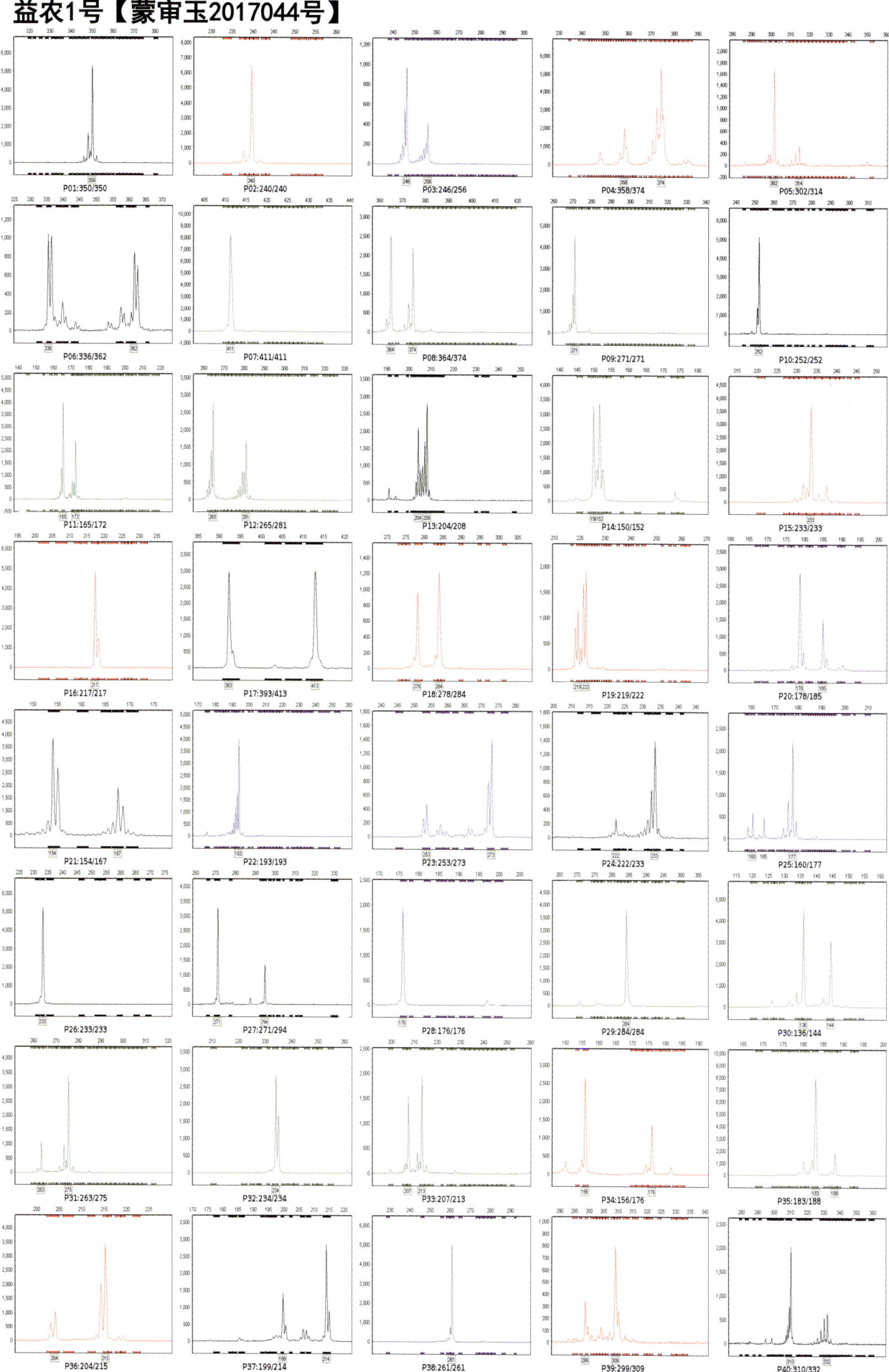

215

宇丰3937【蒙审玉2017046号】

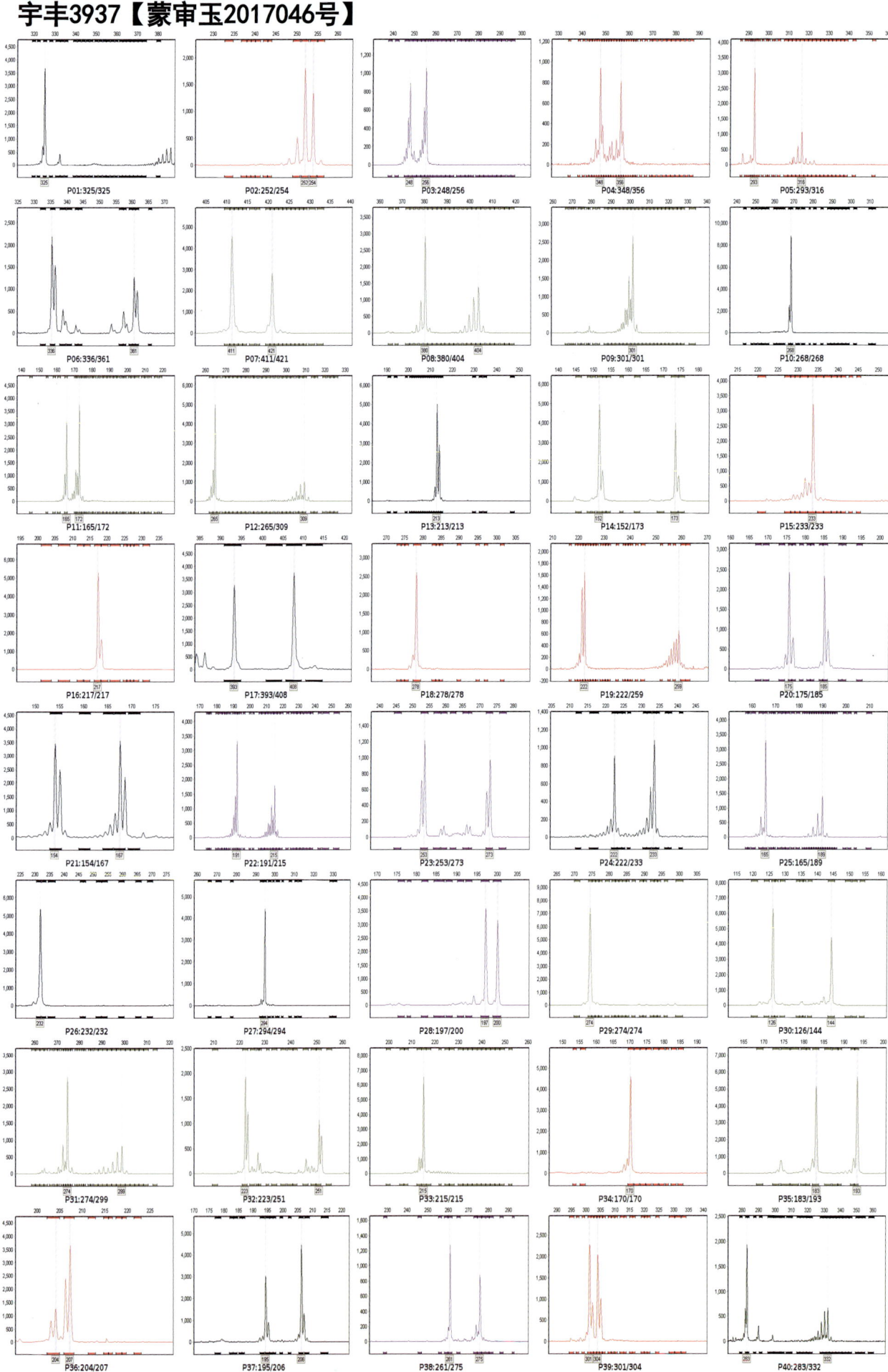

罕玉303【蒙审玉2017047号】

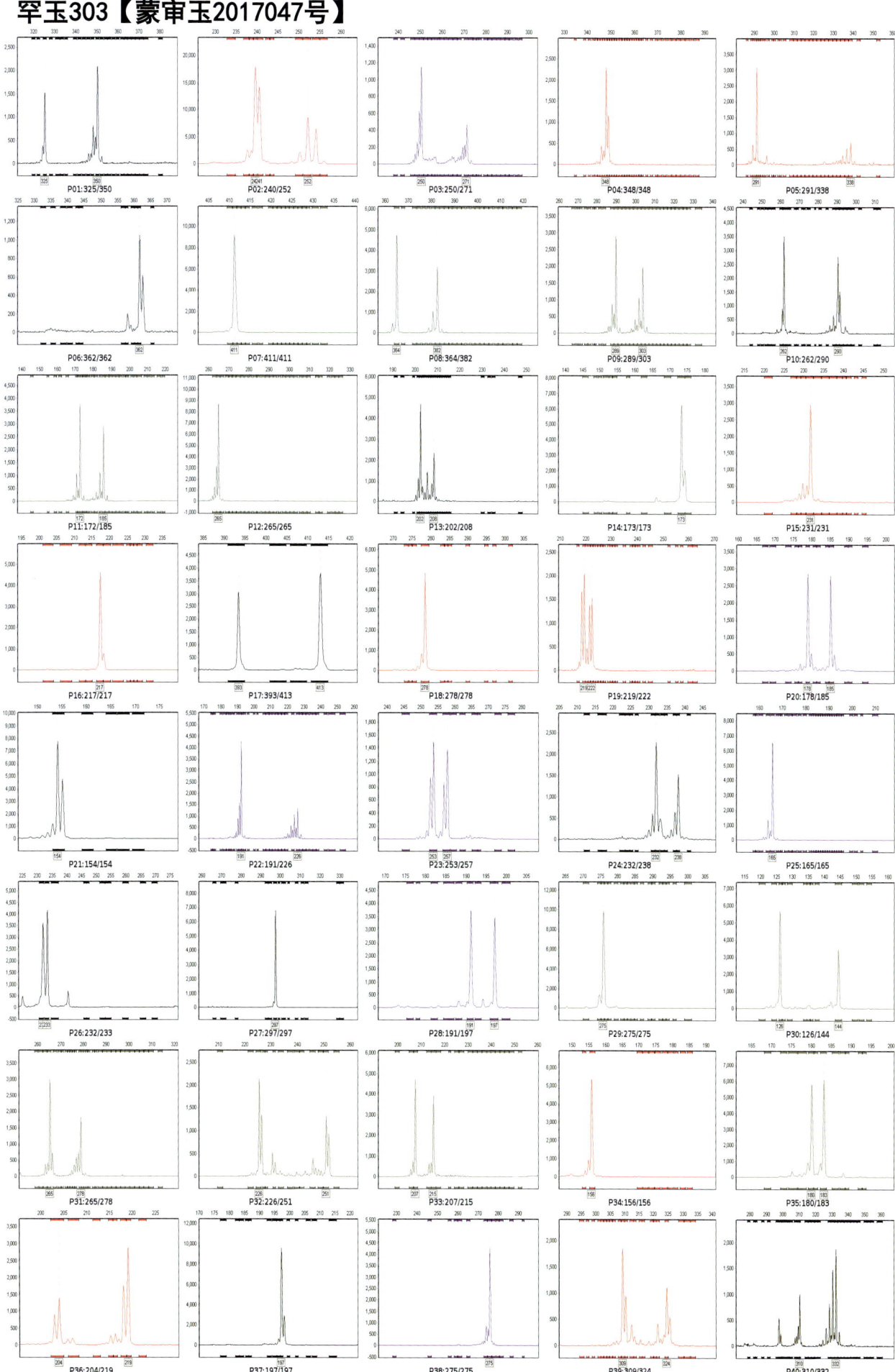

广德401【蒙审玉2017048号】

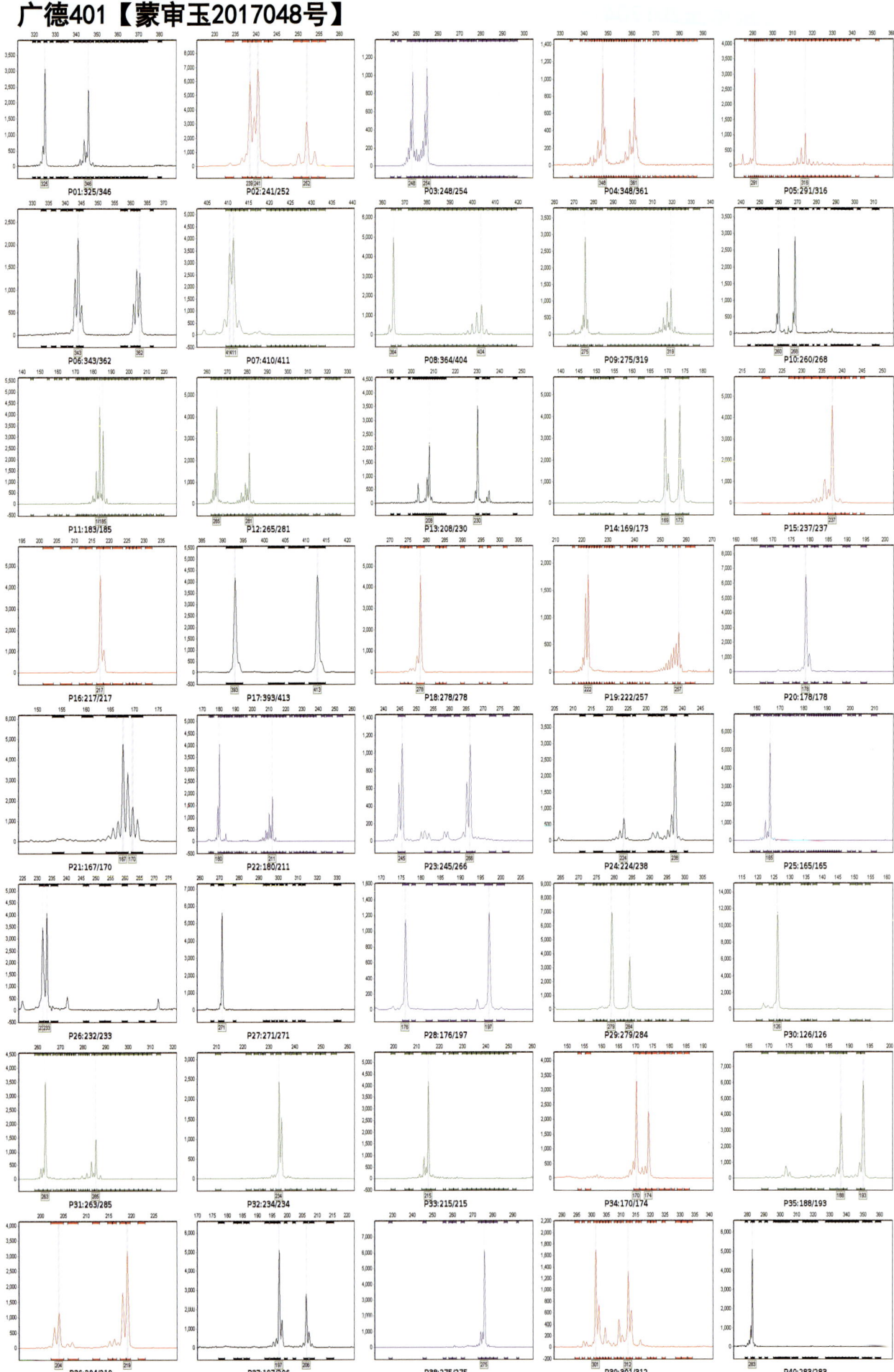

九园15【蒙审玉2017049号】

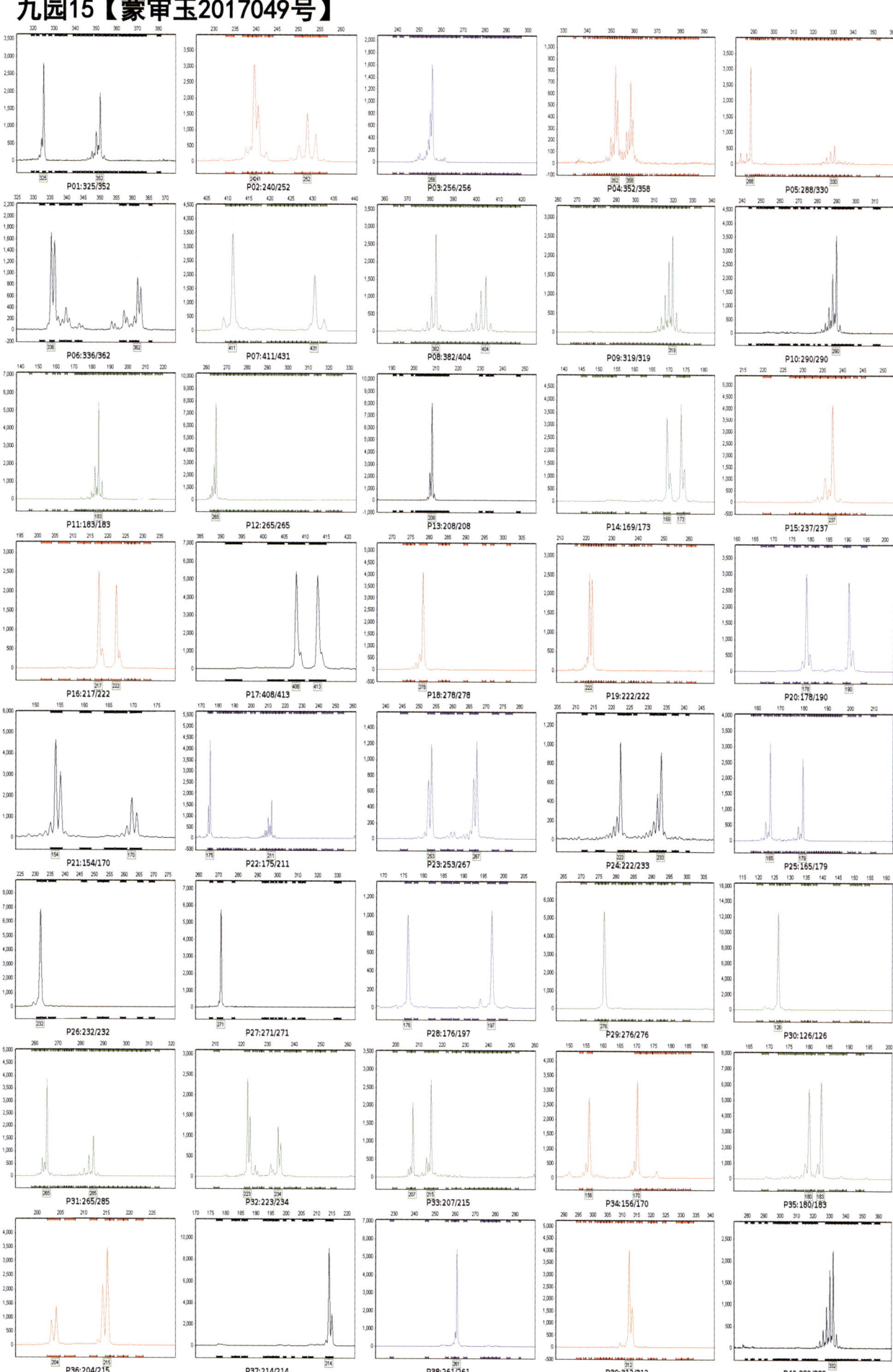

罕玉339【蒙审玉2017051号】

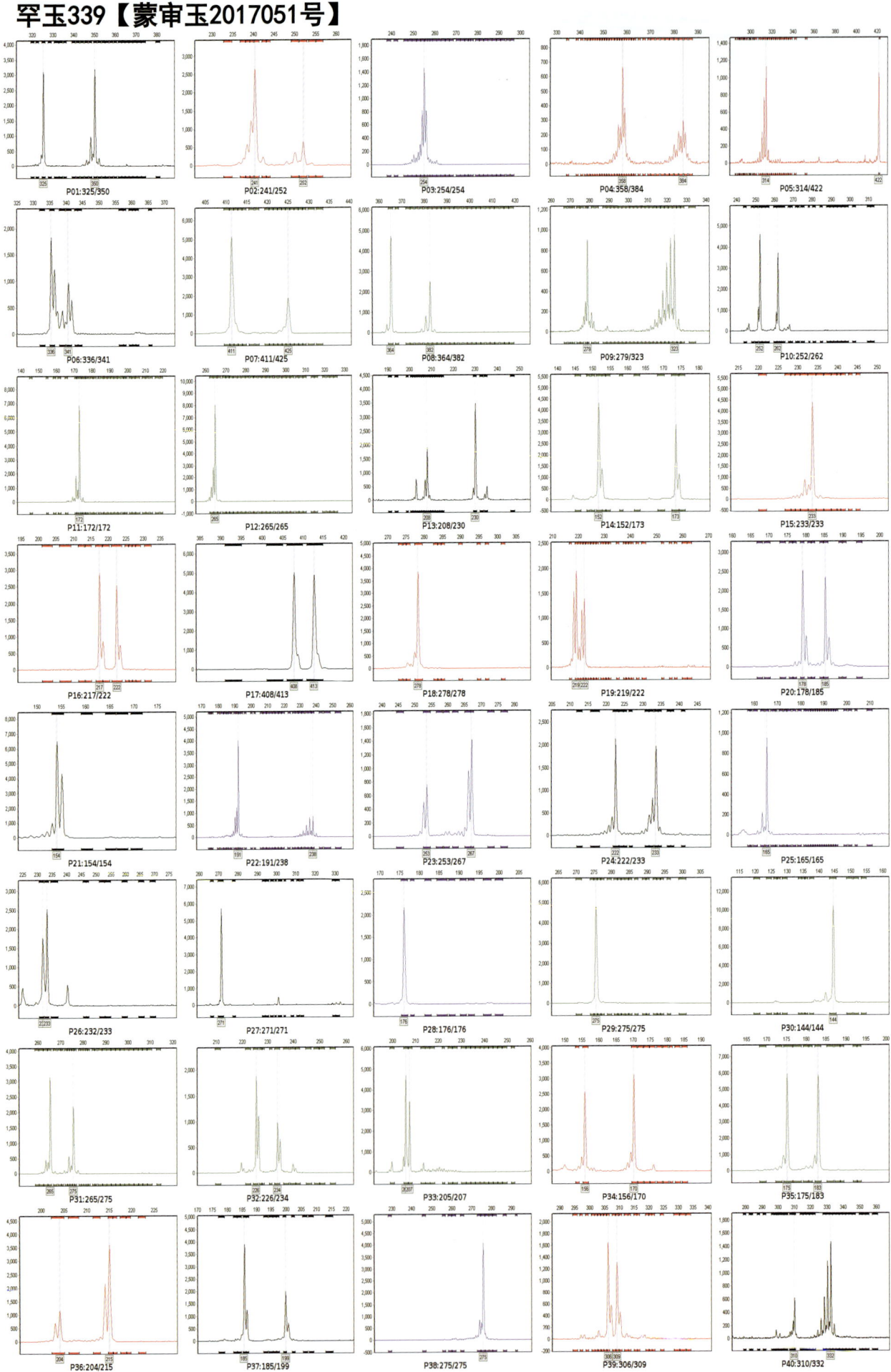

胜丰179【蒙审玉2017052号】

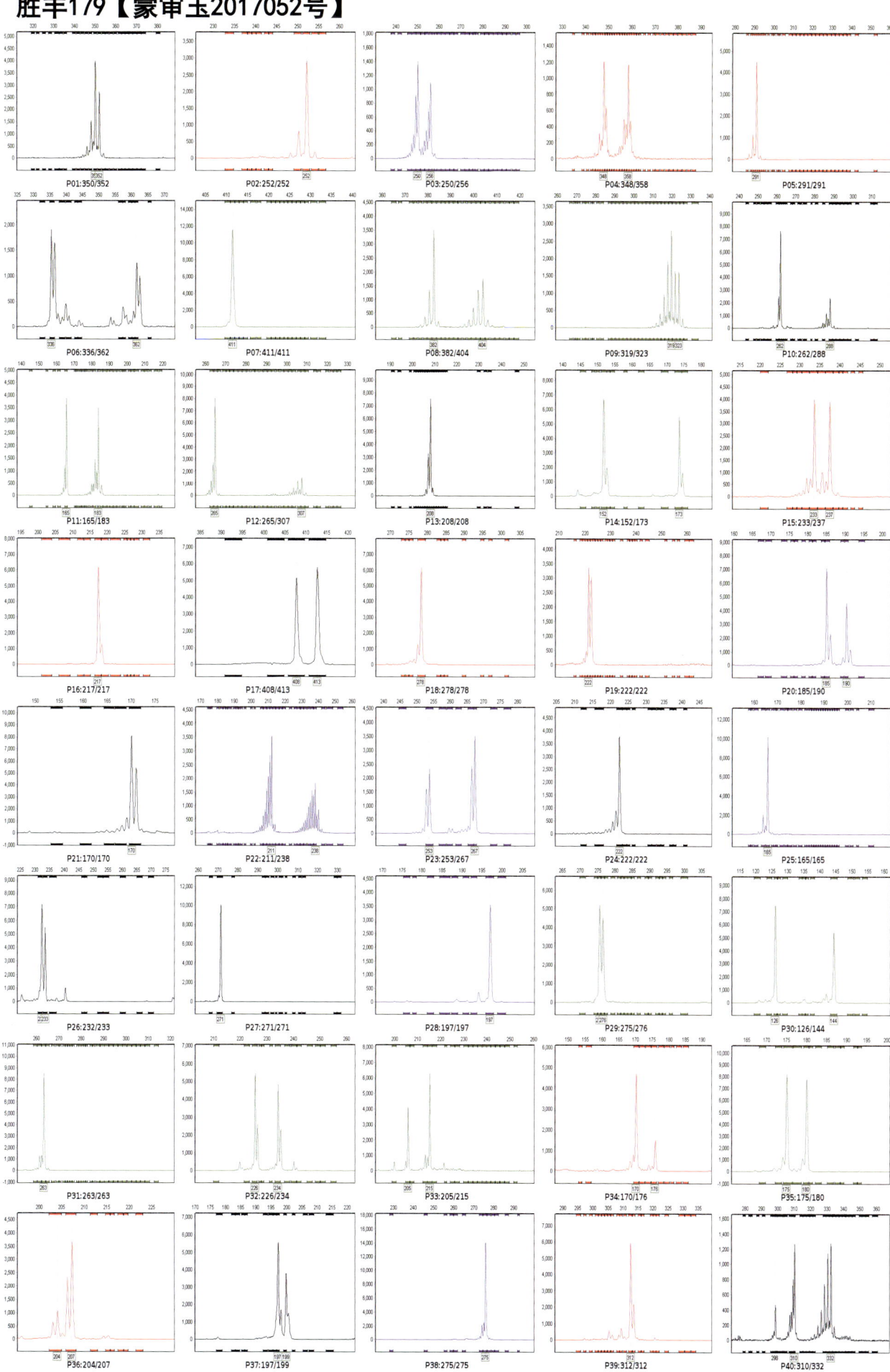

科沃9106【蒙审玉2017054号】

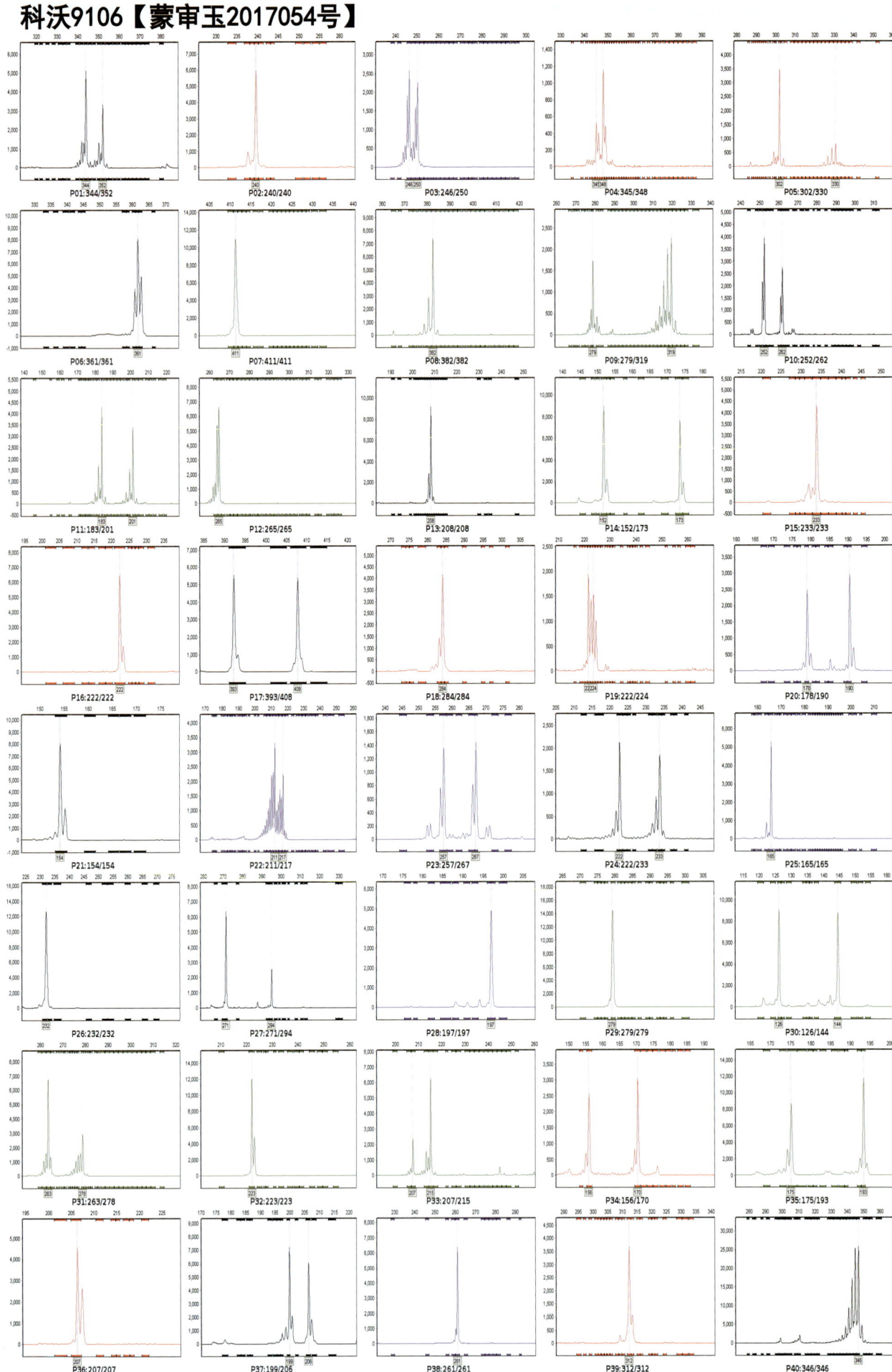

棒博尔3【蒙审玉2017055号】

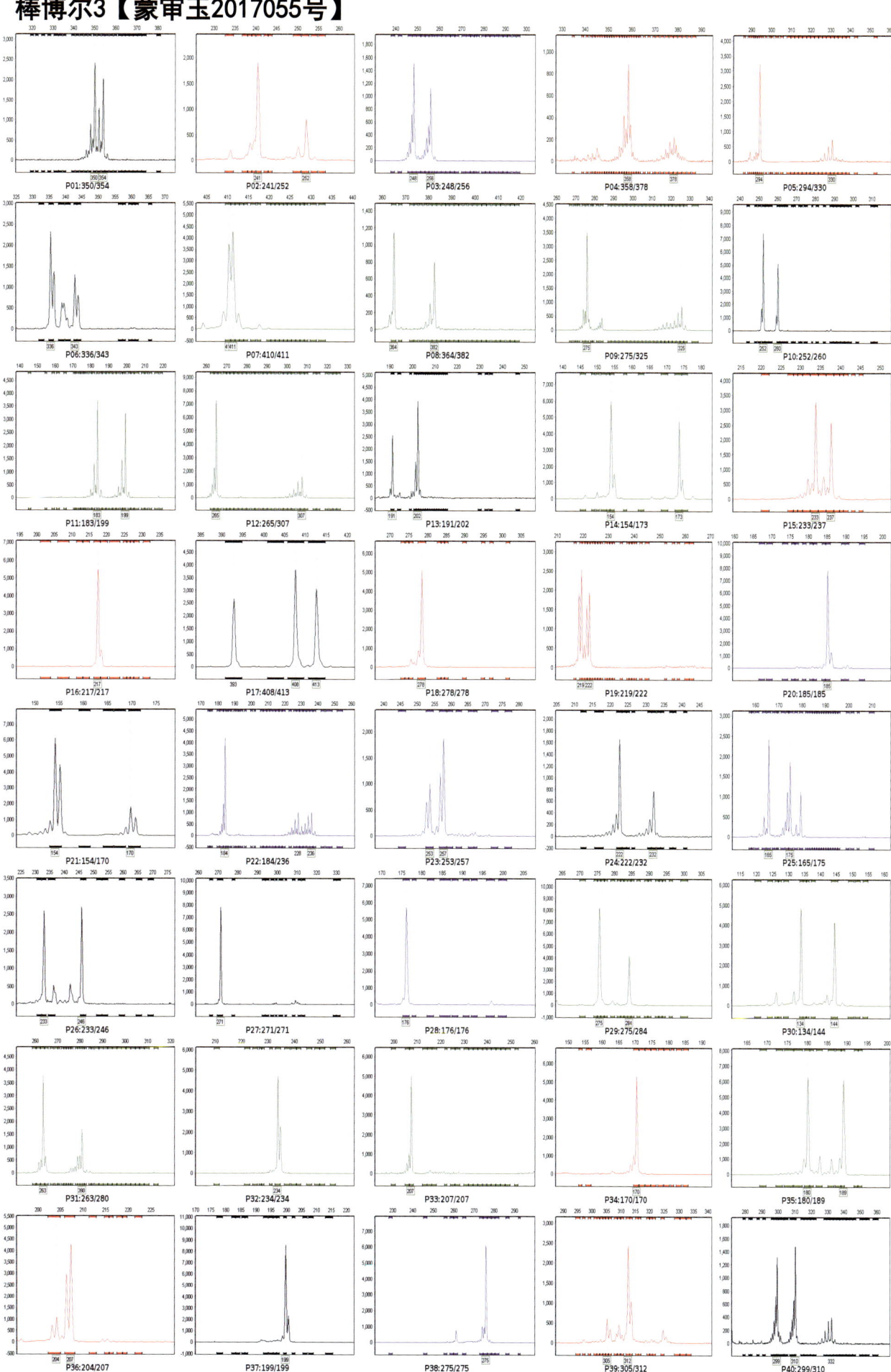

雷润787【蒙审玉2017056号】

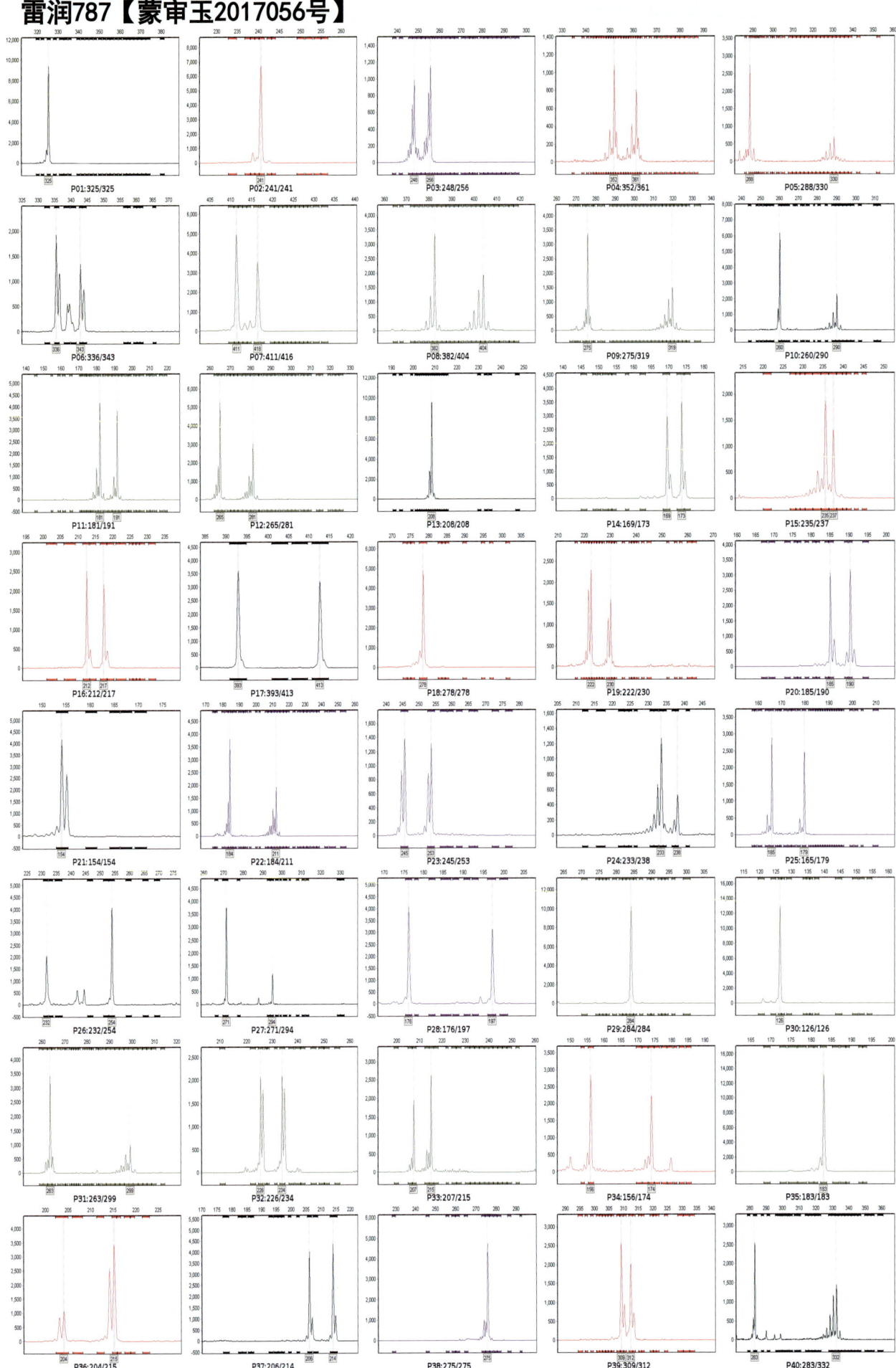

浩玉8号【蒙审玉2017057号】

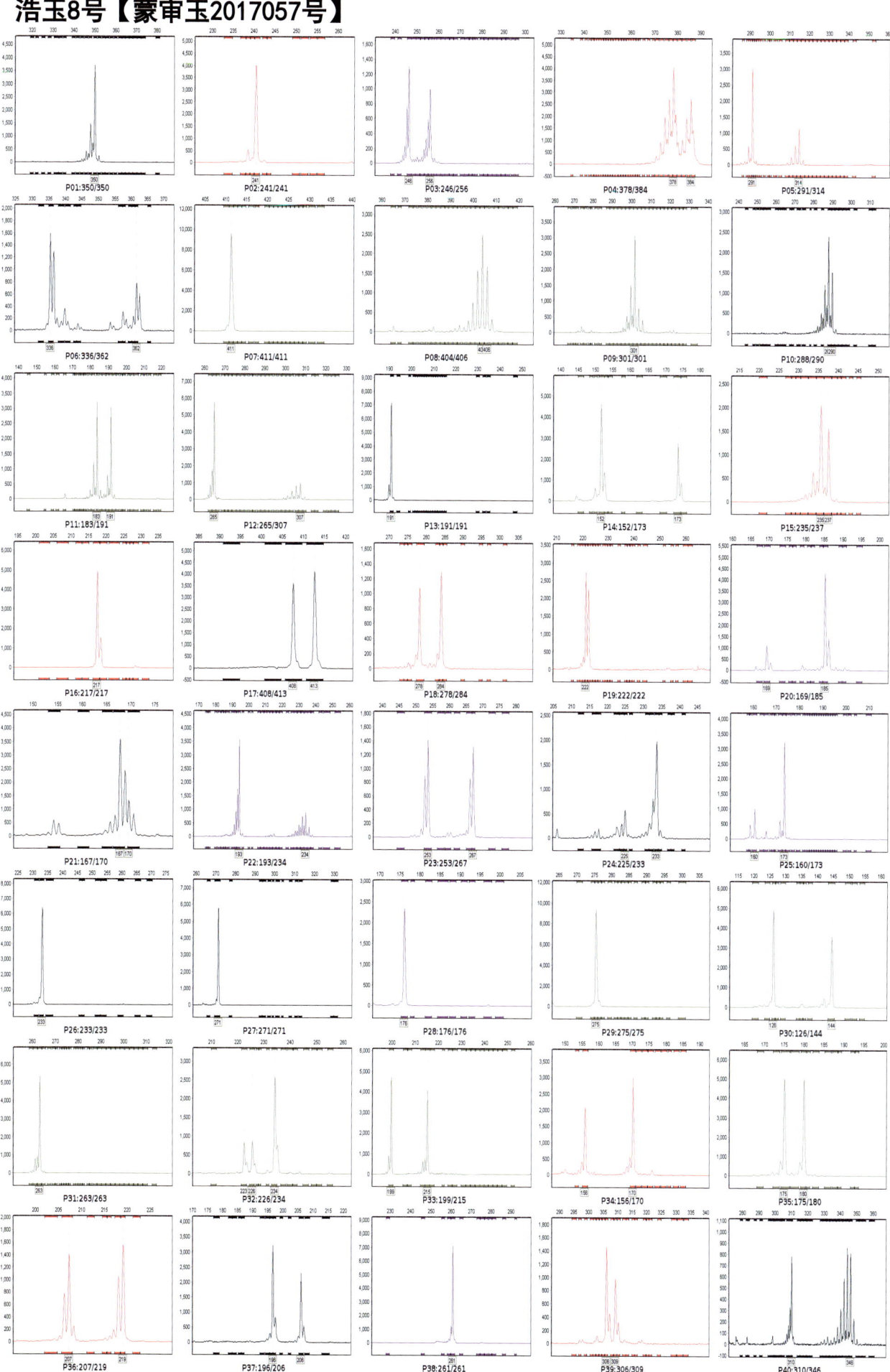

源丰009【蒙审玉2017059号】

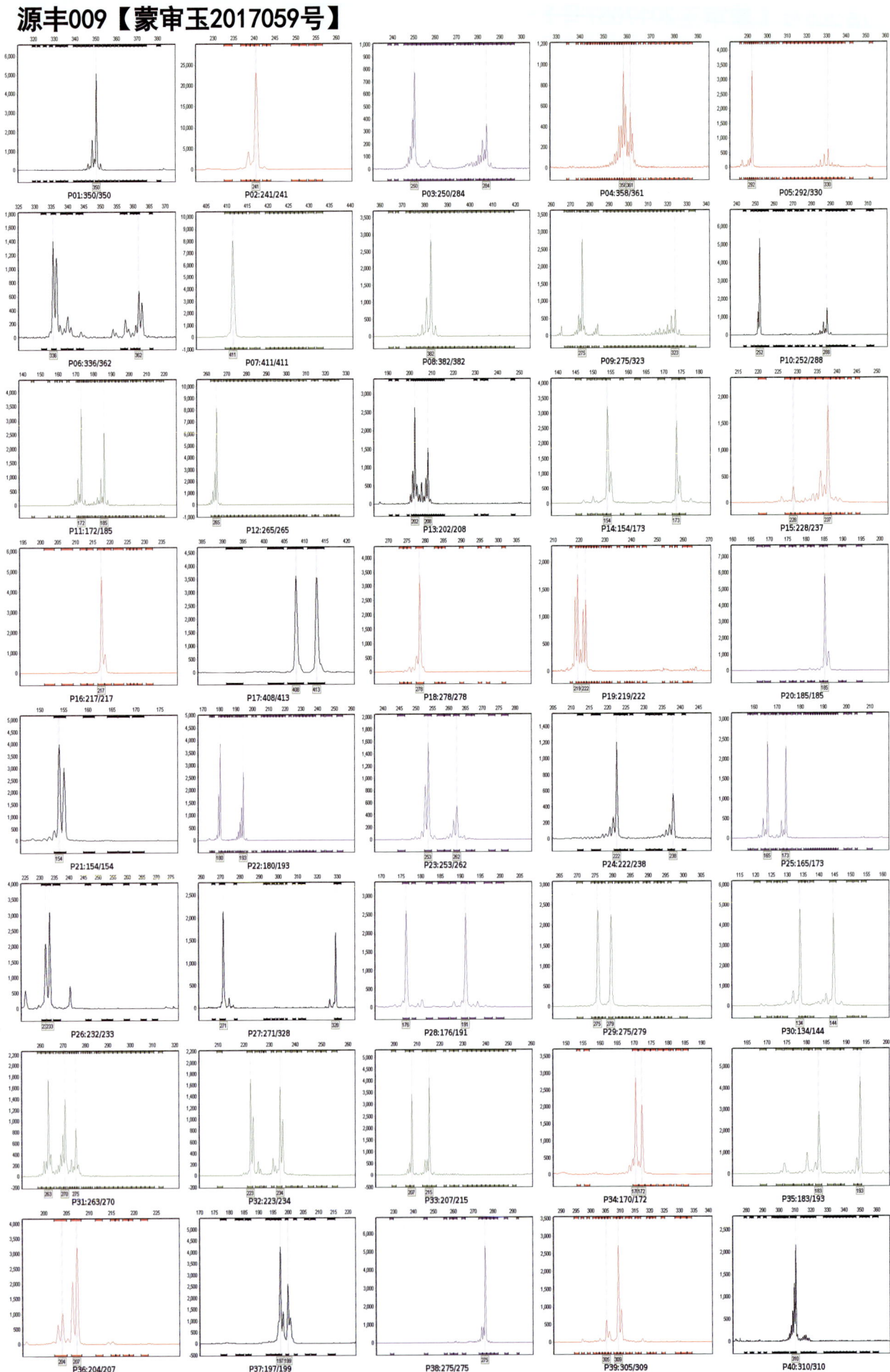

中辽1号【蒙审玉2017061号】

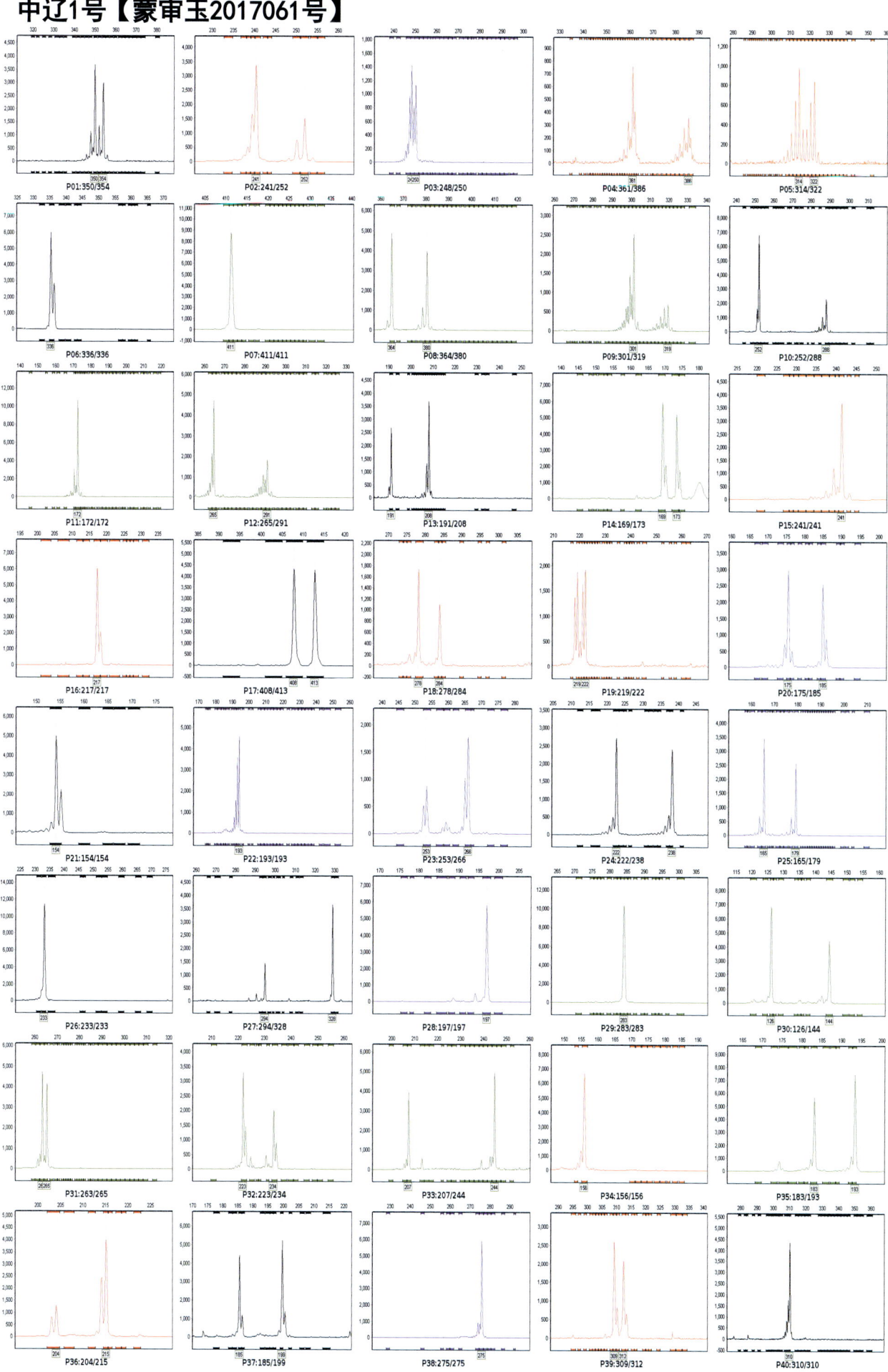

禾甜糯2【蒙审玉2017064号】

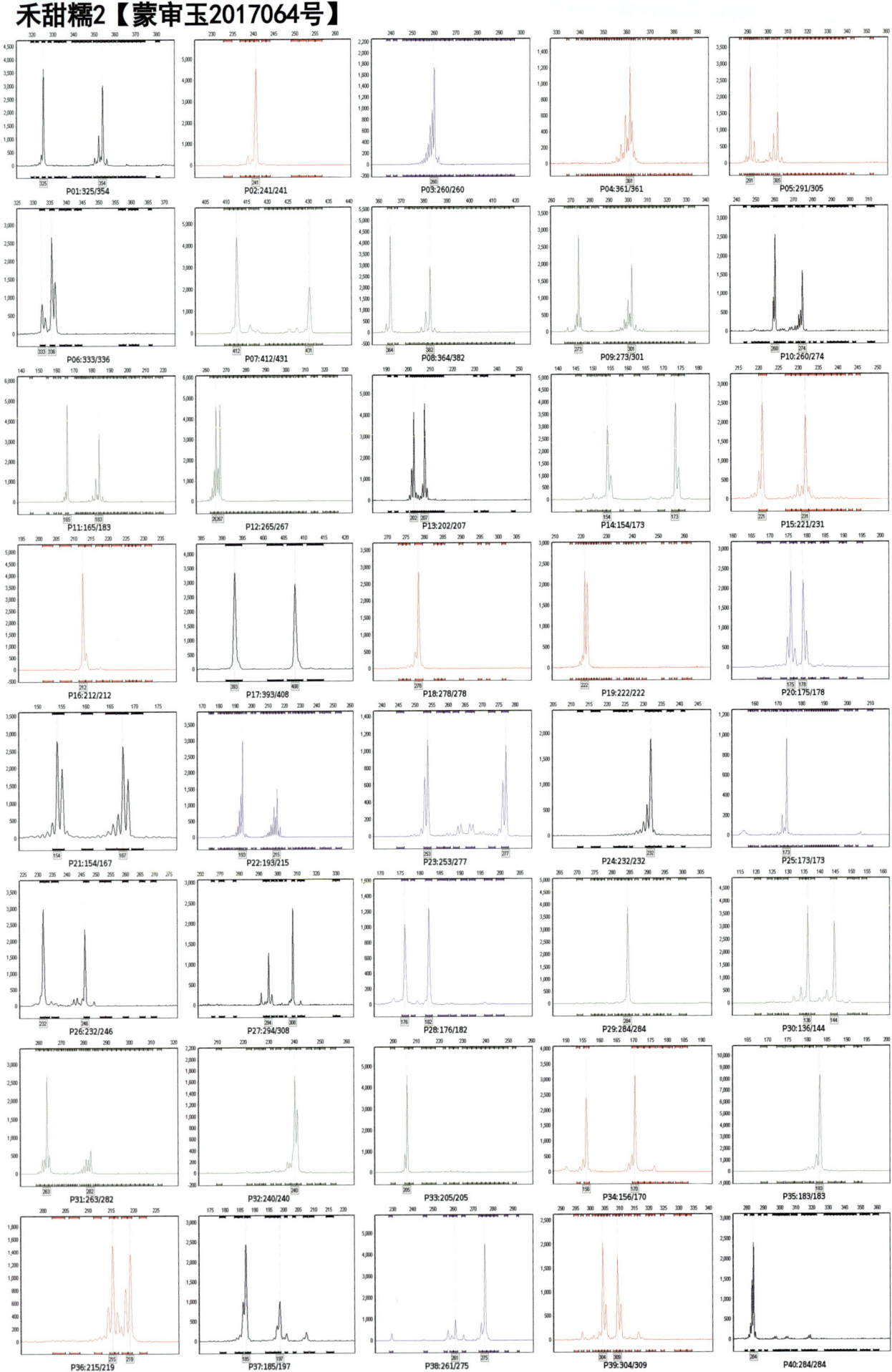

彩甜糯001【蒙审玉2017065号】

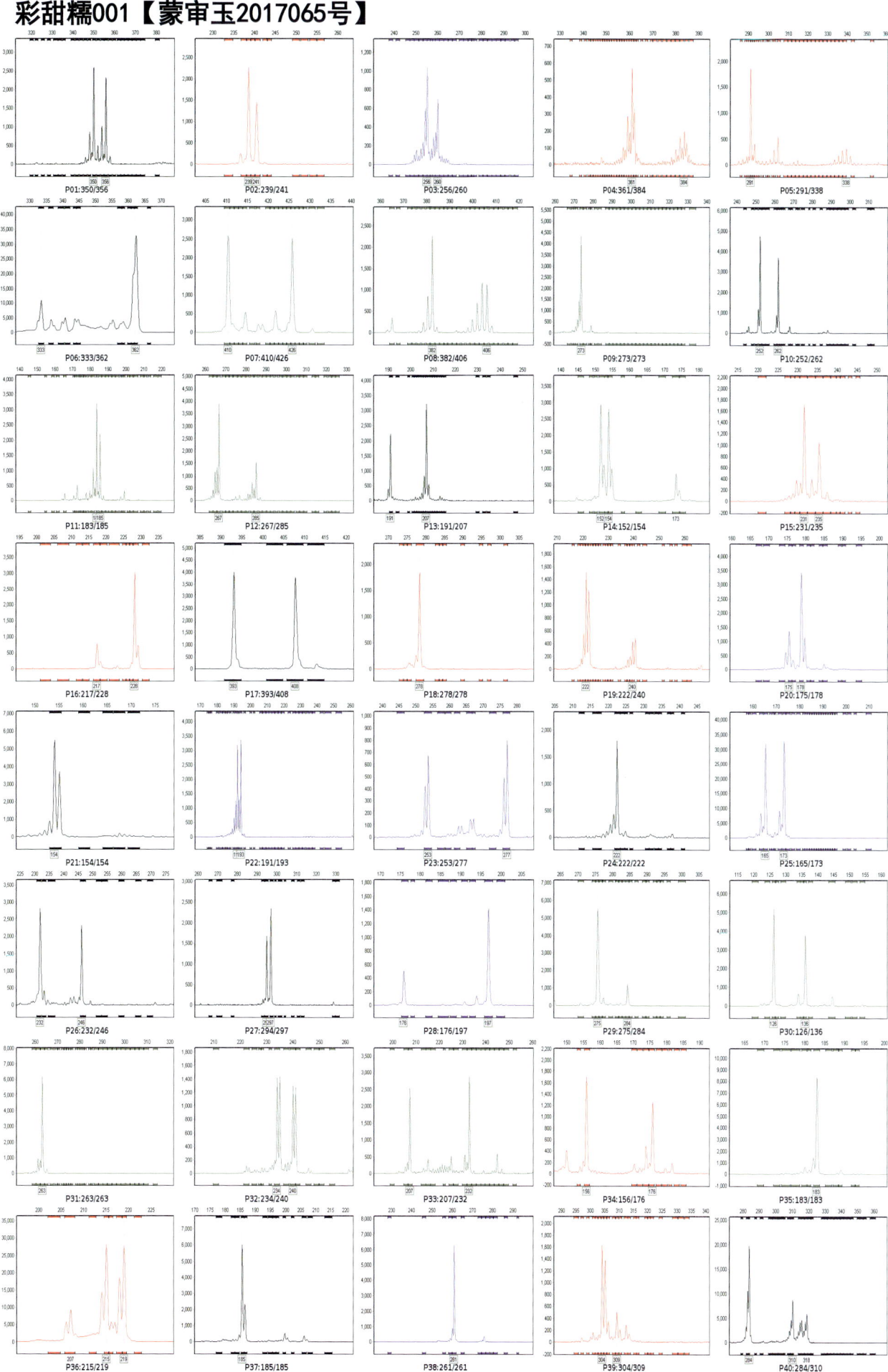

大京九12【蒙审玉（饲）2017001号】

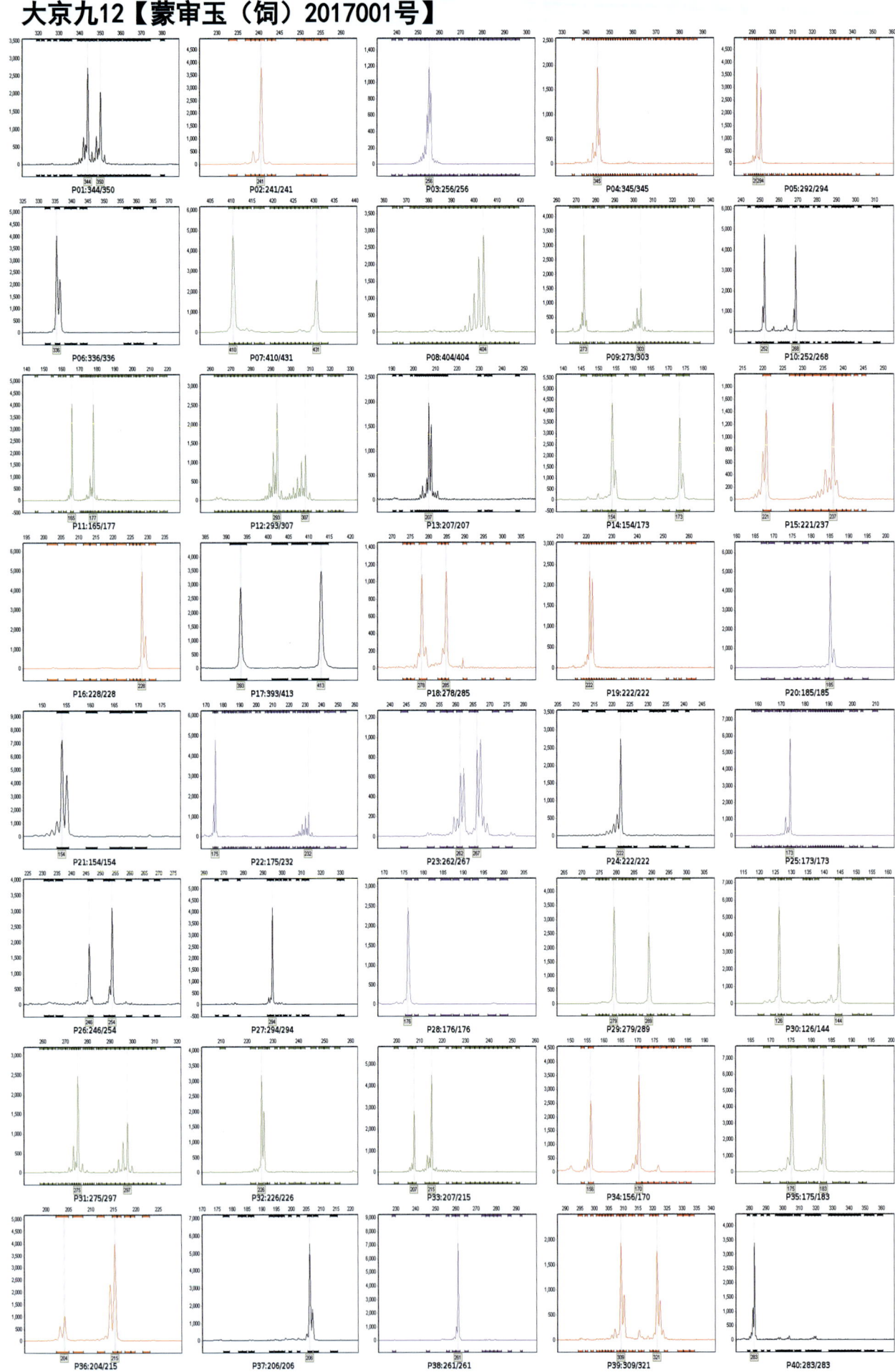

钧凯青贮909【蒙审玉（饲）2017003号】

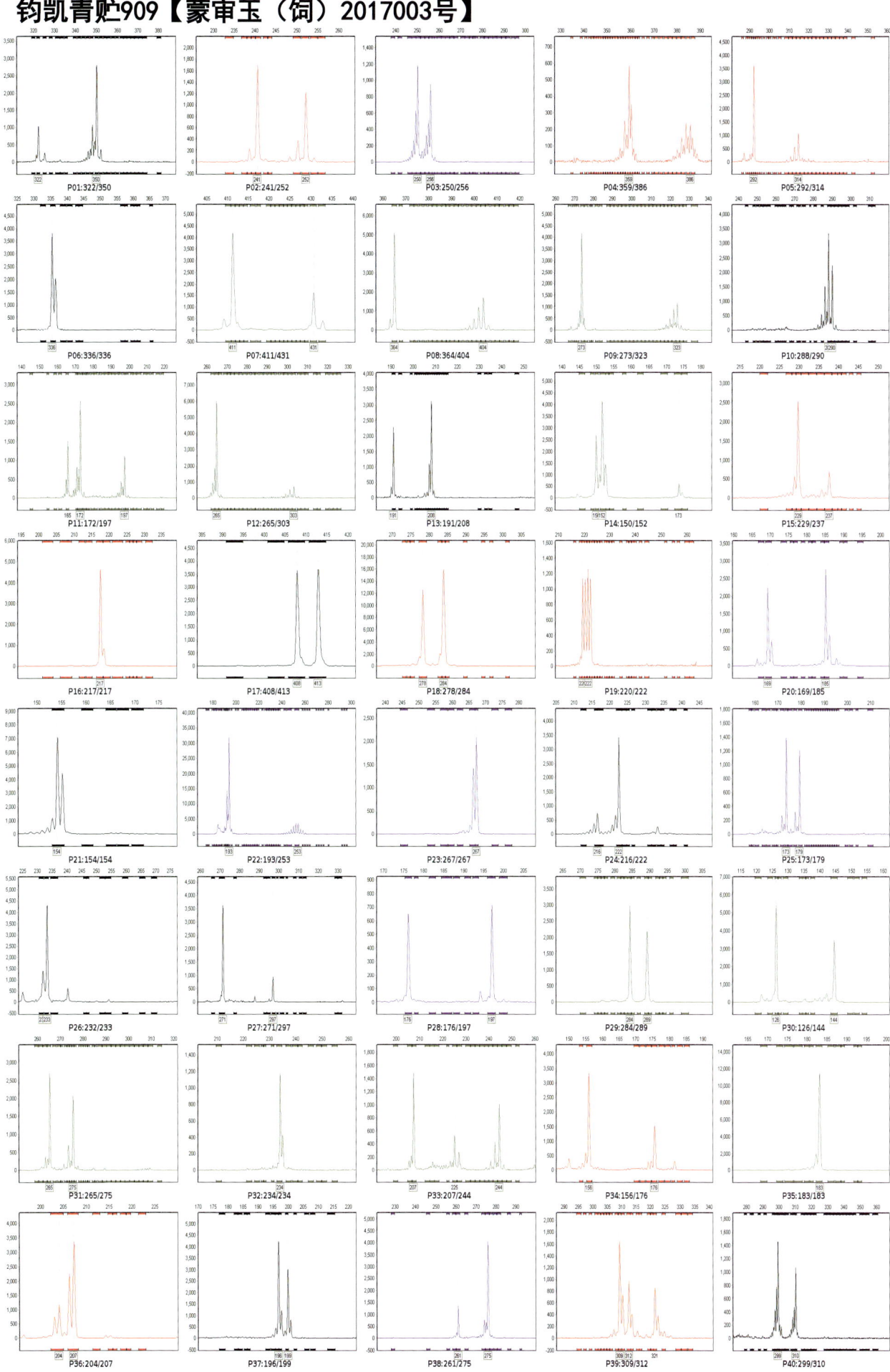

西蒙919【蒙审玉（饲）2017004号】

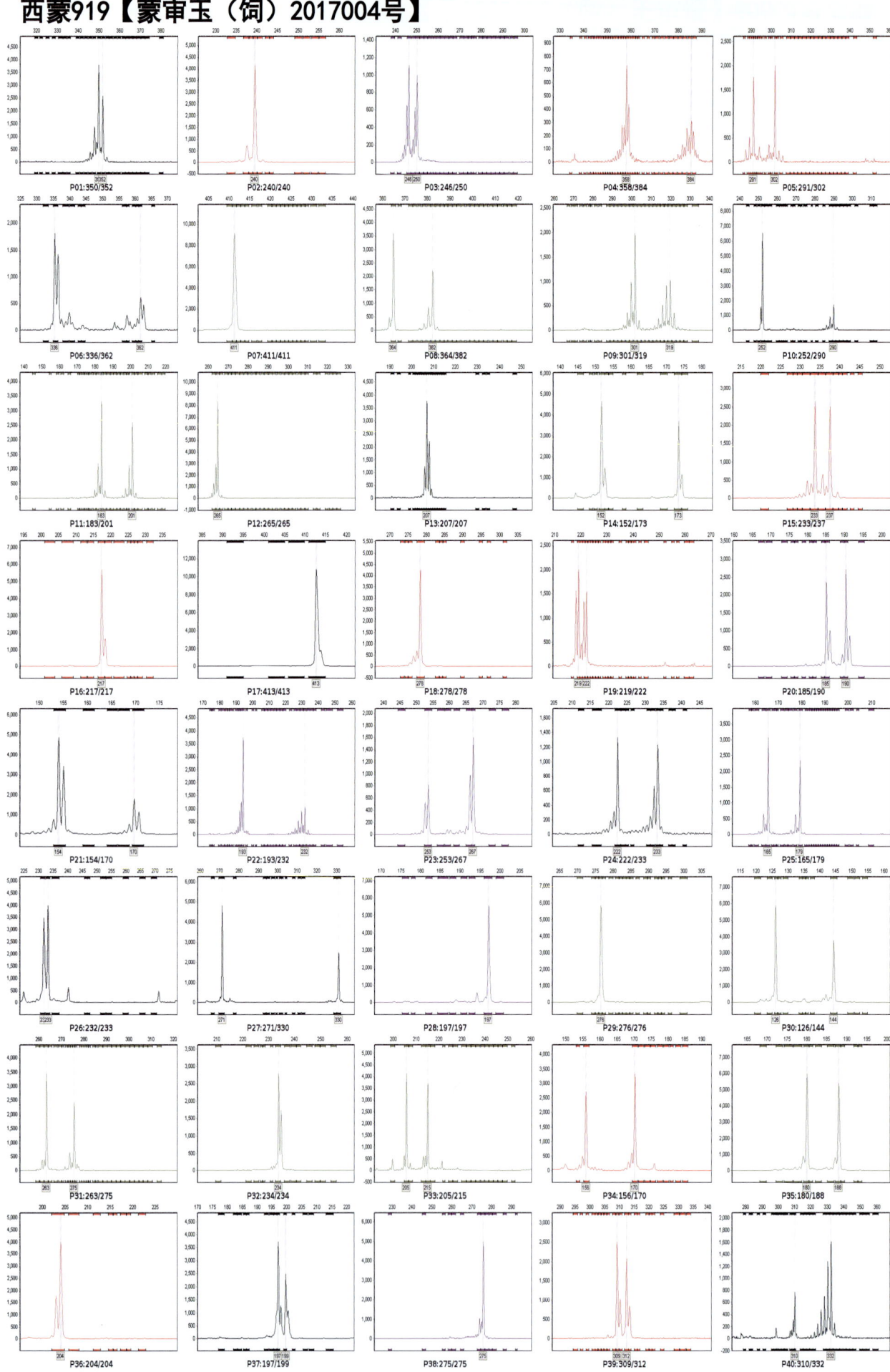

先单405【蒙审玉（饲）2017005号】

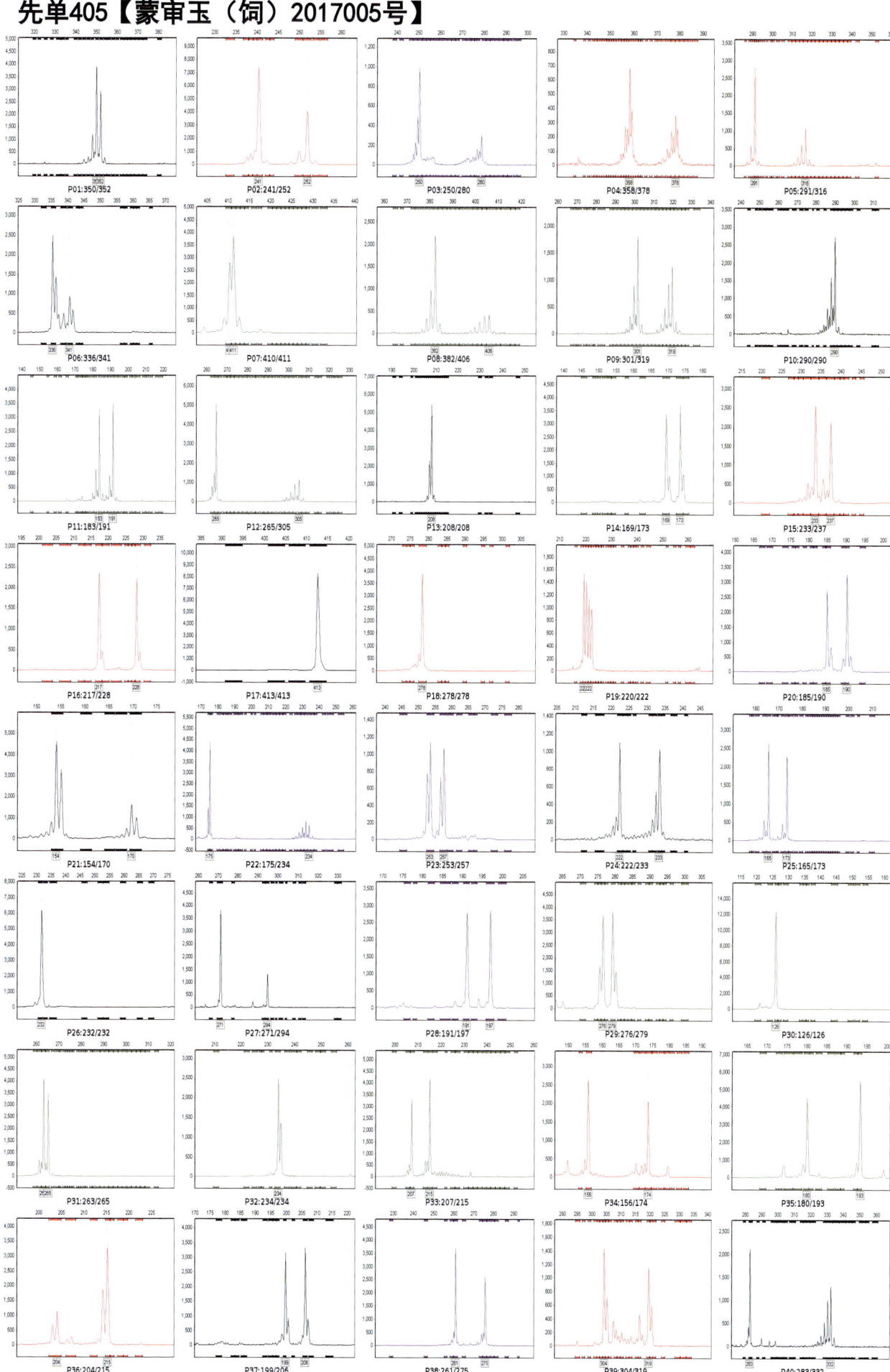

蠡玉8号【蒙审玉2018001号】

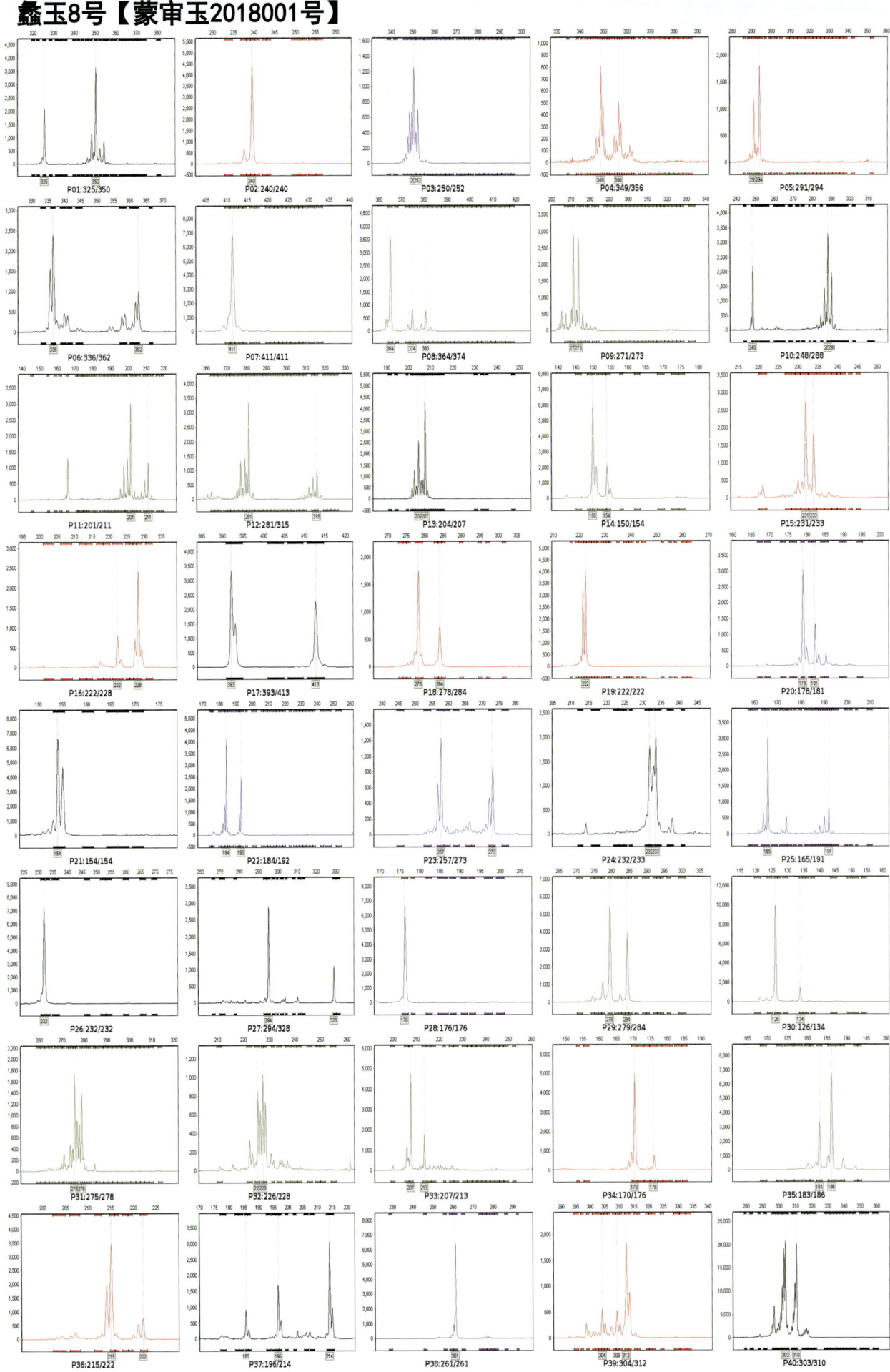

丰垦129【蒙审玉2018002号】

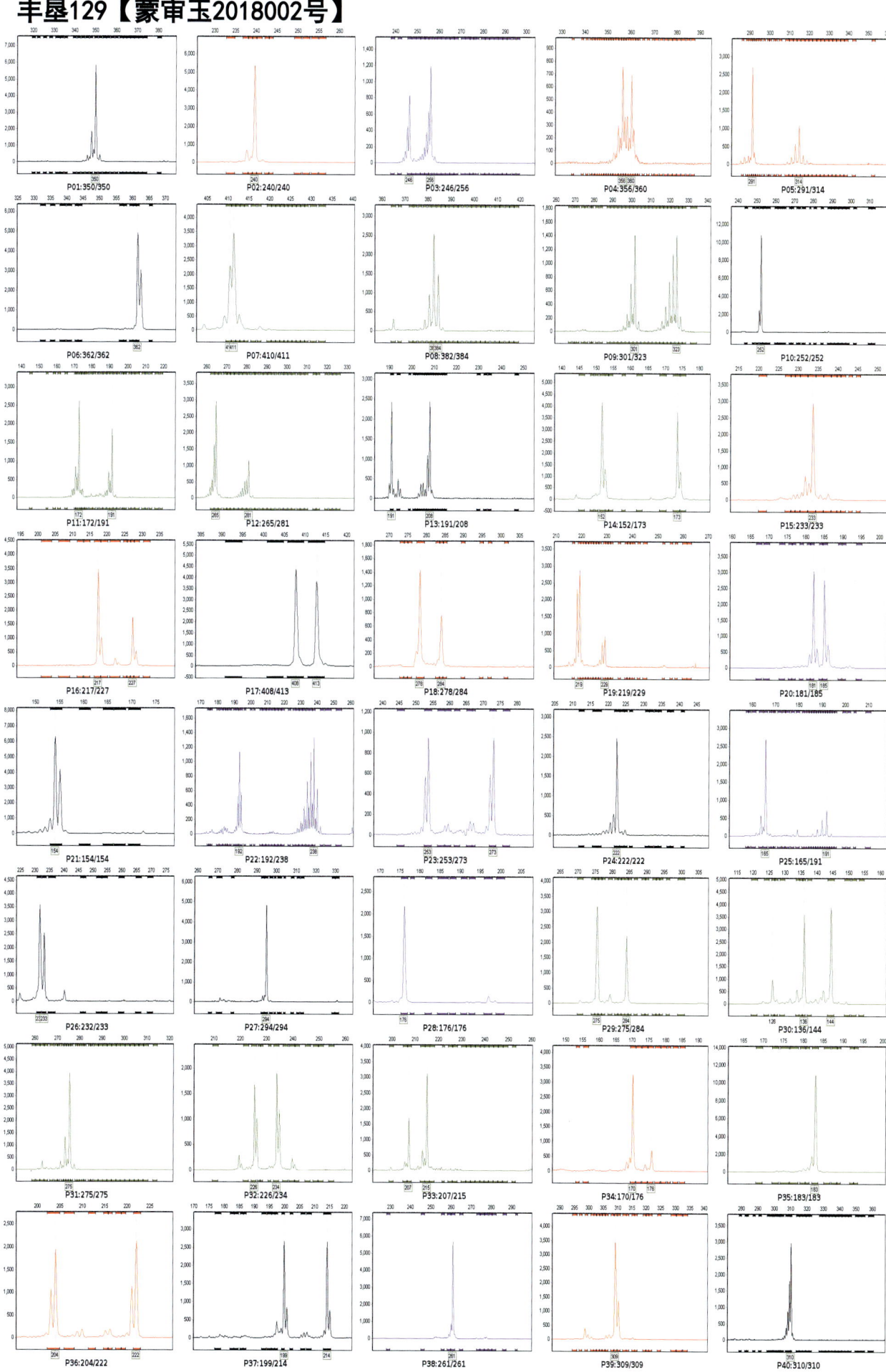

兴丰9【蒙审玉2018005号】

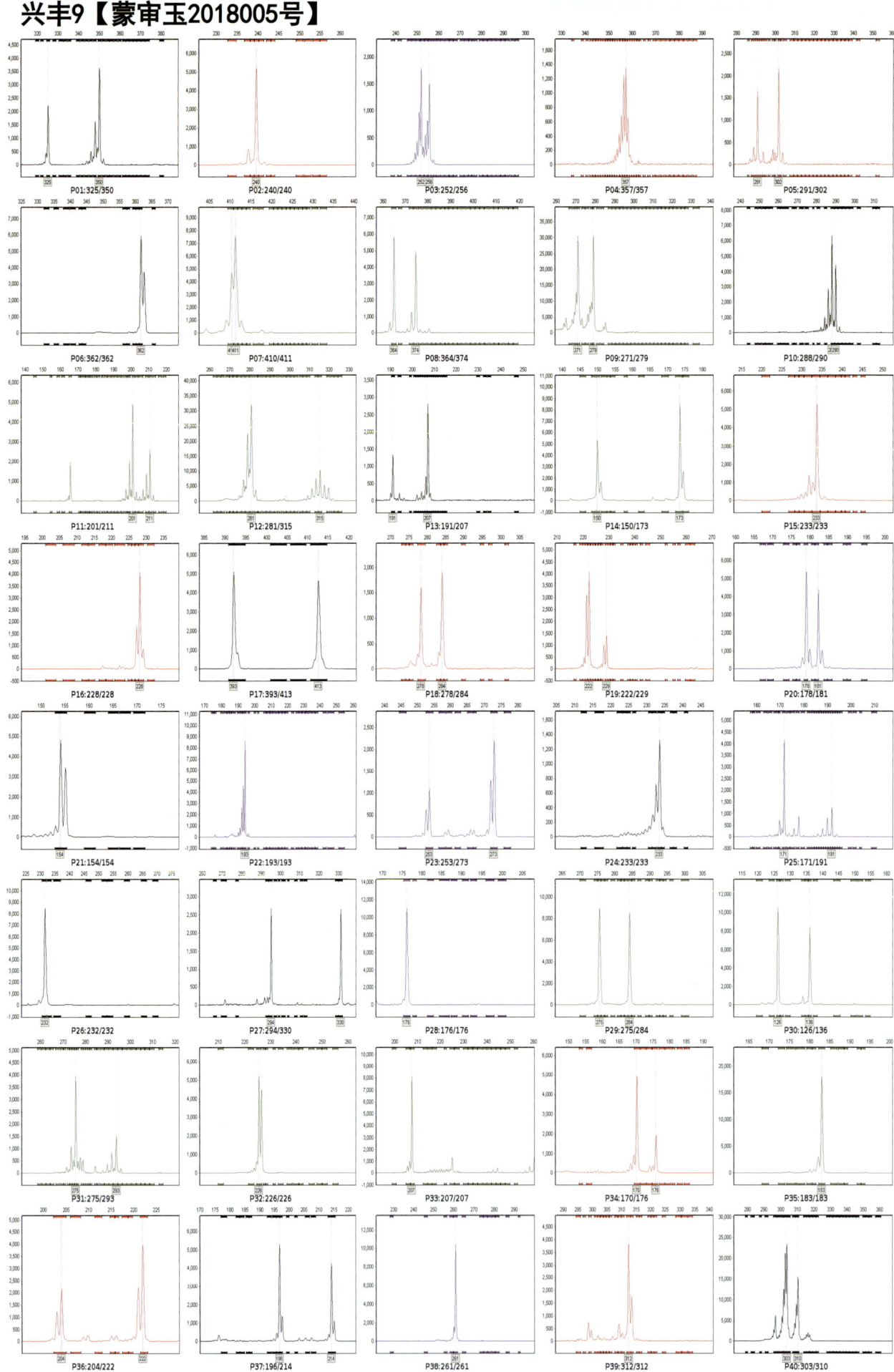

利合328【蒙审玉2018006号】

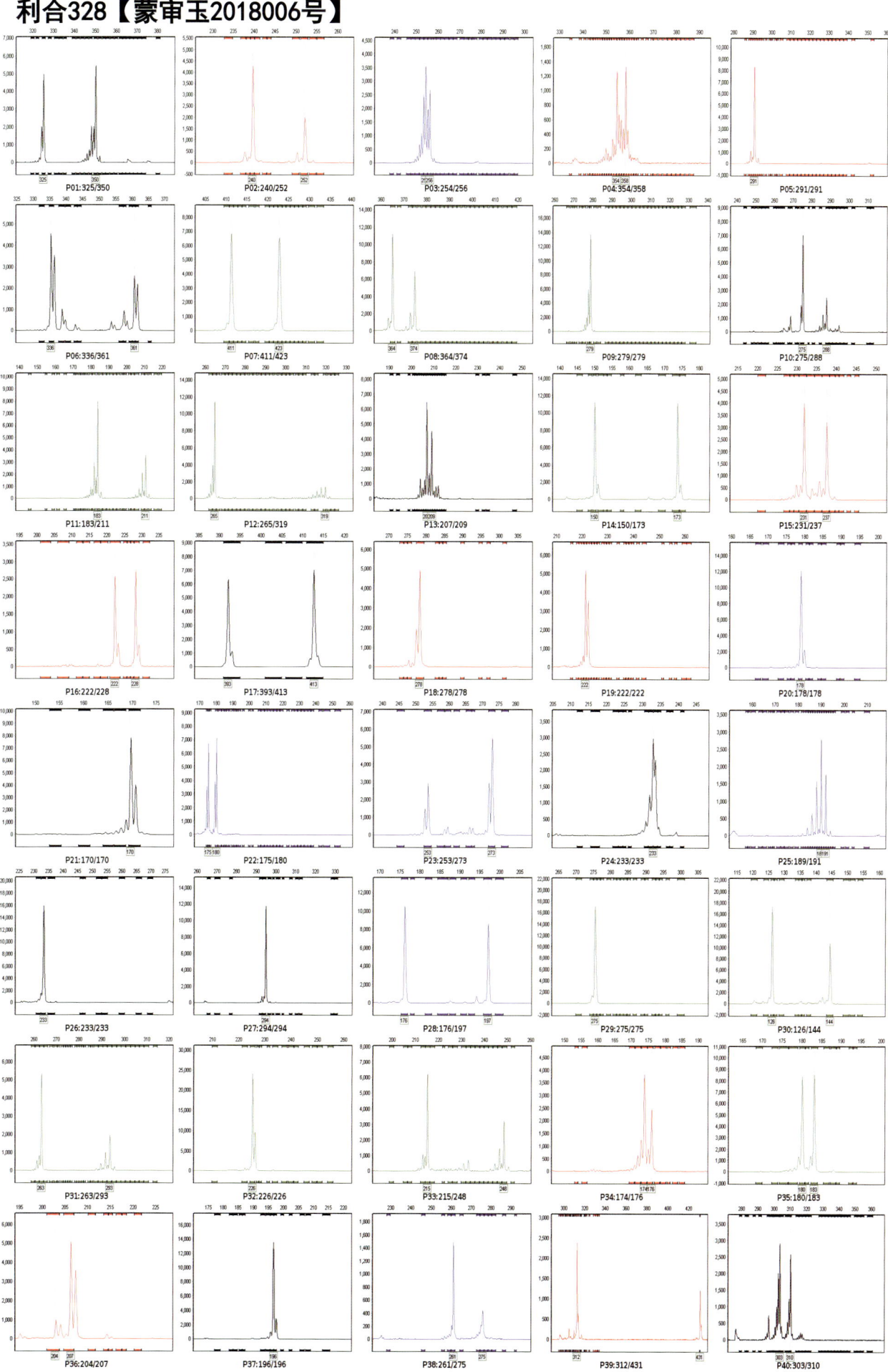

中玉990 【蒙审玉2018007号】

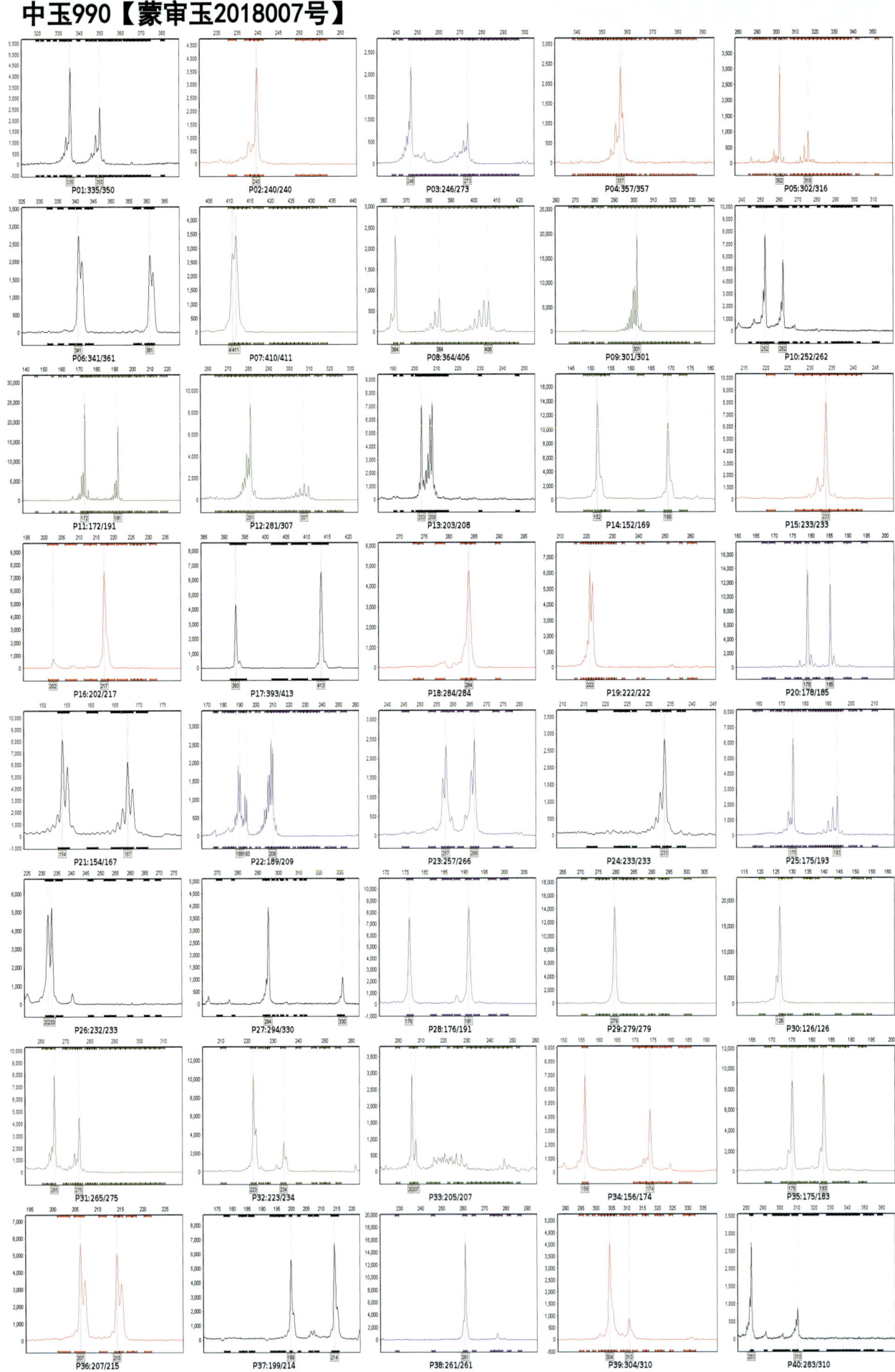

登科29【蒙审玉2018008号】

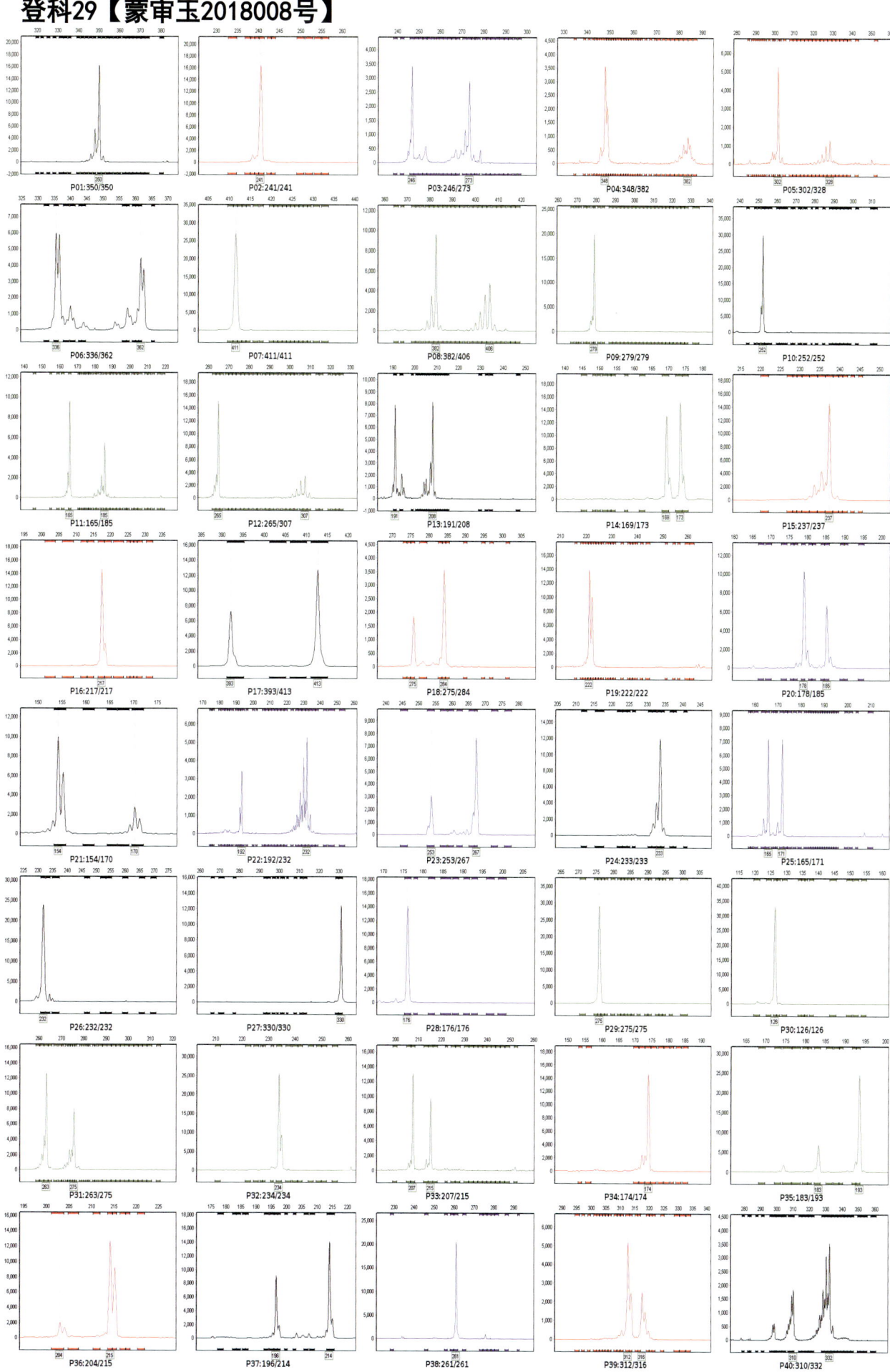

新引KWS9384【蒙审玉2018009号】

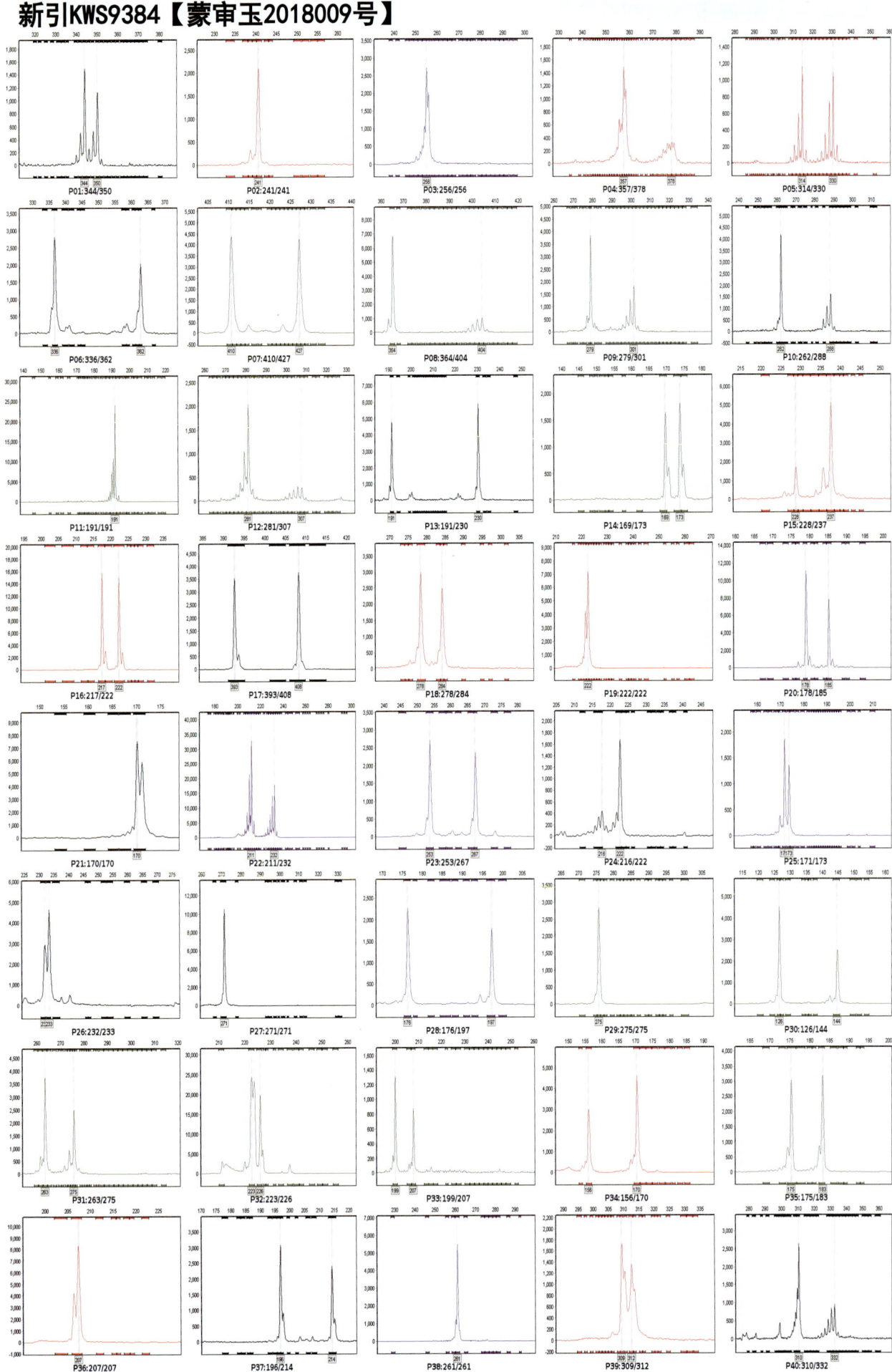

先达210【蒙审玉2018010号】

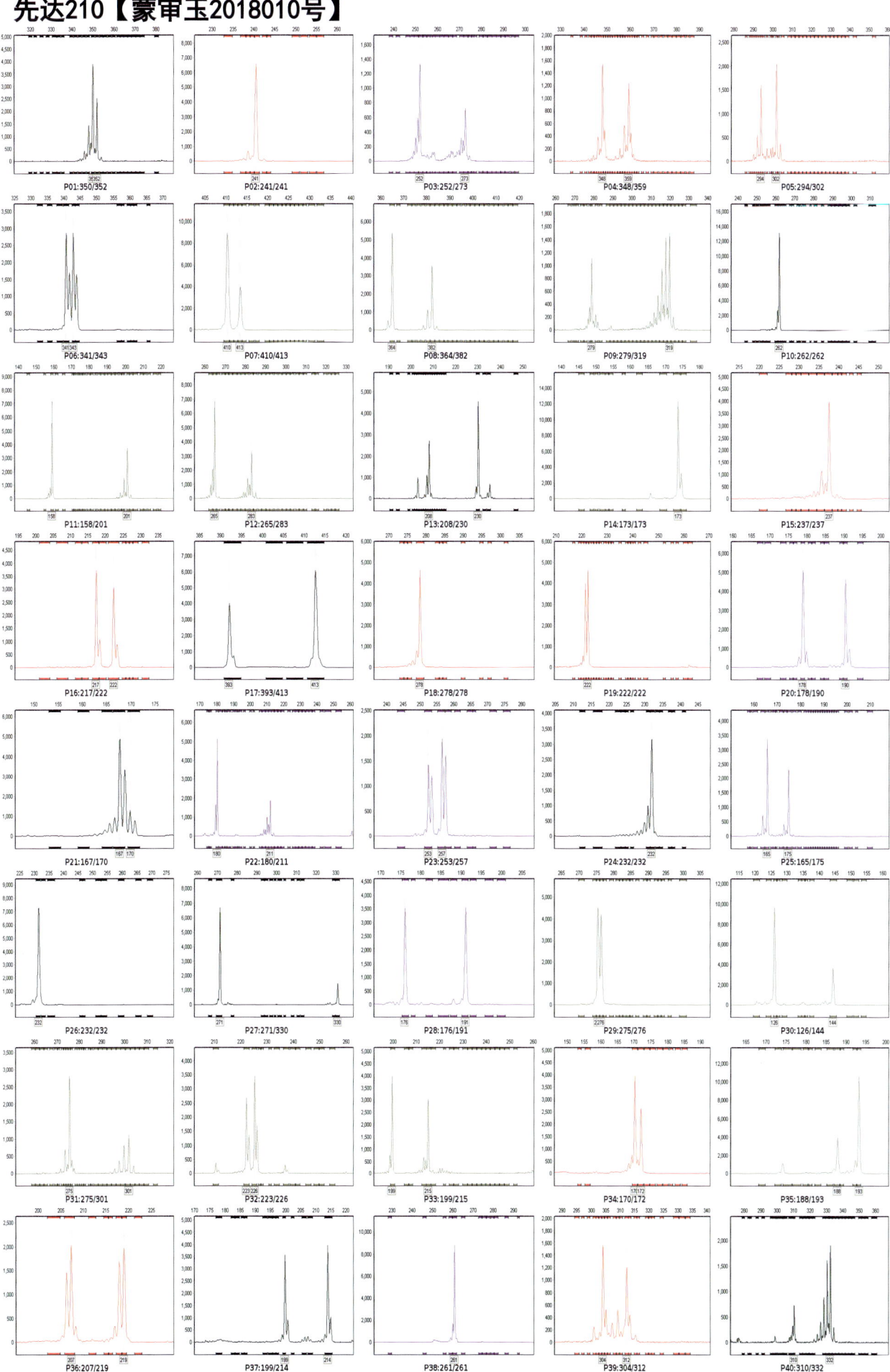

华瑞638【蒙审玉2018011号】

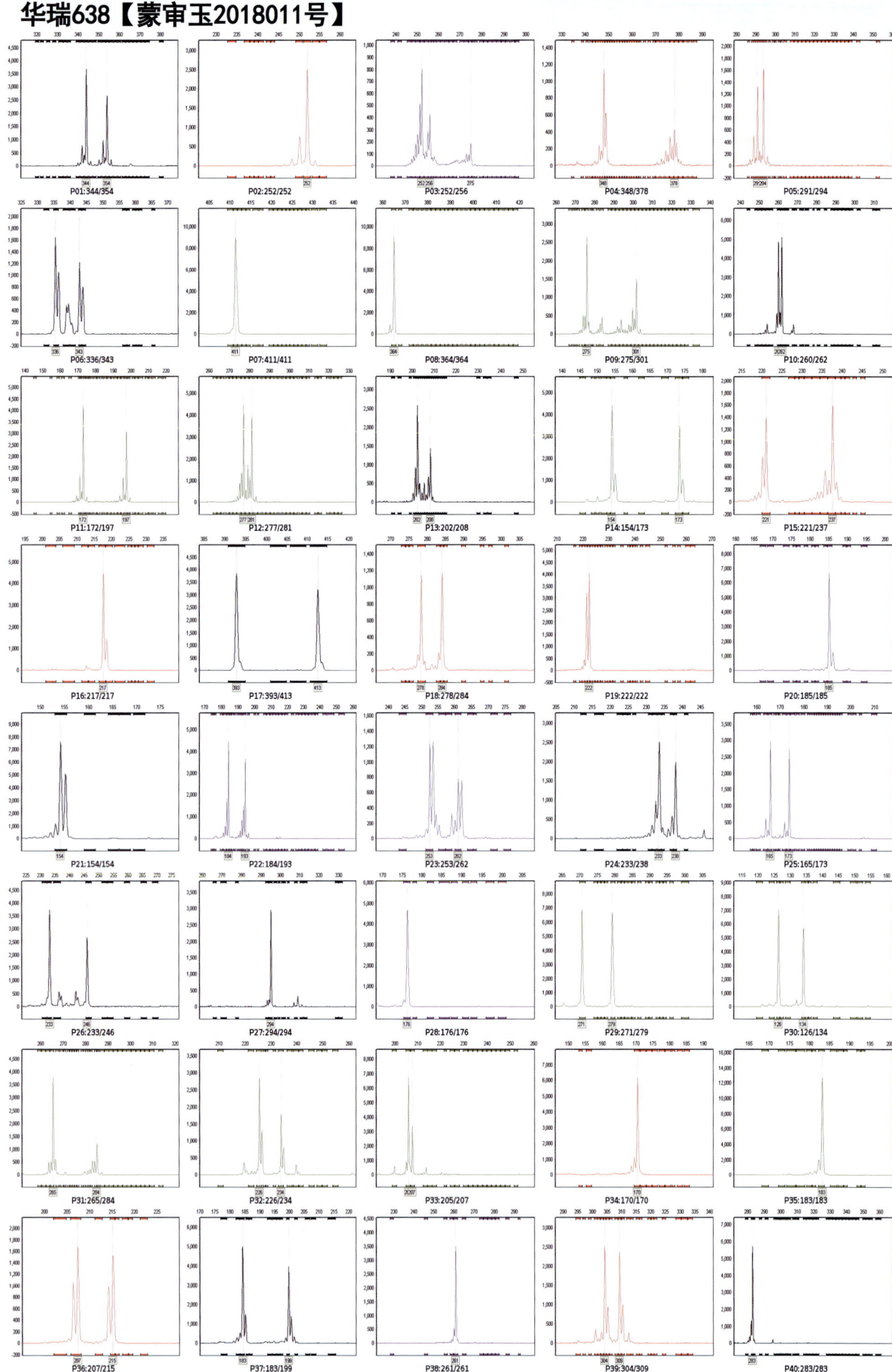

华美335【蒙审玉2018012号】

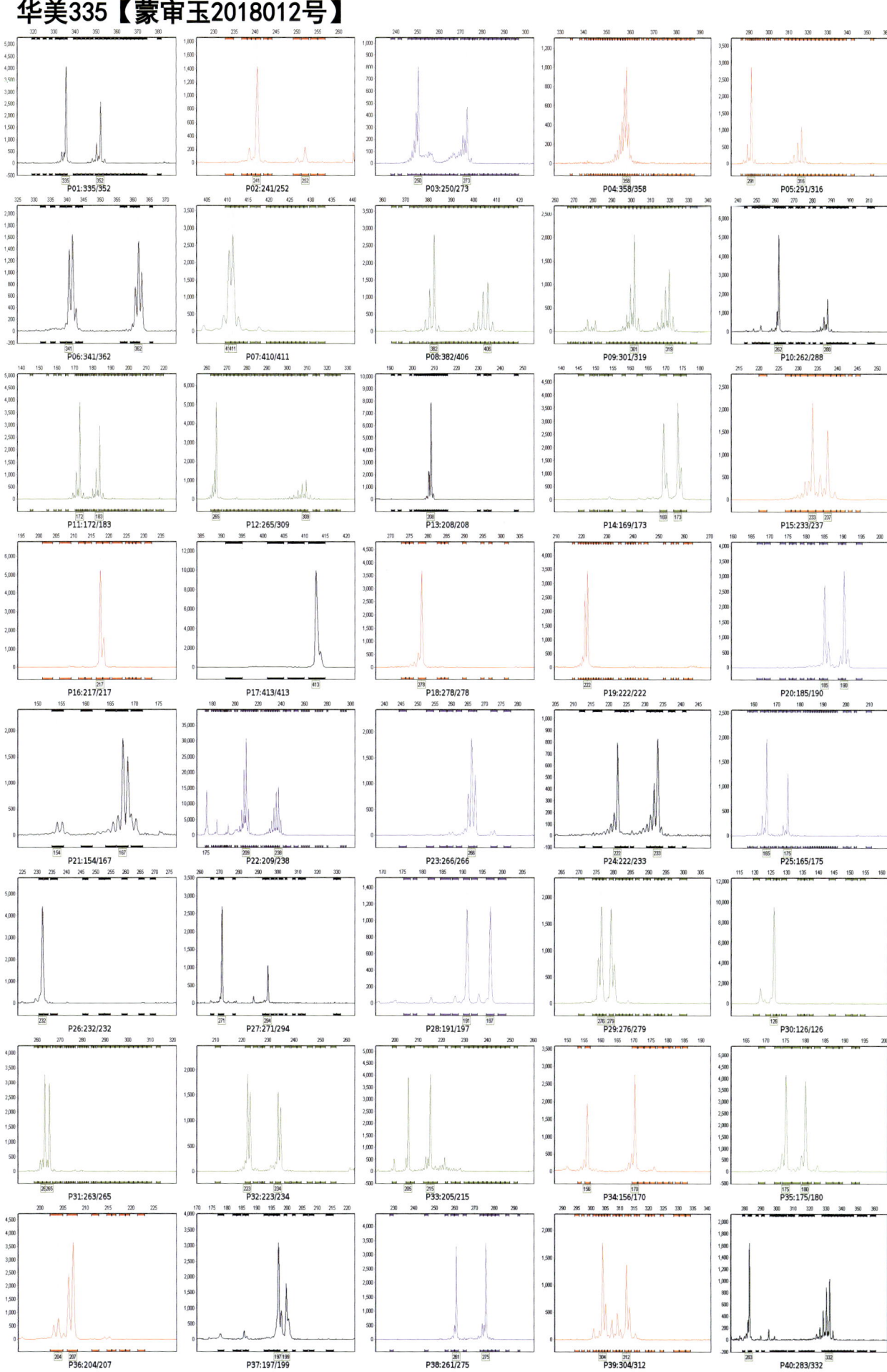

吉单407【蒙审玉2018013号】

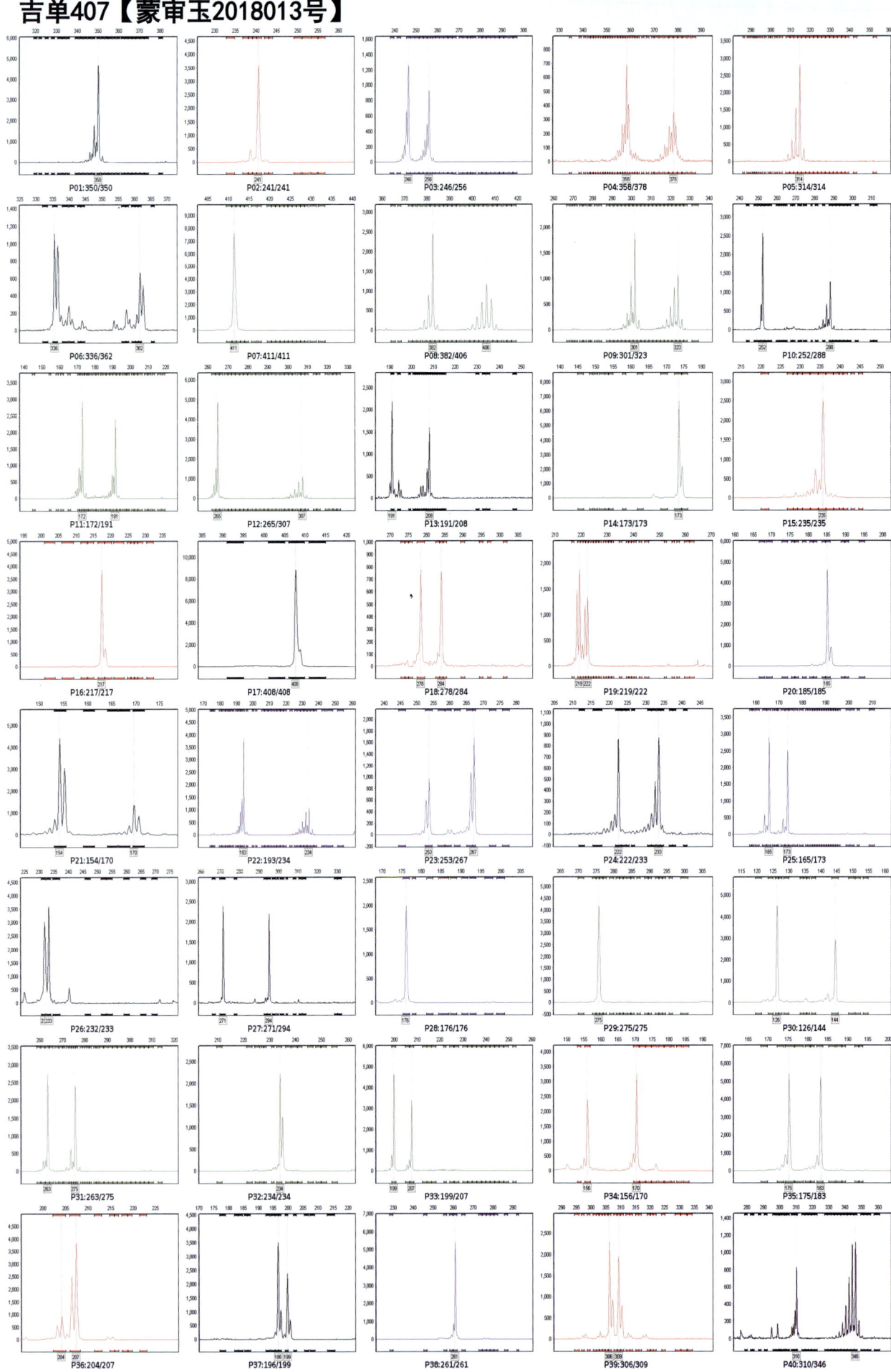

244

浩单693【蒙审玉2018017号】

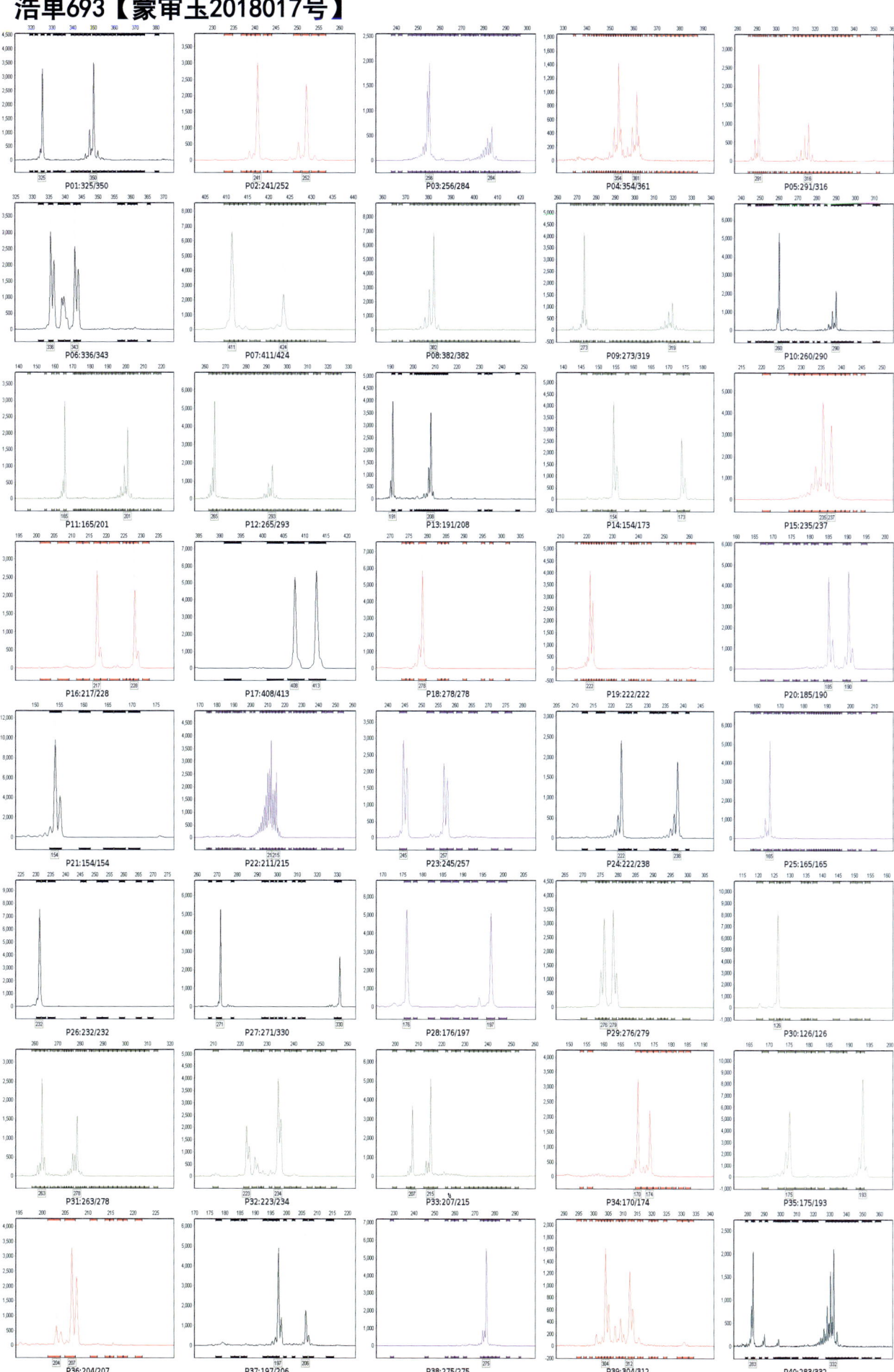

先达303【蒙审玉2018018号】

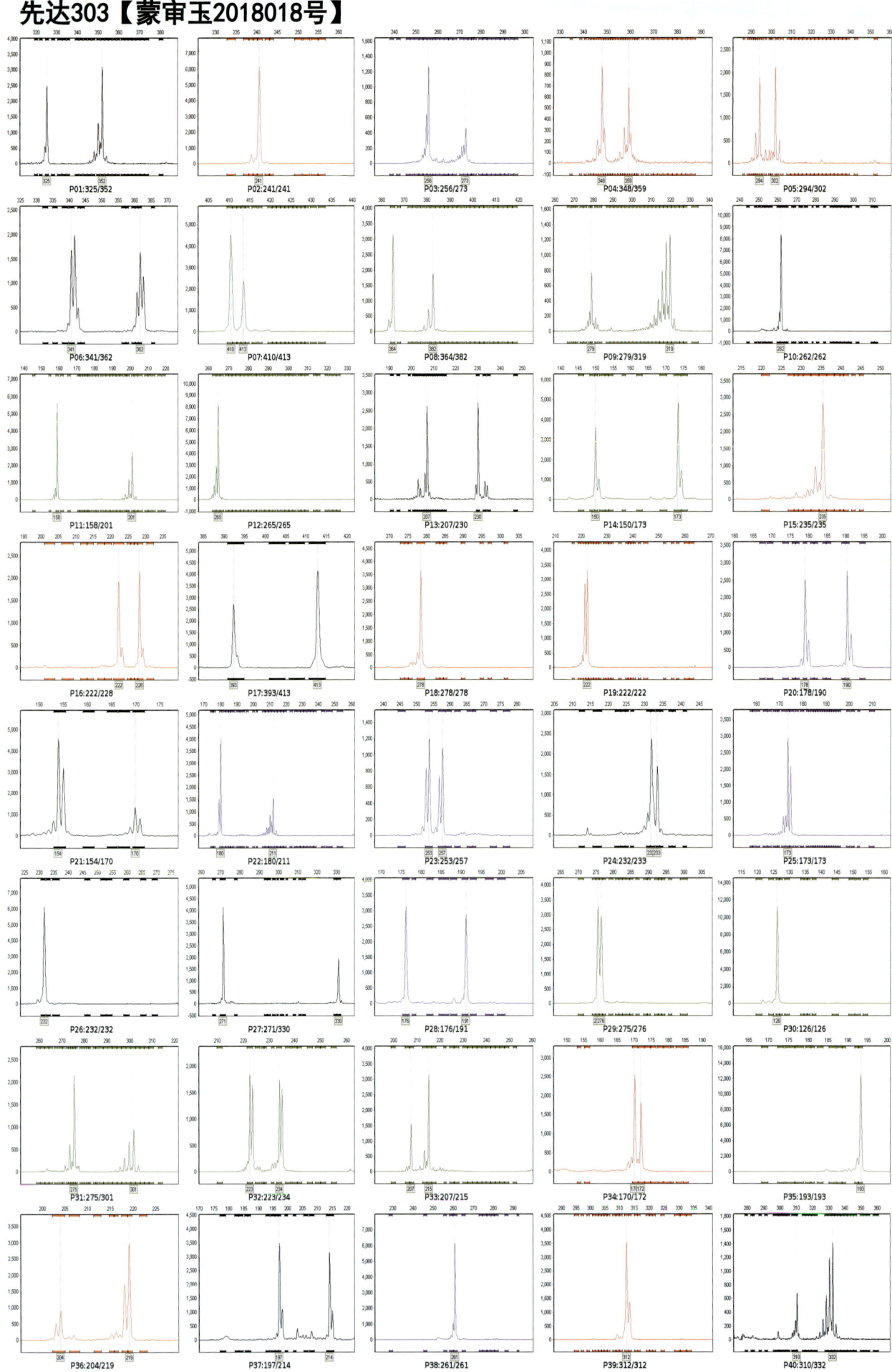

中农育6号【蒙审玉2018019号】

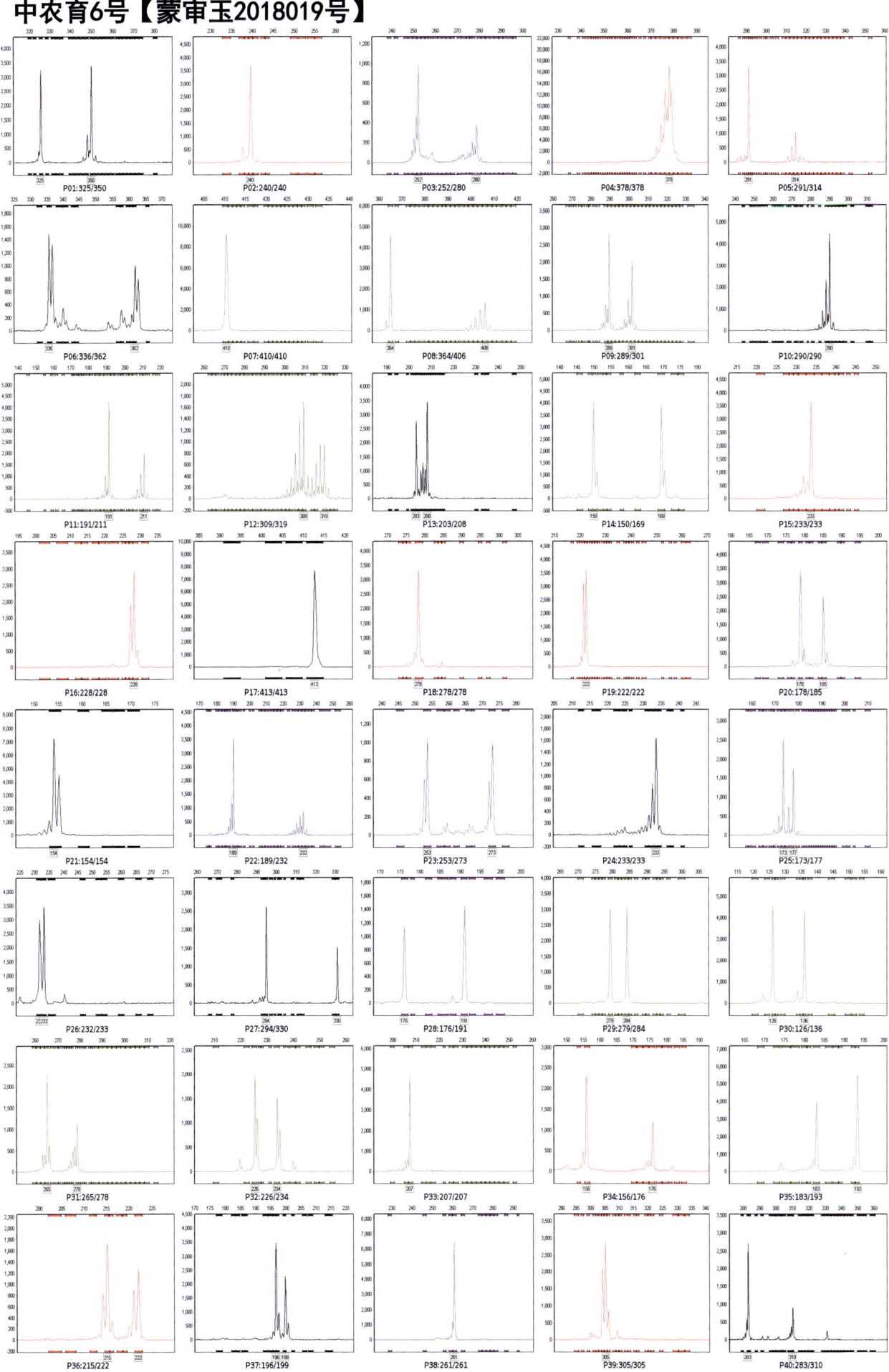

利禾12【蒙审玉2018021号】

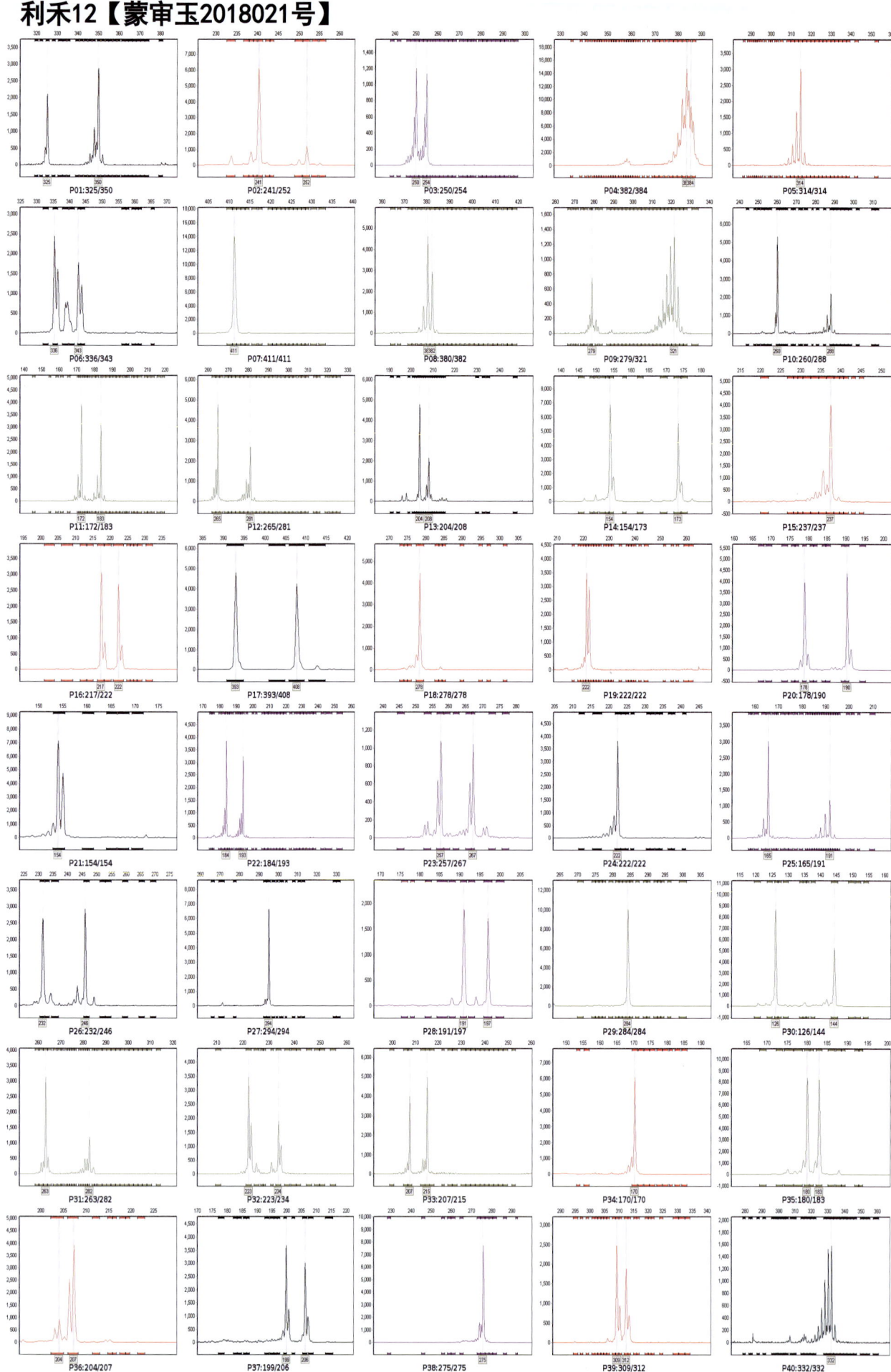

金科802【蒙审玉2018022号】

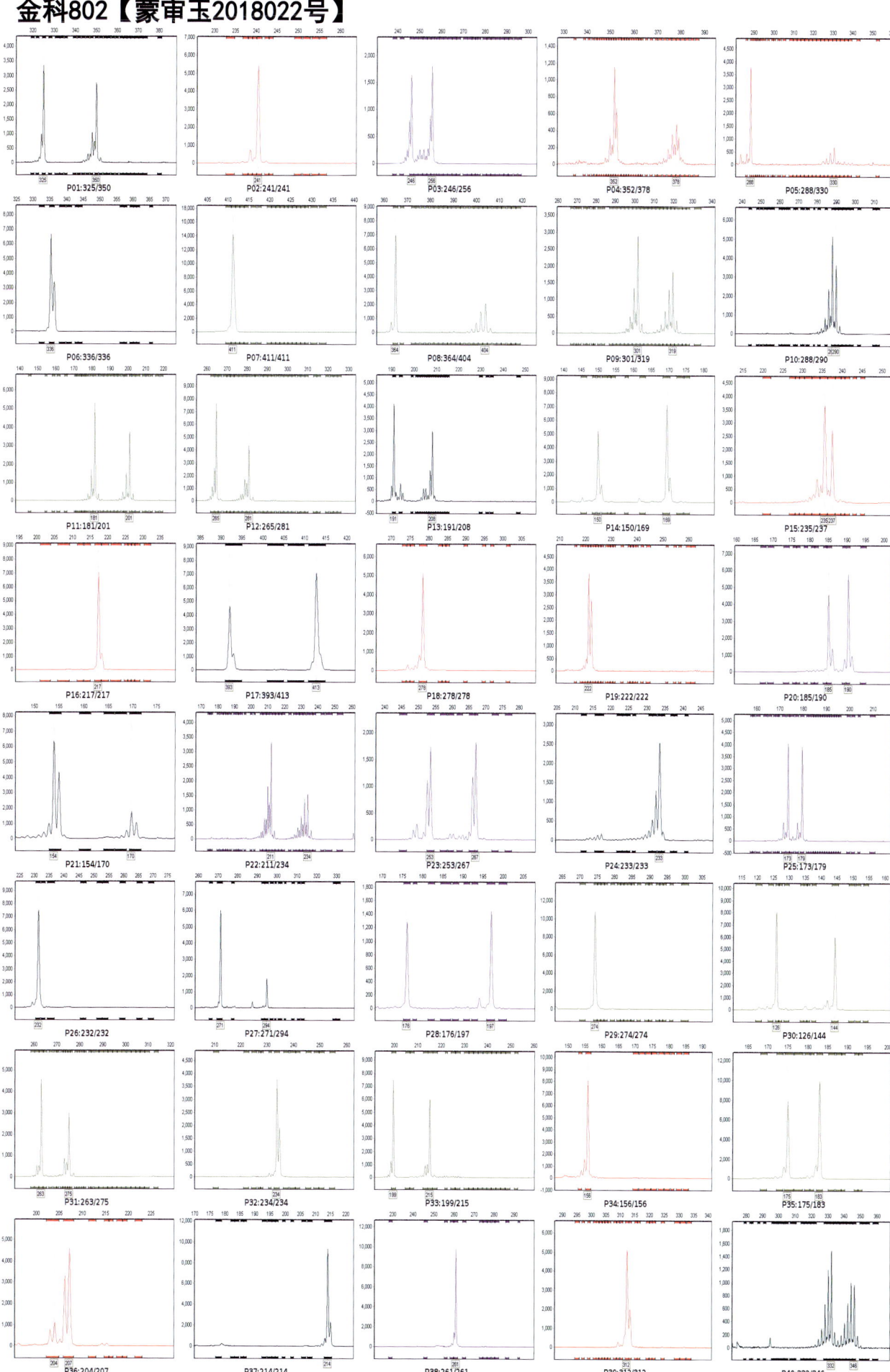

西蒙168【蒙审玉2018027号】

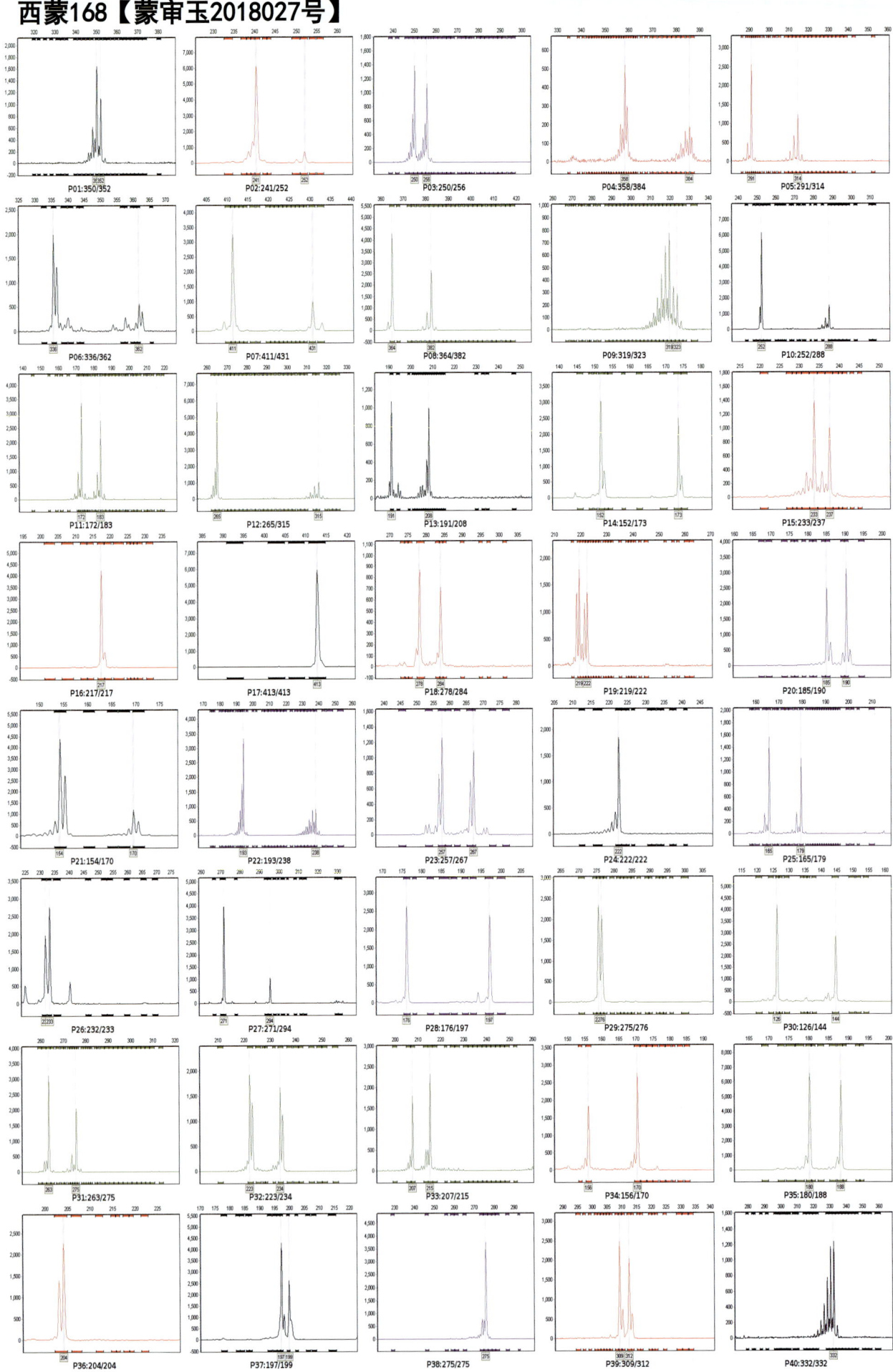

人禾H109【蒙审玉2018028号】

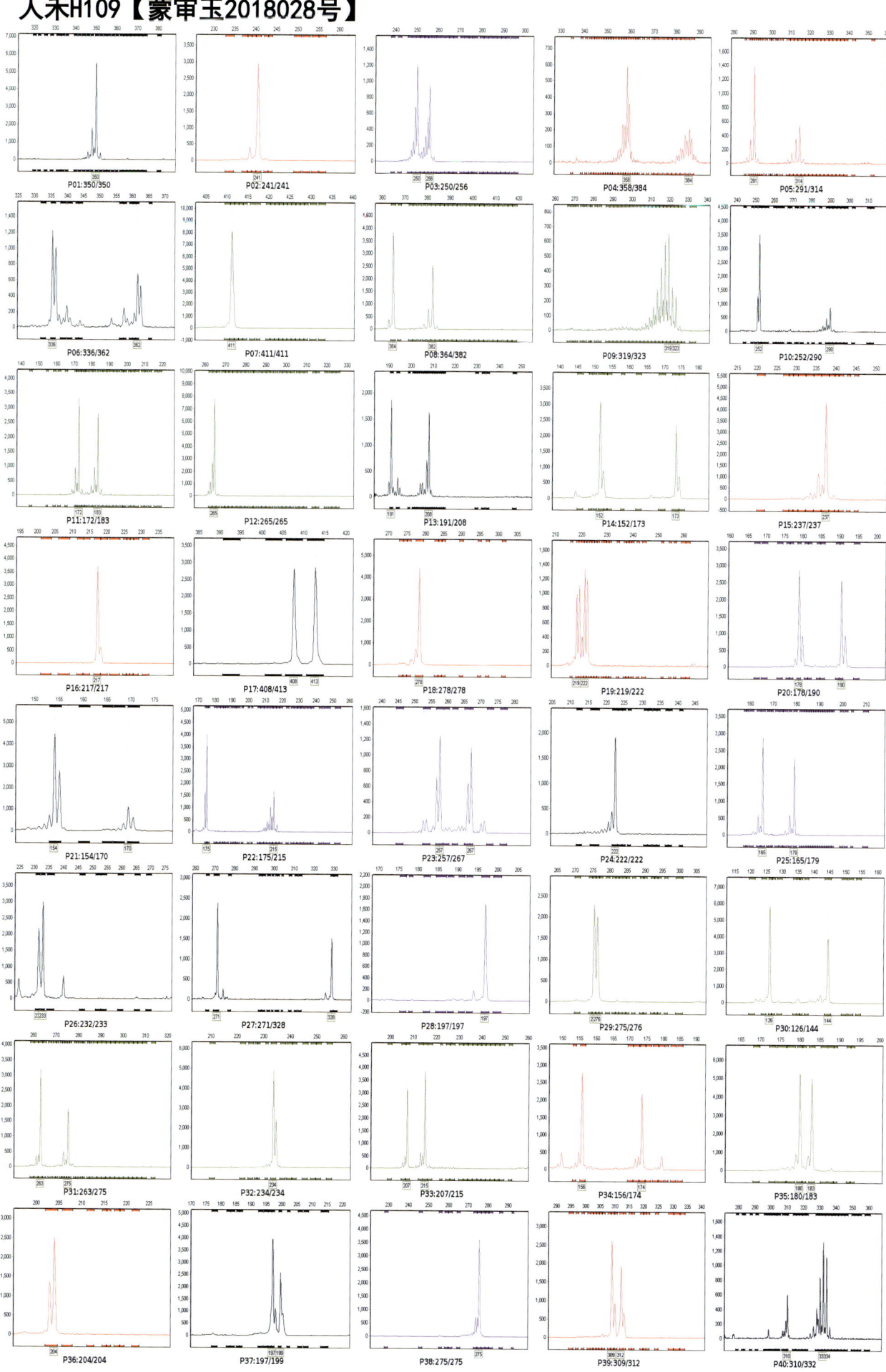

H155【蒙审玉2018029号】

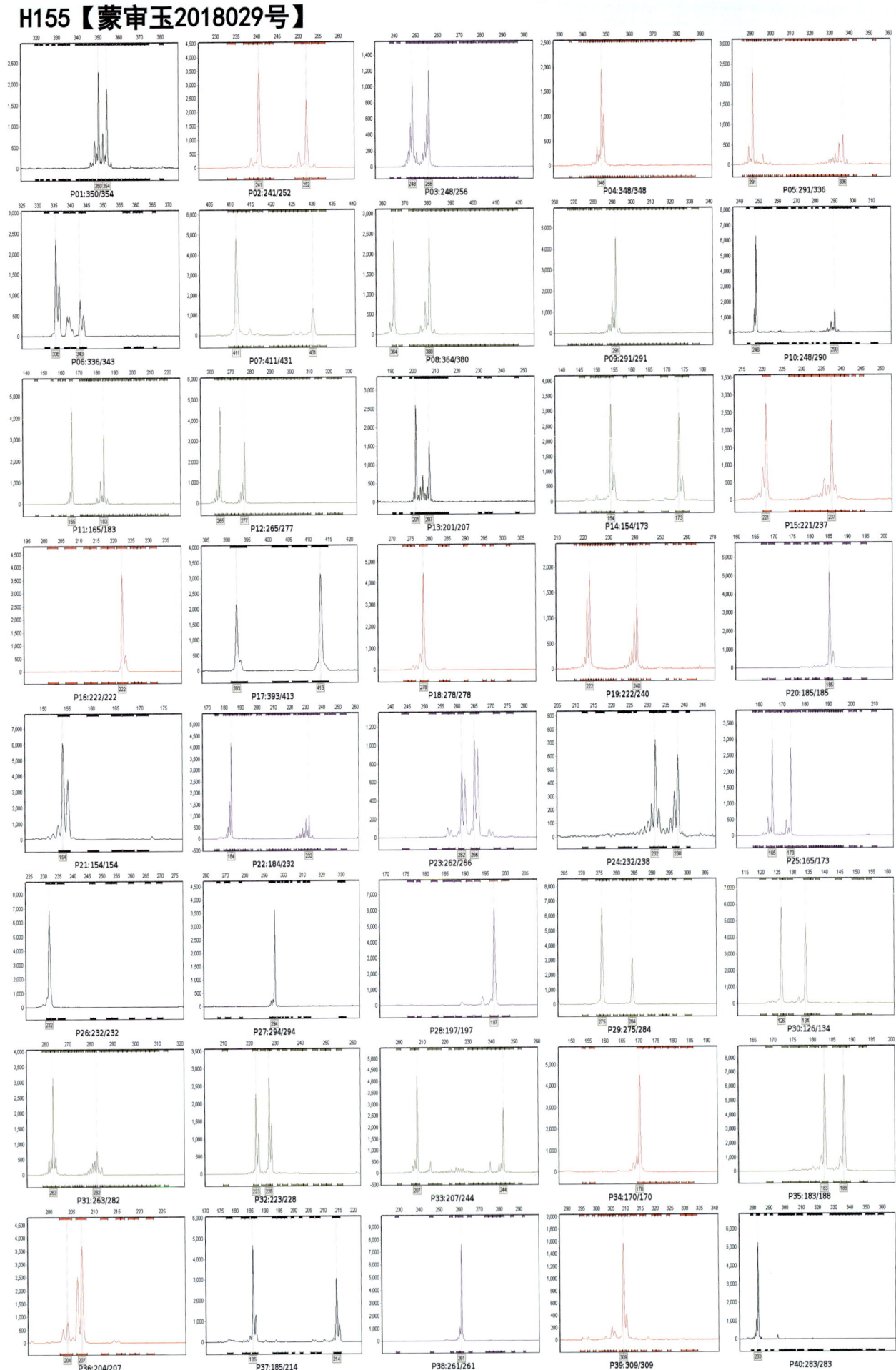

真金329【蒙审玉2018030号】

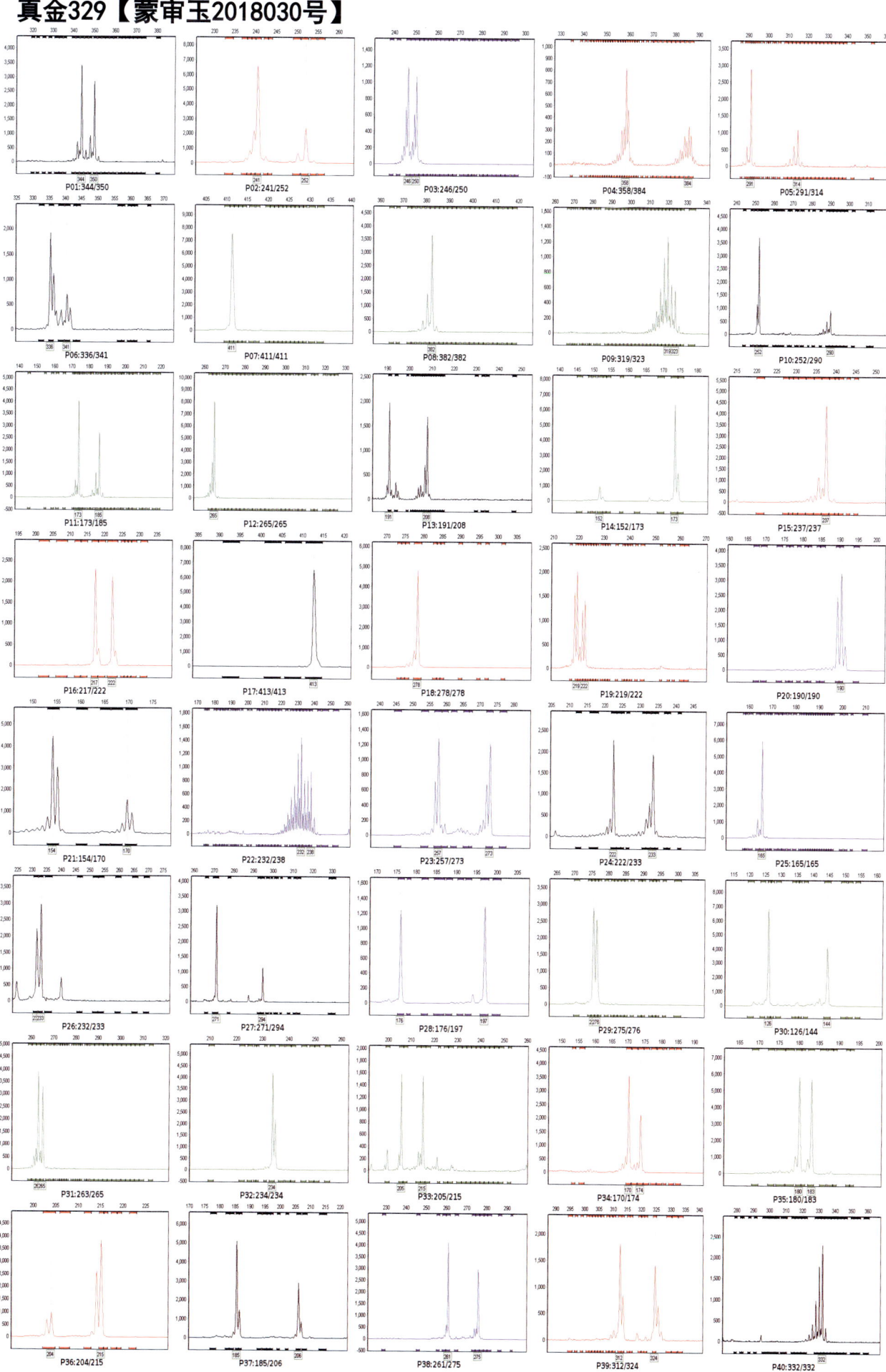

金科902【蒙审玉2018031号】

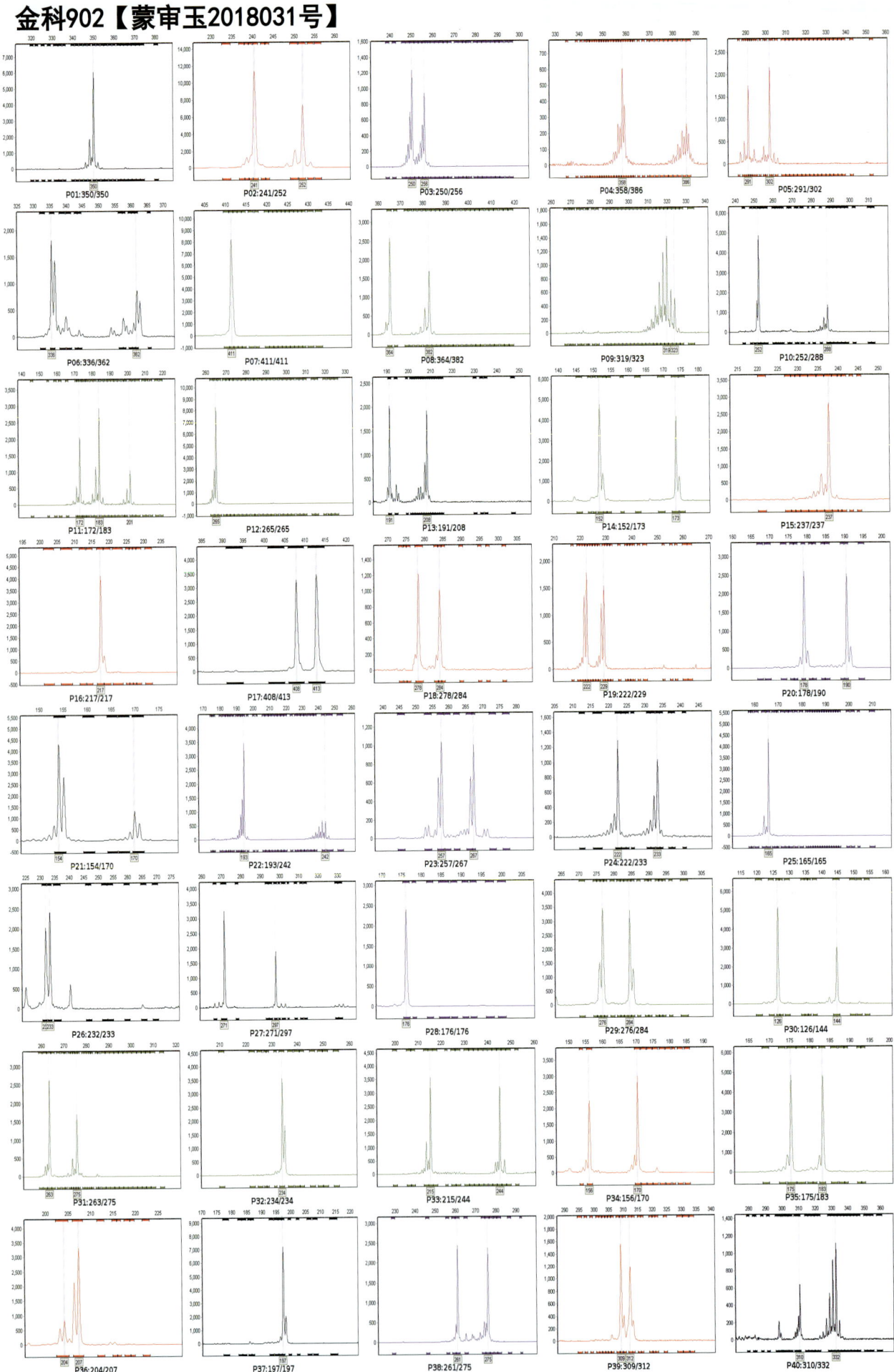

254

FT806【蒙审玉2018032号】

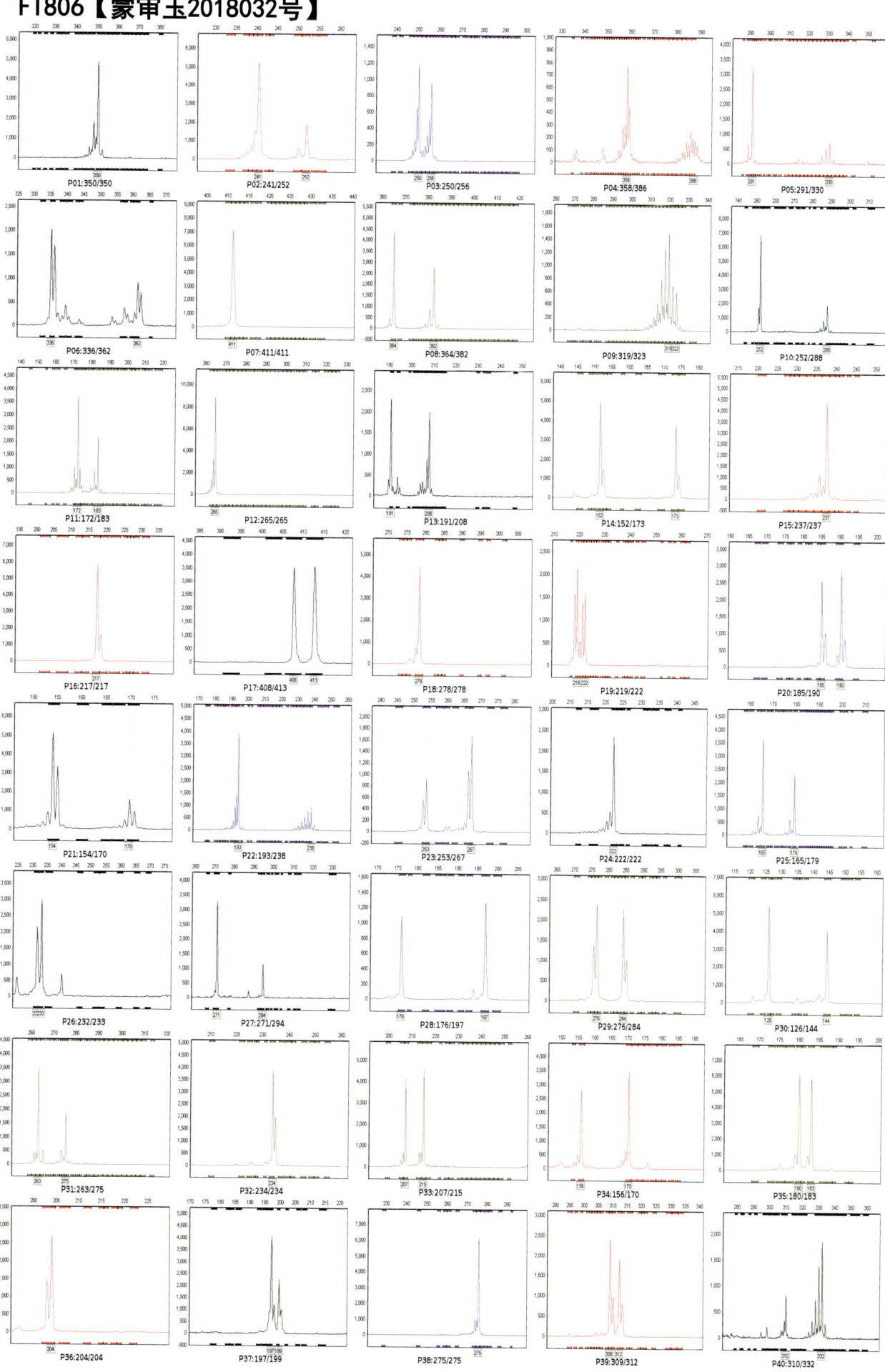

新农008【蒙审玉2018034号】

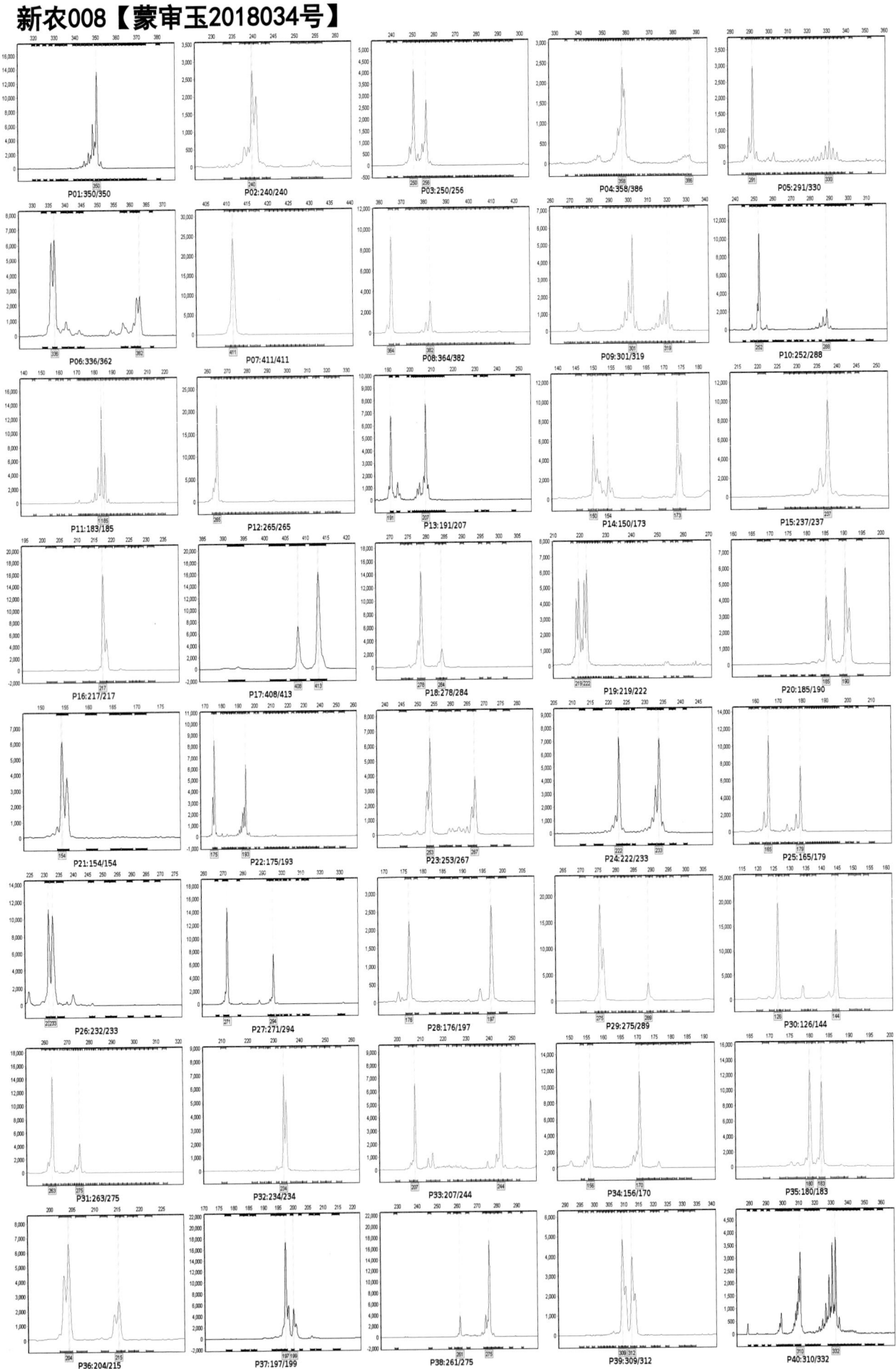

博金100【蒙审玉2018035号】

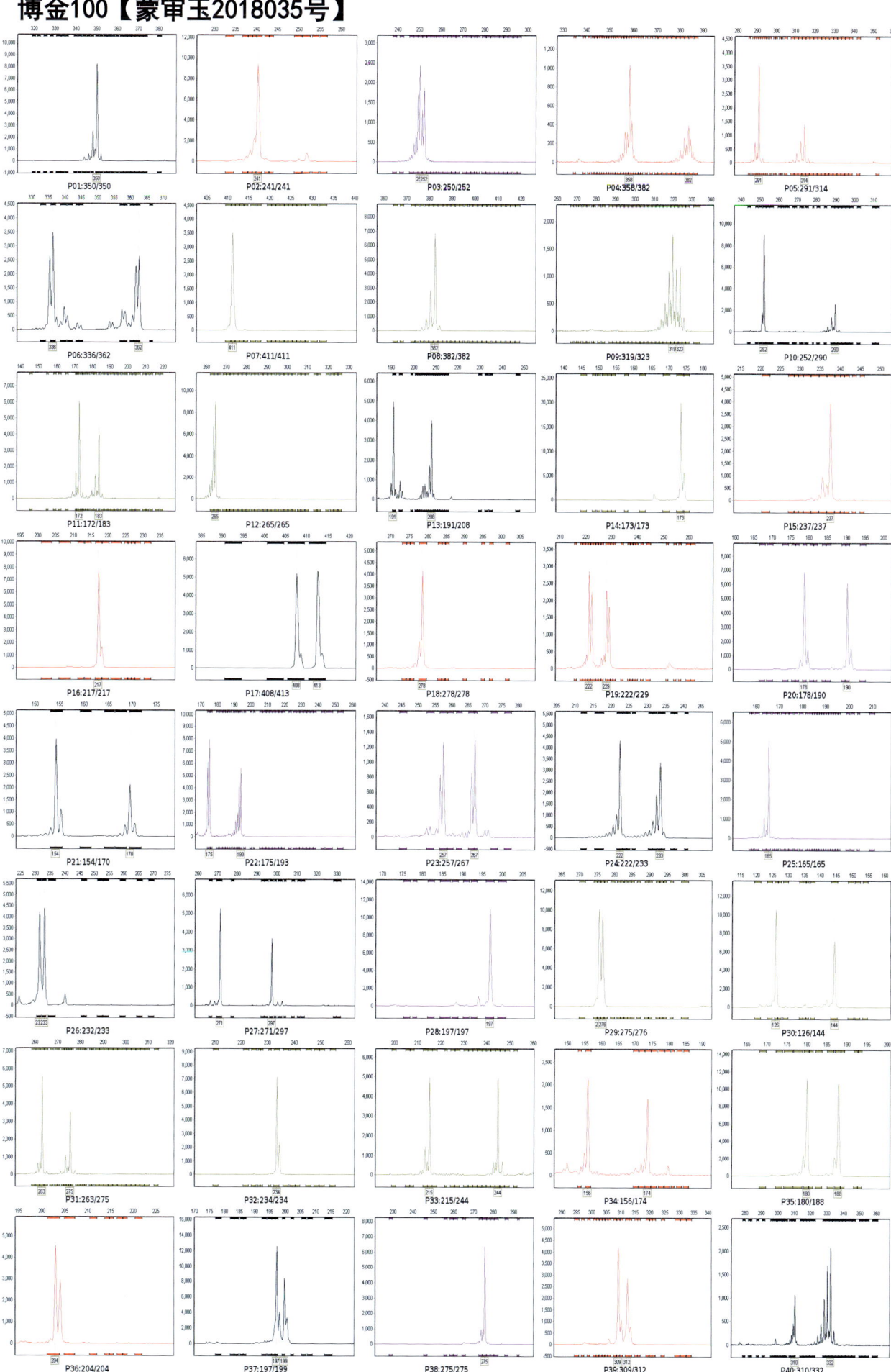

RH902 【蒙审玉2018037号】

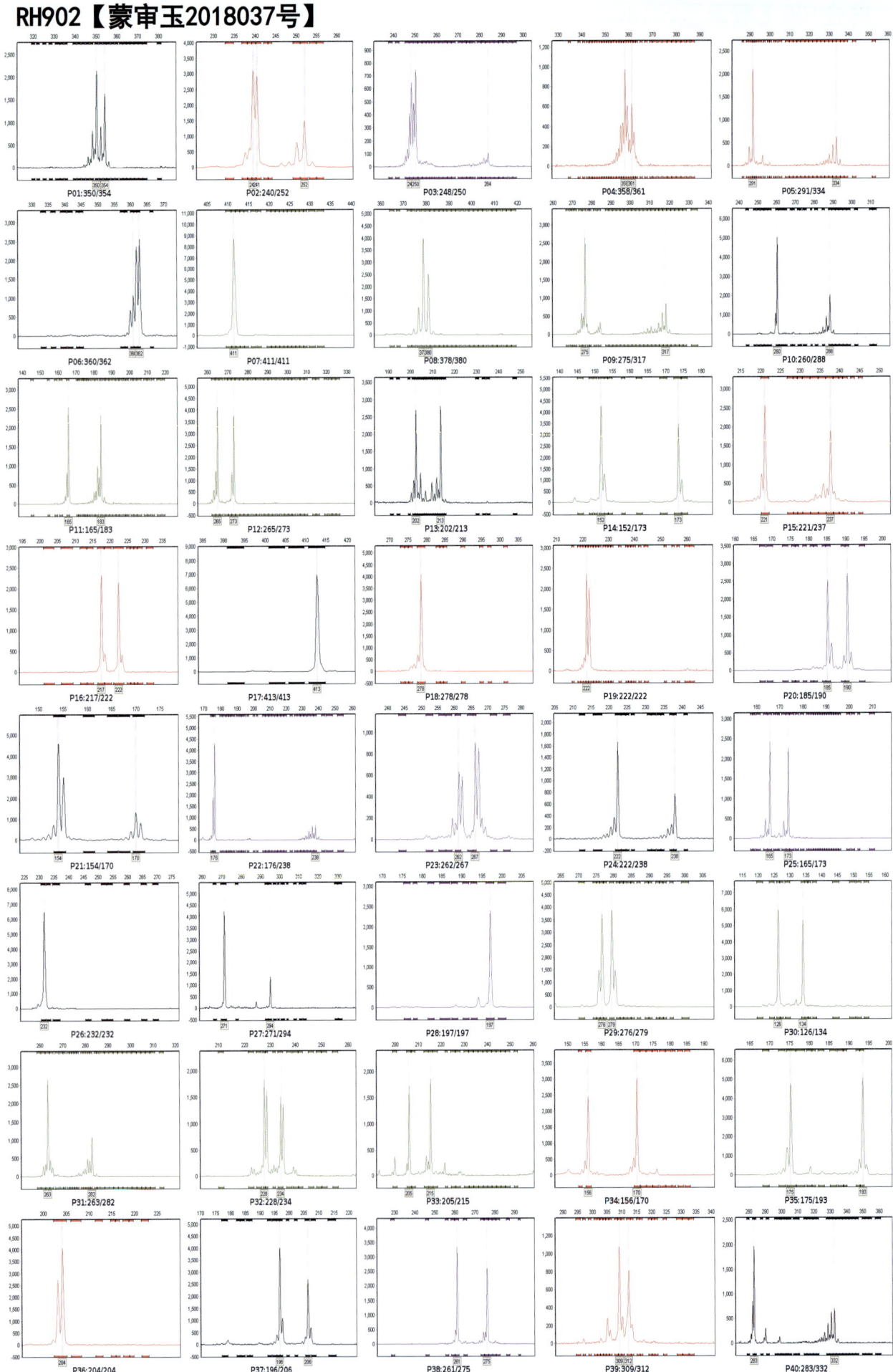

瑞普909【蒙审玉2018038号】

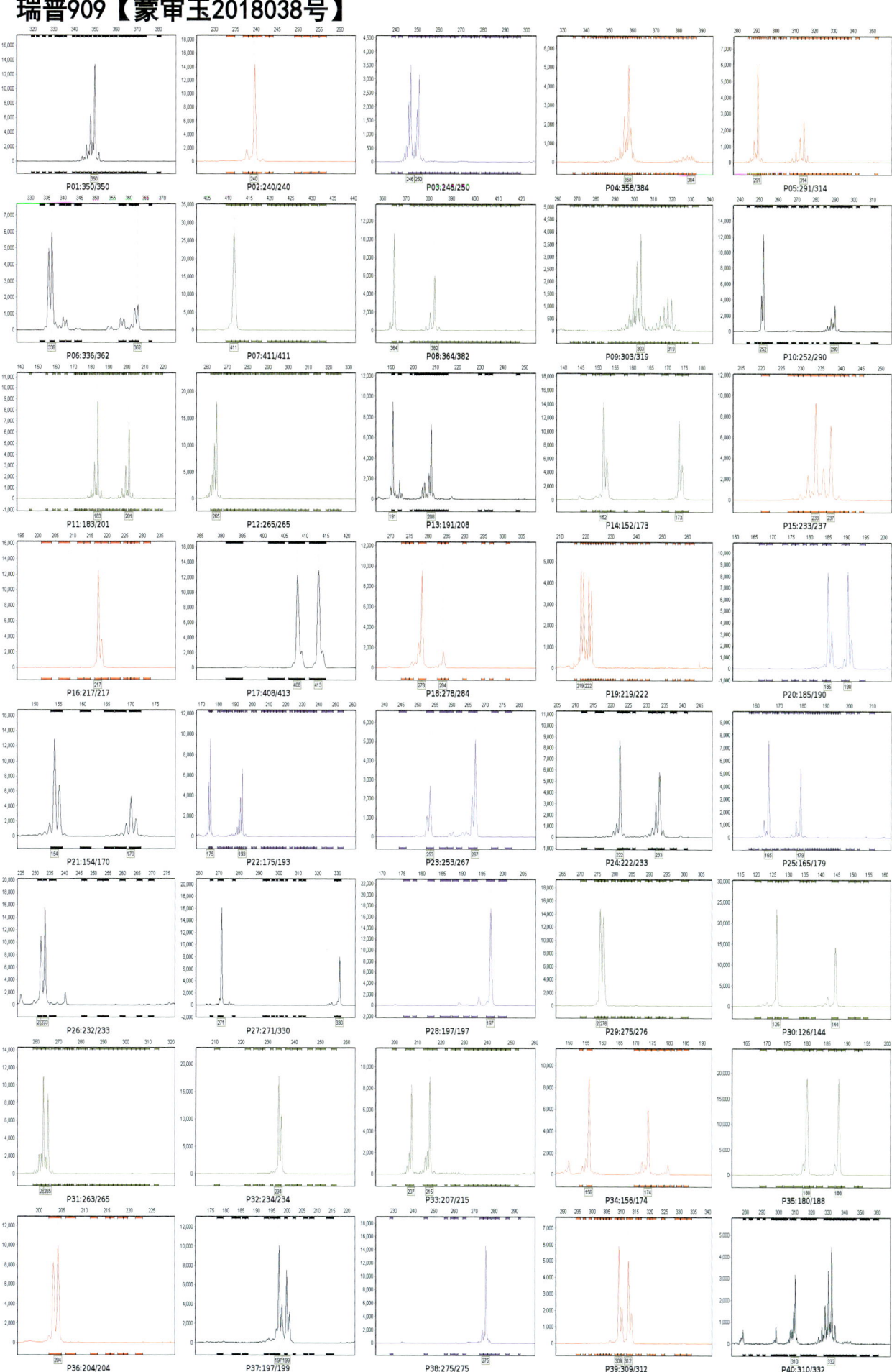

玉生2号【蒙审玉2018039号】

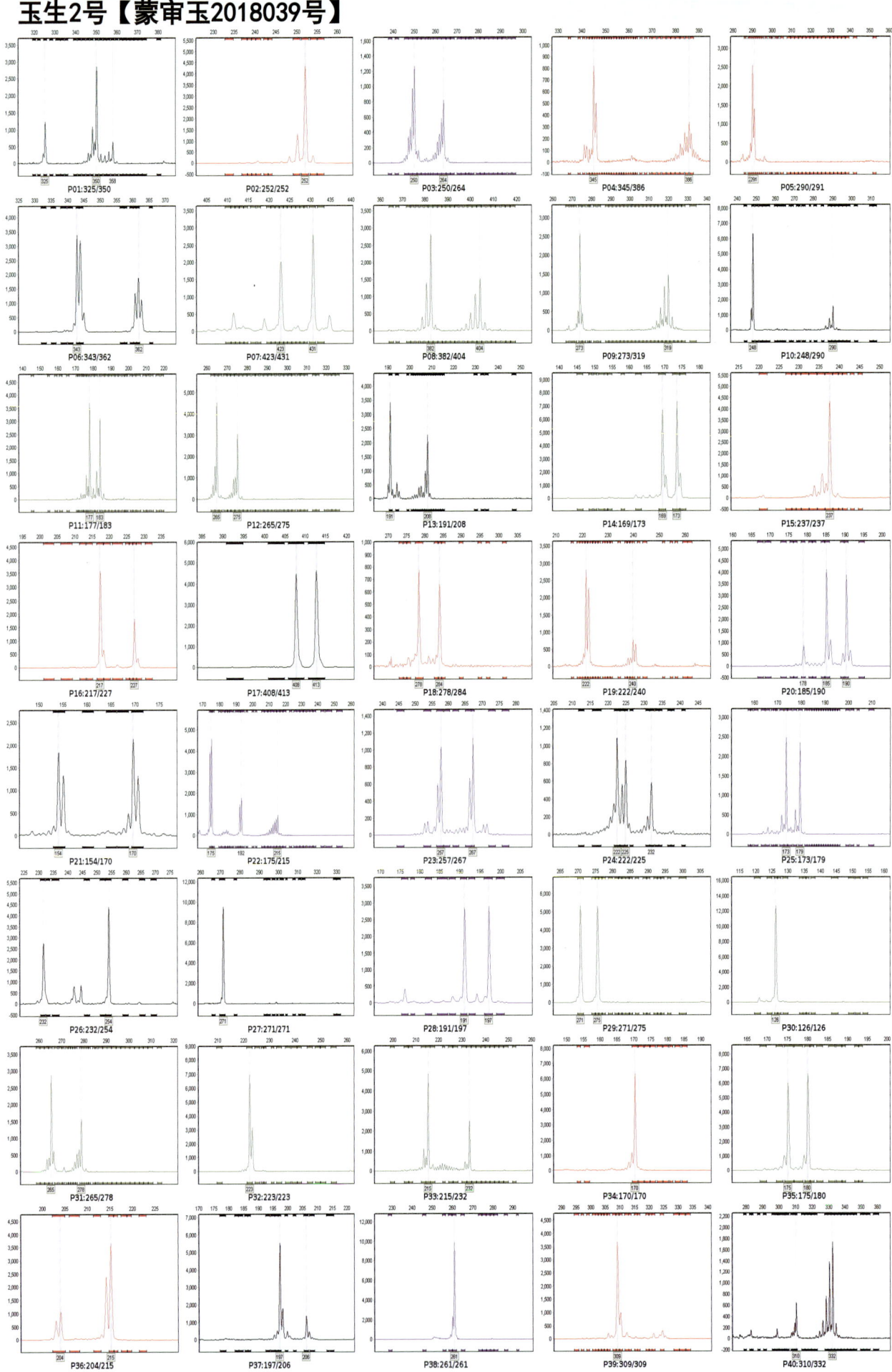

良玉DF21【蒙审玉2018040号】

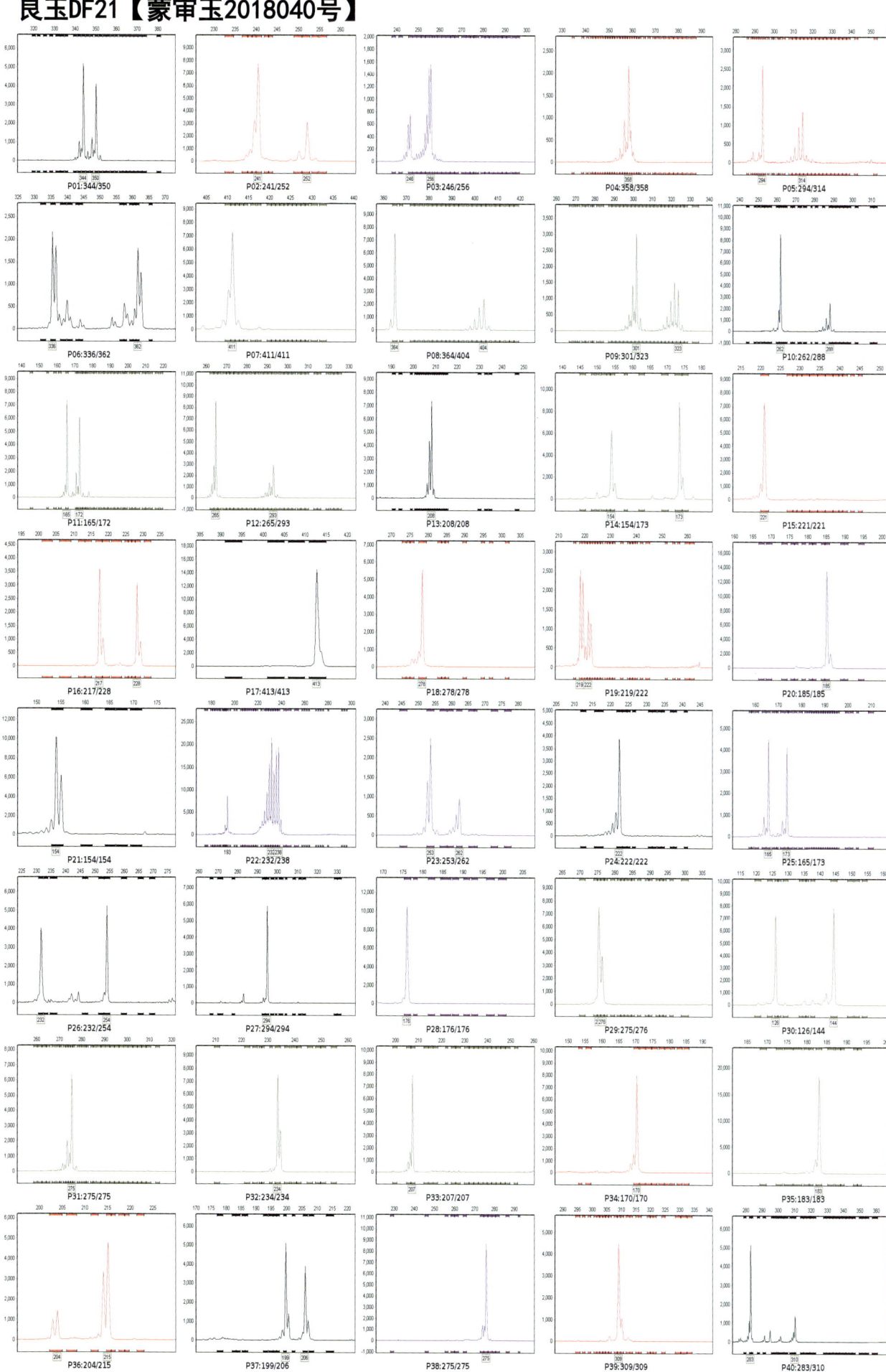

宏博701【蒙审玉2018041号】

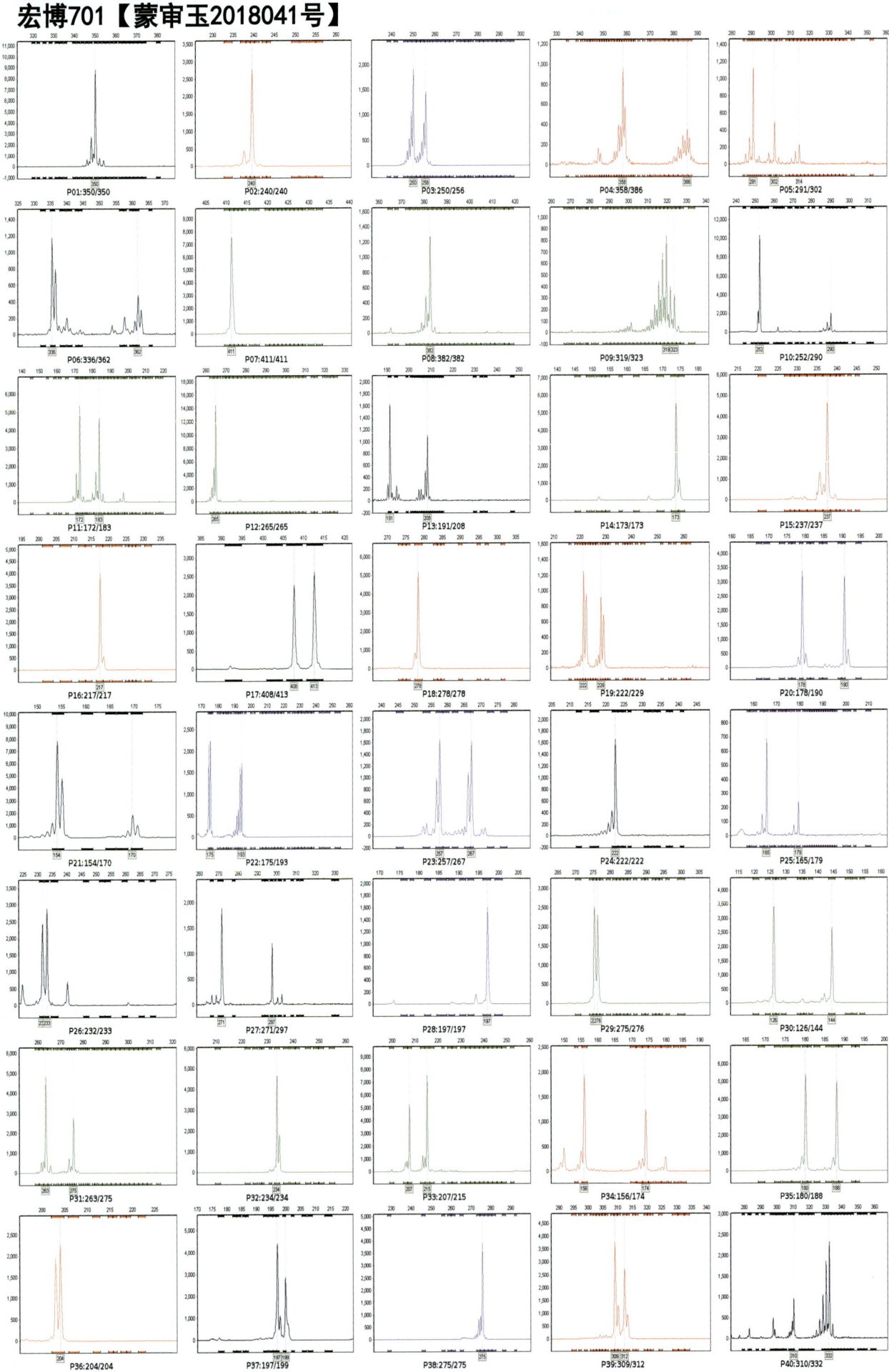

登科19【蒙审玉2018043号】

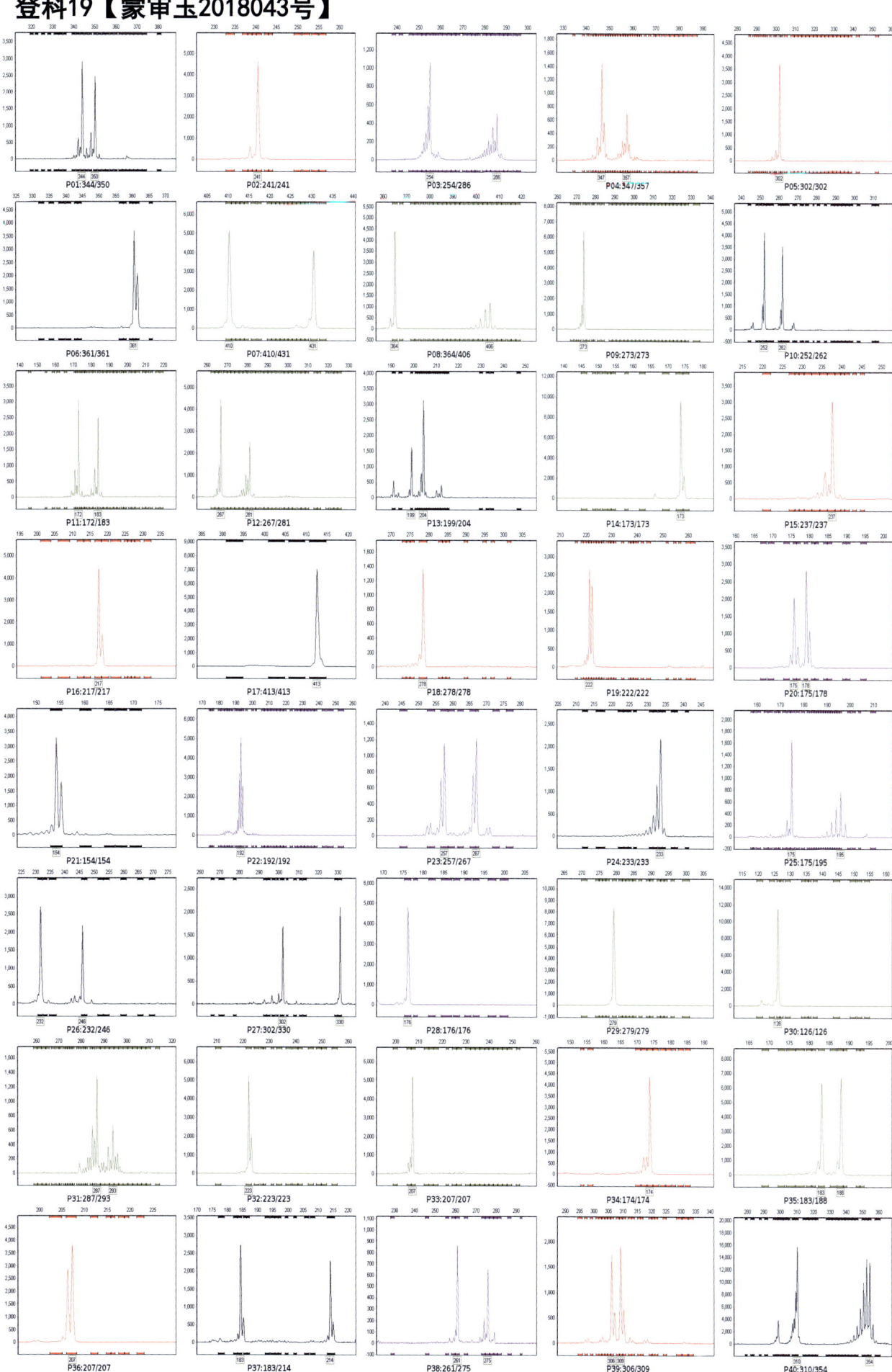

真金220【蒙审玉2018044号】

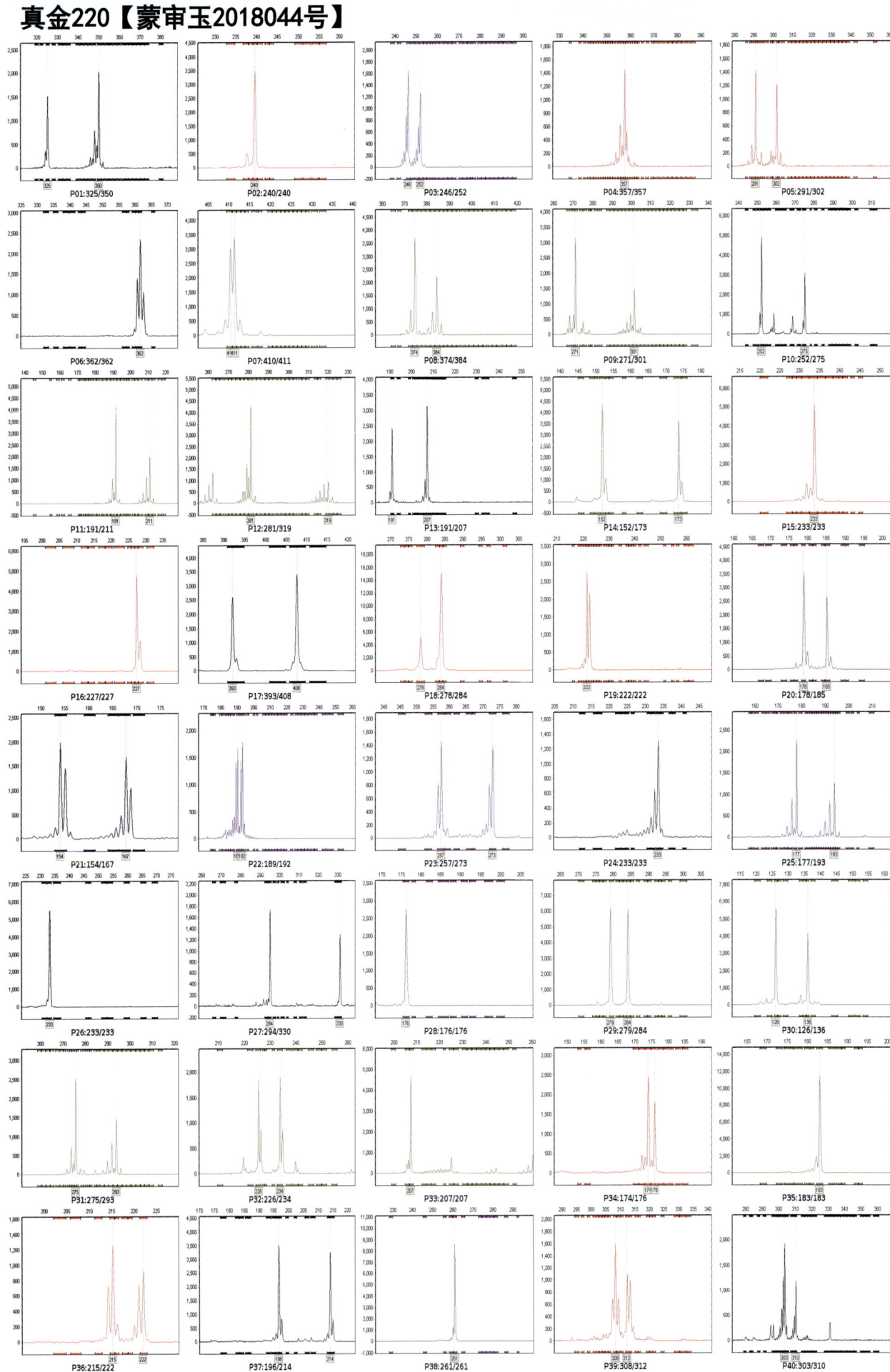

兴丰15【蒙审玉2018045号】

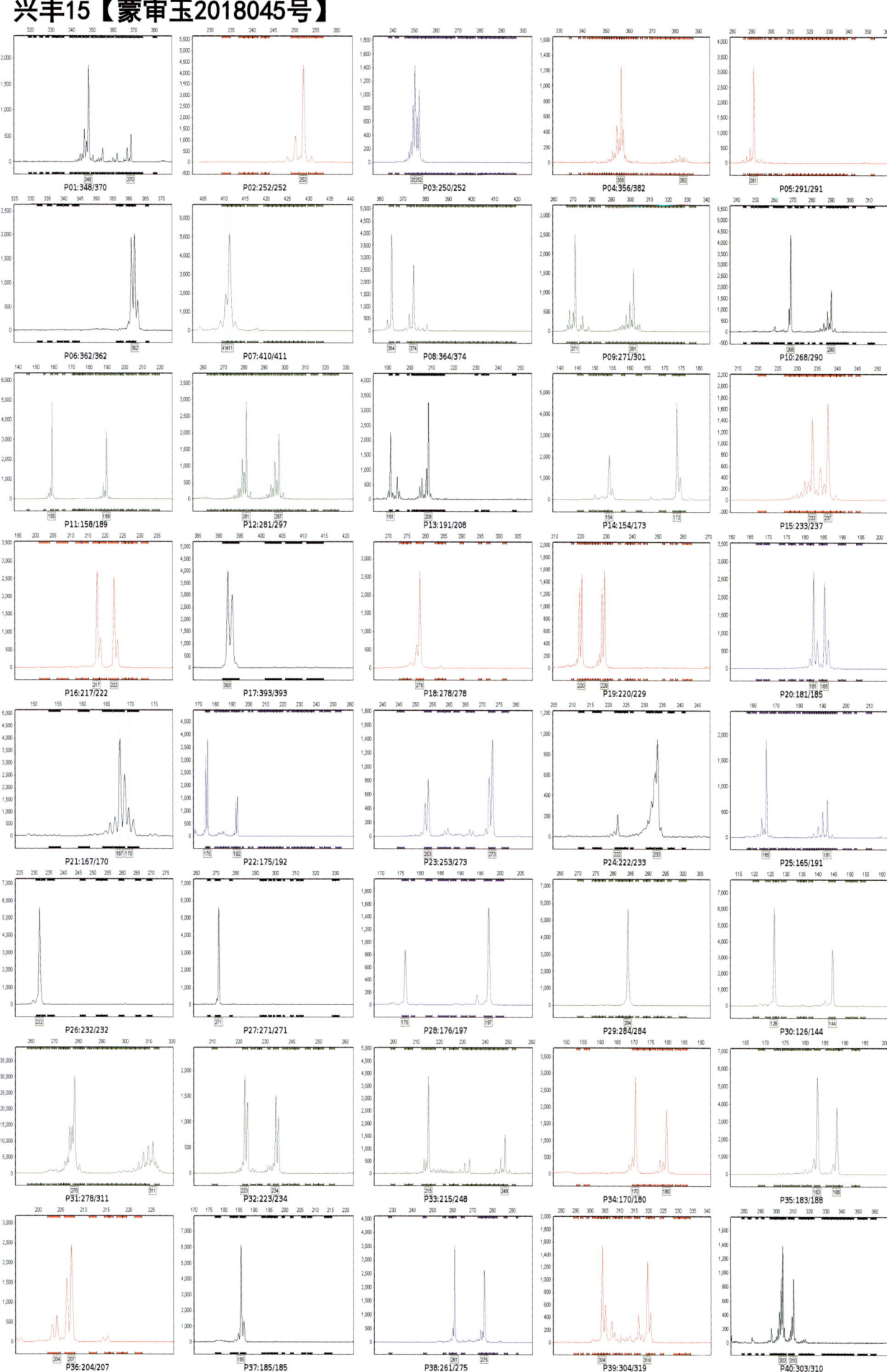

隆平722【蒙审玉2018047号】

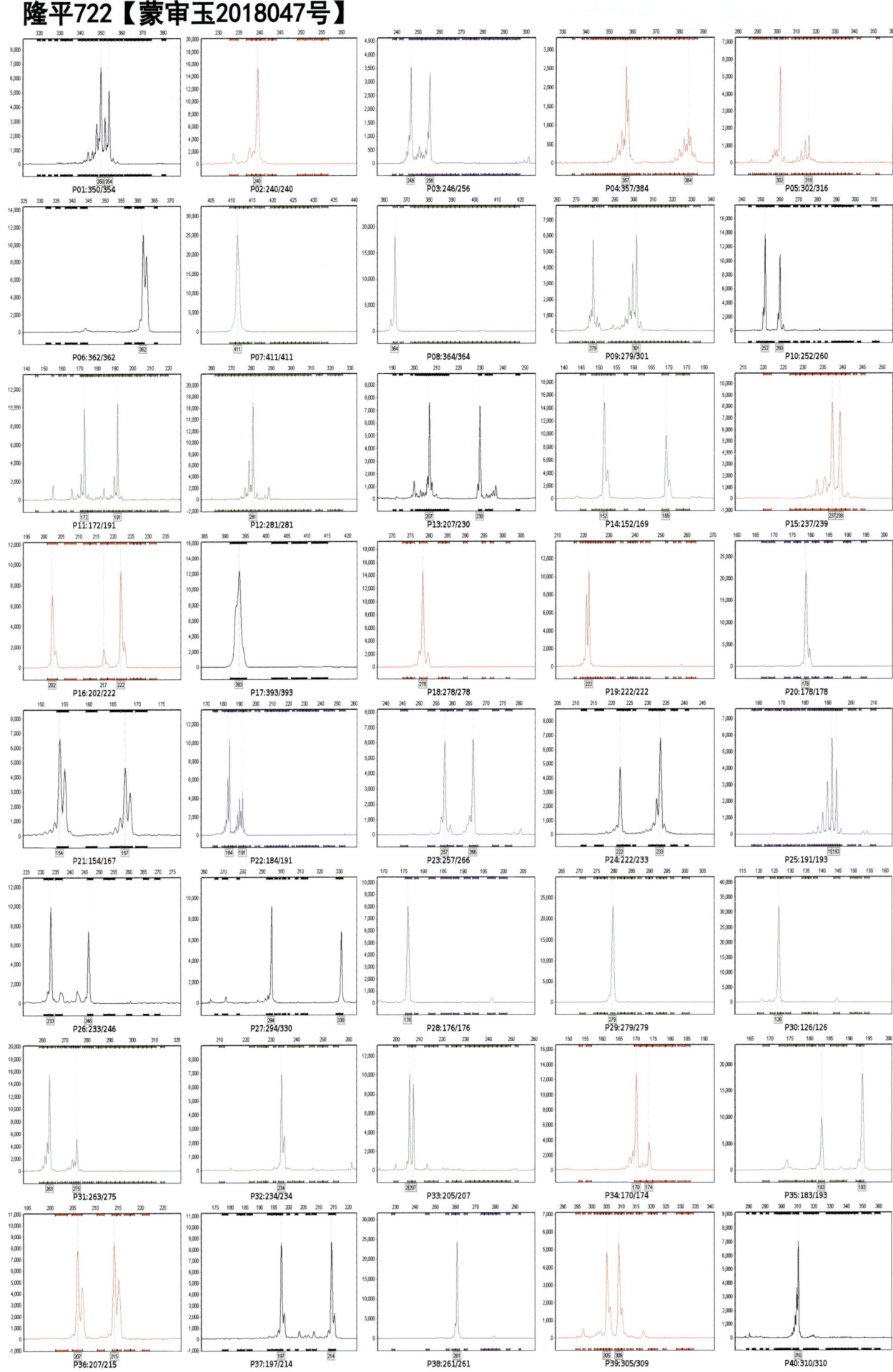

MC979【蒙审玉2018048号】

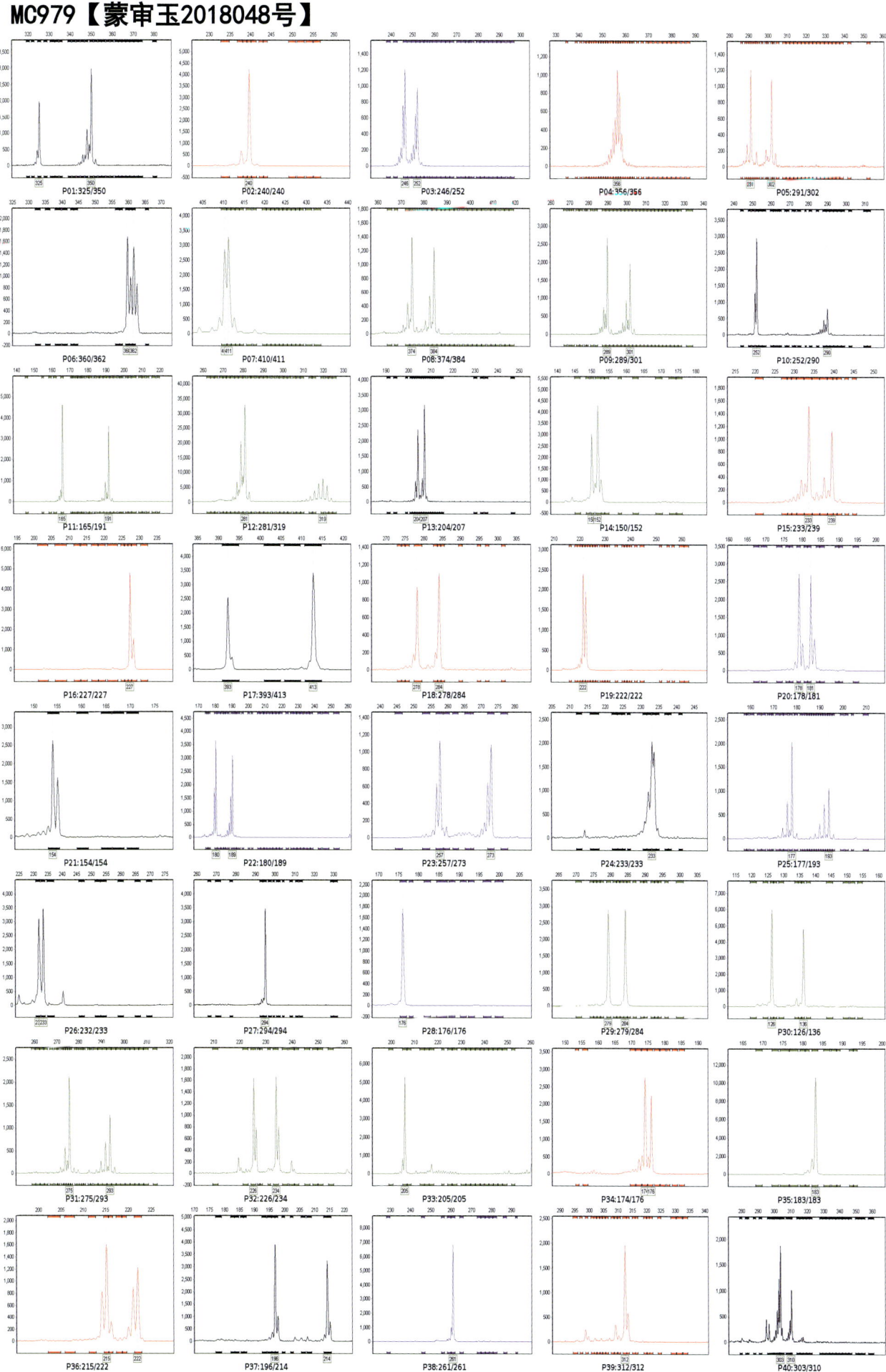

宁玉222【蒙审玉2018049号】

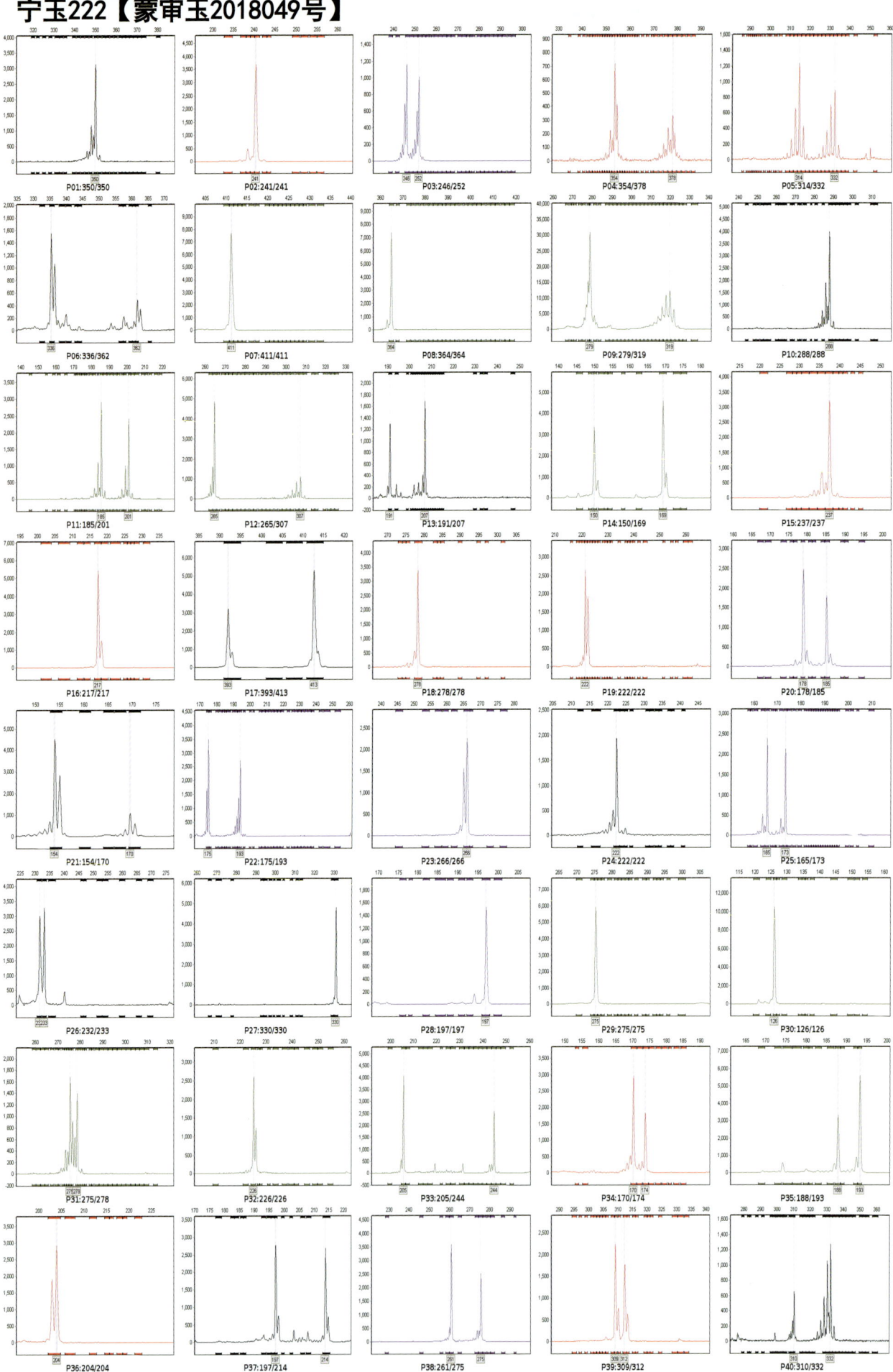

福玉95【蒙审玉2018050号】

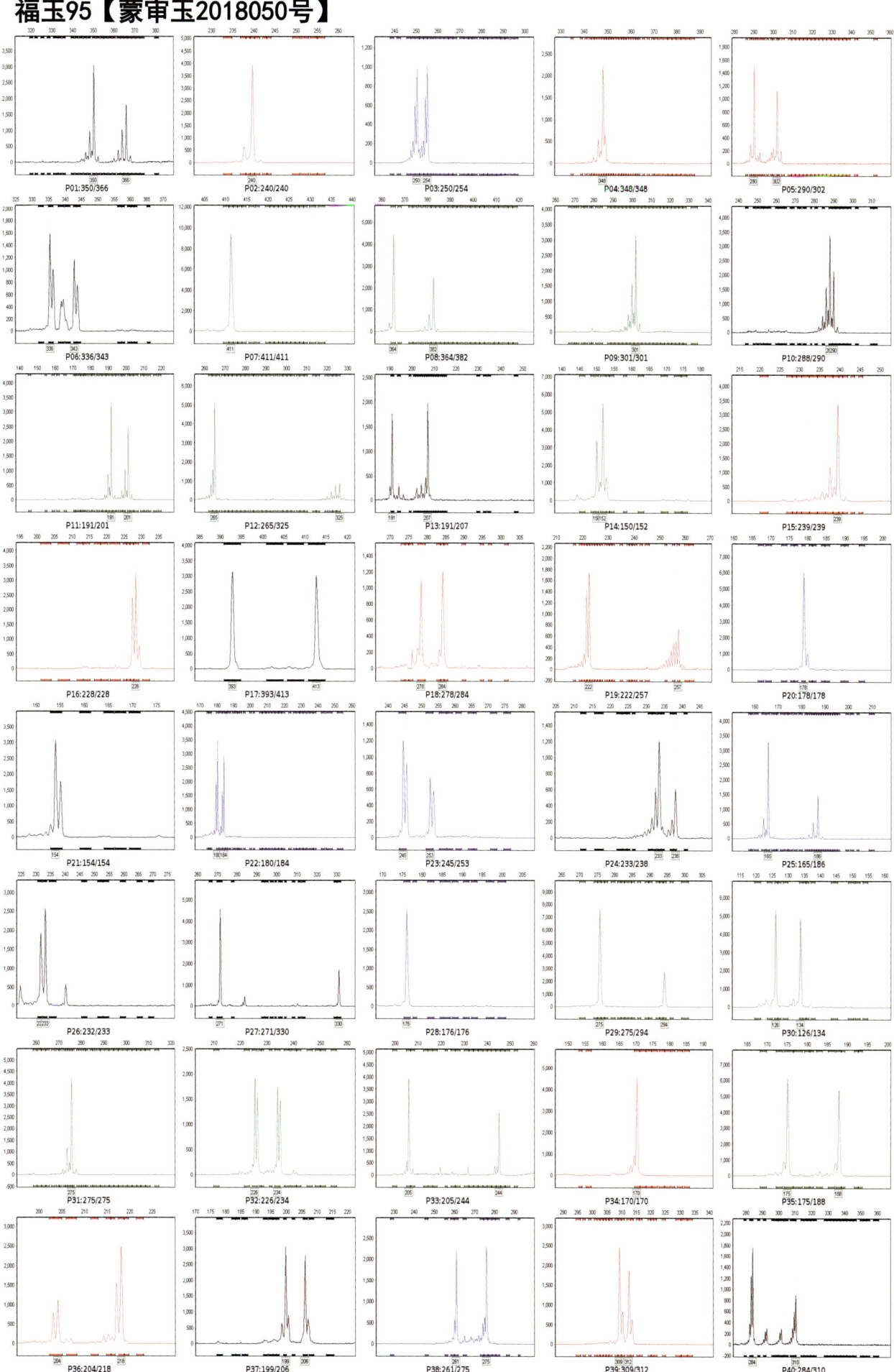

博玉69【蒙审玉2018051号】

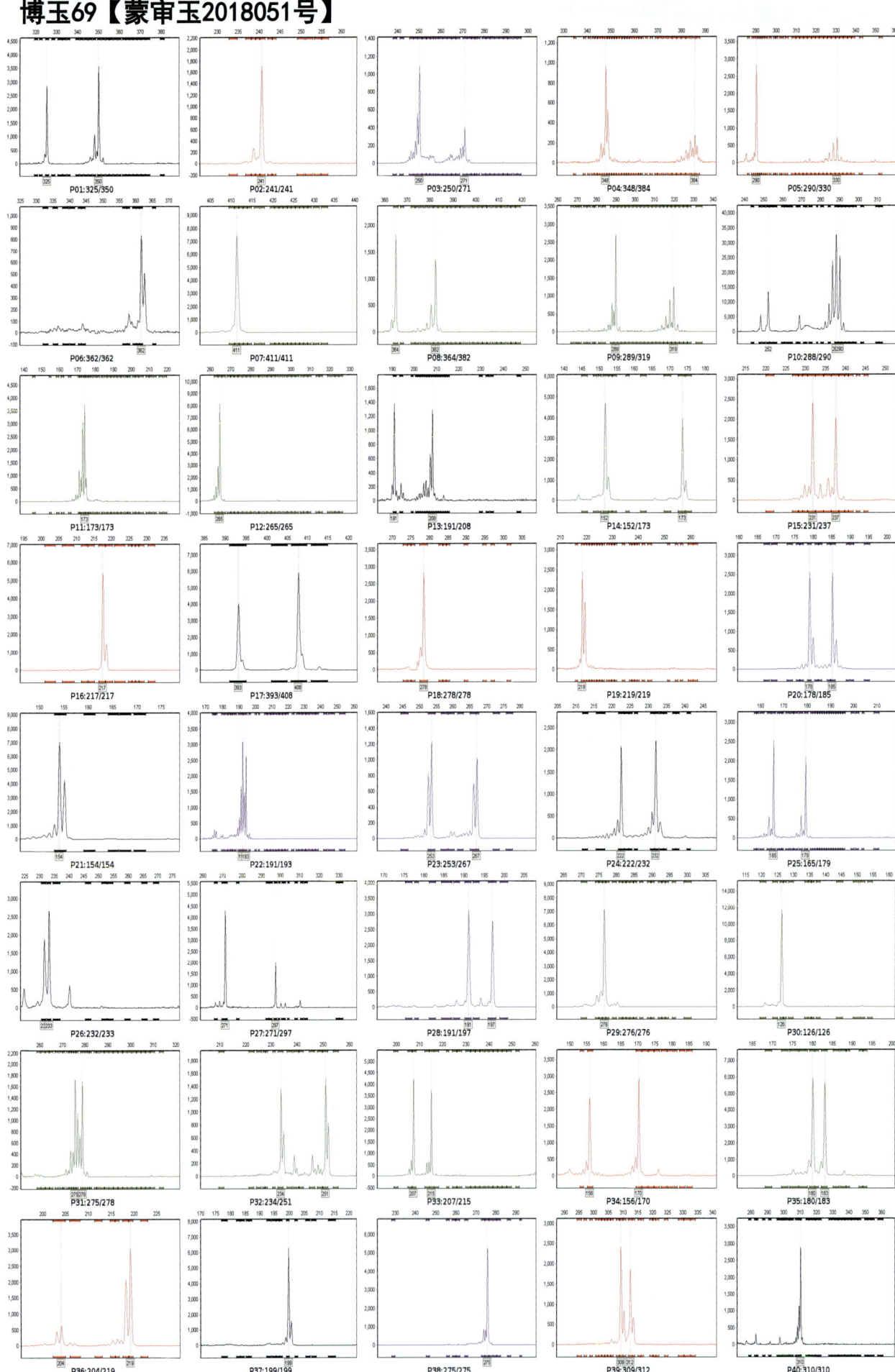

育强158【蒙审玉2018052号】

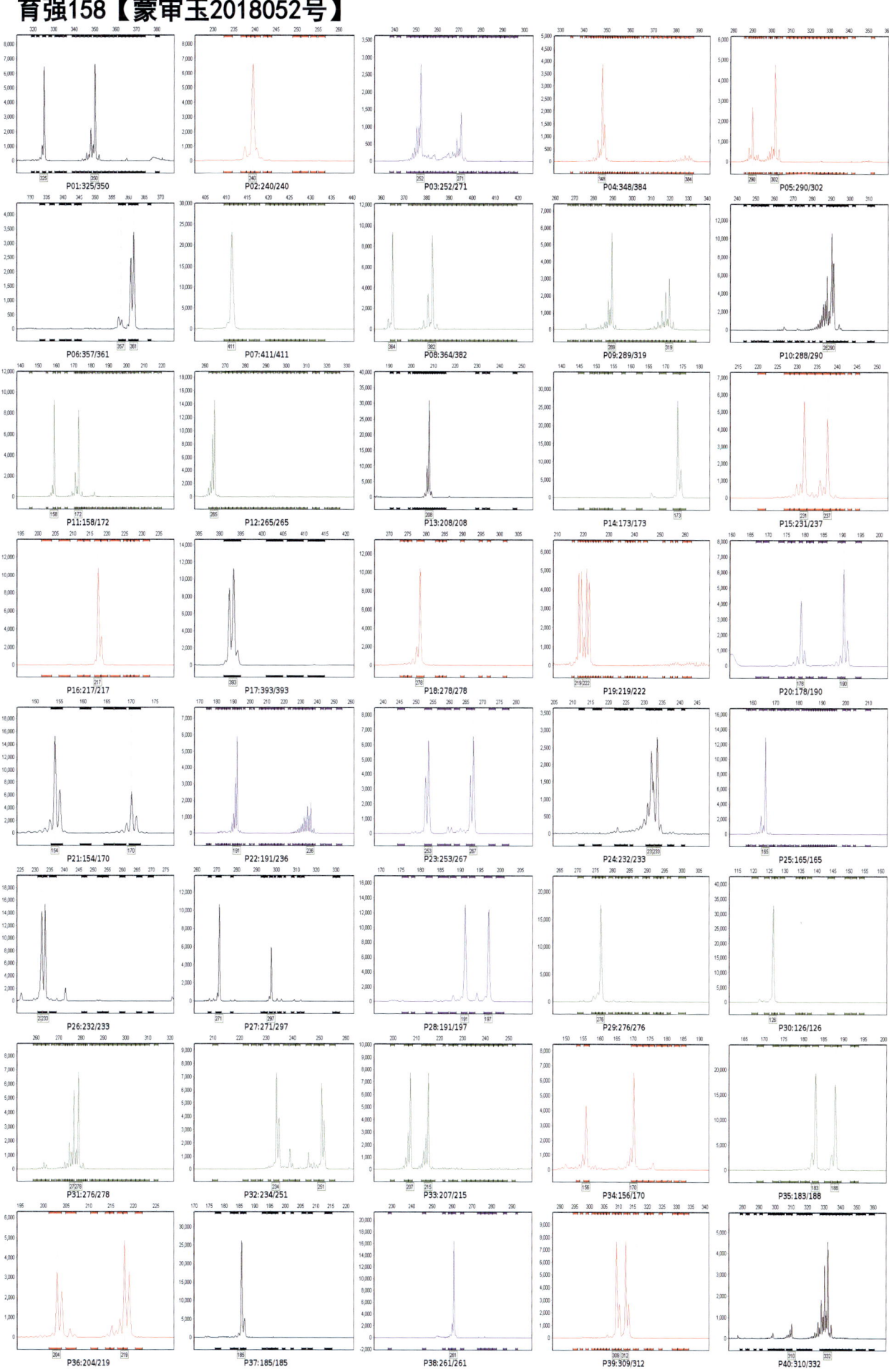

L669【蒙审玉2018053号】

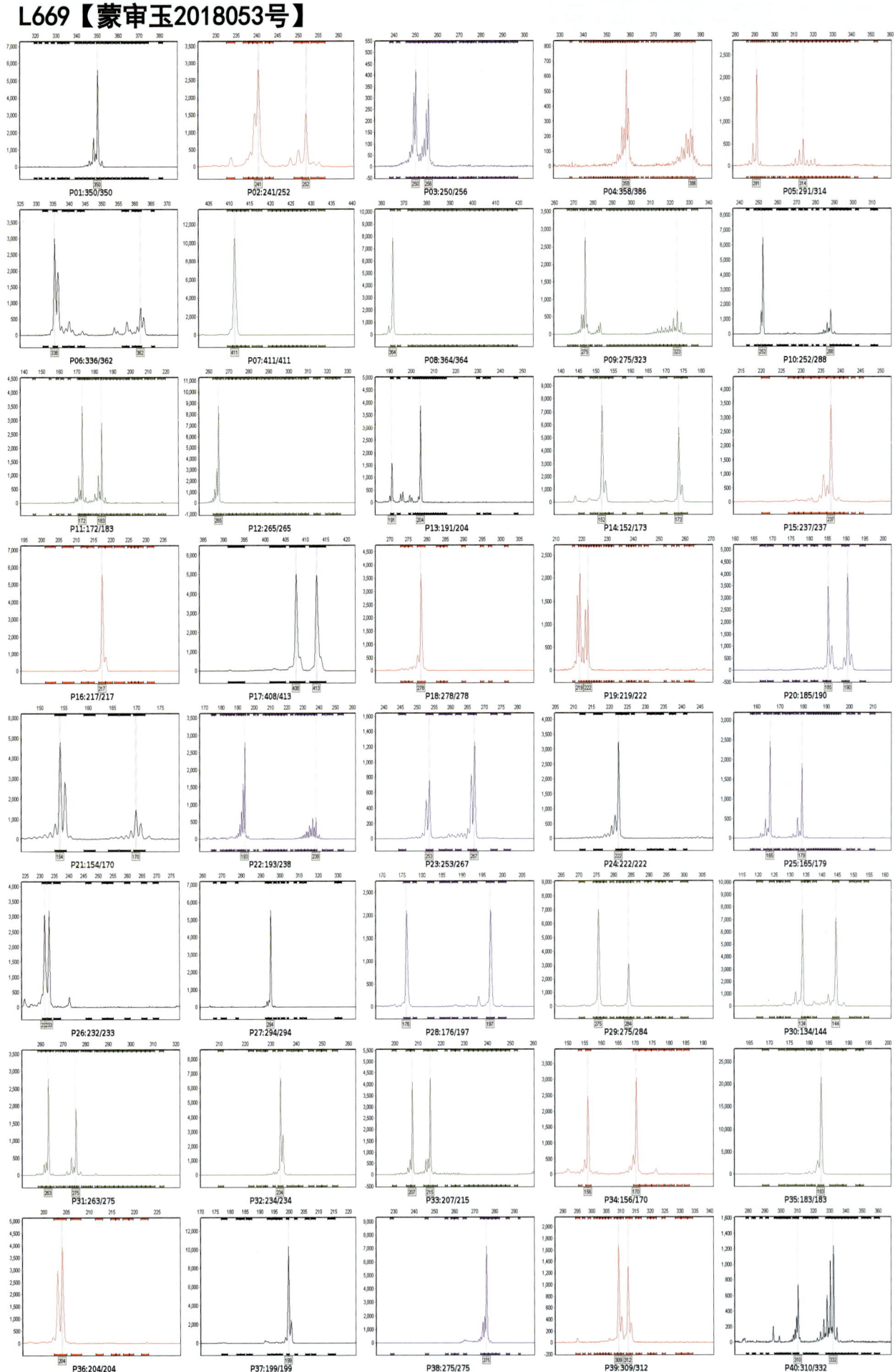

庆禾10【蒙审玉2018054号】

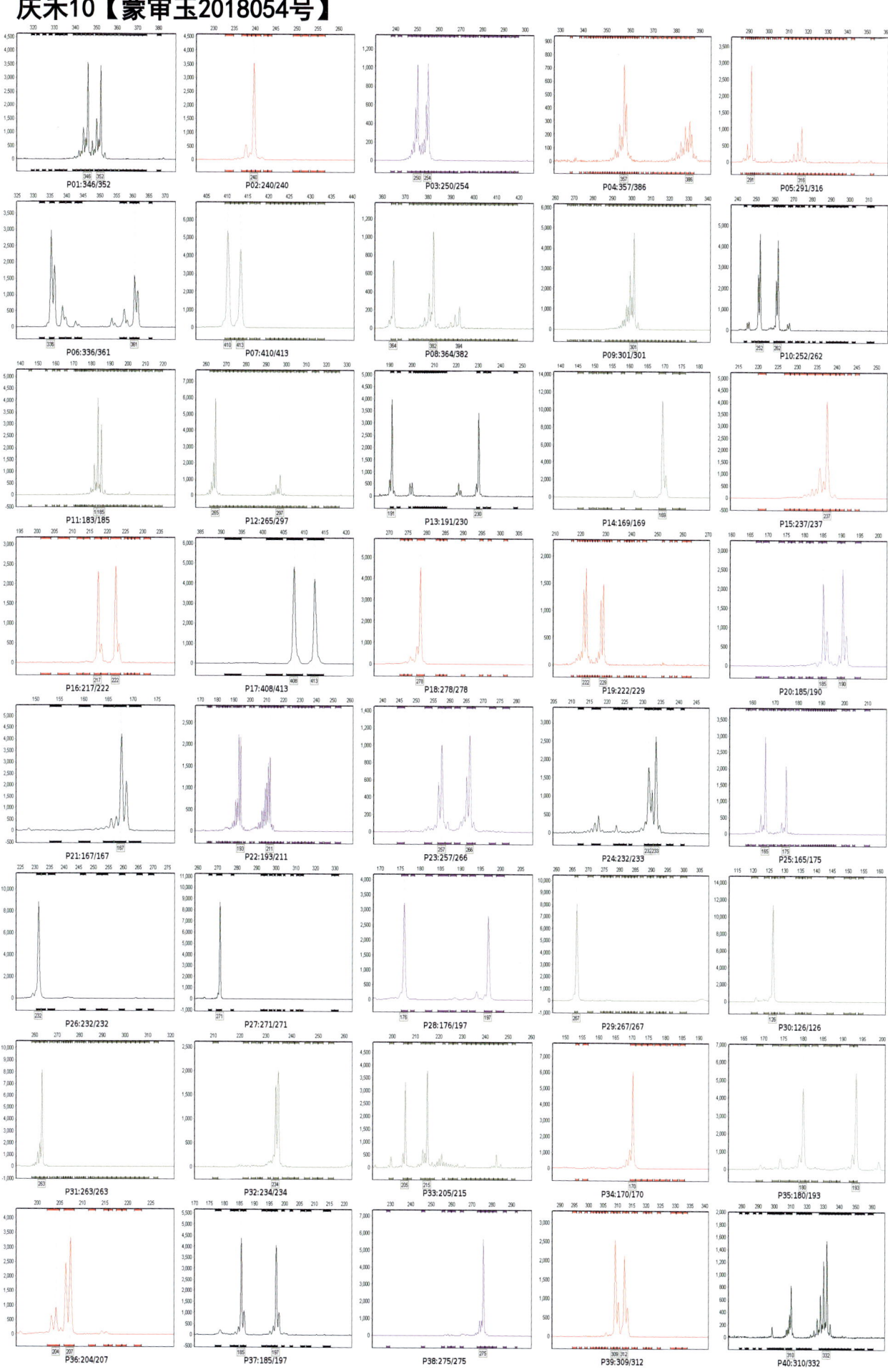

宏博691【蒙审玉2018055号】

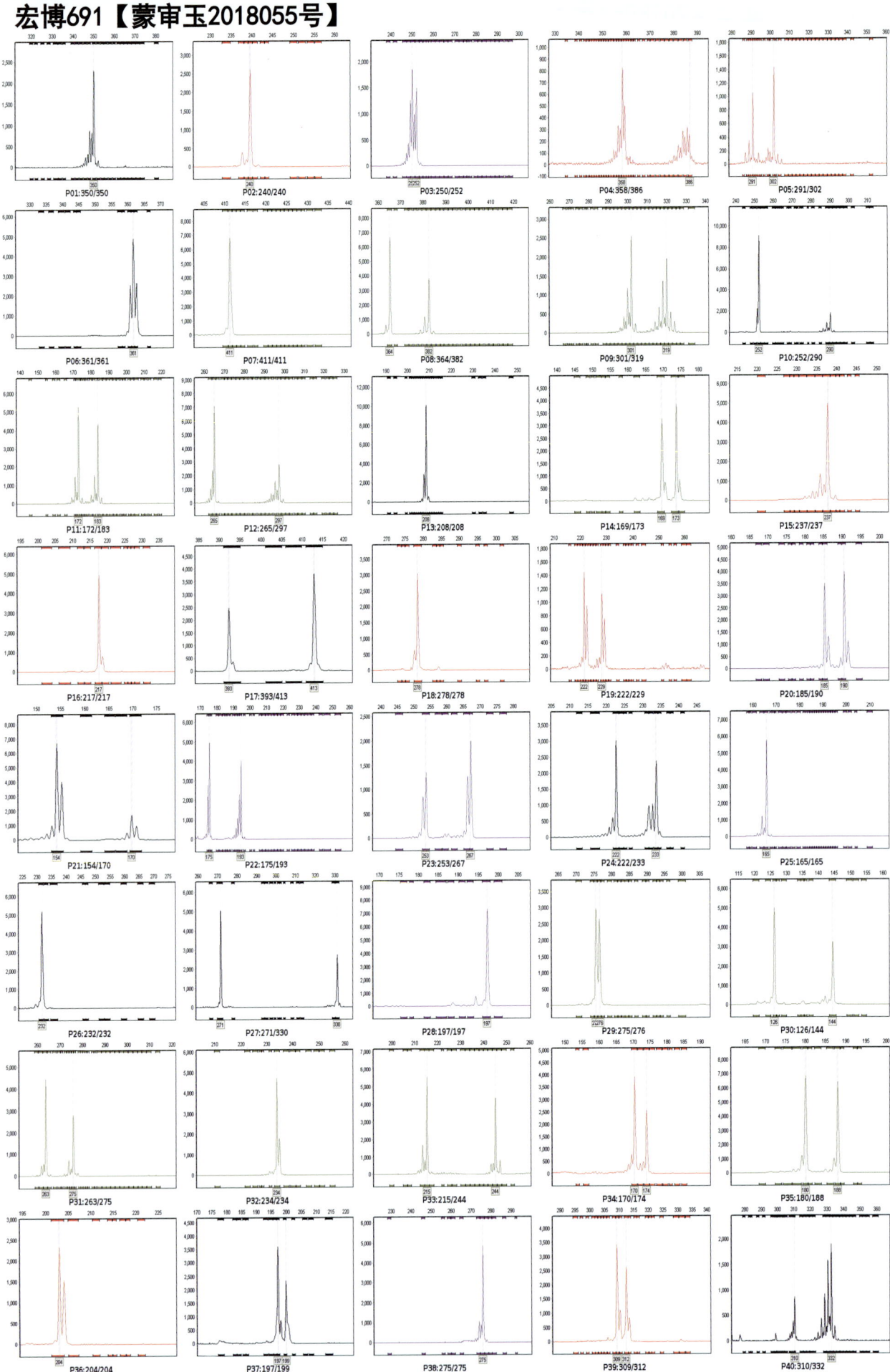

纪元152【蒙审玉2018057号】

P01:350/350	P02:240/241	P03:256/284	P04:348/361	P05:291/336
P06:343/343	P07:410/411	P08:382/404	P09:301/301	P10:252/262
P11:165/185	P12:265/293	P13:202/213	P14:173/173	P15:221/237
P16:228/228	P17:413/413	P18:278/278	P19:222/240	P20:185/185
P21:154/170	P22:184/193	P23:262/267	P24:232/238	P25:165/173
P26:232/233	P27:271/271	P28:176/197	P29:279/279	P30:144/144
P31:263/269	P32:234/234	P33:244/244	P34:170/170	P35:188/189
P36:207/215	P37:196/196	P38:261/261	P39:304/312	P40:332/332

种星2961【蒙审玉2018058号】

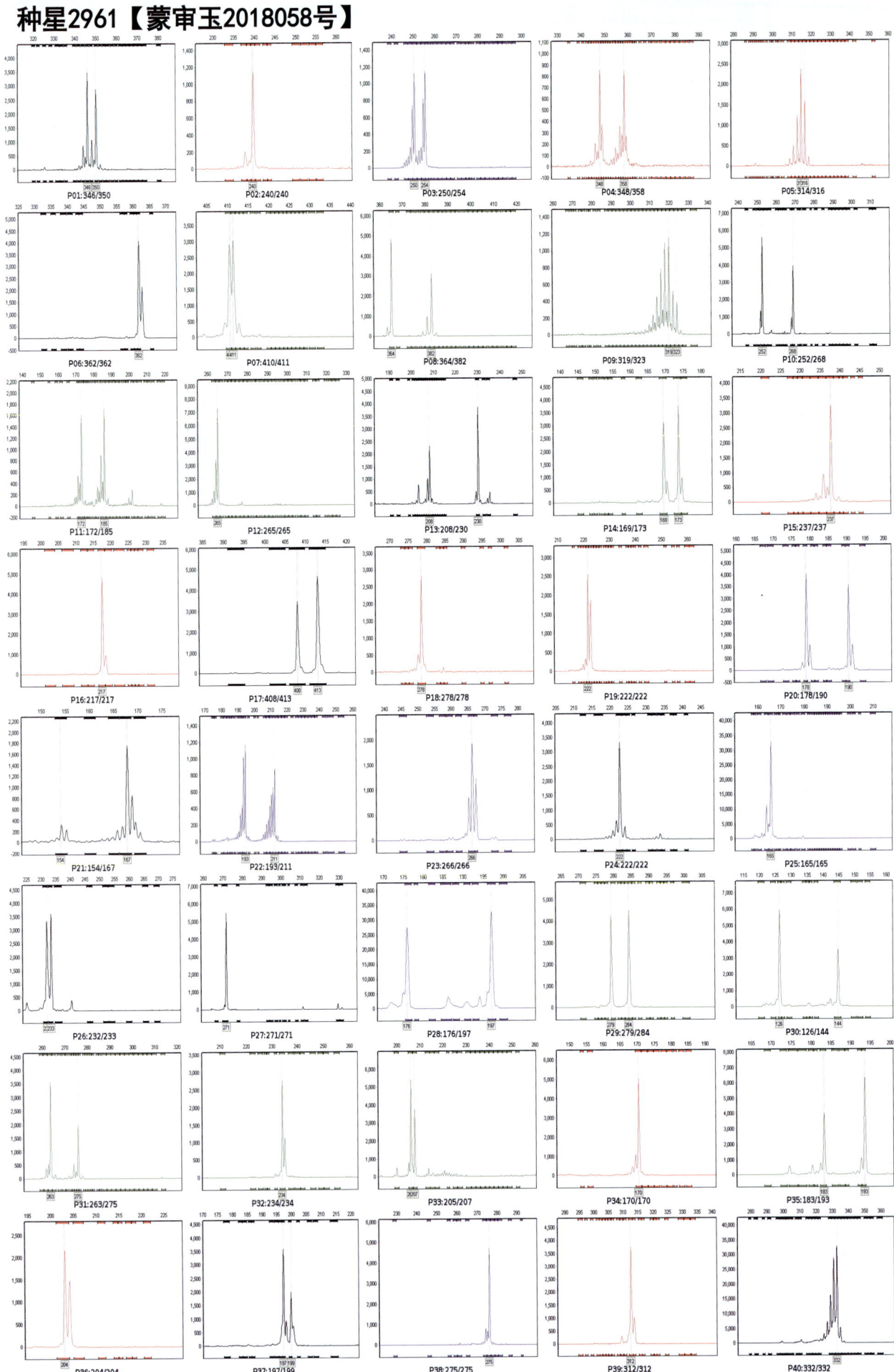

276

大德155【蒙审玉2018060号】

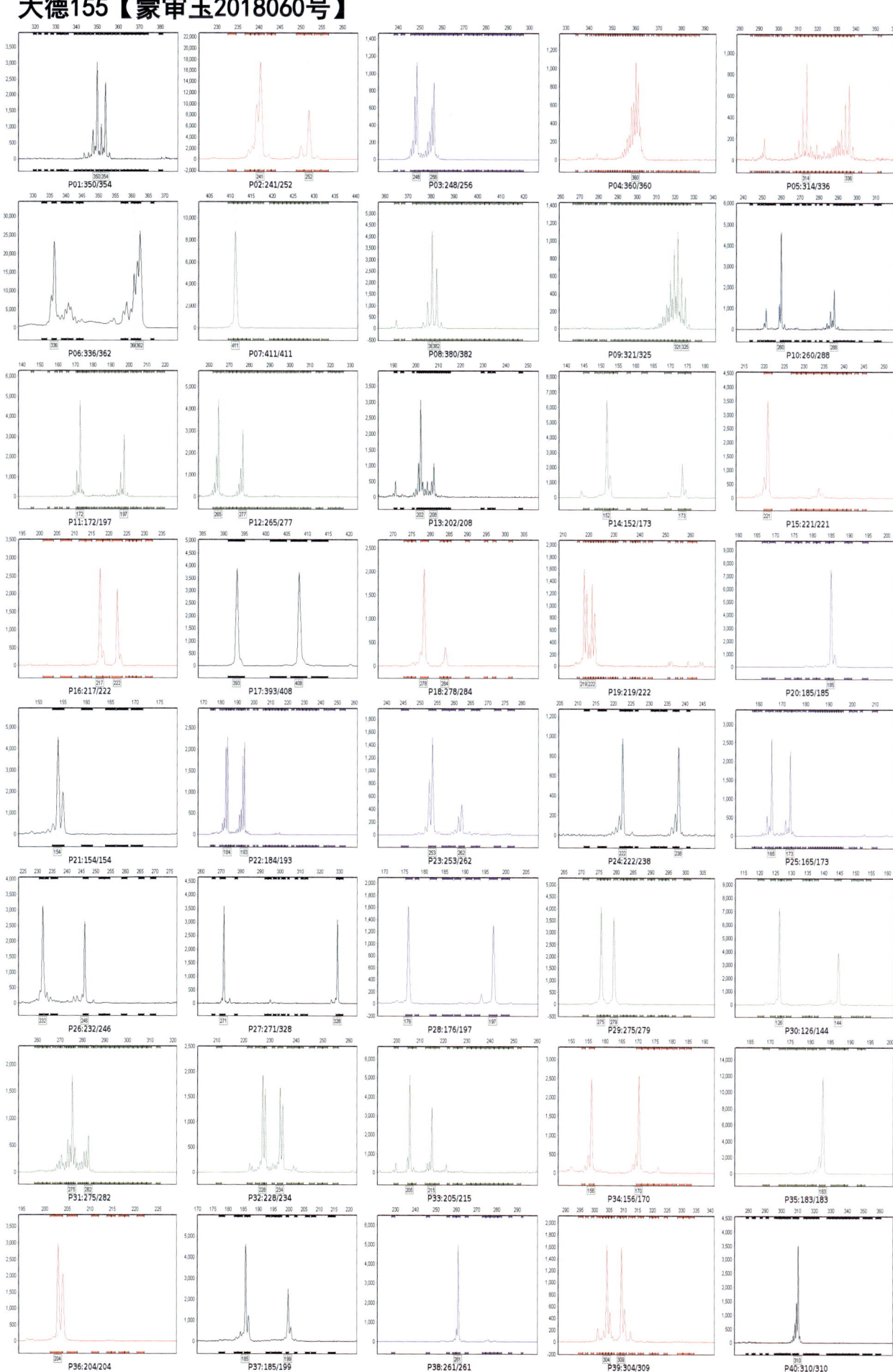

九圣禾257【蒙审玉2018061号】

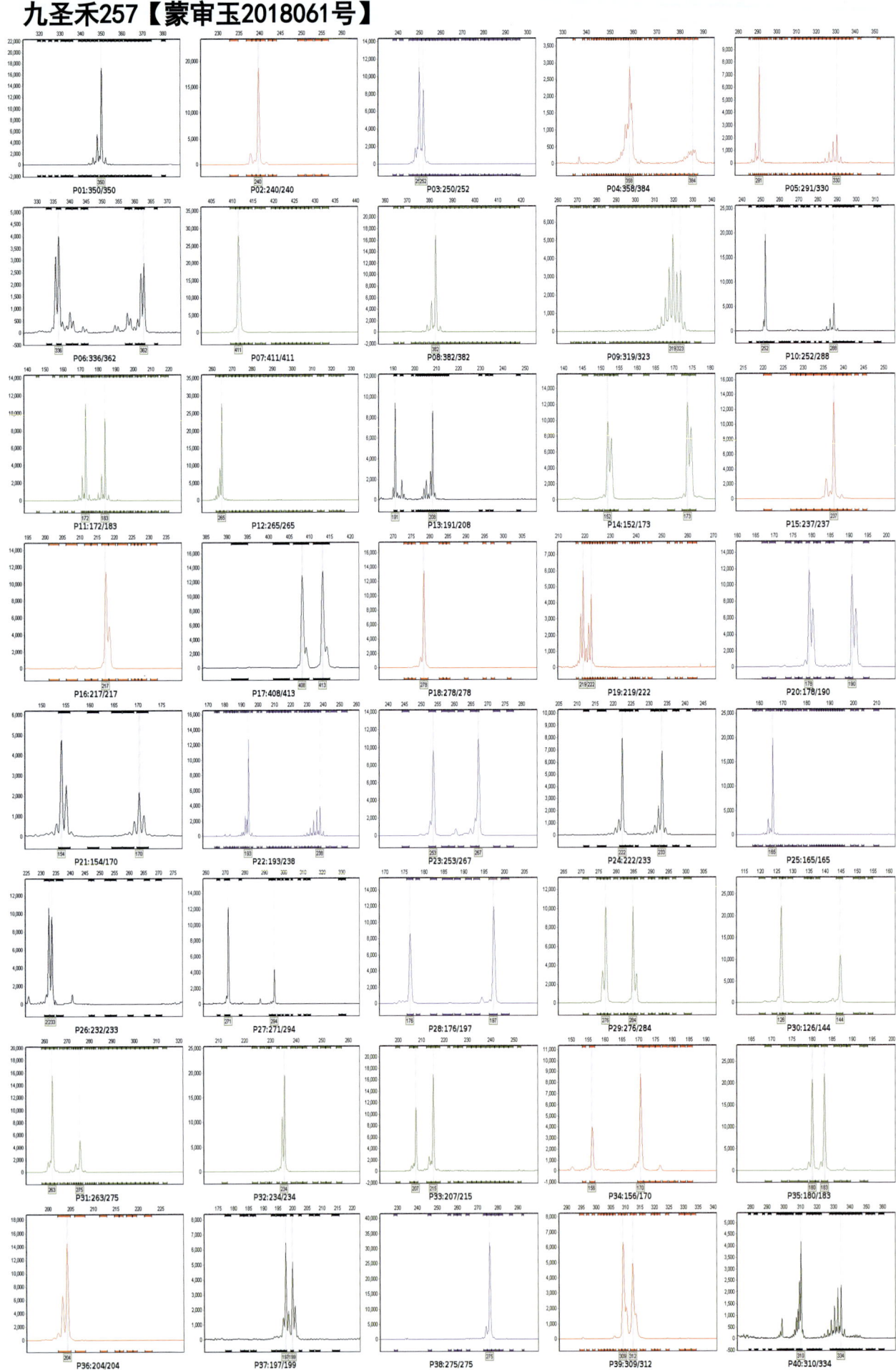

豫禾269【蒙审玉2018064号】

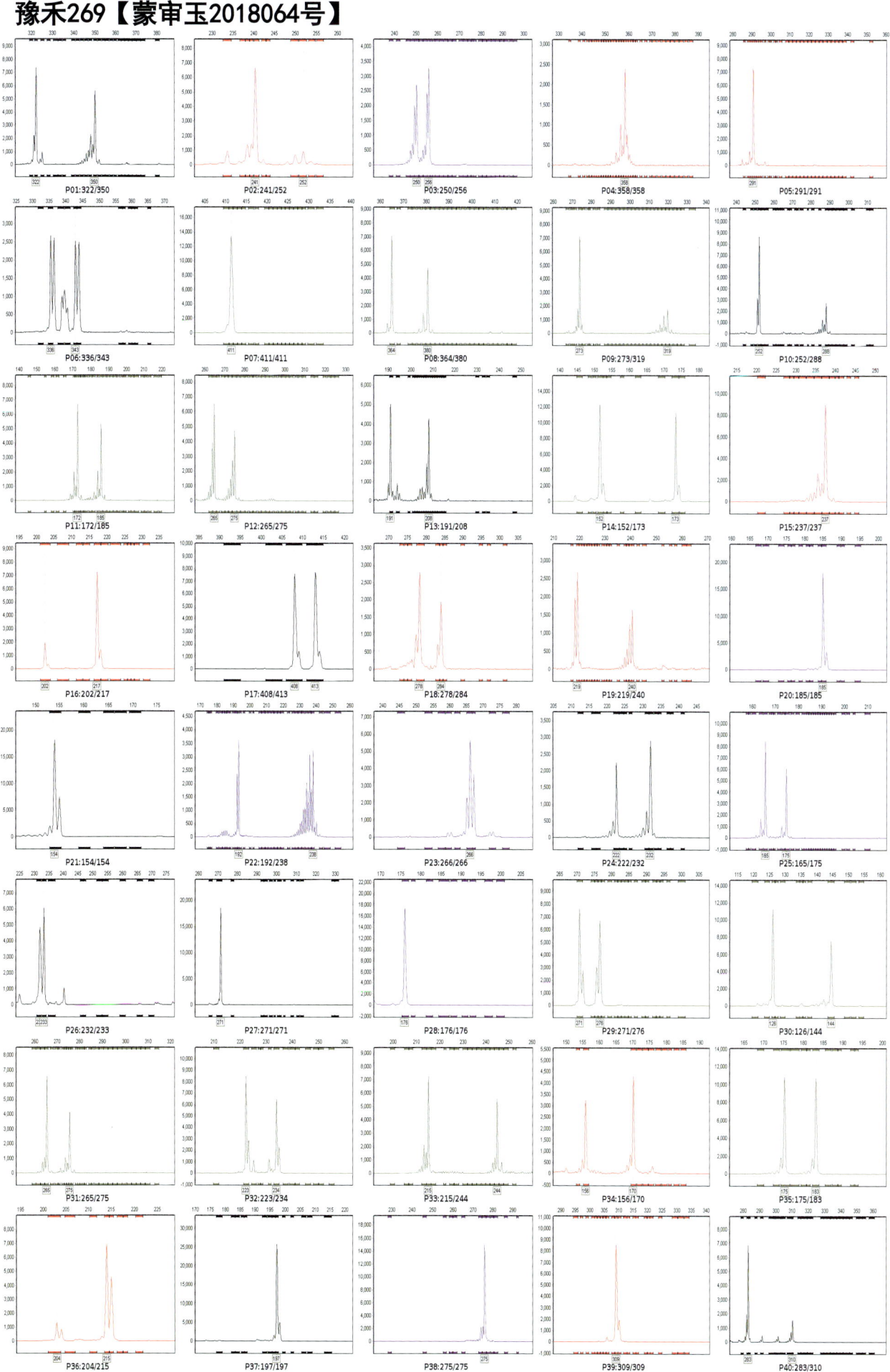

CP1685【蒙审玉2018066号】

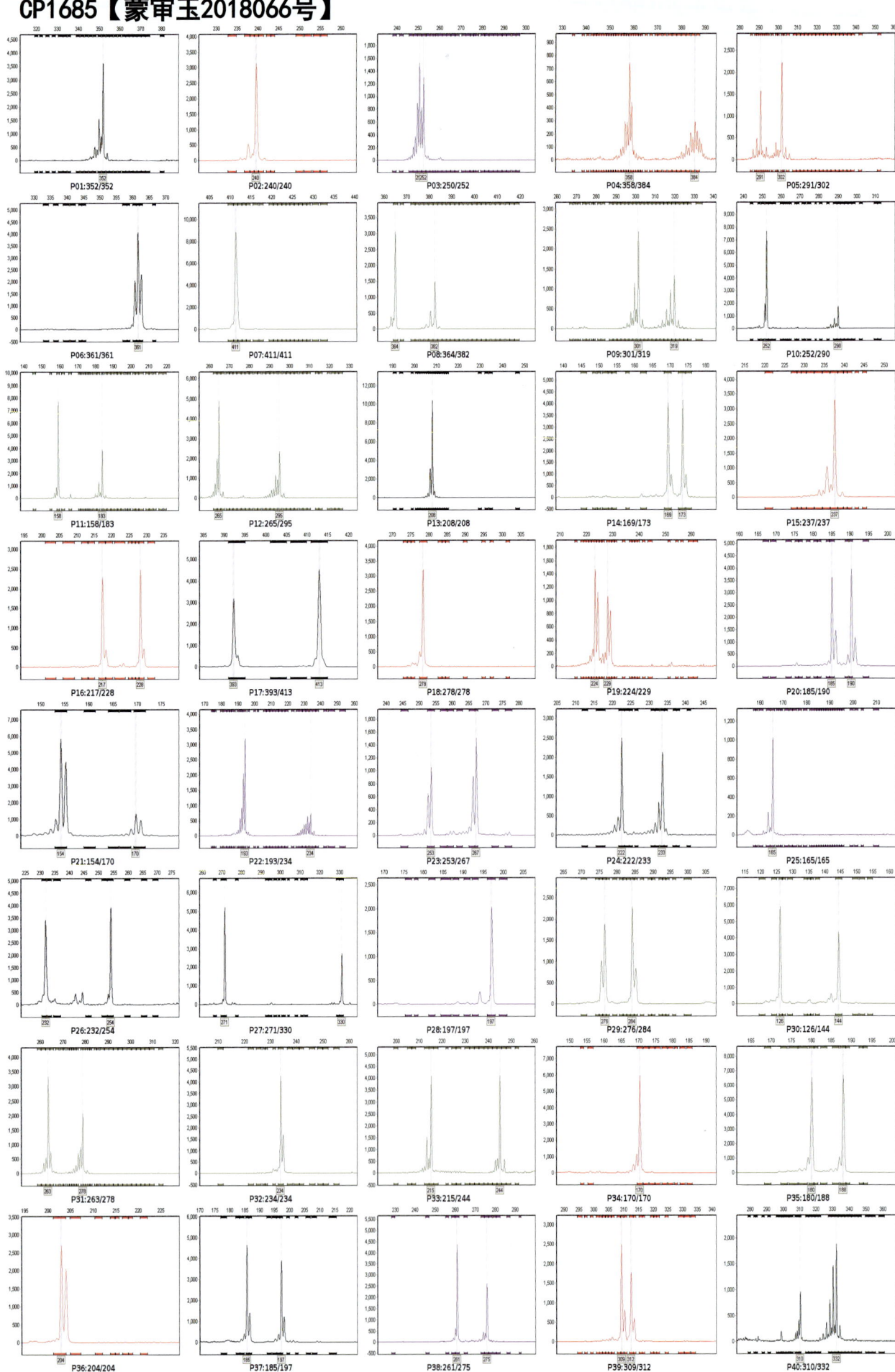

泽亿1号【蒙审玉2018067号】

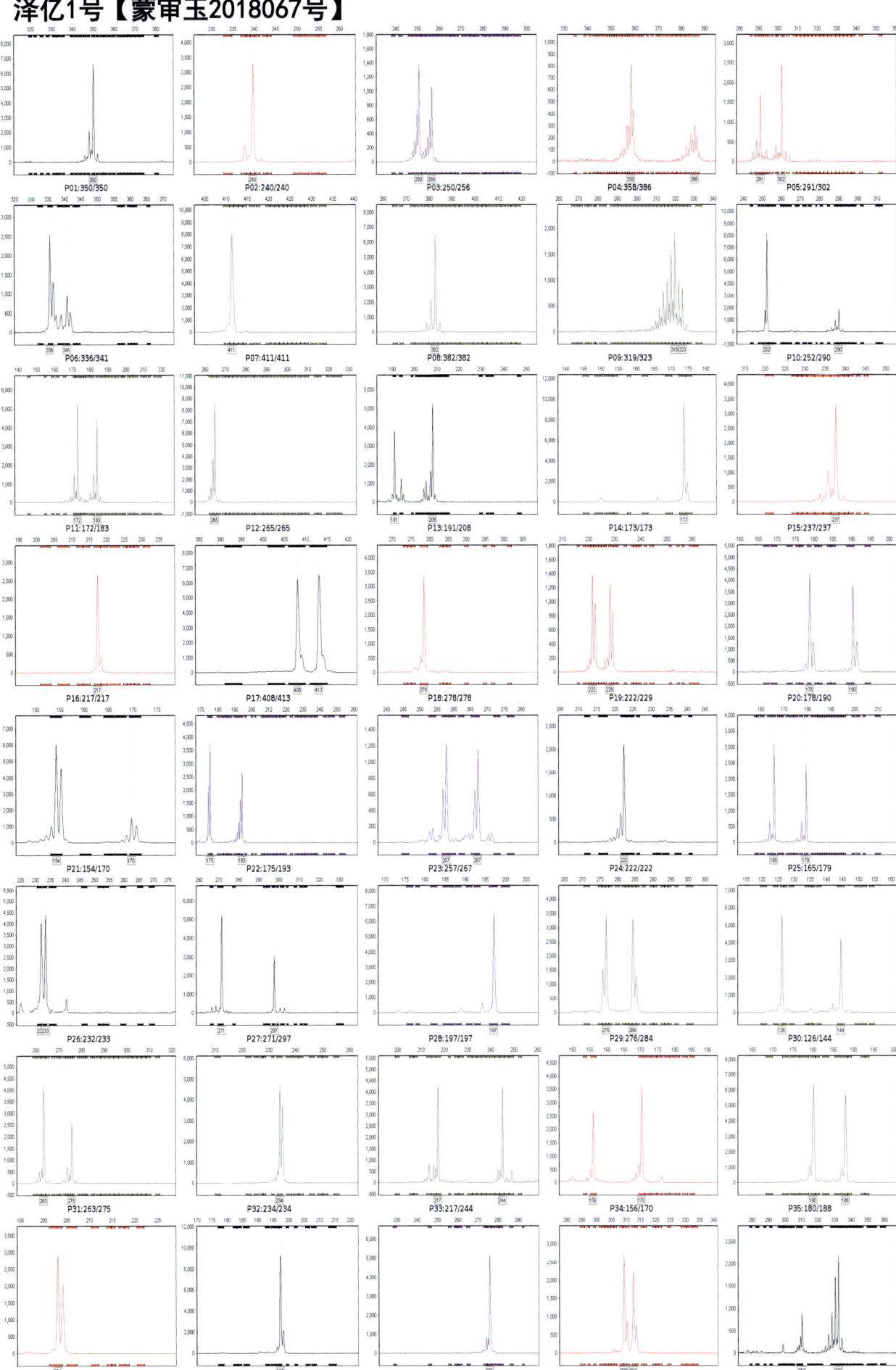

北育608【蒙审玉2018068号】

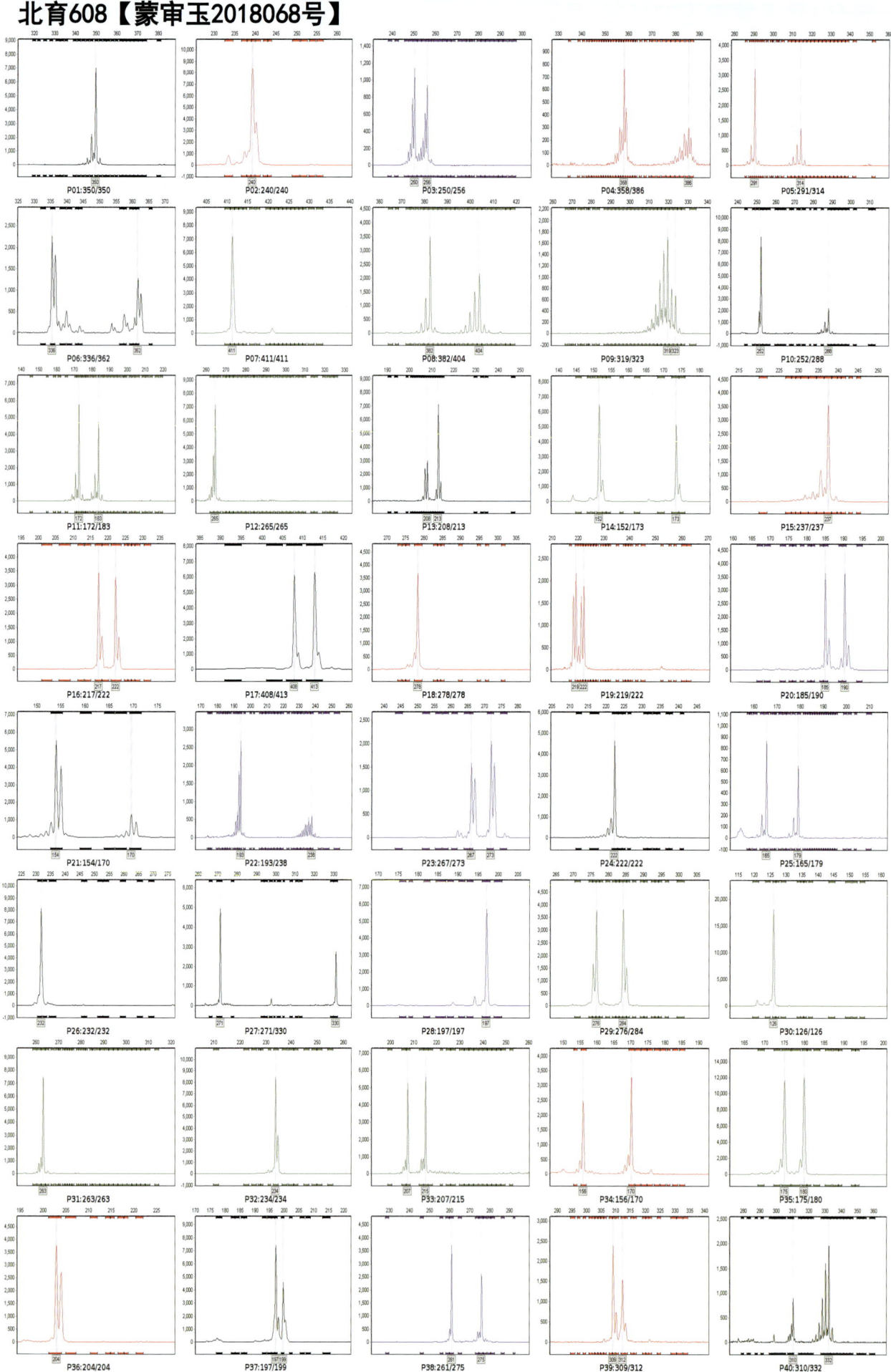

大德153【蒙审玉2018070号】

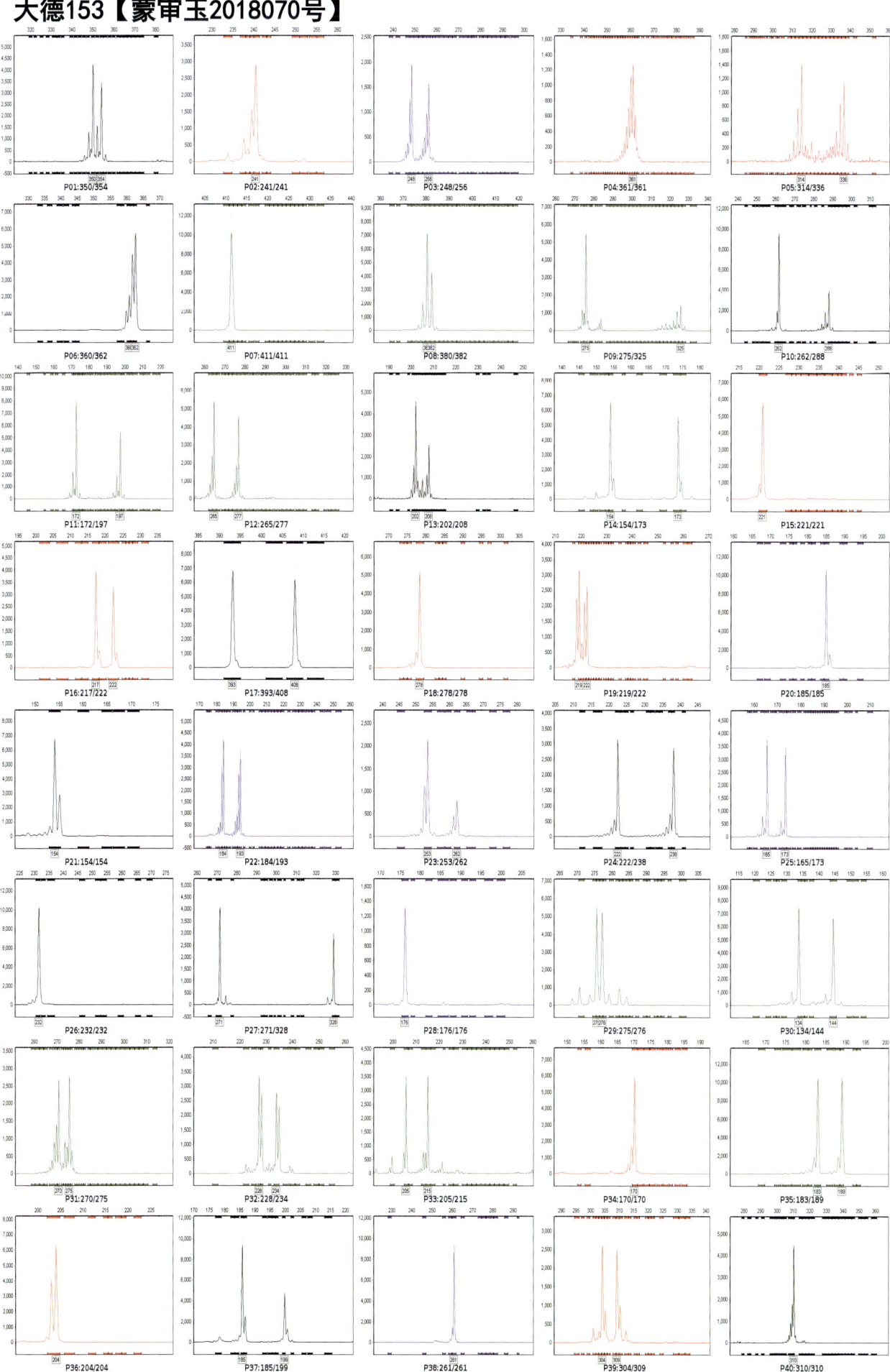

中迪168【蒙审玉2018071号】

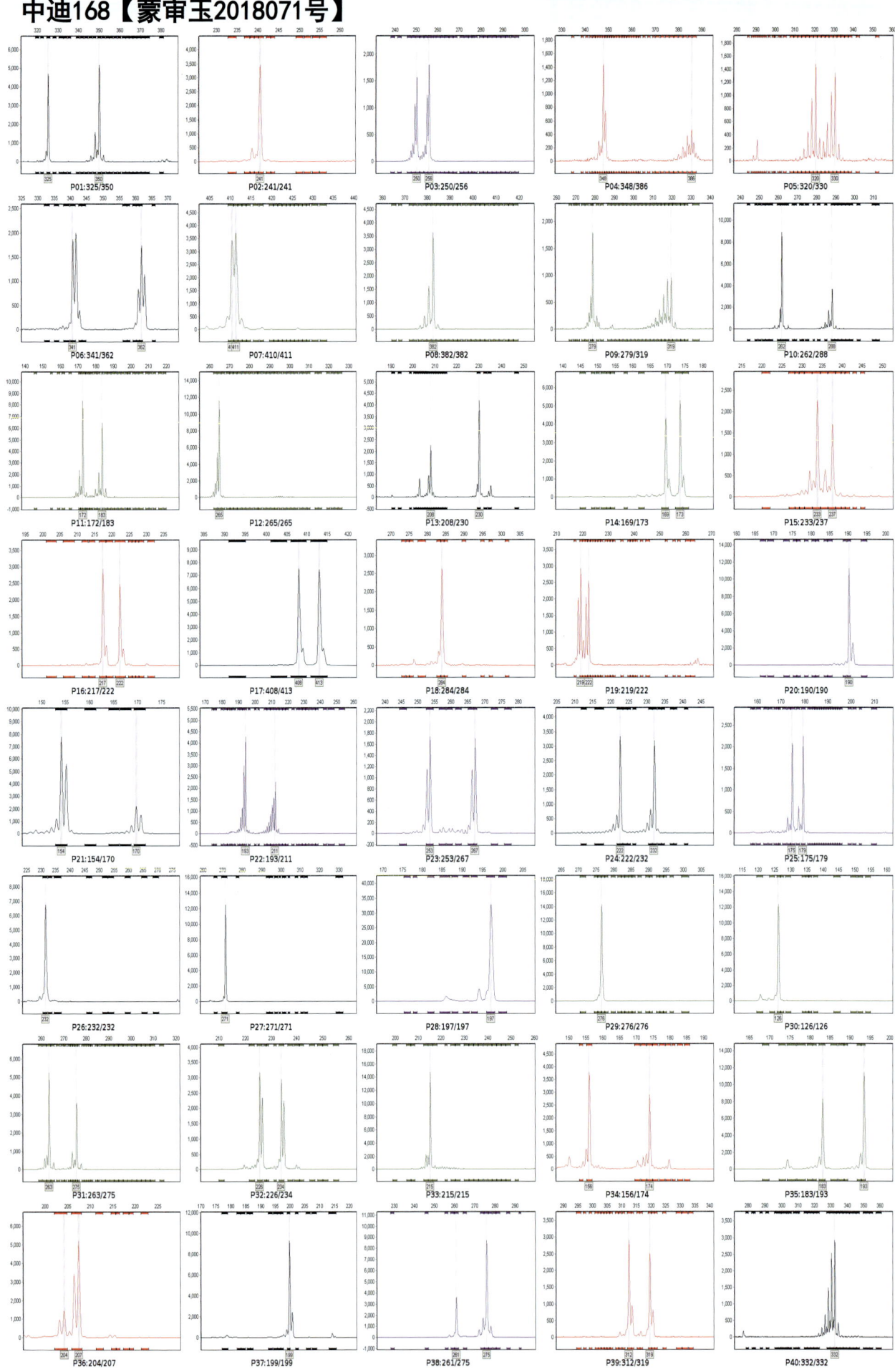

奥弗兰【蒙审玉2018072号】

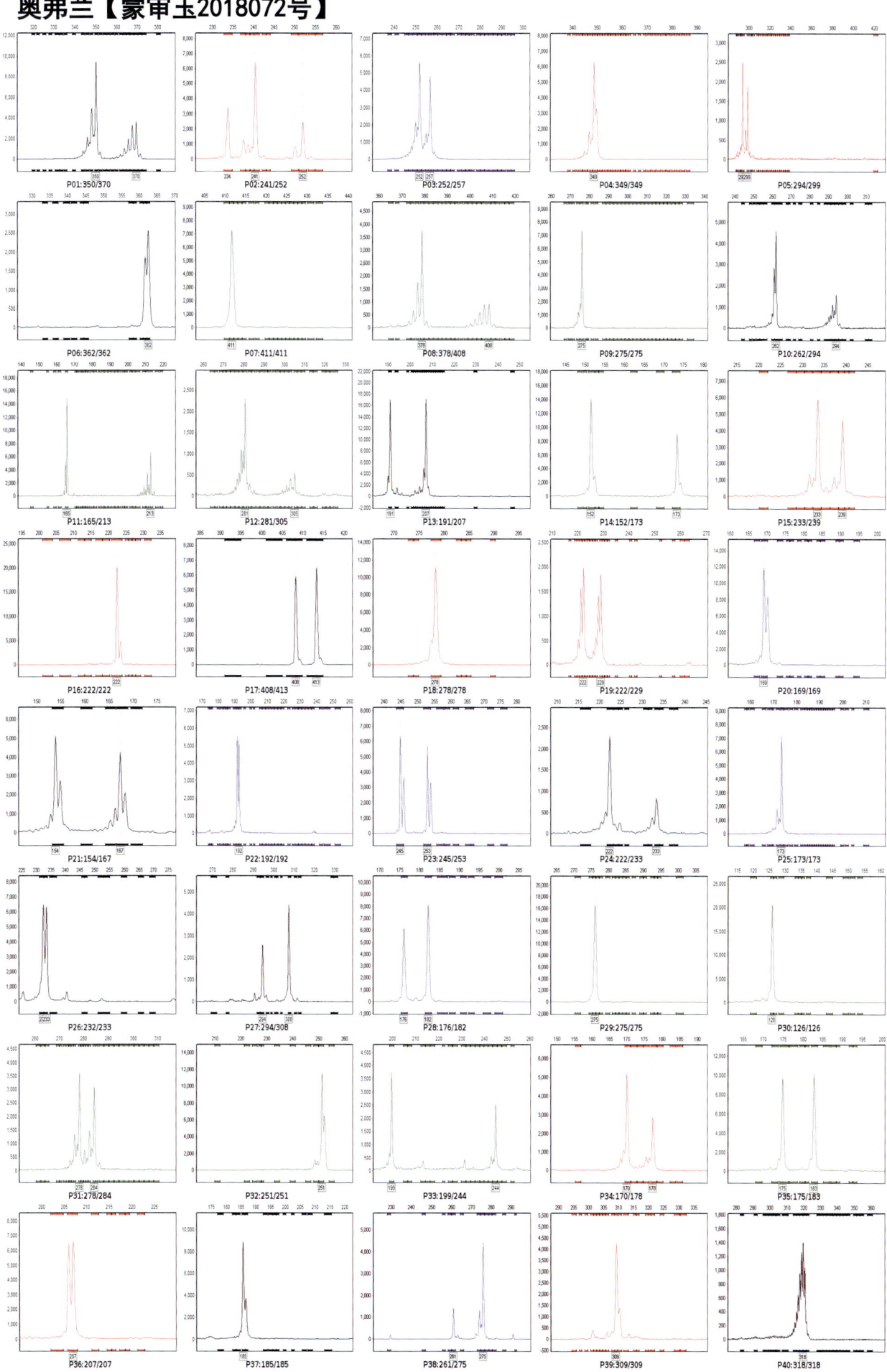

奉美佳16【蒙审玉2018073号】

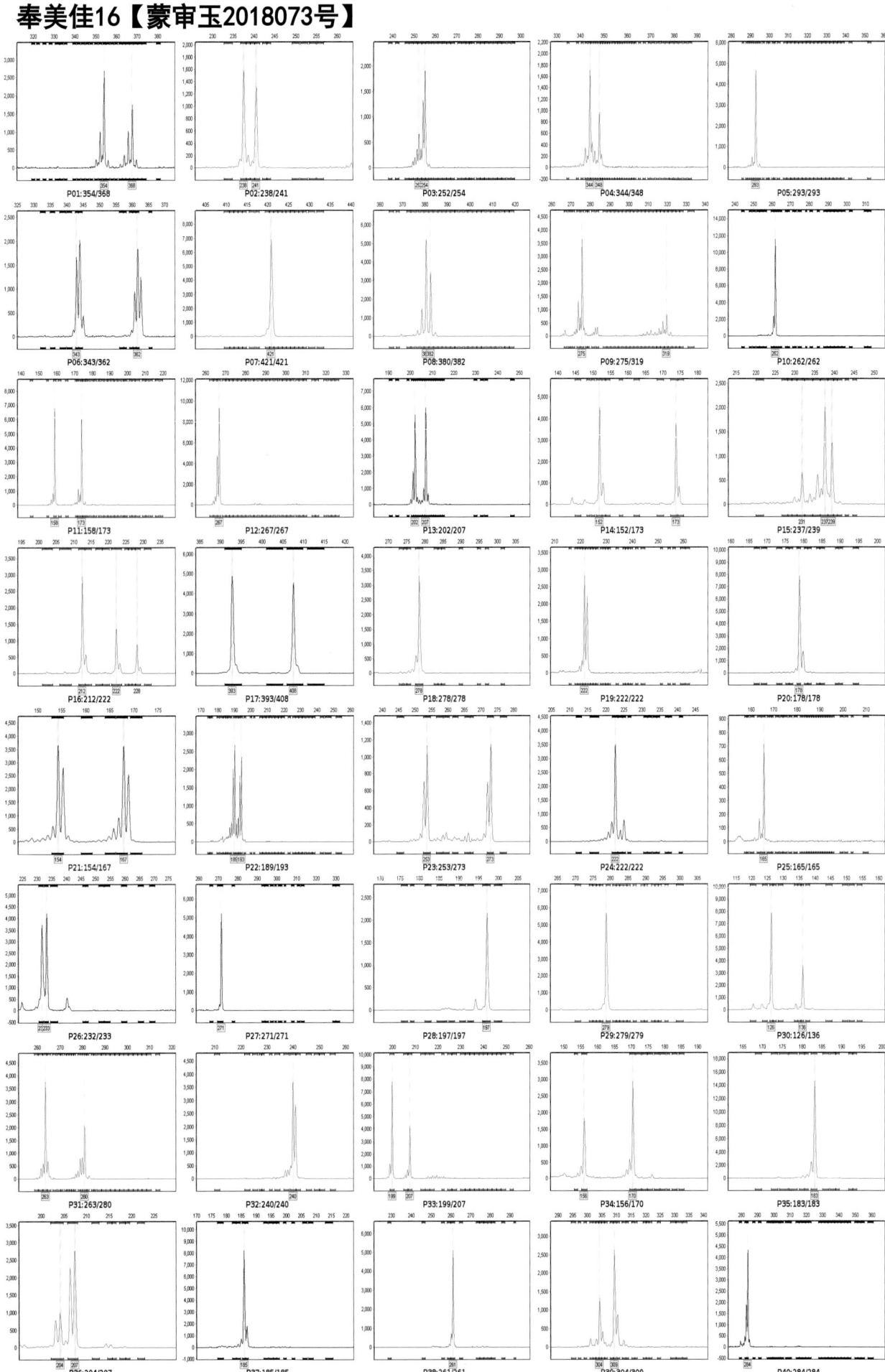

禾彩糯1【蒙审玉2018074号】

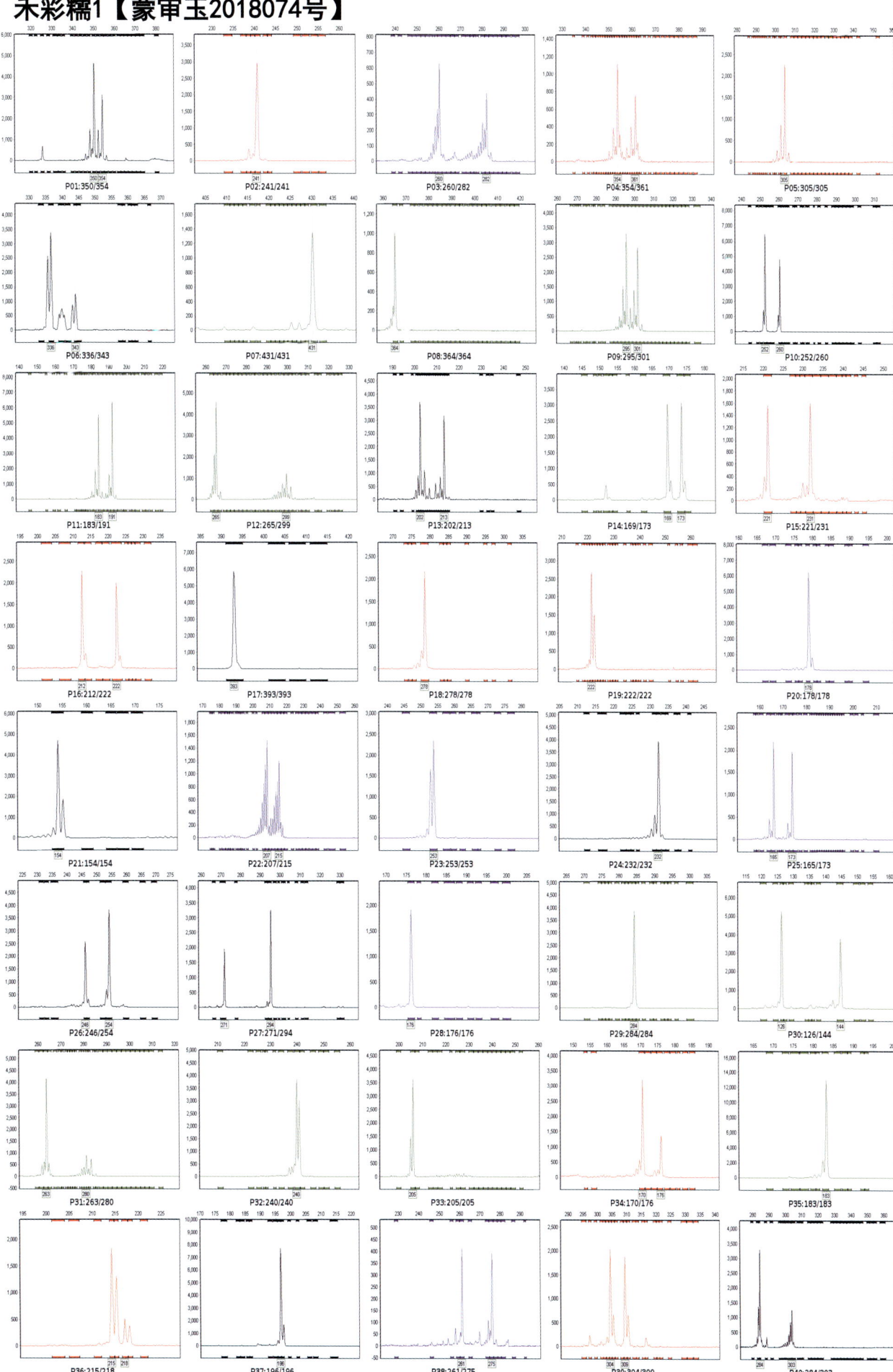

种星甜糯2号【蒙审玉2018076号】

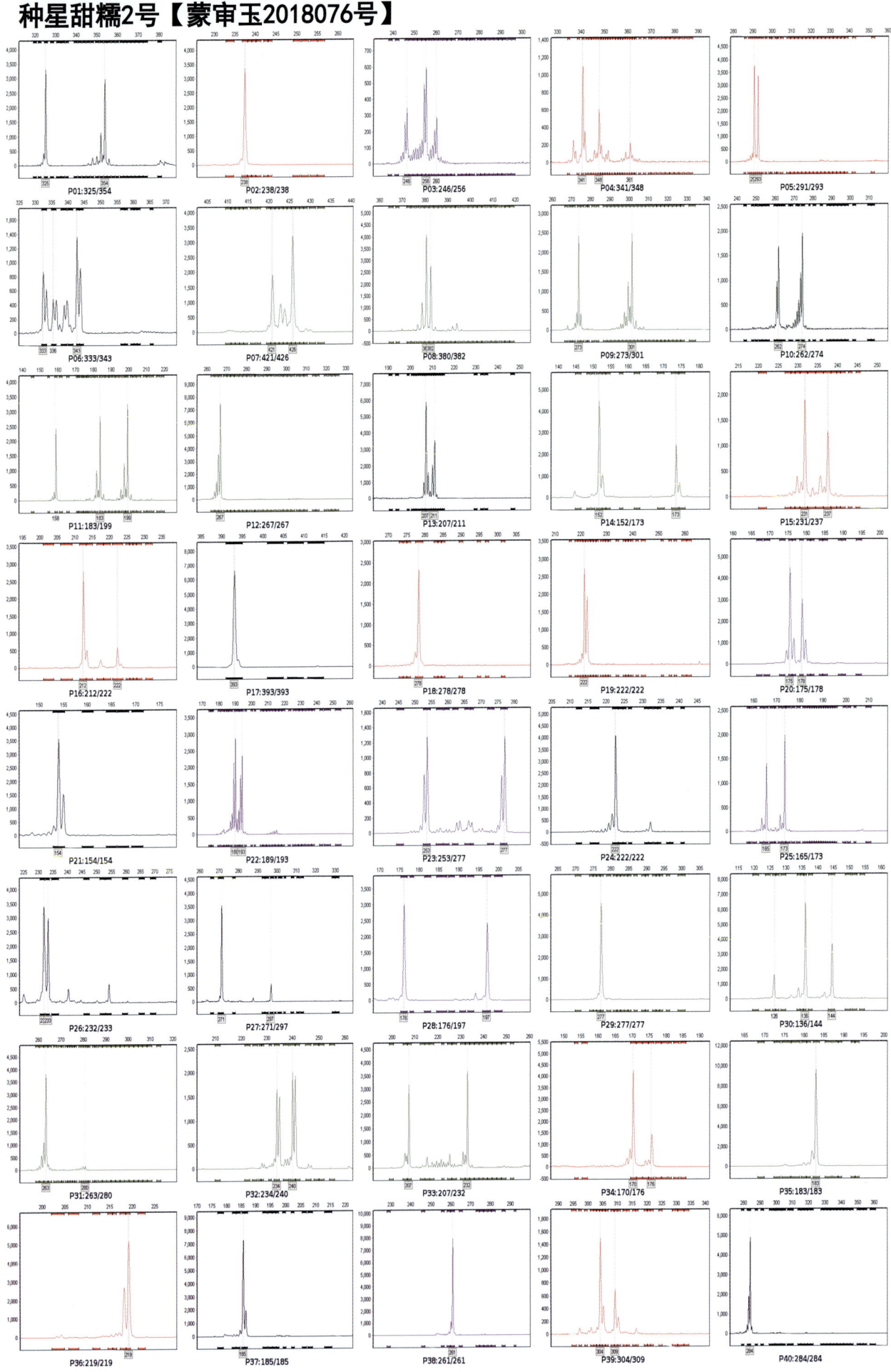

CM89【蒙审玉（饲）2018001号】

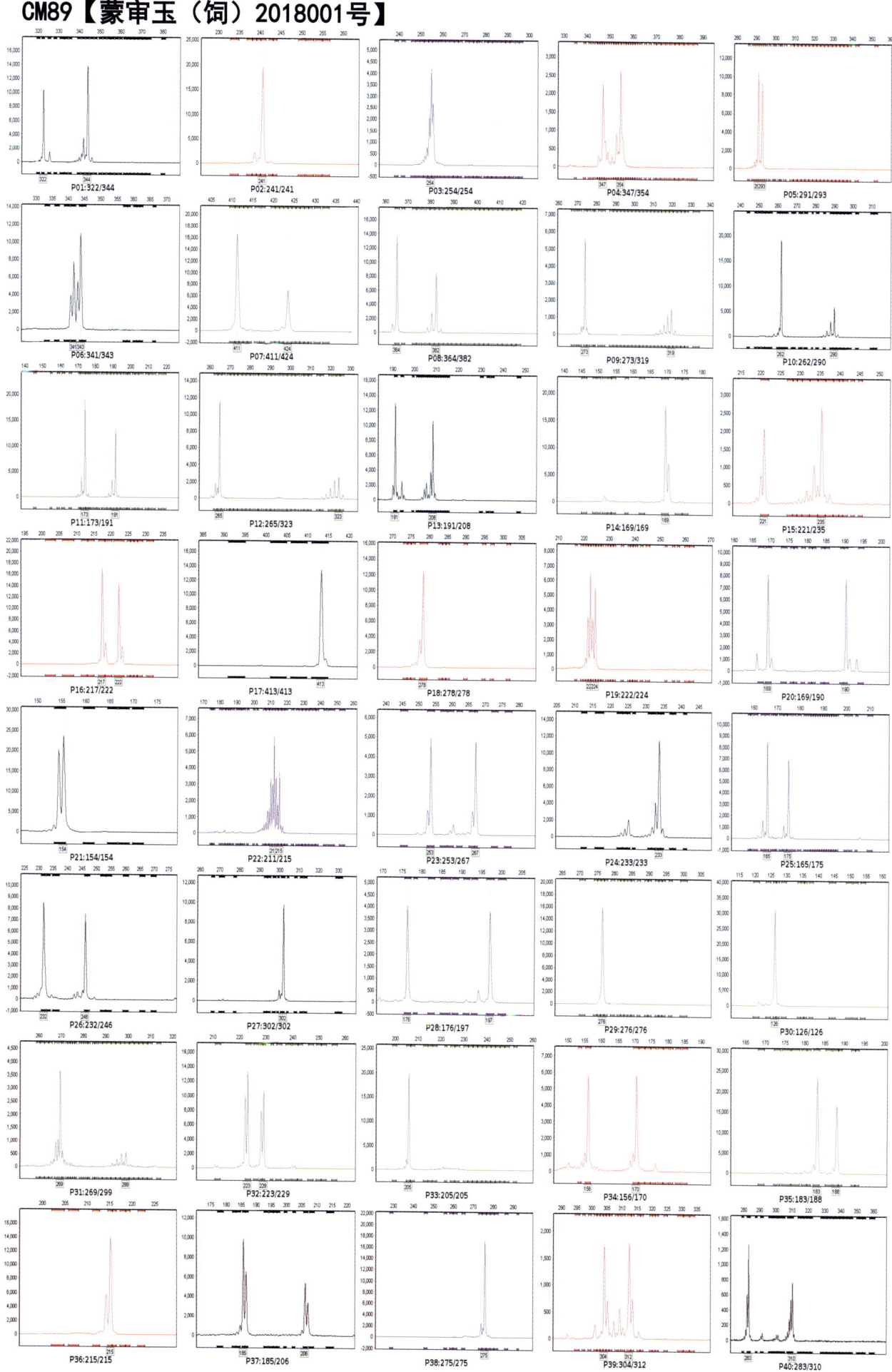

明玉6号【蒙审玉（饲）2018002号】

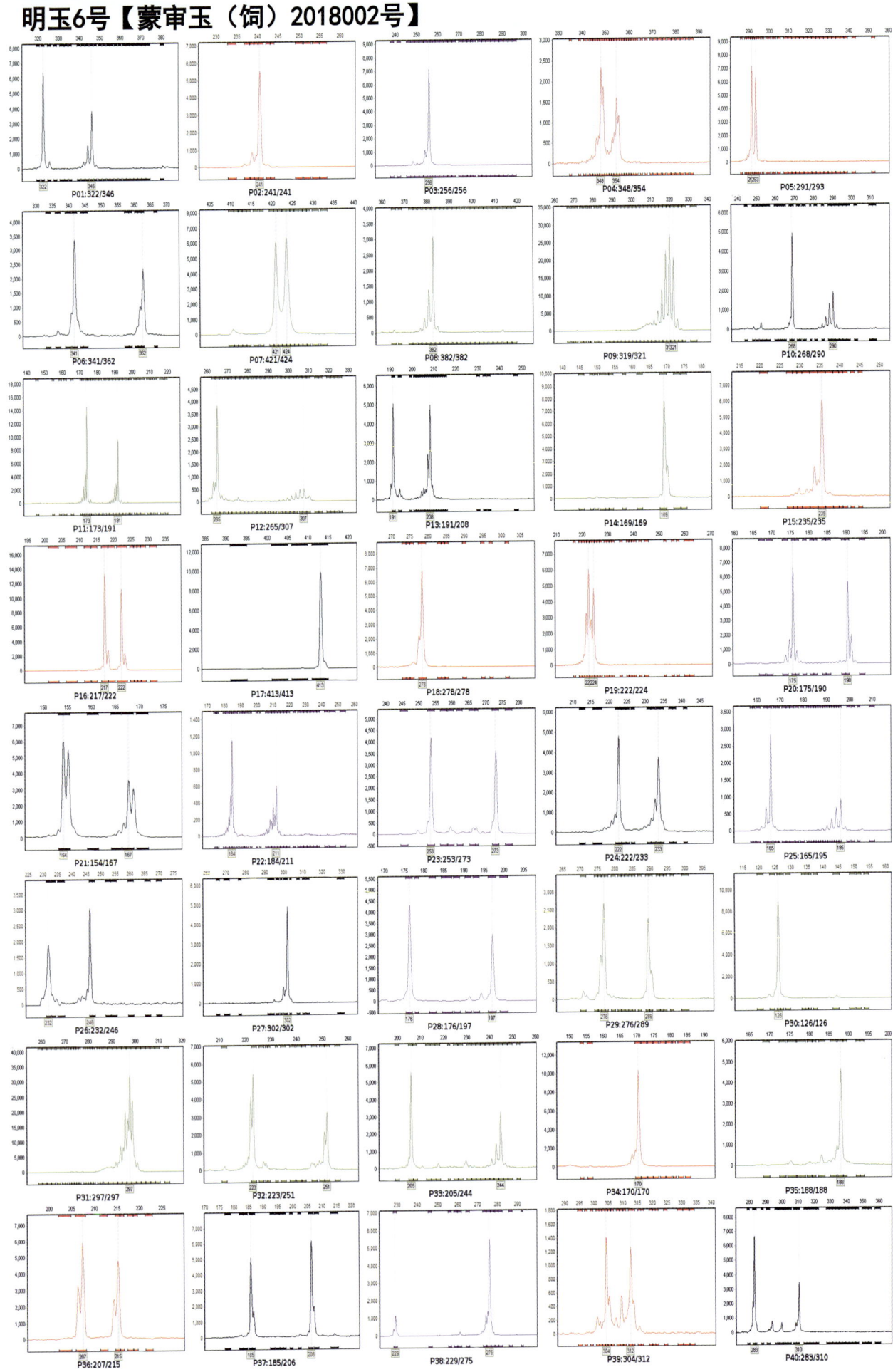

东单70【蒙审玉（饲）2018006号】

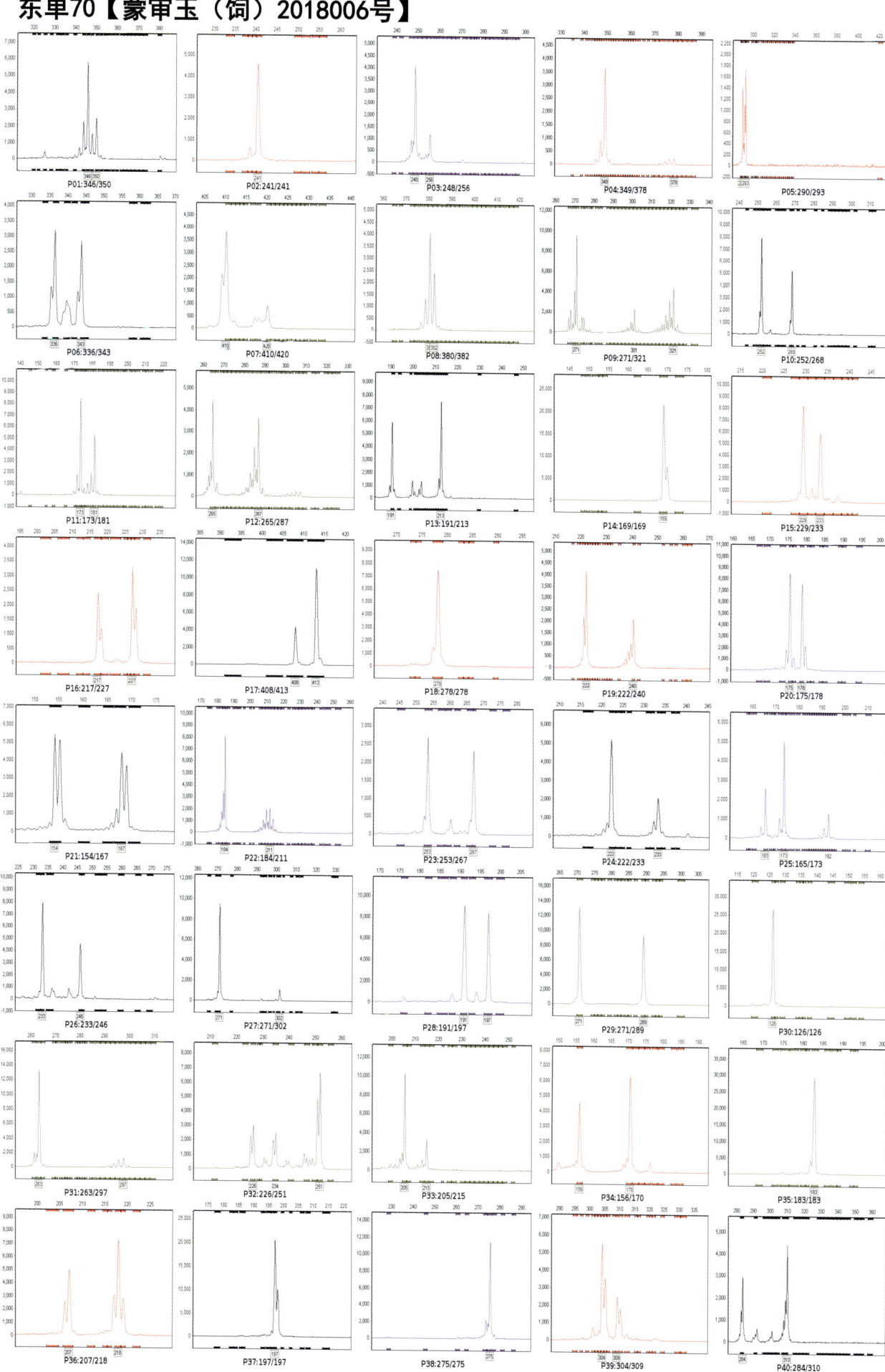

东单6531【蒙审玉（饲）2018007号】

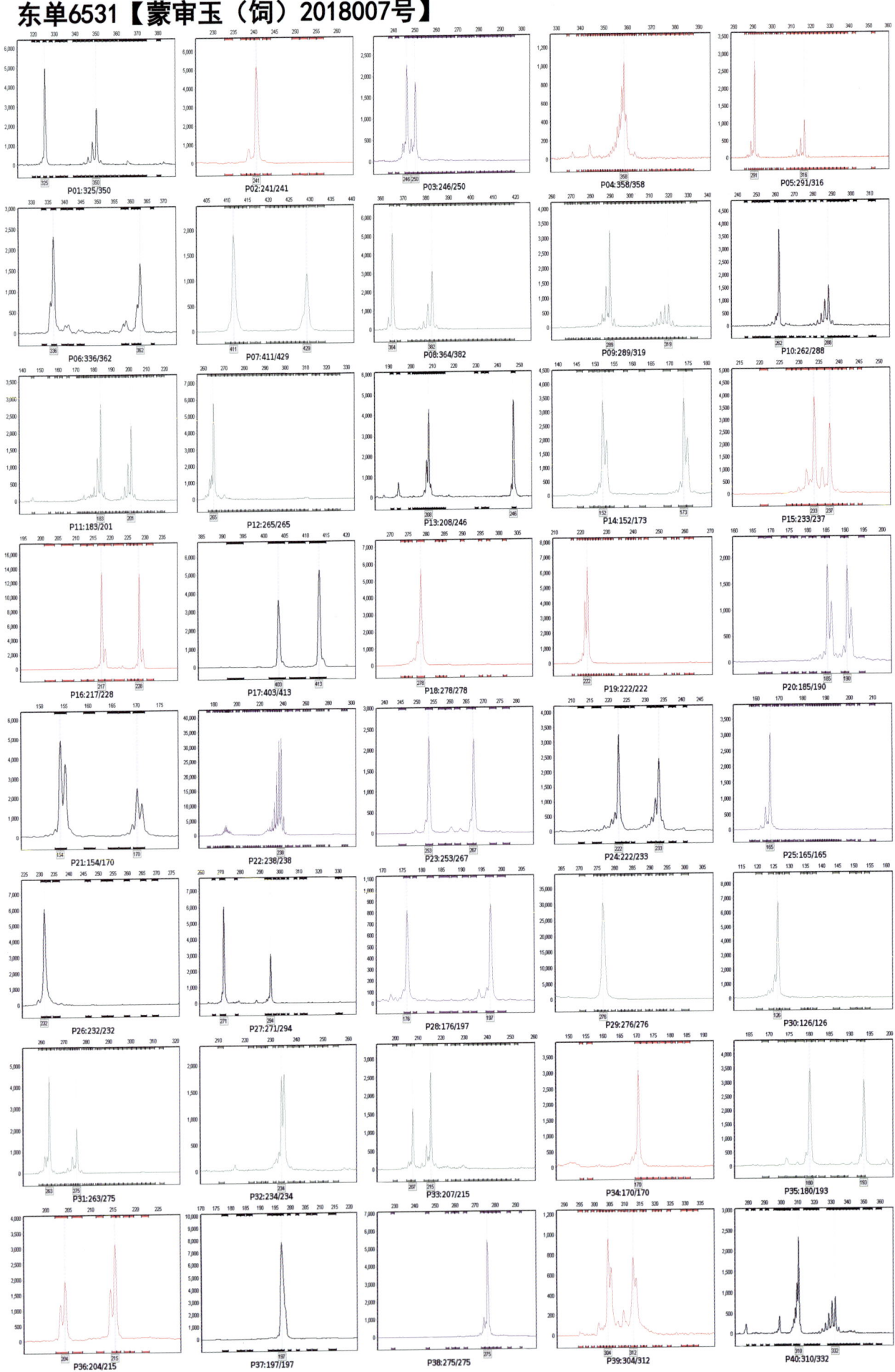

东单1501【蒙审玉（饲）2018009号】

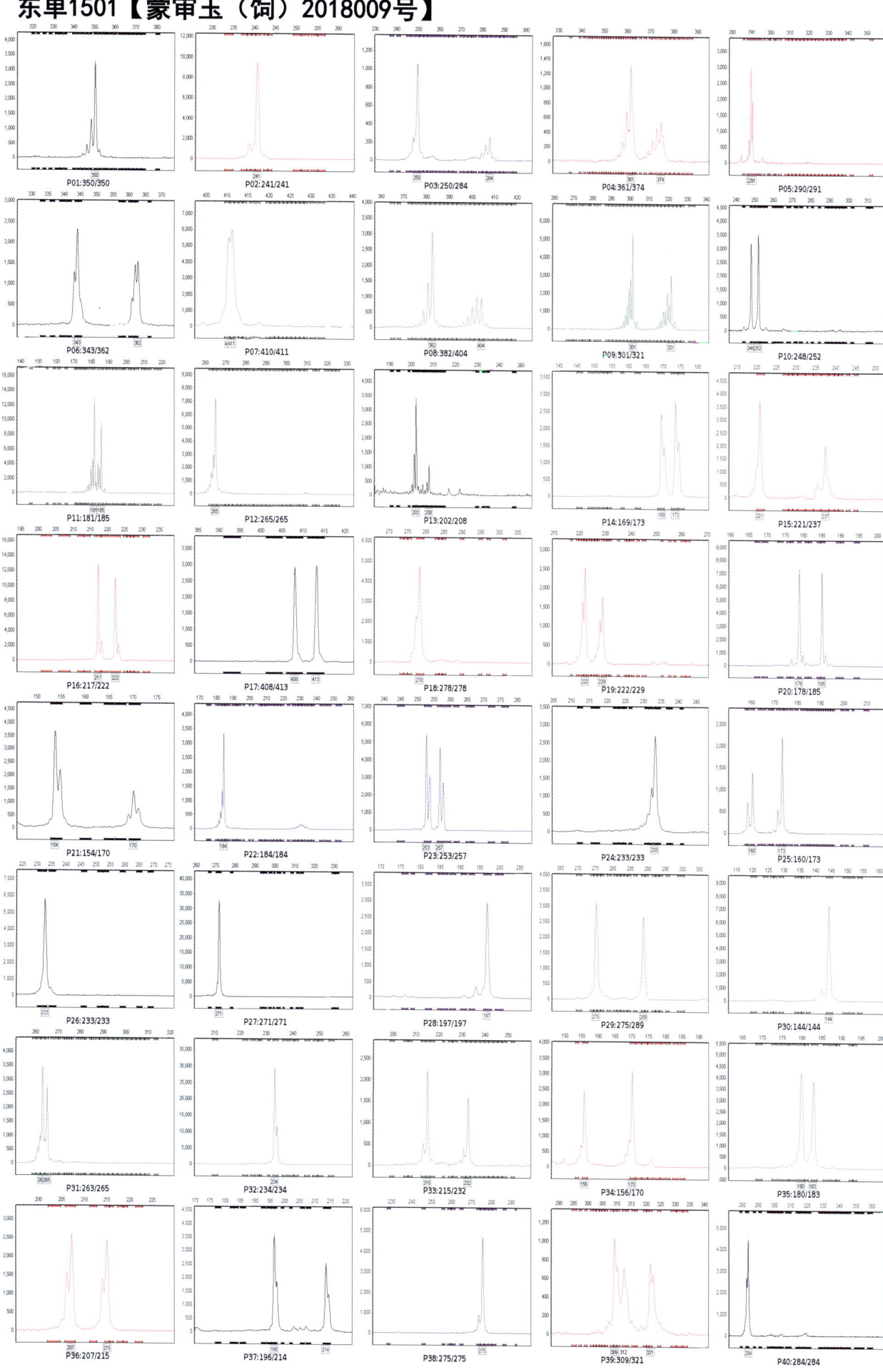

美锋969【蒙审玉（饲）2018010号】

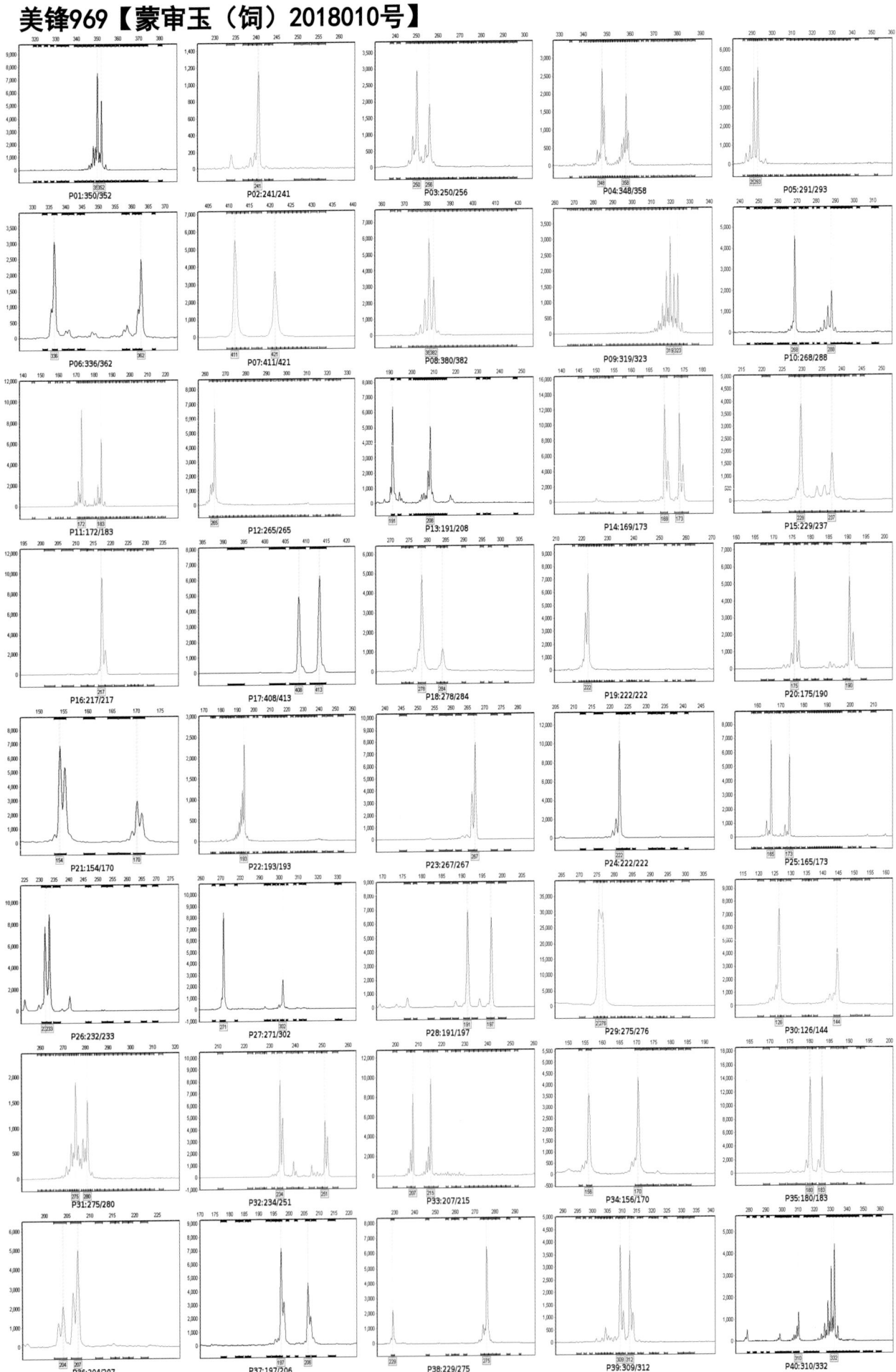

金岛5【蒙审玉(饲)2018014号】

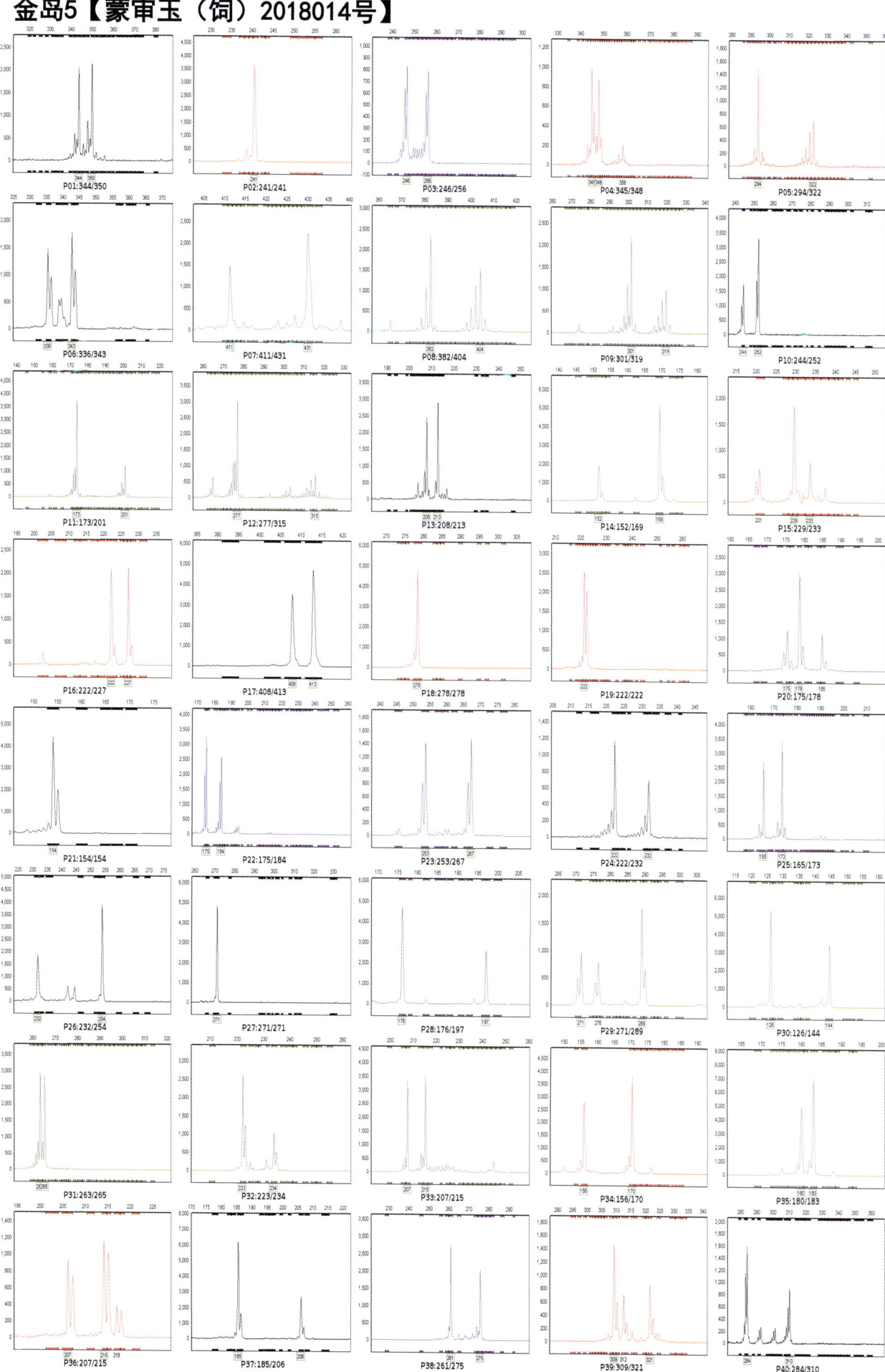

潞鑫二号【蒙审玉（饲）2018015号】

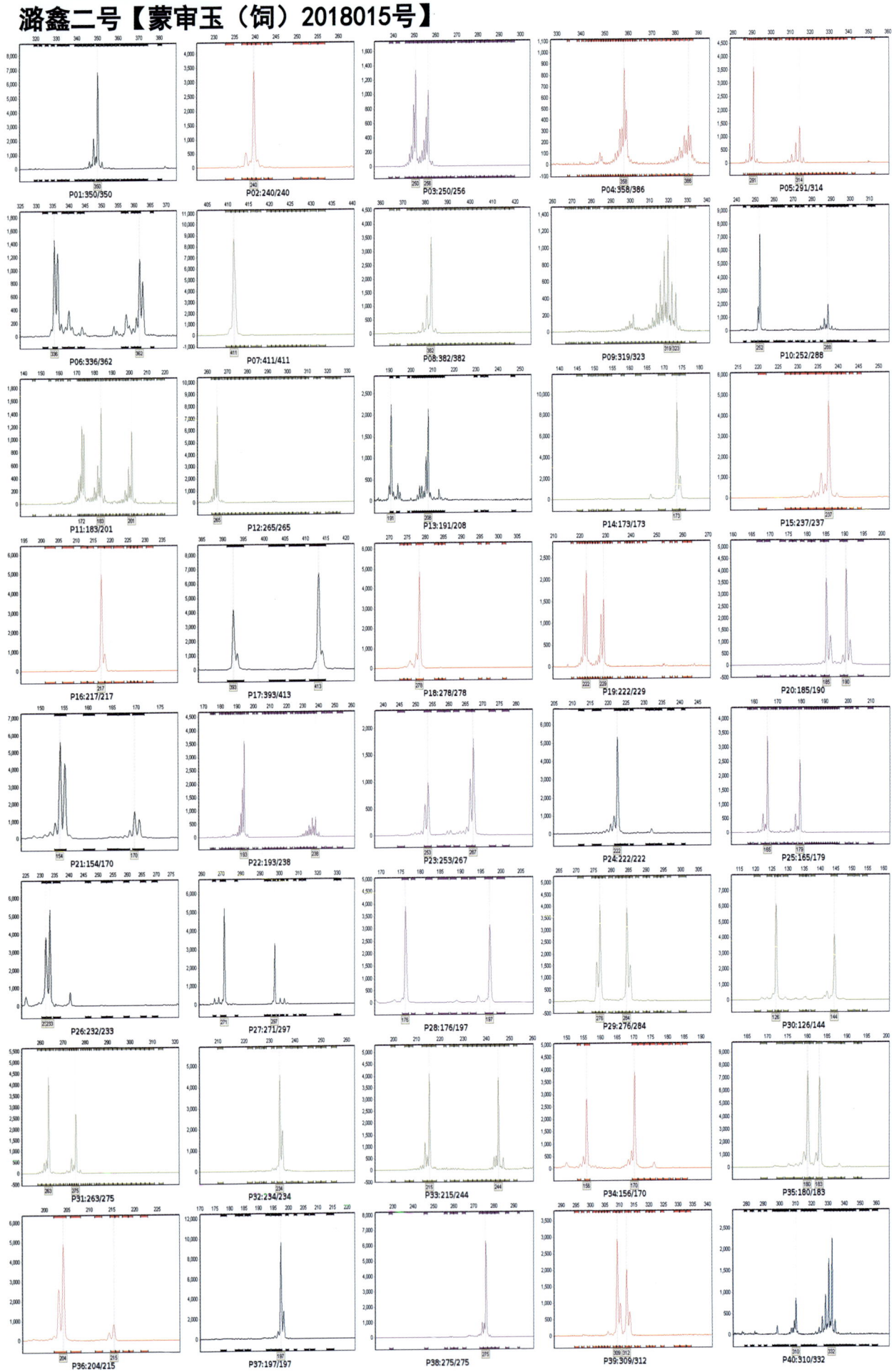

鼎玉678【蒙审玉（饲）2018016号】

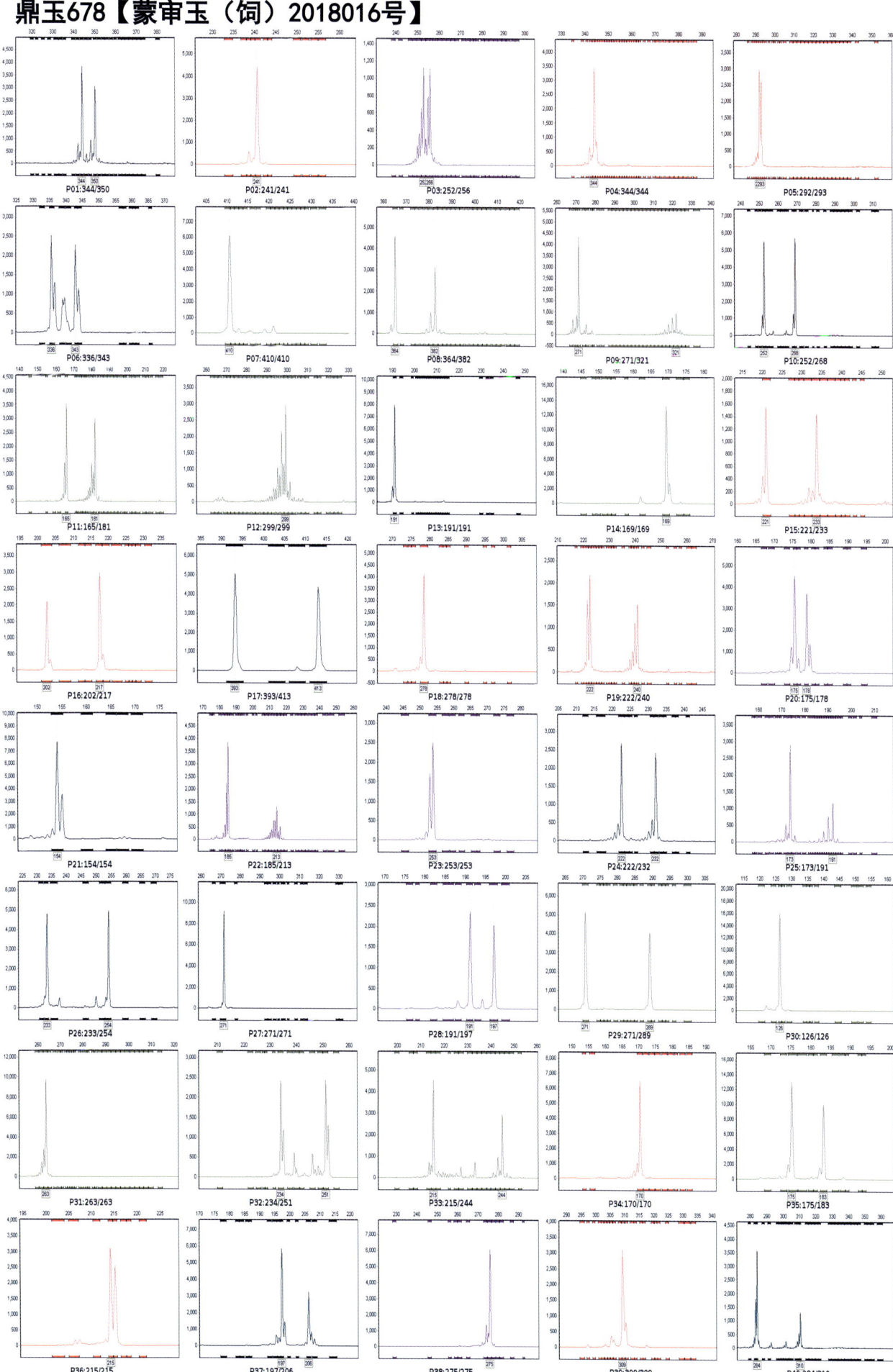

北玉1522【蒙审玉（饲）2018017号】

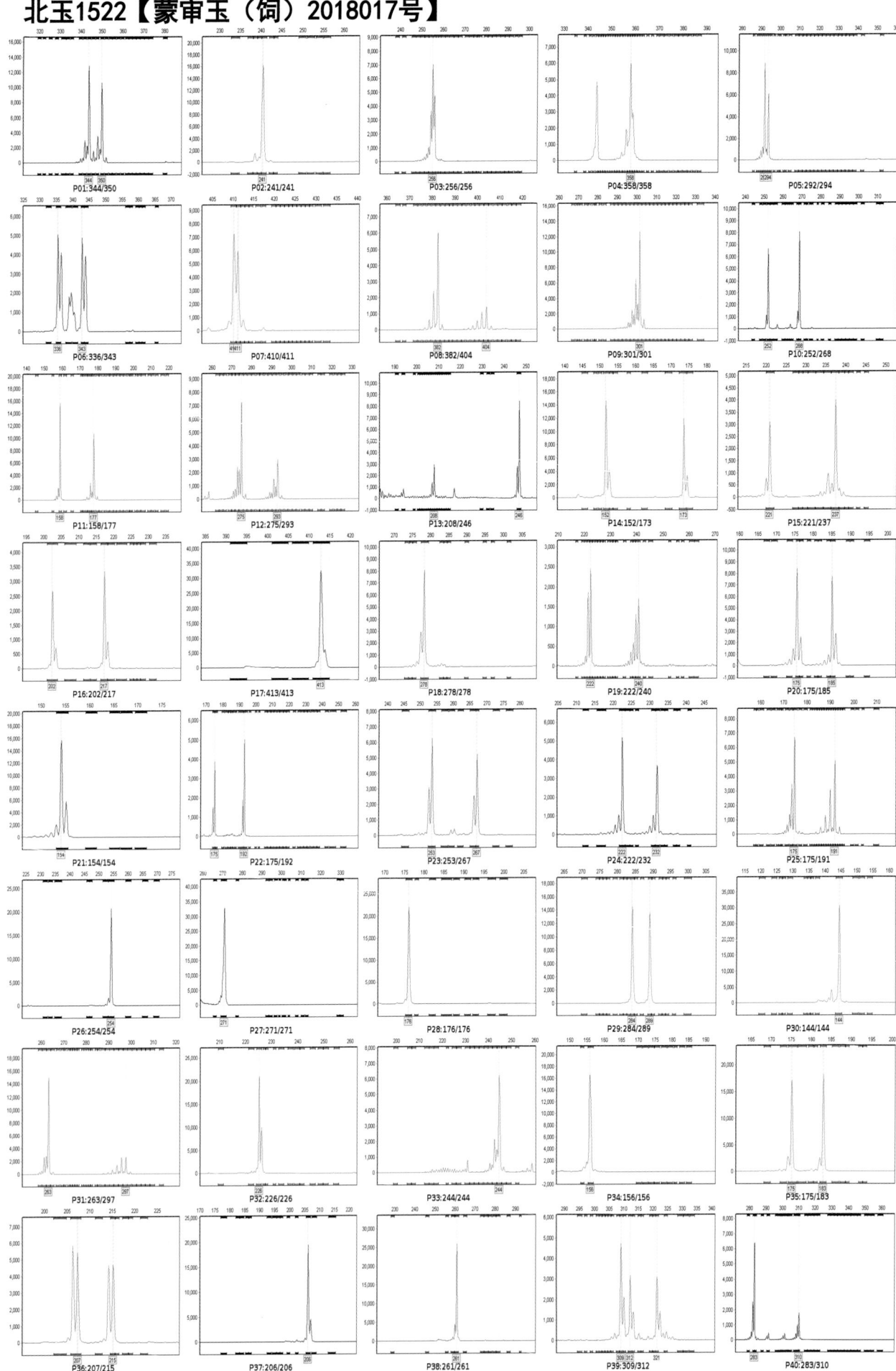

第二部分 附 录

附录一 2012—2018年内蒙古自治区审定玉米品种信息表

品种名称	品种来源	申请单位（个人）	育种单位（个人）	审定编号
承禾8号	H01×H03	承德禾源种业有限公司	承德禾源种业有限公司	蒙审玉2012001号
卓玉819	302×621	刘文卓	刘文卓、项志红	蒙审玉2012002号
金沃1号	佳78×佳1911	张俊军	张俊军	蒙审玉2012003号
铁旭338	L176×L30-2	辽宁铁旭种业科技有限公司	辽宁铁旭种业科技有限公司	蒙审玉2012004号
铁源24	Q54-2×Q935	开原市宏大农业科技发展有限公司	开原市宏大农业科技发展有限公司	蒙审玉2012005号
锋玉2号	PX03A×PX117A	龙江县丰吉种业有限责任公司、兴安盟绰尔河种业有限责任公司	龙江县丰吉种业有限责任公司、兴安盟绰尔河种业有限责任公司	蒙审玉2012006号
德单11号	CA60×CL13	黑龙江德农种业有限公司	黑龙江德农种业有限公司	蒙审玉2012007号
金山126	金568×JS621	通辽金山种业科技有限责任公司	通辽金山种业科技有限责任公司、吉林省宝丰种业有限公司	蒙审玉2012008号
冠丰116	金448×金839	山东冠丰种业科技有限公司	山东冠丰种业科技有限公司	蒙审玉2012009号
九园58	J3336A×J92192	包头市三主粮种业有限公司	包头市三主粮种业有限公司	蒙审玉2012010号
农华106	8TA60×S121	北京金色农华种业科技有限公司	北京金色农华种业科技有限公司	蒙审玉2012011号
通平1	通自097×通引04	通辽市农业科学研究院	通辽市农业科学研究院	蒙审玉2012012号
如意1号	F804×F805	江苏神农大丰种业科技有限公司	江苏神农大丰种业科技有限公司	蒙审玉2012013号
伊单81	L825×LK12	鄂尔多斯市农业科学研究所	鄂尔多斯市农业科学研究所	蒙审玉2012014号
内早209	MU7-1×M8349	内蒙古农牧业科学院玉米研究中心	内蒙古农牧业科学院玉米研究中心	蒙审玉2012015号
种星56	M81×Z05	内蒙古种星种业有限公司	内蒙古种星种业有限公司	蒙审玉2012016号
大民8860	06-1911×SZ58	内蒙古大民种业有限公司	内蒙古大民种业有限公司	蒙审玉2012017号
西蒙6号	J203×817-2	内蒙古西蒙种业有限公司	内蒙古西蒙种业有限公司	蒙审玉2012018号
利民17	W656×E99	松原市利民种业有限责任公司	松原市利民种业有限责任公司	蒙审玉2012019号
利民27	W2885×E99	松原市利民种业有限责任公司	松原市利民种业有限责任公司	蒙审玉2012020号
长丰59	N3583×N9026	吉林省广丰种业有限责任公司	吉林省广丰种业有限责任公司	蒙审玉2012021号
巴单998	B0458×05-443	巴彦淖尔市农牧业科学研究院	巴彦淖尔市农牧业科学研究院	蒙审玉2012022号
内单408	MZJ×MZ4	内蒙古农牧业科学院玉米研究中心	内蒙古农牧业科学院玉米研究中心	蒙审玉2012023号
M8	FM06-17×FM06-35	杭锦后旗科普农作物新品种开发研究所	杭锦后旗科普农作物新品种开发研究所	蒙审玉2012024号
包玉9号	7250-14-1×昌7-2	包头市农业科学研究所、包头市丰和种业有限公司	包头市农业科学研究所、包头市丰和种业有限公司	蒙审玉2012025号
九玉1034	AS128×AS146	内蒙古九丰种业有限公司	内蒙古九丰种业有限公司	蒙审玉2012026号
金创998	9137×80288	内蒙古蒙科农玉米研究所	内蒙古蒙科农玉米研究所	蒙审玉2012027号

(续表)

品种名称	品种来源	申请单位（个人）	育种单位（个人）	审定编号
彩糯168	wb14×wb18	内蒙古真金种业科技有限公司	内蒙古真金种业科技有限公司	蒙审玉2012028号
真金糯100	wb12×wb16	内蒙古真金种业科技有限公司	内蒙古真金种业科技有限公司	蒙审玉2012029号
燕禾金2000	N897×N1196	王惠星	王惠星	蒙审玉2012030号
燕禾金紫黑糯	紫糯Z-2-6×黑糯H-3-5	王惠星	王惠星	蒙审玉2012031号
金创18	8802×8687	内蒙古蒙科农玉米研究所	内蒙古蒙科农玉米研究所	蒙审玉2012032号
玉龙9号	W9901×H1007	翁牛特旗玉龙种子有限公司	翁牛特旗玉龙种子有限公司	蒙审玉2012033号
三丰165	Z05-1723×H03-986	周会文	周会文	蒙审玉2012034号
鑫达135	M1342×XD02014	巴林左旗鑫达种业有限公司	巴林左旗鑫达种业有限公司	蒙审玉2012035号
M001	S1001×J02	苏军	苏军	蒙审玉2012036号
CF22	F1599×T844	赤峰市丰田科技种业有限责任公司	赤峰市丰田科技种业有限责任公司	蒙审玉2012037号
CF88	F502×T009	赤峰市丰田科技种业有限责任公司	赤峰市丰田科技种业有限责任公司	蒙审玉2012038号
众德331	y6144×9172-0	扎鲁特旗众德种业有限责任公司	扎鲁特旗众德种业有限责任公司	蒙审玉2012039号
合饲1号	L21×丹598	内蒙古农业大学农学院	内蒙古农业大学农学院	蒙审玉（饲）2012001号
雷润303	M102×R330	乌兰浩特市雷润农业科学研究所	乌兰浩特市雷润农业科学研究所	蒙审玉2013001号
泓丰656	L3035×PH4CV	北京新实泓丰种业有限公司	北京新实泓丰种业有限公司	蒙审玉2013002号
禾玉158	B0128×B0049	开鲁县辽河种业有限责任公司	开鲁县辽河种业有限责任公司	蒙审玉2013003号
丰田840	F1501×T009	赤峰市丰田科技种业有限公司	赤峰市丰田科技种业有限公司	蒙审玉2013004号
西蒙988	M711-30×M-31	内蒙古西蒙种业有限公司	内蒙古西蒙种业有限公司	蒙审玉2013005号
三益52	S7562×Y6852	哈尔滨市益农种业有限公司	哈尔滨市益农种业有限公司	蒙审玉2013006号
通平118	通引6WC×通自051	通辽市农业科学研究院	通辽市农业科学研究院	蒙审玉2013007号
利华83	L8865×H3729	哈尔滨市益农种业有限公司	哈尔滨市益农种业有限公司	蒙审玉2013008号
赤单218	C8-021×K22	赤峰市农牧科学研究院	赤峰市农牧科学研究院玉米研究所	蒙审玉2013009号
德单1001	AA23×BB01	北京德农种业有限公司赤峰分公司	北京德农北方育种科技有限公司	蒙审玉2013010号
富单11	W252×W455	齐齐哈尔市富尔农艺有限公司	齐齐哈尔市富尔农艺有限公司	蒙审玉2013011号
丰田843	F706×T041	赤峰市丰田科技种业有限公司	赤峰市丰田科技种业有限公司	蒙审玉2013012号
宁玉218	宁晨72×宁晨197	江苏金华隆种子科技有限公司	江苏金华隆种子科技有限公司	蒙审玉2013013号
云天3号	0765×96-1	胡海芸、高希芳	胡海芸、高希芳	蒙审玉2013014号
高锐思341	GL7001×HG3	北京高锐思农业技术研究院	北京高锐思农业技术研究院	蒙审玉2013015号

(续表)

品种名称	品种来源	申请单位（个人）	育种单位（个人）	审定编号
利农368	J03-1856×S05-393	哈尔滨市益农种业有限公司	哈尔滨市益农种业有限公司	蒙审玉2013016号
宁玉212	宁晨149×宁晨41	江苏金华隆种子科技有限公司	江苏金华隆种子科技有限公司	蒙审玉2013017号
吉品6号	JP05CC013×T06	吉林省宏泽现代农业有限公司	吉林省宏泽现代农业有限公司	蒙审玉2013018号
富单12	富尔105×富尔1146	齐齐哈尔市富尔农艺有限公司	齐齐哈尔市富尔农艺有限公司	蒙审玉2013019号
兴丰5号	兴563-1×兴07-6	内蒙古兴丰种业有限公司	内蒙古兴丰种业有限公司	蒙审玉2013020号
玉龙11号	Y5384×L44	翁牛特旗玉龙种子有限公司	翁牛特旗玉龙种子有限公司	蒙审玉2013021号
兴玉1号	07母×四早系-24-1	兴安盟农业科学研究所	兴安盟农业科学研究所	蒙审玉2013022号
宇鑫6号	GX108×GX13	赤峰宇丰科技种业有限公司	赤峰宇丰科技种业有限公司	蒙审玉2013023号
九园36	F3308A×H08806	包头市三主粮种业有限公司	包头市三主粮种业有限公司	蒙审玉2013024号
玉龙10号	Y5953×L9788	翁牛特旗玉龙种子有限公司	翁牛特旗玉龙种子有限公司	蒙审玉2013025号
沁单十一	st406×p351	喀喇沁旗三泰种业有限公司	喀喇沁旗三泰种业有限公司	蒙审玉2013026号
文玉3号	C5-1×A26-6	北京佰青源畜牧业科技发展有限公司	北京佰青源畜牧业科技发展有限公司	蒙审玉（饲）2013001号
宁禾0709	PY148×PY268	宁夏农林科学院农作物研究所、宁夏农垦局良种繁育经销中心	宁夏农林科学院农作物研究所、宁夏农垦局良种繁育经销中心	蒙审玉（饲）2013002号
西蒙青贮707	XM41×XM86	内蒙古西蒙种业有限公司	内蒙古西蒙种业有限公司	蒙审玉（饲）2013003号
鑫达8号	K10×U6	巴林左旗鑫达种业有限公司	巴林左旗鑫达种业有限公司	蒙审玉2014001号
利禾1	M1001×F2001	内蒙古利禾农业科技发展有限公司	内蒙古利禾农业科技发展有限公司	蒙审玉2014002号
MC278	京X005×京27	北京市农林科学院玉米研究中心、河南省现代种业有限公司	北京市农林科学院玉米研究中心、河南省现代种业有限公司	蒙审玉2014003号
翔玉998	Y822×X923-1	吉林省鸿翔农业集团鸿翔种业有限公司	吉林省鸿翔农业集团鸿翔种业有限公司	蒙审玉2014004号
润玉1号	M1342×KR06-57	黑龙江省科润种业有限公司	黑龙江省科润种业有限公司	蒙审玉2014005号
九玉7号	52129×AS3098	内蒙古九丰种业有限责任公司	内蒙古九丰种业有限公司	蒙审玉2014006号
金谷玉1号	（MER001×CUR171）×FO699	北京金色谷雨种业科技有限公司	北京金色谷雨种业科技有限公司	蒙审玉2014007号
利禾2	M1002×昌7-2	内蒙古利禾农业科技发展有限公司	内蒙古利禾农业科技发展有限公司	蒙审玉2014008号
奥玉3804	OSL266×丹598	北京奥瑞金种业股份有限公司	北京奥瑞金种业股份有限公司	蒙审玉2014009号
蠡玉106	L5895×L098	石家庄蠡玉科技开发有限公司	石家庄蠡玉科技开发有限公司	蒙审玉2014010号
凤育6	H901×M022	公主岭国家农业科技园区高科作物育种研究所	公主岭国家农业科技园区高科作物育种研究所	蒙审玉2014011号

(续表)

品种名称	品种来源	申请单位（个人）	育种单位（个人）	审定编号
NK3800	V1019×V4207	开鲁县辽河种业有限责任公司	开鲁县辽河种业有限责任公司	蒙审玉 2014012 号
中农资 204	NT217×昌 7-2	内蒙古中农种子科技有限公司	内蒙古中农种子科技有限公司	蒙审玉 2014013 号
华农 887	B8-2-1×京 66	北京华农伟业种子科技有限公司	北京华农伟业种子科技有限公司	蒙审玉 2014014 号
先农 202	7P1513×昌 7-2	北京金色农华种业科技股份有限公司	北京金色农华种业科技股份有限公司	蒙审玉 2014015 号
布鲁克 990	K19×K37	内蒙古宏博种业科技有限公司	内蒙古宏博种业科技有限公司、内蒙古民族大学	蒙审玉 2014016 号
德单 1029	CA60×CL15	北京德农种业有限公司赤峰分公司	北京德农种业有限公司赤峰分公司	蒙审玉 2014017 号
中科 606	T25-3×B5-1	北京市中农良种有限责任公司	北京市中农良种有限责任公司	蒙审玉 2014018 号
兴农 7	M8310×T231	兴安盟兴农业有限责任公司	兴安盟兴农业有限责任公司	蒙审玉 2014019 号
玉龙 157	Y1346×L1313	翁牛特旗玉龙种子有限公司	翁牛特旗玉龙种子有限公司	蒙审玉 2014020 号
丰垦 10 号	K454×改法 F2	内蒙古丰垦种业有限责任公司	内蒙古丰垦种业有限责任公司	蒙审玉 2014021 号
三北 301	H792×W44	三北种业有限公司	三北种业有限公司	蒙审玉 2014022 号
华农 292	HN029×HN002	北京华农伟业种子科技有限公司	北京华农伟业种子科技有限公司	蒙审玉 2014023 号
鹏诚 9 号	扎 917×6144	扎鲁特旗北优种业科技有限公司	扎鲁特旗北优种业科技有限公司	蒙审玉 2014024 号
丰垦 117	K580×K454	内蒙古丰垦种业有限责任公司	内蒙古丰垦种业有限责任公司	蒙审玉 2014025 号
金创 13	2911×8727	内蒙古蒙新农种业有限责任公司	内蒙古蒙新农种业有限责任公司	蒙审玉 2014026 号
金艾 130	A626×N215	内蒙古金葵艾利特种业有限公司	内蒙古金葵艾利特种业有限公司	蒙审玉 2014027 号
先达 203	NP2171×NP2464	先正达（中国）投资有限公司隆化分公司	先正达（中国）投资有限公司隆化分公司	蒙审玉 2014028 号
九园 33	H6014×05-16-7	包头市三主粮种业有限公司	包头市三主粮种业有限公司	蒙审玉 2014029 号
大德 216	1024×H340	北京大德长丰农业生物技术有限公司	北京大德长丰农业生物技术有限公司	蒙审玉 2014030 号
玉龙 904	Y112×L5384	翁牛特旗玉龙种子有限公司、黑龙江省鹏程农业发展有限公司	翁牛特旗玉龙种子有限公司、黑龙江省鹏程农业发展有限公司	蒙审玉 2014031 号
隆平 702	A119×A027	安徽隆平高科种业有限公司	安徽隆平高科种业有限公司	蒙审玉 2014032 号
登科 269	dk566×16431	莫旗登科种业有限责任公司	莫旗登科种业有限责任公司	蒙审玉 2014033 号
优旗 909	T9293×T5657	吉林省鸿翔农业集团鸿翔种业有限公司	吉林省鸿翔农业集团鸿翔种业有限公司	蒙审玉 2014034 号
金创 6 号	80302×80223	内蒙古蒙新农种业有限责任公司	内蒙古蒙新农种业有限责任公司	蒙审玉 2014035 号
五谷 310	WG3257×WG6319	甘肃五谷种业有限公司	甘肃五谷种业有限公司	蒙审玉 2014036 号

(续表)

品种名称	品种来源	申请单位（个人）	育种单位（个人）	审定编号
大民 3301	L273×自 K10	大民种业股份有限公司	大民种业股份有限公司	蒙审玉 2014037 号
兴丰 11	10-1×33	内蒙古兴丰种业有限公司	内蒙古兴丰种业有限公司	蒙审玉 2014038 号
吉单 513	吉 V203×吉 V152	吉林吉农高新技术发展股份有限公司	吉林吉农高新技术发展股份有限公司、吉林省农业科学院玉米研究所	蒙审玉 2014039 号
XD108	XD456×F017	巴林左旗鑫达种业有限公司	巴林左旗鑫达种业有限公司	蒙审玉 2015001 号
鑫达 188	HYZ07×HYZ08	巴林左旗鑫达种业有限公司	巴林左旗鑫达种业有限公司	蒙审玉 2015002 号
中地 606	1024×D117	中地种业（集团）有限公司	中地种业（集团）有限公司	蒙审玉 2015003 号
先玉 1219	PHEHG×PHF1J	铁岭先锋种子研究有限公司	铁岭先锋种子研究有限公司	蒙审玉 2015004 号
鹏诚 10 号	Nf1644×E1067	黑龙江鹏程农业发展有限公司	黑龙江鹏程农业发展有限公司	蒙审玉 2015005 号
锋玉 4 号	锋系 12×合 344	黑龙江龙江县丰吉种业有限责任公司	黑龙江龙江县丰吉种业有限责任公司	蒙审玉 2015006 号
MC703	京 X005×京 17	北京顺鑫农科种业科技有限公司、北京市农林科学院玉米研究中心、河南省现代种业有限公司	北京顺鑫农科种业科技有限公司、北京市农林科学院玉米研究中心	蒙审玉 2015007 号
隆平 703	ME094×A167	安徽隆平高科种业有限公司	安徽隆平高科种业有限公司	蒙审玉 2015008 号
卓玉 816	ZY221×扎 917	刘文卓	刘文卓	蒙审玉 2015009 号
峰单 189	M1003×F321	内蒙古利禾农业科技发展有限公司、赤峰市农业科学研究所种子公司	内蒙古利禾农业科技发展有限公司、赤峰市农业科学研究所种子公司	蒙审玉 2015010 号
登海 NK58	V4012×V3035	内蒙古登海辽河种业有限公司	内蒙古登海辽河种业有限公司	蒙审玉 2015011 号
博品 1 号	K26×K46	内蒙古宏博种业科技有限公司	内蒙古宏博种业科技有限公司、黑龙江省大鹏农业有限公司	蒙审玉 2015012 号
兴丰 68	WY227×WC008	内蒙古兴丰种业有限公司	内蒙古兴丰种业有限公司	蒙审玉 2015013 号
兴丰 12	WY016×WC007	内蒙古兴丰种业有限公司	内蒙古兴丰种业有限公司	蒙审玉 2015014 号
KD5112	KD9082×KD9012	新疆康地种业科技股份有限公司	新疆康地种业科技股份有限公司	蒙审玉 2015015 号
丰垦 139	K334×K454	内蒙古丰垦种业有限责任公司	内蒙古丰垦种业有限责任公司	蒙审玉 2015016 号
金垦 10 号	K454×K101	内蒙古丰垦种业有限责任公司	内蒙古丰垦种业有限责任公司	蒙审玉 2015017 号
垦玉 50	R008×H5117	甘肃农垦良种有限责任公司	甘肃农垦良种有限责任公司	蒙审玉 2015018 号
法尔利 1010	LDR1687.LDR1689×LAN1517	哈尔滨东北丰种子有限公司	哈尔滨东北丰种子有限公司、Maisadour Semences S. A.	蒙审玉 2015019 号
利禾 8	M5414×F730	内蒙古利禾农业科技发展有限公司	内蒙古利禾农业科技发展有限公司	蒙审玉 2015020 号
豫禾 357	Y581×H321	河南省豫玉种业股份有限公司	河南省豫玉种业股份有限公司	蒙审玉 2015021 号

(续表)

品种名称	品种来源	申请单位（个人）	育种单位（个人）	审定编号
九玉6号	52129×AS027	内蒙古九丰种业有限公司	内蒙古九丰种业有限公司	蒙审玉2015022号
兴农5号	改良系NS×0556	扎兰屯市春秋种子商店、兴安盟兴农种业有限责任公司	扎兰屯市春秋种子商店、兴安盟兴农种业有限责任公司	蒙审玉2015023号
稼农3168	D29×D51	赤峰德丰种业有限责任公司	赤峰德丰种业有限责任公司	蒙审玉2015024号
五谷318	WG3253×WG5603	甘肃五谷种业有限公司	甘肃五谷种业有限公司	蒙审玉2015025号
厚德186	HA324×HB324	通辽市厚德种业有限责任公司	通辽市厚德种业有限责任公司	蒙审玉2015026号
农华213	NH07M×NH004	北京金色农华种业科技股份有限公司	北京金色农华种业科技股份有限公司	蒙审玉2015027号
金创703	80765×80832	内蒙古蒙新农种业有限责任公司	内蒙古蒙新农种业有限责任公司	蒙审玉2015028号
五谷568	H9310×WG603	甘肃五谷种业有限公司	甘肃五谷种业有限公司	蒙审玉2015029号
丰田101	F1417×T904	赤峰市丰田科技种业有限责任公司	赤峰市丰田科技种业有限责任公司	蒙审玉2015030号
必祥101	B280×HN002	北京华农伟业种子科技有限公司	北京华农伟业种子科技有限公司	蒙审玉2015031号
真金308	H351×Z16	内蒙古真金种业科技有限公司	内蒙古真金种业科技有限公司	蒙审玉2015032号
九园38	H9203A×HO8816	包头市三主粮种业有限公司、内蒙古真金种业科技有限公司	包头市三主粮种业有限公司、内蒙古真金种业科技有限公司	蒙审玉2015033号
通平198	通引0632223×通自06051	通辽市农业科学研究院	通辽市农业科学研究院	蒙审玉2015034号
沁单969	st1022×w705	喀喇沁旗三泰种业有限公司	喀喇沁旗三泰种业有限公司	蒙审玉2015035号
内甜1号	沈甜H154×沈甜1281	内蒙古民族大学、沈阳农业大学特种玉米研究所	内蒙古民族大学、沈阳农业大学特种玉米研究所	蒙审玉2015036号
BM800	BMP88（sp66×sp22）×bm1002	吉林省保民种业有限公司	吉林省保民种业有限公司	蒙审玉2015037号
真金甜366	T18×T16-3	内蒙古真金种业科技有限公司	内蒙古真金种业科技有限公司	蒙审玉2015038号
华泰甜216	HT0305×HT1308	厦门华泰五谷种苗有限公司	厦门华泰五谷种苗有限公司	蒙审玉2015039号
瑞甜	R584A×R00667	先正达种苗（北京）有限公司	先正达种苗（北京）有限公司	蒙审玉2015040号
金艾581	W1722×J02	内蒙古金葵艾利特种业有限公司	内蒙古金葵艾利特种业有限公司	蒙审玉（饲）2015001号
翔玉218	F568×9507	吉林省鸿翔农业集团鸿翔种业有限公司	吉林省鸿翔农业集团鸿翔种业有限公司	蒙审玉2016001号
鑫达1号	THMU7-1×THK10	巴林左旗鑫达种业有限公司	巴林左旗鑫达种业有限公司	蒙审玉2016002号
和育185	TH751×TH19A	魏巍种业（北京）有限公司、巴林左旗鑫达种业有限公司	魏巍种业（北京）有限公司、巴林左旗鑫达种业有限公司	蒙审玉2016003号
正弘558	ZH132×ZH321	石家庄正弘农业科技开发有限公司	石家庄正弘农业科技开发有限公司	蒙审玉2016004号

(续表)

品种名称	品种来源	申请单位（个人）	育种单位（个人）	审定编号
MC1002	京D102M×京D1F	河南省现代种业有限公司、北京市农林科学院玉米研究中心	河南省现代种业有限公司、北京市农林科学院玉米研究中心	蒙审玉2016005号
MC738	京724×京2416	河南省现代种业有限公司、北京市农林科学院玉米研究中心	河南省现代种业有限公司、北京市农林科学院玉米研究中心	蒙审玉2016006号
锋玉5号	F0945×Fd9	龙江县丰吉种业有限责任公司	龙江县丰吉种业有限责任公司	蒙审玉2016007号
农富66	M502×四-144	内蒙古中农种子科技有限公司	内蒙古中农种子科技有限公司	蒙审玉2016008号
A2636	HCL346×R6388Z	中种国际种子有限公司	中种国际种子有限公司	蒙审玉2016009号
C1563	W6199Z×A4429Z	中国种子集团有限公司	中国种子集团有限公司	蒙审玉2016010号
禾新9	R09×H09	通辽市人禾农业发展有限公司	通辽市人禾农业发展有限公司	蒙审玉2016011号
M99	W6A-12×W45-1	铁岭市奥邦农业科技发展有限公司	铁岭市奥邦农业科技发展有限公司	蒙审玉2016012号
雄玉582	GAF005×GB12	中国科学院东北地理与农业生态研究所、南通大熊种业科技有限公司	中国科学院东北地理与农业生态研究所、南通大熊种业科技有限公司	蒙审玉2016013号
邦玉33	L8866×H7726	黑龙江省中邦农业有限公司	黑龙江省中邦农业有限公司	蒙审玉2016014号
农富99	NT218×H581	内蒙古中农种子科技有限公司	内蒙古中农种子科技有限公司	蒙审玉2016015号
迪卡556	R5592Z×A3694Z	北京新千年丰瑞农作物科技开发有限公司	北京新千年丰瑞农作物科技开发有限公司	蒙审玉2016016号
A6565	MEK2967×R1922Z	中种国际种子有限公司	中种国际种子有限公司	蒙审玉2016017号
农富88	ZNZ02×ZNZ01	内蒙古中农种子科技有限公司	内蒙古中农种子科技有限公司	蒙审玉2016018号
恒育1号	Z47×甸49	吉林省恒昌农业开发有限公司	吉林省恒昌农业开发有限公司	蒙审玉2016019号
均隆1217	F149×D007	四川丰大种业有限公司	四川丰大种业有限公司	蒙审玉2016020号
利禾6	F1201×昌7-2	内蒙古利禾农业科技发展有限公司	内蒙古利禾农业科技发展有限公司	蒙审玉2016021号
胜丰157	F932×D11	鄂尔多斯市胜丰种业有限公司	鄂尔多斯市胜丰种业有限公司	蒙审玉2016022号
利禾3	F898×F730	内蒙古利禾农业科技发展有限公司	内蒙古利禾农业科技发展有限公司	蒙审玉2016023号
和育183	TH39R×THK37	魏巍种业（北京）有限公司	魏巍种业（北京）有限公司	蒙审玉2016024号
呼单517	6047-2×DM601	呼伦贝尔市农业科学研究所、兴安盟兴农种业有限责任公司	呼伦贝尔市农业科学研究所、兴安盟兴农种业有限责任公司	蒙审玉2016025号
P5697	A0036Z×MEF4010	中国种子集团有限公司	中国种子集团有限公司	蒙审玉2016026号
赤单228	C8-746×红昌7-2	赤峰市农牧科学研究院	赤峰市农牧科学研究院	蒙审玉2016027号
登海NK66	V3122×V3201	内蒙古登海辽河种业有限公司	内蒙古登海辽河种业有限公司	蒙审玉2016028号
P6512	G6698Z×HCL645	中国种子集团有限公司	中国种子集团有限公司	蒙审玉2016029号
泓丰808	京沈115×HC99058	北京新实泓丰种业有限公司	北京新实泓丰种业有限公司	蒙审玉2016030号

(续表)

品种名称	品种来源	申请单位（个人）	育种单位（个人）	审定编号
蒙吉813	WY06-1×WC014	内蒙古兴丰种业有限公司	内蒙古兴丰种业有限公司	蒙审玉2016031号
金韵308	98-1/423-6×黄改6334	内蒙古大地金韵种业有限责任公司	唐山惠民玉米育种研究中心	蒙审玉2016032号
玉龙7899	W9535×L7998	翁牛特旗玉龙种子有限公司	翁牛特旗玉龙种子有限公司	蒙审玉2016033号
金艾1305	SX7×SX9	内蒙古金葵艾利特种业有限公司	内蒙古金葵艾利特种业有限公司	蒙审玉2016034号
宏博66	PH6WC×K46	内蒙古宏博种业科技有限公司	内蒙古宏博种业科技有限公司	蒙审玉2016035号
金创103	mn926×mn4911	内蒙古蒙新农种业有限责任公司	内蒙古蒙新农种业有限责任公司	蒙审玉2016036号
MC670	京X005×京147	北京金色农华种业科技股份有限公司、北京市农林科学院玉米研究中心	北京市农林科学院玉米研究中心、北京金色农华种业科技股份有限公司	蒙审玉2016037号
先玉1331	PH1CPS×PH26J9	铁岭先锋种子研究有限公司	铁岭先锋种子研究有限公司	蒙审玉2016038号
布鲁克1099	K1046×K334	内蒙古宏博种业科技有限公司	内蒙古宏博种业科技有限公司	蒙审玉2016039号
玉龙218	Y8002×L5384	翁牛特旗玉龙种子有限公司	翁牛特旗玉龙种子有限公司	蒙审玉2016040号
真金208	YD2011H×LM216-2	内蒙古真金种业科技有限公司	内蒙古真金种业科技有限公司	蒙审玉2016041号
广德9	G1758×G68	吉林广德农业科技有限公司	吉林广德农业科技有限公司	蒙审玉2016042号
玉龙228	C28×L16	翁牛特旗玉龙种子有限公司	翁牛特旗玉龙种子有限公司	蒙审玉2016043号
罕玉336	H133×L339	乌兰浩特市秋实种业有限责任公司	乌兰浩特市秋实种业有限责任公司	蒙审玉2016044号
和育181	THD28×TH3R2	魏巍种业（北京）有限公司、内蒙古魏巍大民农业科技有限公司	魏巍种业（北京）有限公司、内蒙古魏巍大民农业科技有限公司	蒙审玉2016045号
大民309	C54×D121	大民种业股份有限公司	大民种业股份有限公司、内蒙古大民农业生物技术研究院	蒙审玉2016046号
钧凯918	B598×B009	巴彦淖尔市农牧科学研究院、内蒙古西蒙种业有限公司	巴彦淖尔市农牧科学研究院、内蒙古西蒙种业有限公司	蒙审玉2016047号
BM303	BMMO0701×BMHT070101	吉林省保民种业有限公司	吉林省保民种业有限公司	蒙审玉2016048号
BM380	BMD80203×BMC90102	吉林省保民种业有限公司	吉林省保民种业有限公司	蒙审玉2016049号
彩糯203	ZXR4×NXR3	内蒙古巴彦淖尔科河种业有限公司	内蒙古巴彦淖尔科河种业有限公司	蒙审玉2016050号
同糯一号	TQN20-2×TQN3	酒泉市同庆种业有限责任公司	酒泉市同庆种业有限责任公司	蒙审玉2016051号
禾甜糯1	白糯111×紫甜1	内蒙古利禾农业科技发展有限公司	内蒙古利禾农业科技发展有限公司	蒙审玉2016052号
金艾588	823155×823181	内蒙古金葵艾利特种业有限公司	内蒙古金葵艾利特种业有限公司	蒙审玉（饲）2016001号
青贮808	8201×B910	巴彦淖尔市农牧业科学研究院	巴彦淖尔市农牧业科学研究院	蒙审玉（饲）2016002号

(续表)

品种名称	品种来源	申请单位（个人）	育种单位（个人）	审定编号
佰青 131	A3×A28	北京佰青源畜牧业科技发展有限公司	北京佰青源畜牧业科技发展有限公司	蒙审玉（饲）2016003 号
大京九 26	9889×2193	北京大京九农业开发有限公司	河南省大京九种业有限公司	蒙审玉（饲）2016004 号
瑞丰 88	H452×昌 7-2	内蒙古中农种子科技有限公司	内蒙古中农种子科技有限公司	蒙审玉 2017001 号
宇丰 1310	YF113×YF210	赤峰宇丰科技种业有限公司	赤峰宇丰科技种业有限公司	蒙审玉 2017002 号
TK601	通 06051×通 TM	通辽市农业科学研究院、北京市农林科学院玉米研究中心	通辽市农业科学研究院、北京市农林科学院玉米研究中心	蒙审玉 2017003 号
秋乐 368	NK11×NK17-8	河南秋乐种业科技股份有限公司	河南秋乐种业科技股份有限公司	蒙审玉 2017004 号
利禾 5	M8×F3114	内蒙古利禾农业科技发展有限公司	内蒙古利禾农业科技发展有限公司	蒙审玉 2017005 号
金园 5	J773×J882	吉林省金园种苗有限公司	吉林省金园种苗有限公司	蒙审玉 2017006 号
科河 699	KH636×KH766	内蒙古巴彦淖尔市科河种业有限公司	内蒙古巴彦淖尔市科河种业有限公司	蒙审玉 2017007 号
博奥 408	JQ28×JQ30	吉林省公主岭市博奥农科所	吉林省公主岭市博奥农科所	蒙审玉 2017008 号
金粒 178	YT1008×FY2008	新疆金粒种业连锁有限公司	新疆金粒种业连锁有限公司	蒙审玉 2017009 号
利禾 10	M1235×F179	内蒙古利禾农业科技发展有限公司、内蒙古海洲种业有限责任公司	内蒙古利禾农业科技发展有限公司	蒙审玉 2017010 号
锦绣 233	601 选×C712-B1	河南锦绣农业科技有限公司	河南锦绣农业科技有限公司	蒙审玉 2017011 号
伊单 131	HN178×HN148	鄂尔多斯满世通科技种业有限责任公司、鄂尔多斯市农牧业科学研究院	鄂尔多斯满世通科技种业有限责任公司、鄂尔多斯市农牧业科学研究院	蒙审玉 2017012 号
V18	L1462×L1163	内蒙古登海种业有限公司	内蒙古登海种业有限公司	蒙审玉 2017013 号
金穗 58	T9933×T6677	新疆润之农业发展有限公司	新疆润之农业发展有限公司	蒙审玉 2017014 号
翔玉 1421	XY425×XY94	吉林省鸿翔农业集团鸿翔种业有限公司	吉林省鸿翔农业集团鸿翔种业有限公司	蒙审玉 2017015 号
FT909	F1331×T1355	赤峰市丰田科技种业有限责任公司	赤峰市丰田科技种业有限责任公司	蒙审玉 2017016 号
蠡玉 133	L331×L507	石家庄蠡玉科技开发有限公司	石家庄蠡玉科技开发有限公司	蒙审玉 2017017 号
金穗 188	T9966×T6633	酒泉金太阳农业开发有限责任公司	酒泉金太阳农业开发有限责任公司	蒙审玉 2017018 号
真金 3305	Z118×Z28	内蒙古真金种业科技有限公司	内蒙古真金种业科技有限公司	蒙审玉 2017019 号
德单 1403	A22×BB45	北京德农种业有限公司赤峰分公司	北京德农种业有限公司	蒙审玉 2017020 号
农富 106	金自 7857×H604	内蒙古中农种子科技有限公司	内蒙古中农种子科技有限公司	蒙审玉 2017021 号
三北 63	L110531×WY972	三北种业有限公司	三北种业有限公司	蒙审玉 2017022 号

(续表)

品种名称	品种来源	申请单位（个人）	育种单位（个人）	审定编号
利禾 7	M321×F167	内蒙古利禾农业科技发展有限公司	内蒙古利禾农业科技发展有限公司	蒙审玉 2017023 号
MC948	京 724×D20	河南省现代种业有限公司、北京市农林科学院玉米研究中心	北京市农林科学院玉米研究中心、河南省现代种业有限公司	蒙审玉 2017024 号
金穗 86	T9993×T6657	赤峰金穗种子科技有限公司	赤峰金穗种子科技有限公司	蒙审玉 2017025 号
均隆 1210	均 3500×均 8801	四川丰大种业有限公司	四川丰大种业有限公司	蒙审玉 2017026 号
种星 718	DS80×DS84	内蒙古种星种业有限公司	内蒙古种星种业有限公司	蒙审玉 2017027 号
翔玉 326	Y25×Q36	吉林省优旗现代农业科研开发有限公司	吉林省优旗现代农业科研开发有限公司、北京市农林科学院玉米研究中心	蒙审玉 2017028 号
先仁 98	H9936-5×H6687-2	赤峰金穗种子科技有限公司	赤峰金穗种子科技有限公司、敖汉旗九亿农业有限公司	蒙审玉 2017029 号
蒙奥 188	BS19×昌 7-2	铁岭市奥邦农业科技发展有限公司	铁岭市奥邦农业科技发展有限公司	蒙审玉 2017030 号
T808	mn926×mn5610	甘肃华瑞农业股份有限公司	甘肃华瑞农业股份有限公司	蒙审玉 2017031 号
玉龙 1208	Y5261×L95	翁牛特旗玉龙种子有限公司	翁牛特旗玉龙种子有限公司	蒙审玉 2017032 号
利合 325	NP01368×NP01154	山西利马格兰特种谷物研发有限公司	山西利马格兰特种谷物研发有限公司	蒙审玉 2017033 号
种星 98	D70×Z34	内蒙古种星种业有限公司	内蒙古种星种业有限公司	蒙审玉 2017034 号
J6518	HCL108×R1922Z	中种国际种子有限公司	中种国际种子有限公司	蒙审玉 2017035 号
真金 619	H351×Z19	内蒙古真金种业科技有限公司	内蒙古真金种业科技有限公司	蒙审玉 2017036 号
兴丰 13	兴 011×兴 008	内蒙古兴丰种业有限公司	内蒙古兴丰种业有限公司	蒙审玉 2017037 号
华元玉 1 号	Q76×D2-1	四川农大高科农业有限责任公司、四川华元博冠生物育种有限责任公司	四川农大高科农业有限责任公司、四川华元博冠生物育种有限责任公司	蒙审玉 2017038 号
东北丰 0022	LIN2247.LIN2248×LEN1825	哈尔滨东北丰种子有限公司	哈尔滨东北丰种子有限公司、Maisadour Semences S.A.	蒙审玉 2017039 号
九玉 525	52014×AS9018	内蒙古九丰种业有限责任公司	内蒙古九丰种业有限责任公司	蒙审玉 2017040 号
真金 206	YD1001×LM1002	内蒙古真金种业有限公司	内蒙古真金种业有限公司	蒙审玉 2017041 号
宏博 K88	K14621×LK334	内蒙古宏博种业科技有限公司	内蒙古宏博种业科技有限公司、内蒙古自治区农牧业科学院	蒙审玉 2017042 号
先玉 1409	PHWNR×PH1828	铁岭先锋种子研究有限公司	铁岭先锋种子研究有限公司	蒙审玉 2017043 号
益农 1 号	Yn1022×Yn8231	内蒙古杭锦后旗益农种子有限责任公司	内蒙古杭锦后旗益农种子有限责任公司	蒙审玉 2017044 号
S1627	MEK2967×T4286Z	中种国际种子有限公司	中种国际种子有限公司	蒙审玉 2017045 号
宇丰 3937	YF539×东 237	赤峰宇丰科技种业有限公司	赤峰宇丰科技种业有限公司	蒙审玉 2017046 号

(续表)

品种名称	品种来源	申请单位（个人）	育种单位（个人）	审定编号
罕玉 303	LQ95×K10	乌兰浩特市秋实种业有限责任公司、扎赉特旗罕玉秋实种业有限公司	乌兰浩特市秋实种业有限责任公司、扎赉特旗罕玉秋实种业有限公司	蒙审玉 2017047 号
广德 401	DH6×H68	吉林广德农业科技有限公司	吉林广德农业科技有限公司	蒙审玉 2017048 号
九园 15	10N64×10M01	包头市三主粮种业有限公司	包头市三主粮种业有限公司	蒙审玉 2017049 号
C1220	R1751Z×HCL437	中国种子集团有限公司	中种国际种子有限公司	蒙审玉 2017050 号
罕玉 339	LQ28×LQ56	乌兰浩特市秋实种业有限责任公司、扎赉特旗罕玉秋实种业有限公司	乌兰浩特市秋实种业有限责任公司、扎赉特旗罕玉秋实种业有限公司	蒙审玉 2017051 号
胜丰 179	B104×LB2 早	鄂尔多斯市胜丰种业有限公司	鄂尔多斯市胜丰种业有限公司	蒙审玉 2017052 号
TG1	18118-010×17196-03	黑龙江道吉农业科技股份有限公司	黑龙江道吉农业科技股份有限公司	蒙审玉 2017053 号
科沃 9106	KW4F636×KW7P1097	内蒙古景琪种子科技有限公司	KWS SAAT SE	蒙审玉 2017054 号
棒博尔 3	BY442×H558	扎鲁特旗北优种业科技有限公司、扎鲁特旗众德种业有限责任公司、黑龙江棒博尔种业股份有限公司	扎鲁特旗众德种业有限责任公司、扎鲁特旗北优种业科技有限公司、黑龙江棒博尔种业股份有限公司	蒙审玉 2017055 号
雷润 787	D7806×M531	兴安盟同创种业有限公司	兴安盟同创种业有限公司	蒙审玉 2017056 号
浩玉 8 号	D774×M770	兴安盟同创种业有限公司	兴安盟同创种业有限公司	蒙审玉 2017057 号
S1629	HCL301×A6737Z	中种国际种子有限公司	中种国际种子有限公司	蒙审玉 2017058 号
源丰 009	D5×D12	北京雨田丰源农业科学研究院	北京雨田丰源农业科学研究院	蒙审玉 2017059 号
高锐思 4601	GLS145×GLU1842	北京高锐思农业技术研究院	北京高锐思农业技术研究院	蒙审玉 2017060 号
中辽 1 号	通 10073×通 09187	中国农业大学、通辽市农业科学研究院	中国农业大学、通辽市农业科学研究院	蒙审玉 2017061 号
宁玉 438	宁晨 26×宁晨 251	江苏金华隆种子科技有限公司	江苏金华隆种子科技有限公司、南京华隆会泽生物技术有限公司	蒙审玉 2017062 号
耘丰 7 号	H117×H2428	扎鲁特旗耘天种子经销有限责任公司	扎鲁特旗耘天种子经销有限责任公司	蒙审玉 2017063 号
禾甜糯 2	糯 122×甜 18	内蒙古利禾农业科技发展有限公司、敖汉旗九亿农业有限公司	内蒙古利禾农业科技发展有限公司、敖汉旗九亿农业有限公司	蒙审玉 2017064 号
彩甜糯 001	H2008×H2000	内蒙古兴丰种业有限公司	内蒙古兴丰种业有限公司	蒙审玉 2017065 号
大京九 12	TH01×L88	河南省大京九种业有限公司	河南省大京九种业有限公司	蒙审玉（饲）2017001 号
合饲 4 号	L0823×L98-7	内蒙古农业大学农学院	内蒙古农业大学农学院	蒙审玉（饲）2017002 号
钧凯青贮 909	Xm12×Xm09	宁夏钧凯种业有限公司、内蒙古西蒙种业有限公司	宁夏钧凯种业有限公司、内蒙古西蒙种业有限公司	蒙审玉（饲）2017003 号
西蒙 919	Xm35×Xm68	内蒙古西蒙种业有限公司、宁夏钧凯种业有限公司	内蒙古西蒙种业有限公司、宁夏钧凯种业有限公司	蒙审玉（饲）2017004 号
先单 405	XN198×XN015	甘肃先农国际农业发展有限公司	甘肃先农国际农业发展有限公司	蒙审玉（饲）2017005 号

(续表)

品种名称	品种来源	申请单位（个人）	育种单位（个人）	审定编号
蠡玉 8 号	L225×L1227	石家庄蠡玉科技开发有限公司	石家庄蠡玉科技开发有限公司	蒙审玉 2018001 号
丰垦 129	K306×K532D	内蒙古丰垦种业有限责任公司	内蒙古丰垦种业有限责任公司	蒙审玉 2018002 号
锋玉 9 号	锋系 129×锋系 529	龙江县丰吉种业有限责任公司	龙江县丰吉种业有限责任公司	蒙审玉 2018003 号
中地 3 号	Y112×F348	中地种业（集团）有限公司	中地种业（集团）有限公司	蒙审玉 2018004 号
兴丰 9	A001×B002	内蒙古兴丰种业有限公司	内蒙古兴丰种业有限公司	蒙审玉 2018005 号
利合 328	NP01185×NP01154	山西利马格兰特种谷物研发有限公司	山西利马格兰特种谷物研发有限公司	蒙审玉 2018006 号
中玉 990	WY1M1×WC007	吉林省中玉农业有限公司	吉林省中玉农业有限公司	蒙审玉 2018007 号
登科 29	登科 235×登科 006	莫力达瓦达斡尔族自治旗登科种业有限责任公司	莫力达瓦达斡尔族自治旗登科种业有限责任公司	蒙审玉 2018008 号
新引 KWS9384	KW9F534×KW6F513	新疆康地种业科技股份有限公司	KWS SAAT SE	蒙审玉 2018009 号
先达 210	O2013×NP2482	先正达（中国）投资有限公司隆化分公司	先正达（中国）投资有限公司隆化分公司	蒙审玉 2018010 号
华瑞 638	H146×R340	赤峰正昌盛种业有限公司	赤峰正昌盛种业有限公司	蒙审玉 2018011 号
华美 335	D1009×L9873	黑龙江省中邦农业有限公司	黑龙江省中邦农业有限公司	蒙审玉 2018012 号
吉单 407	吉 DH1153×吉 DHC7	吉林吉农高新技术发展股份有限公司	吉林省农业科学院、吉林吉农高新技术发展股份有限公司	蒙审玉 2018013 号
法尔利 1 号	（LFH1940×LJH2414）×LDH1656	哈尔滨东北丰种子有限公司	哈尔滨东北丰种子有限公司、Maisadour Semences S. A.	蒙审玉 2018014 号
梅亚 3018	3075×Y01	巴林左旗鑫达种业有限公司、黑龙江梅亚种业有限公司	巴林左旗鑫达种业有限公司、黑龙江梅亚种业有限公司	蒙审玉 2018015 号
鑫达 136	XD478-2×F78	巴林左旗鑫达种业有限公司	巴林左旗鑫达种业有限公司	蒙审玉 2018016 号
浩单 693	F7806×S531	内蒙古大玉种业有限公司	内蒙古大玉种业有限公司	蒙审玉 2018017 号
先达 303	O4040×NP2464	先正达（中国）投资有限公司隆化分公司	先正达（中国）投资有限公司隆化分公司	蒙审玉 2018018 号
中农育 6 号	2042-c1×2156-c1	内蒙古中农种子科技有限公司	内蒙古中农种子科技有限公司	蒙审玉 2018019 号
大德 410	XH440×XH046	新疆农润种业有限责任公司、内蒙古先禾农作物科学技术研究所	新疆农润种业有限责任公司、内蒙古先禾农作物科学技术研究所	蒙审玉 2018020 号
利禾 12	M5414×RA394	内蒙古利禾农业科技发展有限公司	内蒙古利禾农业科技发展有限公司	蒙审玉 2018021 号
金科 802	J59×J37	内蒙古金葵艾利特种业有限公司	内蒙古金葵艾利特种业有限公司	蒙审玉 2018022 号
内单 35	MND101×MXZJ853	内蒙古自治区农牧业科学院玉米研究所	内蒙古自治区农牧业科学院玉米研究所	蒙审玉 2018023 号
禾育 151	S4505×S4486	吉林省禾冠种业有限公司	吉林省禾冠种业有限公司	蒙审玉 2018024 号
中玉 997	4C298×4Q016	吉林省中玉农业有限公司	吉林省中玉农业有限公司	蒙审玉 2018025 号
R5156	C3SUD402×D9116Z	中种国际种子有限公司	中种国际种子有限公司	蒙审玉 2018026 号

(续表)

品种名称	品种来源	申请单位（个人）	育种单位（个人）	审定编号
西蒙168	xm215×xm185	内蒙古西蒙种业有限公司	内蒙古西蒙种业有限公司	蒙审玉2018027号
人禾H109	K6G×K1B	内蒙古宏博种业科技有限公司	内蒙古宏博种业科技有限公司	蒙审玉2018028号
H155	mn823×mn167	内蒙古蒙新农种业有限责任公司	内蒙古蒙新农种业有限责任公司	蒙审玉2018029号
真金329	HN238-2×HN80-1	内蒙古真金种业科技有限公司、鄂尔多斯市农业科学研究院	内蒙古真金种业科技有限公司、鄂尔多斯市农业科学研究院	蒙审玉2018030号
金科902	G2292×W1	内蒙古金葵艾利特种业有限公司	内蒙古金葵艾利特种业有限公司	蒙审玉2018031号
FT806	F1108×T2220	赤峰市丰田科技种业有限责任公司	赤峰市丰田科技种业有限责任公司	蒙审玉2018032号
ND1501	V1019×V4207	内蒙古登海种业有限公司	内蒙古登海种业有限公司	蒙审玉2018033号
新农008	CH6×CH7	内蒙古蓝海新农农业发展有限公司	内蒙古蓝海新农农业发展有限公司	蒙审玉2018034号
博金100	金06-14×金87-13	武威金西北种业有限公司	武威金西北种业有限公司	蒙审玉2018035号
赤单238	C5813×F4472	赤峰市农牧科学研究院	赤峰市农牧科学研究院	蒙审玉2018036号
RH902	R11×H02	通辽市人禾农业发展有限公司	通辽市人禾农业发展有限公司	蒙审玉2018037号
瑞普909	RP86×RP06	山西省农业科学院玉米研究所	山西省农业科学院玉米研究所	蒙审玉2018038号
玉生2号	JXB×288	内蒙古奥隆种业有限责任公司	内蒙古奥隆种业有限责任公司	蒙审玉2018039号
良玉DF21	良玉M53×良玉S131	丹东登海良玉种业有限公司	丹东登海良玉种业有限公司	蒙审玉2018040号
宏博701	K6G×K25106	内蒙古宏博种业科技有限公司	内蒙古宏博种业科技有限公司	蒙审玉2018041号
凤育66	M5408×F46	吉林省壮亿种业有限公司	红山经济开发区天翊种子销售处	蒙审玉2018042号
登科19	登科5166×改承18	莫力达瓦达斡尔族自治旗登科种业有限公司	莫力达瓦达斡尔族自治旗登科种业有限公司	蒙审玉2018043号
真金220	YD1001×J16	内蒙古真金种业科技有限公司、鄂尔多斯市农业科学研究院	内蒙古真金种业科技有限公司、鄂尔多斯市农业科学研究院	蒙审玉2018044号
兴丰15	Aa-7×Bb-7	内蒙古兴丰种业有限公司	内蒙古兴丰种业有限公司	蒙审玉2018045号
洲玉2号	A11×B12	内蒙古海洲种业有限责任公司	内蒙古海洲种业有限责任公司	蒙审玉2018046号
隆平722	PA233×HA102	安徽隆平高科种业有限公司	安徽隆平高科种业有限公司	蒙审玉2018047号
MC979	JG936×JGD3F	河南省现代种业有限公司、北京市农林科学院玉米研究中心	北京市农林科学院玉米研究中心、河南省现代种业有限公司	蒙审玉2018048号
宁玉222	宁晨147×宁晨213	江苏金华隆种子科技有限公司	江苏金华隆种子科技有限公司	蒙审玉2018049号
福玉95	XCT430×XC171	北京萨福沃种业有限公司	北京萨福沃种业有限公司	蒙审玉2018050号
博玉69	K10×XY-2	新疆美亚联达种业有限公司	新疆美亚联达种业有限公司	蒙审玉2018051号
育强158	SL200×SL1	吉林省育强种业有限公司	吉林省育强种业有限公司	蒙审玉2018052号

(续表)

品种名称	品种来源	申请单位（个人）	育种单位（个人）	审定编号
L669	mn990×mn975	内蒙古蒙新农种业有限责任公司	内蒙古蒙新农种业有限责任公司	蒙审玉 2018053 号
庆禾 10	M1133×F2136	内蒙古利禾农业科技发展有限公司	内蒙古利禾农业科技发展有限公司	蒙审玉 2018054 号
宏博 691	K6G×K1828	内蒙古宏博种业科技有限公司	内蒙古宏博种业科技有限公司	蒙审玉 2018055 号
蒙发 3000	F981×S342	内蒙古大玉种业有限公司	内蒙古大玉种业有限公司	蒙审玉 2018056 号
纪元 152	CH1335×廊系 74-6	河北新纪元种业有限公司	河北新纪元种业有限公司	蒙审玉 2018057 号
种星 2961	BC01-4×四-144	内蒙古种星种业有限公司	内蒙古种星种业有限公司	蒙审玉 2018058 号
辰诺 501	M1556×LH07-2	内蒙古利禾农业科技发展有限公司	内蒙古利禾农业科技发展有限公司	蒙审玉 2018059 号
大德 155	ZNZ02×H604	内蒙古中农种子科技有限公司、新疆农润种业有限责任公司	内蒙古中农种子科技有限公司、新疆农润种业有限责任公司	蒙审玉 2018060 号
九圣禾 257	AM07×FL05	铁岭郁青种业科技有限责任公司	铁岭郁青种业科技有限责任公司	蒙审玉 2018061 号
宏博 391	K601×合 344	内蒙古宏博种业科技有限公司	内蒙古宏博种业科技有限公司	蒙审玉 2018062 号
ND16	L3512×L2618H	内蒙古登海种业有限公司	内蒙古登海种业有限公司	蒙审玉 2018063 号
豫禾 269	P583×P135	河南省豫玉种业股份有限公司	河南省豫玉种业股份有限公司	蒙审玉 2018064 号
天成 102	XD478-2×昌 7-2	吉林省大业天成种子科技有限公司、巴林左旗鑫达种业有限公司	吉林省大业天成种子科技有限公司、巴林左旗鑫达种业有限公司	蒙审玉 2018065 号
CP1685	GAF595×GBM19D	襄阳正大农业开发有限公司、内蒙古利禾农业科技发展有限公司	襄阳正大农业开发有限公司、内蒙古利禾农业科技发展有限公司	蒙审玉 2018066 号
泽亿 1 号	M65×L4113A	铁岭市银州区泽亿农业技术推广中心	铁岭市银州区泽亿农业技术推广中心	蒙审玉 2018067 号
北育 608	F1108×T2231	赤峰市丰田科技种业有限责任公司	黑龙江北方种业有限公司	蒙审玉 2018068 号
金穗 998	H9937-6×H6688-3	临泽县瑞源种业有限公司	临泽县瑞源种业有限公司	蒙审玉 2018069 号
大德 153	ZNZ02×HB7-2	内蒙古中农种子科技有限公司、新疆农润种业有限责任公司	内蒙古中农种子科技有限公司、新疆农润种业有限责任公司	蒙审玉 2018070 号
中迪 168	C12×33F	辽宁丹铁种业科技有限公司	辽宁丹铁种业科技有限公司	蒙审玉 2018071 号
奥弗兰	0075/sh-m99×271-00scs	先正达种苗（北京）有限公司	先正达种子（美国）公司	蒙审玉 2018072 号
奉美佳 16	BN378×BT123	沈阳市沈河区奉美佳农业科技推广中心	沈阳市沈河区奉美佳农业科技推广中心	蒙审玉 2018073 号
禾彩糯 1	白糯 111×紫糯 3	内蒙古利禾农业科技发展有限公司	内蒙古利禾农业科技发展有限公司	蒙审玉 2018074 号
美珍 208	A12×bf123	北京宝丰种子有限公司	北京宝丰种子有限公司	蒙审玉 2018075 号
种星甜糯 2 号	D18×DL17	内蒙古种星种业有限公司	内蒙古种星种业有限公司	蒙审玉 2018076 号
CM89	明 2325×M104	葫芦岛市明玉种业有限责任公司	葫芦岛市明玉种业有限责任公司	蒙审玉（饲）2018001 号
明玉 6 号	明 2325×明 984	葫芦岛市明玉种业有限责任公司	葫芦岛市明玉种业有限责任公司	蒙审玉（饲）2018002 号

(续表)

品种名称	品种来源	申请单位（个人）	育种单位（个人）	审定编号
胜丰青贮2号	S16×F62	鄂尔多斯市胜丰种业有限公司	鄂尔多斯市胜丰种业有限公司	蒙审玉（饲）2018003号
禾为贵998	HY018×HY118	内蒙古禾为贵种业有限公司	内蒙古禾为贵种业有限公司	蒙审玉（饲）2018004号
人禾青贮818	RS002×HS015	通辽市人禾农业发展有限公司	通辽市人禾农业发展有限公司	蒙审玉（饲）2018005号
东单70	A801×LD61	辽宁东亚种业有限公司	辽宁东亚种业有限公司	蒙审玉（饲）2018006号
东单6531	PH6WC（选）×83B28	辽宁东亚种业有限公司	辽宁东亚种业有限公司、辽宁东亚种业科技股份有限公司	蒙审玉（饲）2018007号
东单11号	LD143×LD61	辽宁东亚种业有限公司	辽宁东亚种业有限公司	蒙审玉（饲）2018008号
东单1501	XS6538×F309	辽宁东亚种业有限公司	辽宁富友种业有限公司	蒙审玉（饲）2018009号
美锋969	TR212×G1026	辽宁东亚种业有限公司	辽宁富友种业有限公司、辽宁东亚种业科技股份有限公司	蒙审玉（饲）2018010号
蒙青贮268	14×67	内蒙古蒙草生态环境（集团）股份有限公司	内蒙古蒙草生态环境（集团）股份有限公司	蒙审玉（饲）2018011号
种星青贮178	D8×G26改	内蒙古种星种业有限公司	内蒙古种星种业有限公司	蒙审玉（饲）2018012号
利禾763	RA008×G8358	内蒙古利禾农业科技发展有限公司	内蒙古利禾农业科技发展有限公司	蒙审玉（饲）2018013号
金岛5	JD9882×JD7412	葫芦岛市种业有限责任公司	葫芦岛市种业有限责任公司	蒙审玉（饲）2018014号
潞鑫二号	运系98-8×运系98-16	山西鑫农奥利种业有限公司	山西鑫农奥利种业有限公司	蒙审玉（饲）2018015号
鼎玉678	D487×D983	四川新丰种业有限公司	四川新丰种业有限公司	蒙审玉（饲）2018016号
北玉1522	BY1513×BY583	沈阳北玉种子科技有限公司	沈阳北玉种子科技有限公司、酒泉大漠种业有限公司	蒙审玉（饲）2018017号
齐丰688	18F×DN	黑龙江齐丰农业科技有限公司	黑龙江齐丰农业科技有限公司	蒙审玉（饲）2018018号
泓丰2119	D7306×L9097	北京新实泓丰种业有限公司	北京新实泓丰种业有限公司	蒙审玉（饲）2018019号
雨禾2号	W909×JD142	葫芦岛市种业有限责任公司	葫芦岛市种业有限责任公司	蒙审玉（饲）2018020号

附录二 40对核心引物名单及序列表

编号	引物名称	染色体位置	引物序列
P01	bnlg439w1	1.03	上游：AGTTGACATCGCCATCTTGGTGAC 下游：GAACAAGCCCTTAGCGGGTTGTC
P02	umc1335y5	1.06	上游：CCTCGTTACGGTTACGCTGCTG 下游：GATGACCCCGCTTACTTCGTTTATG
P03	umc2007y4	2.04	上游：TTACACAACGCAACACGAGGC 下游：GCTATAGGCCGTAGCTTGGTAGACAC
P04	bnlg1940k7	2.08	上游：CGTTTAAGAACGGTTGATTGCATTCC 下游：GCCTTTATTTCTCCCTTGCTTGCC
P05	umc2105k3	3.00	上游：GAAGGGCAATGAATAGAGCCATGAG 下游：ATGGACTCTGTGCGACTTGTACCG
P06	phi053k2	3.05	上游：CCCTGCCTCTCAGATTCAGAGATTG 下游：TAGGCTGGCTGGAAGTTTGTTGC
P07	phi072k4	4.01	上游：GCTCGTCTCCTCCAGGTCAGG 下游：CGTTGCCCATACATCATGCCTC
P08	bnlg2291k4	4.06	上游：GCACACCCGTAGTAGCTGAGACTTG 下游：CATAACCTTGCCTCCCAAACCC
P09	umc1705w1	5.03	上游：GGAGGTCGTCAGATGGAGTTCG 下游：CACGTACGGCAATGCAGACAAG
P10	bnlg2305k4	5.07	上游：CCCCTCTTCCTCAGCACCTTG 下游：CGTCTTGTCTCCGTCCGTGTG
P11	bnlg161k8	6.00	上游：TCTCAGCTCCTGCTTATTGCTTTCG 下游：GATGGATGGAGCATGAGCTTGC
P12	bnlg1702k1	6.05	上游：GATCCGCATTGTCAAATGACCAC 下游：AGGACACGCCATCGTCATCA
P13	umc1545y2	7.00	上游：AATGCCGTTATCATGCGATGC 下游：GCTTGCTGCTTCTTGAATTGCGT
P14	umc1125y3	7.04	上游：GGATGATGGCGAGGATGATGTC 下游：CCACCAACCCATACCCATACCAG
P15	bnlg240k1	8.06	上游：GCAGGTGTCGGGGATTTTCTC 下游：GGAACTGAAGAACAGAAGGCATTGATAC
P16	phi080k15	8.08	上游：TGAACCACCCGATGCAACTTG 下游：TTGATGGGCACGATCTCGTAGTC
P17	phi065k9	9.03	上游：CGCCTTCAAGAATATCCTTGTGCC 下游：GGACCCAGACCAGGTTCCACC
P18	umc1492y13	9.04	上游：GCGGAAGAGTAGTCGTAGGGCTAGTGTAG 下游：AACCAAGTTCTTCAGACGCTTCAGG
P19	umc1432y6	10.02	上游：GAGAAATCAAGAGGTGCGAGCATC 下游：GGCCATGATACAGCAAGAAATGATAAGC
P20	umc1506k12	10.05	上游：GAGGAATGATGTCCGCGAAGAAG 下游：TTCAGTCGAGCGCCCAACAC

(续表)

编号	引物名称	染色体位置	引物序列
P21	umc1147y4	1.07	上游：AAGAACAGGACTACATGAGGTGCGATAC 下游：GTTTCCTATGGTACAGTTCTCCCTCGC
P22	bnlg1671y17	1.10	上游：CCCGACACCTGAGTTGACCTG 下游：CTGGAGGGTGAAACAAGAGCAATG
P23	phi96100y1	2.00	上游：TTTTGCACGAGCCATCGTATAACG 下游：CCATCTGCTGATCCGAATACCC
P24	umc1536k9	2.07	上游：TGATAGGTAGTTAGCATATCCCTGGTATCG 下游：GAGCATAGAAAAGTTGAGGTTAATATGGAGC
P25	bnlg1520K1	2.09	上游：CACTCTCCCTCTAAAATATCAGACAACACC 下游：GCTTCTGCTGCTGTTTTGTTCTTG
P26	umc1489y3	3.07	上游：GCTACCCGCAACCAAGAACTCTTC 下游：GCCTACTCTTGCCGTTTTACTCCTGT
P27	bnlg490y4	4.04	上游：GGTGTTGGAGTCGCTGGGAAAG 下游：TTCTCAGCCAGTGCCAGCTCTTATTA
P28	umc1999y3	4.09	上游：GGCCACGTTATTGCTCATTTGC 下游：GCAACAACAAATGGGATCTCCG
P29	umc2115k3	5.02	上游：GCACTGGCAACTGTACCCATCG 下游：GGGTTTCACCAACGGGGATAGG
P30	umc1429y7	5.03	上游：CTTCTCCTCGGCATCATCCAAAC 下游：GGTGGCCCTGTTAATCCTCATCTG
P31	bnlg249k2	6.01	上游：GGCAACGGCAATAATCCACAAG 下游：CATCGGCGTTGATTTCGTCAG
P32	phi299852y2	6.07	上游：AGCAAGCAGTAGGTGGAGGAAGG 下游：AGCTGTTGTGGCTCTTTGCCTGT
P33	umc2160k3	7.01	上游：TCATTCCCAGAGTGCCTTAACACTG 下游：CTGTGCTCGTGCTTCTCTCTGAGTATT
P34	umc1936k4	7.03	上游：GCTTGAGGCGGTTGAGGTATGAG 下游：TGCACAGAATAAACATAGGTAGGTCAGGTC
P35	bnlg2235y5	8.02	上游：CGCACGGCACGATAGAGGTG 下游：AACTGCTTGCCACTGGTACGGTCT
P36	phi233376y1	8.09	上游：CCGGCAGTCGATTACTCCACG 下游：CAGTAGCCCCTCAAGCAAAACATTC
P37	umc2084w2	9.01	上游：ACTGATCGCGACGAGTTAATTCAAAC 下游：TACCGAAGAACAACGTCATTTCAGC
P38	umc1231k4	9.05	上游：ACAGAGGAACGACGGGACCAAT 下游：GGCACTCAGCAAAGAGCCAAATTC
P39	phi041y6	10.00	上游：CAGCGCCGCAAACTTGGTT 下游：TGGACGCGAACCAGAAACAGAC
P40	umc2163w3	10.04	上游：CAAGCGGGAATCTGAATCTTTGTTC 下游：CTTCGTACCATCTTCCCTACTTCATTGC

附录三　Panel 组合信息表

Panel 编号	荧光类型	引物编号（等位变异范围，bp）		
		1	2	3
Q1	FAM	P20（166~196）	P03（238~298）	
	VIC	P11（144~220）	P09（266~335）	P08（364~420）
	NED	P13（190~248）	P01（319~382）	P17（391~415）
	PET	P16（200~233）	P05（287~354）	
Q2	FAM	P25（157~211）	P23（244~278）	
	VIC	P33（198~254）	P12（263~327）	P07（409~434）
	NED	P10（243~314）	P06（332~367）	
	PET	P34（153~186）	P19（216~264）	P04（334~388）
Q3	FAM	P22（173~255）		
	VIC	P30（119~155）	P35（168~194）	P31（260~314）
	NED	P21（152~172）	P24（212~242）	P27（265~332）
	PET	P36（202~223）	P02（232~257）	P39（294~333）
Q4	FAM	P28（175~201）	P38（227~293）	
	VIC	P14（144~174）	P32（209~256）	P29（270~302）
	NED	P37（176~216）	P26（230~271）	P40（278~361）
	PET	P15（220~246）	P18（272~302）	

注：以上为本书图谱采纳的 40 个玉米 SSR 引物的十重电泳 Panel 组合。

附录四 品种名称索引

A
A2636	139
A6565	147
奥弗兰	285
奥玉 3804	72

B
BM303	173
BM380	174
BM800	127
巴单 998	22
佰青 131	180
邦玉 33	144
棒博尔 3	223
包玉 9 号	25
北玉 1522	298
北育 608	282
必祥 101	122
博奥 408	189
博金 100	257
博品 1 号	105
博玉 69	270

C
C1563	140
CF22	37
CF88	38
CM89	289
CP1685	280
彩糯 168	28
彩糯 203	175
彩甜糯 001	229
承禾 8 号	3
赤单 218	49

D
大德 153	283
大德 155	277
大德 216	87
大京九 12	230
大京九 26	181
大民 309	172
大民 3301	94
大民 8860	17
德单 1001	50
德单 1029	77
德单 1403	197
登海 NK58	104
登海 NK66	157
登科 19	263
登科 269	90
登科 29	239
迪卡 556	146
鼎玉 678	297
东单 1501	293
东单 6531	292
东单 70	291

F
FT806	255
FT909	195
法尔利 1010	111
丰垦 117	83
丰垦 129	235
丰垦 139	108
丰田 101	121
丰田 840	44
丰田 843	52
峰单 189	103
锋玉 2 号	8
锋玉 4 号	99
锋玉 5 号	137
奉美佳 16	286
福玉 95	269
富单 11	51
富单 12	59

G
高锐思 341	55
冠丰 116	10
广德 401	218
广德 9	168

H
H155	252
罕玉 303	217
罕玉 336	170
罕玉 339	220
浩单 693	245
浩玉 8 号	225
禾彩糯 1	287
禾甜糯 1	177
禾甜糯 2	228
禾新 9	141
禾玉 158	43
合饲 1 号	40
和育 181	171
和育 183	154
和育 185	133
恒育 1 号	149
宏博 66	163
宏博 691	274
宏博 701	262
宏博 K88	214
泓丰 656	42
厚德 186	118
呼单 517	155
华美 335	243
华农 292	81
华农 887	75
华瑞 638	242
华泰甜 216	129
华元玉 1 号	213

J
吉单 407	244
吉品 6 号	58
纪元 152	275
稼农 3168	116
金艾 130	84
金艾 1305	162
金艾 581	131
金艾 588	178
金创 103	164
金创 18	32
金创 6 号	92
金创 703	120
金创 998	27
金岛 5	295
金谷玉 1 号	71
金科 802	249
金科 902	254
金垦 10 号	109
金粒 178	190
金山 126	9
金穗 58	193
金穗 86	201
金沃 1 号	5
金园 5	187
金韵 308	160
锦绣 233	191
九圣禾 257	278
九玉 1034	26
九玉 6 号	114
九玉 7 号	70
九园 15	219
九园 33	86
九园 36	62
九园 38	124
九园 58	11
均隆 1210	202
均隆 1217	150
钧凯青贮 909	231

K
KD5112	107
科河 699	188
科沃 9106	222
垦玉 50	110

L
L669	272
雷润 303	41
雷润 787	224
蠡玉 106	73
蠡玉 8 号	234
利禾 1	67
利禾 12	248
利禾 3	153

利禾 5	186	农富 66	138	西蒙 168	250	玉龙 157	79
利禾 6	151	农富 88	148	西蒙 6 号	18	玉龙 228	169
利禾 7	199	农富 99	145	西蒙 919	232	玉龙 7899	161
利禾 8	112	农华 106	12	西蒙 988	45	玉龙 904	88
利合 325	209	农华 213	119	西蒙青贮 707	65	玉龙 9 号	33
利合 328	237	**P**		先达 203	85	玉生 2 号	260
利华 83	48	P5697	156	先达 210	241	育强 158	271
利民 17	19	P6512	158	先达 303	246	豫禾 269	279
利民 27	20	鹏诚 9 号	82	先单 405	233	豫禾 357	113
利农 368	56	**Q**		先农 202	76	源丰 009	226
良玉 DF21	261	青贮 808	179	先仁 98	205	云天 3 号	54
隆平 702	89	庆禾 10	273	先玉 1219	98	**Z**	
隆平 703	101	秋乐 368	185	先玉 1331	166	泽亿 1 号	281
隆平 722	266	**R**		翔玉 1421	194	长丰 59	21
潞鑫二号	296	RH902	258	翔玉 326	204	真金 208	167
M		人禾 H109	251	翔玉 998	69	真金 220	264
M001	36	瑞丰 88	182	新农 008	256	真金 308	123
M8	24	瑞普 909	259	新引 KWS9384	240	真金 329	253
M99	142	瑞甜	130	鑫达 135	35	真金 3305	196
MC1002	135	**S**		鑫达 1 号	132	真金 619	211
MC278	68	三北 301	80	鑫达 8 号	66	真金糯 100	29
MC670	165	三丰 165	34	兴丰 11	95	真金甜 366	128
MC703	100	三益 52	46	兴丰 12	106	正弘 558	134
MC738	136	胜丰 157	152	兴丰 13	212	中地 606	97
MC948	200	胜丰 179	221	兴丰 15	265	中迪 168	284
MC979	267	**T**		兴丰 5 号	60	中科 606	78
美锋 969	294	T808	207	兴丰 9	236	中辽 1 号	227
蒙奥 188	206	TK601	184	兴农 5 号	115	中农育 6 号	247
蒙吉 813	159	铁旭 338	6	雄玉 582	143	中玉 990	238
明玉 6 号	290	铁源 24	7	**Y**		种星 2961	276
N		通平 1	13	燕禾金 2000	30	种星 56	16
NK3800	74	通平 118	47	燕禾金紫黑糯	31	种星 718	203
内单 408	23	通平 198	125	伊单 131	192	种星 98	210
内甜 1 号	126	同糯一号	176	伊单 81	14	种星甜糯 2 号	288
内早 209	15	**W**		益农 1 号	215	众德 331	39
宁禾 0709	64	文玉 3 号	63	优旗 909	91	卓玉 816	102
宁玉 212	57	五谷 310	93	宇丰 1310	183	卓玉 819	4
宁玉 218	53	五谷 318	117	宇丰 3937	216		
宁玉 222	268	**X**		宇鑫 6 号	61		
农富 106	198	XD108	96	玉龙 1208	208		